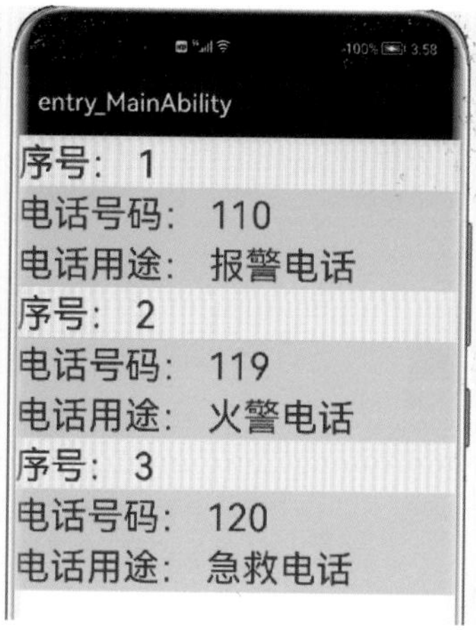

entry_MainAbility

序号：1
电话号码：110
电话用途：报警电话
序号：2
电话号码：119
电话用途：火警电话
序号：3
电话号码：120
电话用途：急救电话

图 2.18　样式页面效果(1)

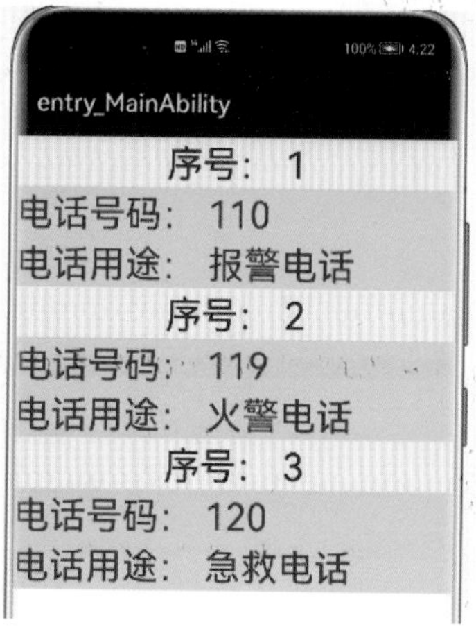

entry_MainAbility

序号：1
电话号码：110
电话用途：报警电话
序号：2
电话号码：119
电话用途：火警电话
序号：3
电话号码：120
电话用途：急救电话

图 2.19　样式页面效果(2)

图 4.24 猜数字游戏(1)

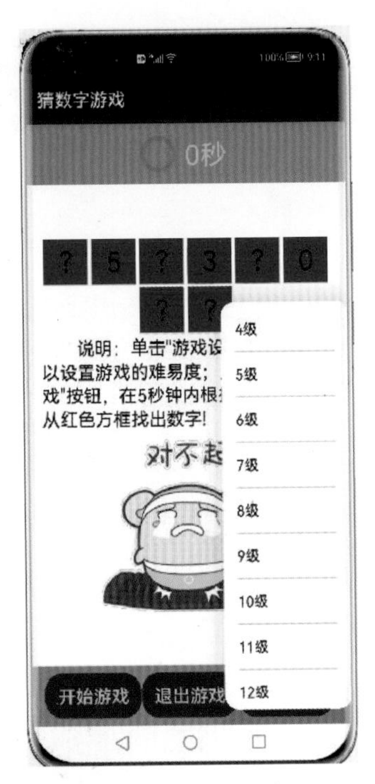

图 4.25 猜数字游戏(2)

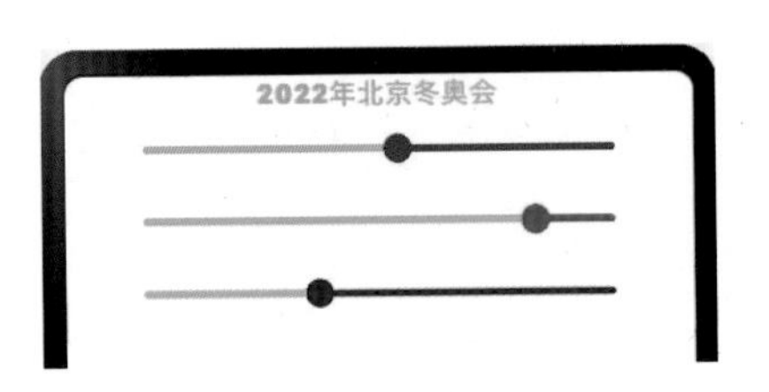

图 4.32 滑动条效果

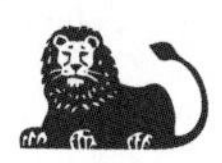

计算机技术开发与应用丛书

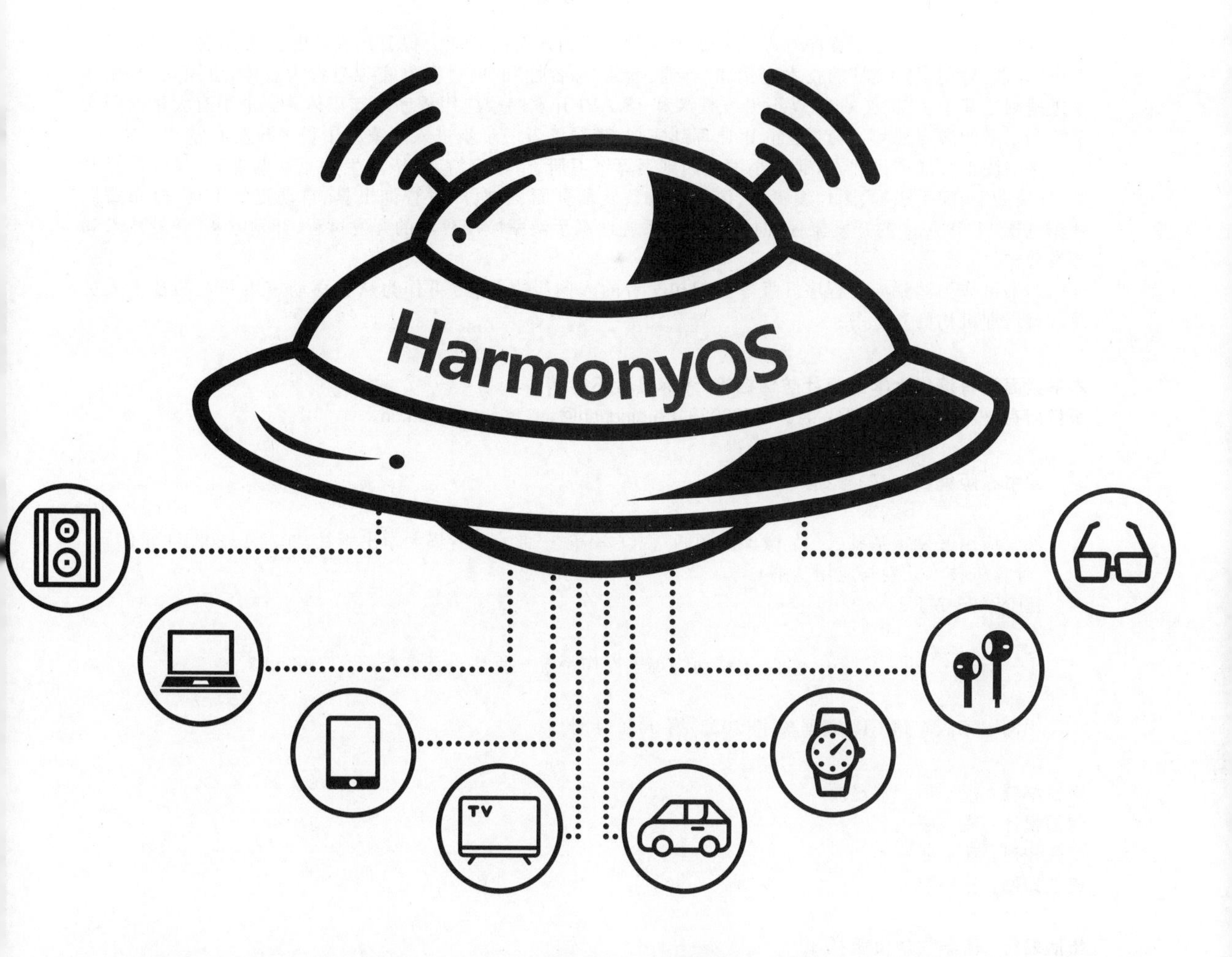

鸿蒙应用开发零基础入门

微课视频版

倪红军 ◎ 著

清华大学出版社
北京

内容简介

本书定位为鸿蒙应用程序开发从零基础学习入门到开发技巧能力提升的技术进阶类图书。书中以一个个"易学、易用、易扩展"的技术范例和"有趣、经典、综合性"的项目案例实现过程为载体，由浅入深、循序渐进地阐述基于JS扩展的类Web开发框架和JS API开发鸿蒙应用程序的知识体系。书中有大量的图文解析和附赠的微课视频，由点及面、由原理到实战，带领读者一步步进入鸿蒙应用程序开发世界。

本书注重实战项目开发，通过小学生四则运算练习册、猜数字游戏、毕业生满意度调查表、睡眠质量测试、抽奖助手、随手账本、图片编辑器、仿今日头条展示页面、股票即时查询工具、自动定位工具、分布式照片浏览器11个App的开发流程，向读者全面系统地展示鸿蒙应用程序的开发过程、开发方法、开发技术和开发架构。

本书可作为鸿蒙应用程序开发零基础初学者的入门级书籍，也可作为从事移动应用开发的技术人员及教育培训机构的参考书。

图书在版编目(CIP)数据

鸿蒙应用开发零基础入门：微课视频版/倪红军著. —北京：清华大学出版社，2023.1（2025.1 重印）
（计算机技术开发与应用丛书）
ISBN 978-7-302-62559-9

Ⅰ.①鸿…　Ⅱ.①倪…　Ⅲ.①移动终端－操作系统－程序设计　Ⅳ.①TN929.53

中国国家版本馆 CIP 数据核字(2023)第 005514 号

责任编辑：张　玥　常建丽
封面设计：吴　刚
责任校对：郝美丽
责任印制：丛怀宇

出版发行：清华大学出版社
　网　　址：https://www.tup.com.cn，https://www.wqxuetang.com
　地　　址：北京清华大学学研大厦 A 座　　**邮　　编**：100084
　社 总 机：010-83470000　　**邮　　购**：010-62786544
　投稿与读者服务：010-62776969，c-service@tup.tsinghua.edu.cn
　质量反馈：010-62772015，zhiliang@tup.tsinghua.edu.cn
　课件下载：https://www.tup.com.cn，010-83470236
印 装 者：三河市龙大印装有限公司
经　　销：全国新华书店
开　　本：186mm×240mm　　**印　张**：26　　**插　页**：1　　**字　　数**：590 千字
版　　次：2023 年 2 月第 1 版　　**印　　次**：2025 年 1 月第 3 次印刷
定　　价：99.80 元

产品编号：097733-01

前言

FOREWORD

进入21世纪以来，以智能手机和平板电脑为代表的移动终端设备在人们日常生活中扮演着越来越重要的角色，这些移动终端设备绝大部分搭载了苹果公司的iOS操作系统和谷歌公司的Android操作系统。这种局面不仅把我国广阔的市场让给了国外公司，而且对国家的安全和稳定也造成隐忧。特别是2019年以来，以美国为首的西方国家对华为等高科技公司制裁后，我国以5G为代表的智能手机和移动通信设备面临严峻的考验。华为推出HarmonyOS(鸿蒙操作系统)后，在全球引起强烈反响。HarmonyOS不仅是一款基于微内核的全场景分布式智慧操作系统，更被业界认为是中国高科技公司打破Android和iOS垄断移动操作系统市场的开始，对中国高科技产业的独立自主具有非常重大的战略意义。

HarmonyOS是一款面向未来、面向全场景(移动办公、社交通信、媒体娱乐、运动健康)的分布式智慧操作系统，可应用在手机、平板、计算机、智能汽车、智慧屏、智能穿戴等设备上，并且为不同设备的智能化、互联与协同提供统一的语言。目前，HarmonyOS应用程序开发包括Java UI开发框架和ArkUI方舟开发框架。ArkUI方舟开发框架是HarmonyOS新一代的应用程序开发框架，它包含基于JS(JavaScript)扩展的类Web开发范式(ArkUI JS)和基于TS(TypeScript)扩展的声明式开发范式(ArkUI eTS)。为了让零基础学习者快速入门，以及为了和具有前端开发经验者无缝切换到HarmonyOS应用程序开发，本书基于ArkUI JS介绍HarmonyOS应用程序开发技术，在内容编排上摒弃软件开发类书籍逐个知识点孤立介绍的传统，采用“案例诠释理论内涵、项目推动实践创新”的编写思路，不仅讲解项目的实现过程和步骤，还在此基础上讲解项目实现时所需的理论知识和技术，让读者在掌握理论知识后既会灵活运用，又能在新项目开发中不断拓展创新。

本书作者长期从事移动应用开发类课程建设与教学改革研究，有丰富的项目开发经验。本书采用作者主持研究的华为支持教育部产学合作协同育人新工科建设项目中取得的成果作为部分内容。本书提供教学大纲、教学进度、教学课件、程序源码等，还提供188个约3500分钟的微课视频同步讲解，读者先扫描封底刮刮卡中的二维码，同时扫描书中相应位置的二维码，即可边看边学、边学边做，真正实现“教、学、做”有机融合，提升从案例模仿到应用创新的递进式项目化软件开发能力。

本书共10章，内容安排如下。

第1章　HarmonyOS应用开发环境。概要介绍HarmonyOS的发展与现状、技术架构与特点，详细讲解Windows平台、macOS平台下HarmonyOS应用程序开发环境搭建的步骤。

第 2 章　HarmonyOS 项目结构。从零开始介绍 DevEco Studio 集成开发环境下 HarmonyOS 项目的创建流程、HarmonyOS 应用程序在真机设备和模拟器环境下的运行及调试方法，详细阐述 HarmonyOS 工程项目的目录结构、应用程序软件包的组成及 JS 工程项目中的页面布局文件、样式文件、逻辑文件的功能及语法规则。

第 3 章　界面设计。主要介绍 JS 工程项目中的页面布局主要涉及的尺寸单位、通用样式、动画样式及渐变样式的定义和使用方法，结合实际案例详细讲解基础布局模型 flex 的用法及应用场景。

第 4 章　组件。详细介绍组件在 HarmonyOS 应用程序页面中的定义和属性设置方法、事件的定义和绑定方法，并结合多个技术范例和"小学生四则运算练习册""猜数字游戏""毕业生满意度调查表"等项目案例阐述 button、input、image、tabs、tab-bar、tab-content、option、marquee、progress、picker、picker-view、rating、slider、dialog 等组件及 setInterval 函数的使用方法和应用场景。

第 5 章　数据存储与访问。分别介绍轻量级数据存储与访问机制、文件存储与访问机制和关系数据库存储与访问机制的工作原理和应用场景，并结合多个技术范例和"睡眠质量测试系统""抽奖助手""随手账本"等项目案例阐述 switch、stepper、swiper、stack、textarea、toolbar、toolbar-item、list、list-item、list-item-group、refresh、chart 等组件的使用方法和应用场景，以及轻量级数据存储与访问接口实现 key-value 键值对存储访问数据、文件存储与访问接口实现文件操作、关系数据接口实现数据库操作的方法和应用场景。

第 6 章　多媒体应用开发。简要介绍图像开发、相机开发、音频开发和视频开发的基本概念和原理，并结合多个技术范例和"图片编辑器""仿今日头条展示页面"等项目案例阐述 canvas、video、panel 等组件的使用方法和应用场景，以及利用 CanvasRendering2dContext 和 AudioPlayer 类对象开发多媒体应用程序的流程和方法。

第 7 章　网络应用开发。简要介绍 http 访问网络的基本原理和方法，并结合多个技术范例和"网站导航""股票即时查询工具"等项目案例阐述 web、toggle 组件的使用方法和应用场景，以及 ArkUI JS 开发框架下数据请求接口访问网络数据的方法和应用场景。

第 8 章　传感器与位置服务应用开发。简要介绍 HarmonyOS 平台支持的传感器类别、功能及位置服务相关的概念，并结合多个技术范例和"自动定位工具"项目案例讲解加速度、环境光、陀螺仪和气压等传感器接口的使用方法和应用场景，以及利用位置服务接口进行定位和地址编码解析的方法和应用场景。

第 9 章　原子化服务与服务卡片。分别介绍原子化服务、服务中心、服务卡片的概念、使用方法及它们之间的关系，并结合"新闻推荐""校园门户"技术范例详细讲解原子服务、服务卡片的开发流程和应用场景。

第 10 章　分布式流转应用开发。简要介绍流转、多端协同、跨端迁移的概念、应用场景及它们之间的关系，详细讲解 ArkUI JS 开发框架提供的分布式能力接口实现分布式拉起和分布式流转的方法，并结合"分布式照片浏览器"项目案例讲解分布式流转应用程序的开发流程和应用场景。

本书内容有如下特点。

(1) 新技术、新理念：依据华为官方开发文档，基于 ArkUI JS 开发框架和 HarmonyOS 3.0 应用程序开发技术，采用"案例诠释理论内涵、项目推动实践创新"的编写理念组织内容，内容编排上以案例为载体，全面系统地阐述 HarmonyOS 应用程序开发从入门到精通的理论知识和技术要点。

(2) 重理论、强实践：根据作者近年来参与的实际工程项目和教学实践安排各章节的内容，以"易学、易用、易扩展"的技术范例和"有趣、经典、综合性"的项目案例为主线，一步一步地向读者展现技术范例和项目案例设计与实现时所涉及的 HarmonyOS 应用程序开发技术，既能巩固理论知识，又能强化实践能力。

(3) 多资料、易入门：随书既提供了教学课件、教学大纲、课后习题及程序源代码等传统的教学资源，还配套了全书所有技术范例和项目案例的微课视频，手把手地向读者传授 HarmonyOS 应用程序开发从入门到精通的技术和技巧，方便读者更好地掌握 HarmonyOS 应用程序开发技术，提高实际开发水平。

本书在编写过程中得到清华大学出版社张玥的帮助和指导，周巧扣、李霞等在资料收集和原稿校对等方面做了一些工作，在此一并表示感谢。

由于作者理论水平和实践经验有限，书中疏漏和不足之处在所难免，恳请广大读者提出宝贵的意见和建议。

倪红军

2022 年 7 月

目录

CONTENTS

第1章 HarmonyOS应用开发环境

2019年8月9日，华为公司正式发布HarmonyOS(鸿蒙操作系统)。HarmonyOS是一款面向全场景的分布式操作系统，它提出了基于同一套系统能力、适配多种终端形态的分布式理念，一方面能够将生活场景中的各类终端进行能力整合，实现不同的终端设备之间快速发现、极速连接、能力互助、资源共享，从而为用户提供流畅的全场景体验；另一方面使得基于HarmonyOS平台的应用程序开发与不同终端设备的形态差异无关，让开发者可以将主要精力集中在应用程序的业务逻辑上，从而更加快捷、高效地开发应用程序。

1.1 HarmonyOS的发展与现状

扫一扫

1.1.1 HarmonyOS的发展

2012年，华为公司开始规划自有操作系统"鸿蒙"；2019年8月9日，华为公司在华为开发者大会上正式发布鸿蒙系统，即HarmonyOS 1.0；2020年9月10日，鸿蒙系统升级至鸿蒙系统2.0版本，即HarmonyOS 2.0，同时面向应用开发者推出大屏、手表、车机Beta版本，并且提供软件开发包(Software Development Kits，SDK)、开发文档和模拟器等，同年12月又发布了HarmonyOS 2.0手机开发者Beta版(公测)。至此，开发者可以在HarmonyOS的开发环境上开发和调试多个不同终端的应用，基于HarmonyOS的开发环境和SDK支持也初步成熟。2021年6月2日，华为公司正式发布HarmonyOS 2.0及多款搭载HarmonyOS 2.0的新产品，包括HUAWEI Mate 40系列新版本、Mate X2新版本、HUAWEI WATCH 3系列、HUAWEI MatePad Pro等手机及智能手表、平板产品等，这也意味着搭载HarmonyOS的手机已经变成面向市场的正式产品。2022年7月27日，HarmonyOS 3(鸿蒙3)正式发布。

HarmonyOS是一款面向万物互联时代的、全新的、独立的智能终端操作系统，可应用在手机、平板、计算机、智能汽车、智慧屏、智能穿戴等终端设备上，并且为不同设备的智能化、互联与协同提供统一的语言，它具有以下五方面的特征。

(1) 硬件互助，资源共享。搭载HarmonyOS的每个设备都不是孤立的，它们在系统层面融为一体，成为"超级终端"，终端之间能力互助共享，带来无缝协同体验。对消费者而言，HarmonyOS能够将生活场景中的各类终端进行能力整合，实现不同终端设备之间的快速连接、能力互助、资源共享，匹配合适的设备，提供流畅的全场景体验。

（2）一次开发，多端部署。HarmonyOS 提供一系列构建全场景应用的完整平台工具链与生态体系，分布式应用框架能够将复杂的设备间协同封装成简单接口，实现跨设备应用协同。对于应用开发者而言，HarmonyOS 采用了多种分布式技术，支持应用开发过程中多终端的业务逻辑和界面逻辑进行复用，使应用开发与不同终端设备的形态差异无关，开发者只需要写一次逻辑代码，就可以部署到不同终端设备上。

（3）统一 OS，弹性部署。HarmonyOS 支持小到耳机，大到手机、智慧屏和汽车等多种终端设备按需弹性部署，可以灵活适配不同类别的硬件和满足不同能力的设备需求，让不同设备使用同一语言无缝沟通。对设备开发者而言，鸿蒙操作系统采用了组件化的设计方案，可以根据设备的资源能力和业务特征灵活裁剪，满足不同形态终端设备对操作系统的要求，降低硬件设备的开发门槛。

（4）应用自由跨端。HarmonyOS 原子化服务是轻量化服务的新形态，它提供了全新的服务和交互方式。可分、可合、可流转、支持免安装等特性，能够让应用化繁为简，让服务触手可及。

（5）用“简单”激活设备智能。设备可实现一碰入网、无屏变有屏、操作可视化、一键直达原厂服务等全新功能。通过简单而智能的服务，可实现设备智能化产品升级。

扫一扫

1.1.2 HarmonyOS 的现状

华为公司发布 HarmonyOS 1.0 后，分别于 2020 年、2021 年两次将 HarmonyOS 的基础能力全部捐献给开放原子开源基金会（OpenAtom Foundation）。随后，开放原子开源基金会将其开源，并且由开放原子开源基金会整合其他参与者的贡献，形成 OpenAtom OpenHarmony 开源项目，简称 OpenHarmony 项目。开放原子开源基金会是致力于推动全球开源产业发展、立足中国、面向世界的非营利机构，由阿里巴巴、百度、华为、浪潮、360、腾讯、招商银行等多家龙头科技企业联合发起，于 2020 年 6 月登记成立，也是我国在开源领域的首个基金会。

2020 年 12 月，博泰、华为、京东、润和、亿咖通、中科院软件所、中软国际七家单位在开放原子开源基金会的组织下成立了 OpenHarmony 项目群工作委员会，开始对 OpenHarmony 项目进行开源社区治理，并且对 OpenHarmony 开源项目持续投入和贡献。目前，OpenHarmony 是由开放原子开源基金会孵化及运营的开源项目，目标是面向全场景、全连接、全智能时代，基于开源的方式搭建一个智能终端设备操作系统的框架和平台，促进万物互联产业繁荣发展。2021 年 6 月 1 日，该基金会在代码托管平台 Gitee（https://gitee.com/openharmony）上发布了 OpenHarmony 2.0 Canary 版。

华为公司是 OpenHarmony 开源项目的共建者、共享者之一，HarmonyOS 2.0 是华为基于开源项目 OpenHarmony 2.0 开发的面向多种全场景智能设备的商用版本，该版本既兼容了 Android 开放源代码项目（Android Open Source Project，AOSP），也增加了华为移动服务（Huawei Mobile Service，HMS），让它在应用服务（App Services）、图形（Graphics）、媒体(Media)、人工智能(AI)、智能终端(Smart Device)、安全(Security)和系统(System)七大领域全面地开放华为的"芯—端—云"能力。为解决连接复杂、操控烦琐、体验割裂三大问题,及以手机为核心,围绕智慧出行、智能家居、运动健康、智慧办公、影音娱乐五大场景,构建全场景"超级终端"的一致性体验,打造应用市场、HarmonyOS Connect IoT 设备连接、开源操作系统三大生态提供全方位强有力的支撑。HarmonyOS 主要具有以下六方面的特性。

(1) One as All,All as One(一生万物,万物归一):采用了全栈解耦的架构,支持的终端设备 RAM 容量从 128KB 到 GB 级别。例如,不管 RAM 容量为 KB 级别的风扇、MB 级别的手表和 GB 级别的手机,都只需要一个 HarmonyOS 操作系统。

(2) 分布式技术:参考计算机硬件总线,在"1+8+N"设备间搭建一条"无形"的分布式软总线,具备自发现、自组网、高带宽和低时延的特点,并且可以根据实际应用需要自由组合硬件。"1"代表 1 台手机;"8"表示电视、音响、眼镜、手表、计算机、平板、耳机、汽车终端设备;"N"表示智能家居、运动健康、影音娱乐、智慧出行、移动办公等全场景应用。也就是用 1 台手机作为主入口,以电视、音响、眼镜、手表等常用的 8 种终端设备为辅助入口,连接 N 个全场景智慧设备开展工作、学习、运动和家务等活动。

(3) 统一的控制中心:具有一个界面控制所有分布式软总线上挂载设备的统一的控制中心。也就是说,鸿蒙的统一控制中心能力,可让用户操控与本机相连的其他设备。例如,可以在手机甚至手表上统一控制家里的各种鸿蒙系统电器设备。

(4) 超级终端:将多个终端组合成超级终端。比如,通过统一的控制中心,非常方便地把手机和电视组合成超级终端,这样手机就可以直接使用电视作为显示屏。

(5) 分布式编程框架:提出分布式编程框架,将设备的各种能力抽象成原子化服务,并代替一般的手机 App,以卡片的形式实现服务在设备间流转,并且免安装。

(6) 全栈优化:通过全栈优化,提供更好的性能体验,包括对存储、显示的优化等。

1.2 HarmonyOS 技术架构与特点

扫一扫

HarmonyOS 作为一款面向未来、将逐步覆盖"1+8+N"的全场景终端设备的分布式智慧操作系统,提倡统一、便利、安全的理念。它提供了包括 Java、XML、C/C++、JS、CSS、HML(HarmonyOS Markup Language,鸿蒙标记语言)和 eTS 等多种开发语言的 API,供开发者进行应用开发。

1.2.1 技术架构

HarmonyOS 整体遵从分层设计,从下向上分别是内核层、系统服务层、框架层和应用层。系统功能按照"系统→子系统→功能/模块"逐级展开,在多设备部署场景下,支持根据实际需求裁剪某些非必要的子系统或功能/模块。HarmonyOS 技术架构如图 1.1 所示。

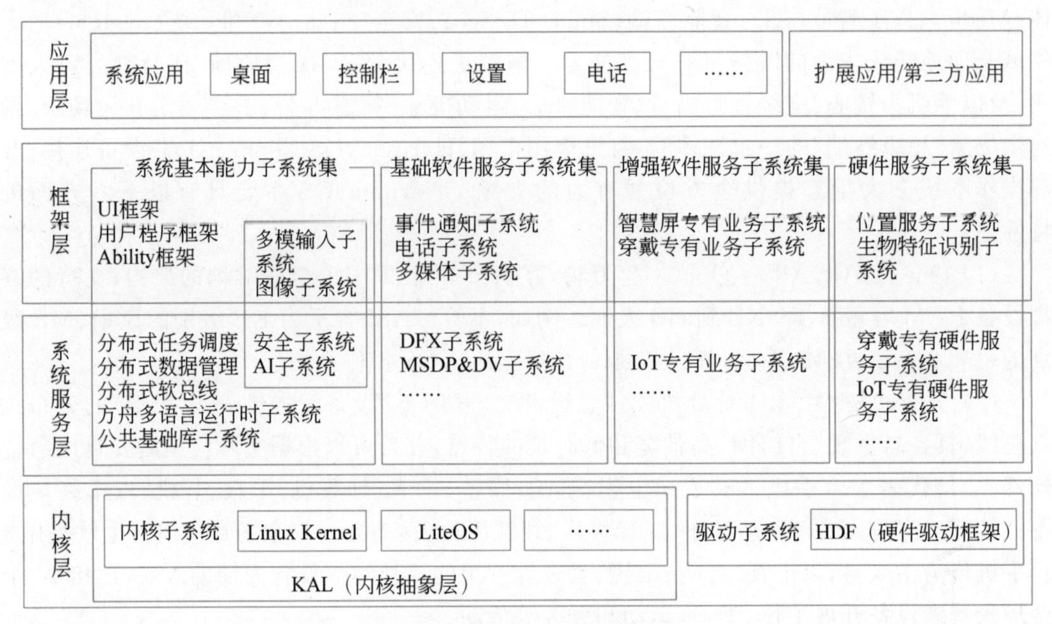

图 1.1 HarmonyOS 技术架构

1. 内核层

HarmonyOS 的内核层包括内核子系统和驱动子系统。内核子系统采用多内核设计，支持针对不同资源设备选用合适的内核。目前，内核子系统主要包括用于手机的 Linux Kernel 内核和用于手表、风扇等智能终端的 LiteOS 内核。内核抽象层（Kernel Abstract Layer，KAL）通过屏蔽多内核差异，对上层提供包括进程/线程管理、内存管理、文件系统、网络管理和外设管理等基础内核能力。驱动子系统的硬件驱动框架（Hardware Driver Foundation，HDF）是 HarmonyOS 硬件生态开放的基础，提供统一外设访问能力和驱动开发、管理框架。

2. 系统服务层

系统服务层是 HarmonyOS 的核心能力集合，通过框架层对应用程序提供服务。华为扩展了分布式软总线、分布式数据管理和分布式任务调度等各种分布式技术，并在此基础上提出了系统基本能力子系统集、基础软件服务子系统集、增强软件服务子系统集和硬件服务子系统集四大类系统能力。

(1) 系统基本能力子系统集：该子系统集中包含了最重要的分布式相关技术，为分布式应用在 HarmonyOS 多设备上的运行、调度和迁移等操作提供了基础能力，包括分布式软总线、分布式数据管理、分布式任务调度、方舟多语言运行时、公共基础库、多模输入、图像、安全和 AI 等子系统。其中，方舟多语言运行时子系统提供了 C/C++ /JS/TS 等多语言运行时和基础的系统类库，也为使用方舟编译器静态化的 Java 程序（即应用程序或框架层中使用 Java 语言开发的部分）提供运行时。

(2) 基础软件服务子系统集：该子系统集为 HarmonyOS 提供公共的、通用的软件服务，由事件通知、电话、多媒体、面向 X 的设计(Design For X，DFX)和移动感知 & 平台设备虚拟化(Mobile Sensing Development Platform&Device Virtualization，MSDP&DV)等子系统组成。

(3) 增强软件服务子系统集：该子系统集为 HarmonyOS 提供针对不同设备的、差异化的能力增强型软件服务，由智慧屏专有业务、穿戴专有业务和 IoT 专有业务等子系统组成。

(4) 硬件服务子系统集：该子系统集为 HarmonyOS 提供硬件服务，由位置服务、生物特征识别、穿戴专有硬件服务和 IoT 专有硬件服务等子系统组成。

根据不同设备形态的部署环境，基础软件服务子系统集、增强软件服务子系统集、硬件服务子系统集内部可以按子系统粒度裁剪，每个子系统内部又可以按功能粒度裁剪。

3. 框架层

框架层主要定义了支持 HarmonyOS 应用开发的 Java/C/C++/JS/TS 等多语言用户程序框架、Ability 框架，两种 UI 框架(包括适用于 Java 语言的 Java UI 框架、适用于 JS/TS 语言的方舟开发框架)，以及各种软硬件服务对外开放的多语言框架 API。根据系统的组件化裁剪程度，HarmonyOS 设备支持的 API 也会有所不同。

4. 应用层

应用层支持基于框架层实现业务逻辑的原子化开发，构建以元服务(Feature Ability，FA)/元能力(Particle Ability，PA)为基础组成单元的应用，包括针对不同场景的系统应用和第三方非系统应用。FA 代表有界面的 Ability，用于与用户进行交互。PA 代表无界面的 Ability，主要为 Feature Ability 提供支持，例如作为后台服务提供计算能力，或作为数据仓库提供数据访问能力。Ability 是应用程序的重要组成部分，是应用程序所具备能力的抽象，包括 FA 和 PA 两种类型。基于 FA/PA 开发的应用程序，能够实现特定的业务功能，支持跨设备调度与分发，为用户提供一致、高效的应用体验。

1.2.2　技术特点

扫一扫

HarmonyOS 作为一个面向万物互联的系统，相对于其他智能终端操作系统，它具有微内核、全场景和更安全三个显著特点。

1. 微内核

HarmonyOS 采用微内核，并首次将分布式架构应用于终端操作系统，对应不同设备可弹性部署。微内核设计的基本思想是简化内核功能，只提供诸如线程调度、进程通信等最基础的服务，而把文件系统、内存管理、设备驱动等更多的系统服务放到用户态应用，形成一个个服务，等待其他应用的请求。在微内核结构中，所有与特定 CPU 和 I/O 设备硬件有关的代码，均放在内核及内核下的硬件隐藏层中，外核中的各种服务均与硬件平台无关，因而能灵活适配各种硬件设备。而且在微内核操作系统中，各模块之间通过进程间通信(Inter-Process Communication，IPC)互相联系，以便微内核操作系统很好地支持分布式系统和网络系统，稳定性很高。

2. 全场景

微内核的代码量只有 Linux 宏内核的千分之一，相对于宏内核来说，微内核的模块化带来了更大的灵活性、可扩展性和可移植性，它可用于智慧屏、穿戴设备、车机、音箱、手机等设备，拥有灵活适配全场景的功能，实现一端设计，多端适配。从小到 KB 级别的 WiFi 模组到 GB 级别的手机、计算机等终端设备，HarmonyOS 均能适配，而且现在的 HarmonyOS 都可以兼容所有的 Android 应用程序。

3. 更安全

由于 HarmonyOS 微内核的代码量只有 Linux 宏内核的千分之一，因此其受攻击概率会大幅降低，安全性比宏内核操作系统更高。这是因为分布式安全机制能够确保正确的人，用正确的设备及正确使用数据，当用户进行解锁、付款、登录等行为时，系统会主动弹出认证请求，并通过分布式技术可信互联能力，协同身份认证确保是正确的人。当然，苹果 iOS、iPadOS 及 macOS 都是封闭的系统，它们的安全性也很高，但 HarmonyOS 作为一个开放系统，它可以支持其他厂商的产品，并且与合作伙伴共同成长，在开放性上要远胜于苹果的 iOS、iPadOS 及 macOS 等系统。

扫一扫

1.3 HarmonyOS 开发环境搭建

HUAWEI DevEco Studio(以下简称 DevEco Studio)是基于 IntelliJ IDEA Community 开源版本打造，面向终端全场景多设备的一站式集成开发环境（IDE)，同时支持 OpenHarmony 和 HarmonyOS 应用/服务(Application/Service)开发。它是为开发者提供工程模板创建、开发、编译、调试及发布等一站式服务的分布式应用/服务开发平台。在进行 HarmonyOS 应用程序开发前，开发者需要打开 https://id1.cloud.huawei.com/AMW/portal/home.html 页面完成华为开发者联盟账号的注册，下载 DevEco Studio 安装包并安装搭建完成开发环境后，才可以开始 HarmonyOS 应用程序的开发。

1.3.1 DevEco Studio 介绍

自 2020 年 9 月 10 日发布 DevEco Studio V2.0.8.203 第一个 Beta 版本以来，已经发布了 11 个版本，其中 2021 年 6 月 2 日发布的 DevEco Studio V2.1 Release 版本既支持 HarmonyOS 2.0 的稳定版本，也支持 API 5，并且第一次安装时默认会同时下载 Java SDK、JS SDK、Toolchains 及 Previewer；2021 年 12 月 31 日发布的 DevEco Studio V3.0 Beta2 版本，自带 gradle 7.3、JDK 11 和 Node.js 14.18.1，不再需要单独安装，同时支持 HarmonyOS 3.0 开发者预览版(API 7)的开发能力和界面功能菜单的汉化。为保证 DevEco Studio 正常运行，计算机软硬件配置建议满足表 1.1 所示要求。

表 1.1　计算机配置建议要求

平　　台	最低版本	内存容量	硬盘空间	分　辨　率
Windows	Windows 10 64 位	8GB	100GB	1280×800 像素
macOS	macOS 10.14	8GB	100GB	1280×800 像素

本书以 2021 年 12 月 31 日发布的 DevEco Studio 3.0 Beta2 版本为例，介绍 Windows、macOS 平台下 HarmonyOS 应用程序开发环境的搭建步骤。

1.3.2　搭建 Windows 平台下的开发环境

1. 安装 DevEco Studio

打开 https://developer.harmonyos.com/cn/develop/deveco-studio#download_beta 网页，弹出如图 1.2 所示的 DevEco Studio 安装包下载页面，单击 Windows 行右侧的"⇣"图标开始下载 devecostudio-windows-tool-3.0.0.800.zip 安装压缩包文件，解压后双击 deveco-studio-3.0.0.800.exe 安装文件，弹出如图 1.3 所示的安装目标路径对话框，在对话框中选择 DevEco Studio 安装目标文件夹后，单击 Next 按钮，弹出如图 1.4 所示的安装选项对话框，在安装选项界面的 Create Desktop Shortcut 中勾选 DevEco Studio，单击 Next 按钮开始安装 DevEco Studio，直至弹出 Completing DevEco Studio Setup(完成安装设置)对话框，单击 Finish 按钮，安装完成。

HarmonyOS Developer　设计　开发　分发　文档　开发者社区

DevEco Studio 3.0 Beta2 for HarmonyOS

platform	DevEco Studio Package	Size	SHA-256 checksum	Download
Windows(64-bit)	devecostudio-windows-tool-3.0.0.800.zip	951M	a3bd9da7ab2488294089b99b0a54571b9fb3807fb930447e7587b461463a1a78	⇣
Mac	devecostudio-mac-tool-3.0.0.800.zip	1130M	ecd265c51e2c2c84bb335131f96d5f0b17fc25122e01bd8ba0f6a042b7082094	⇣

图 1.2　下载 DevEco Studio 安装包

DevEco Studio 提供的 SDK Manager 用来统一管理 SDK 及工具链，包含如表 1.2 所示的多种编程语言的 SDK 包和工具链。下载编程语言的 SDK 包时，SDK Manager 会自动下载该 SDK 包依赖的工具链。

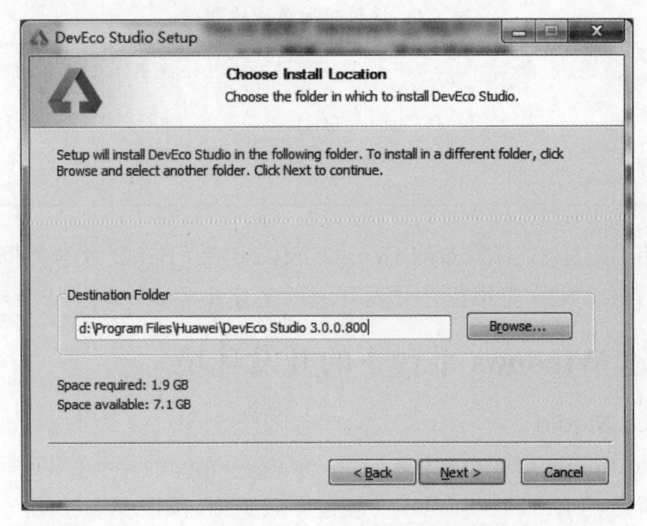

图 1.3　设置 DevEco Studio 安装目标路径

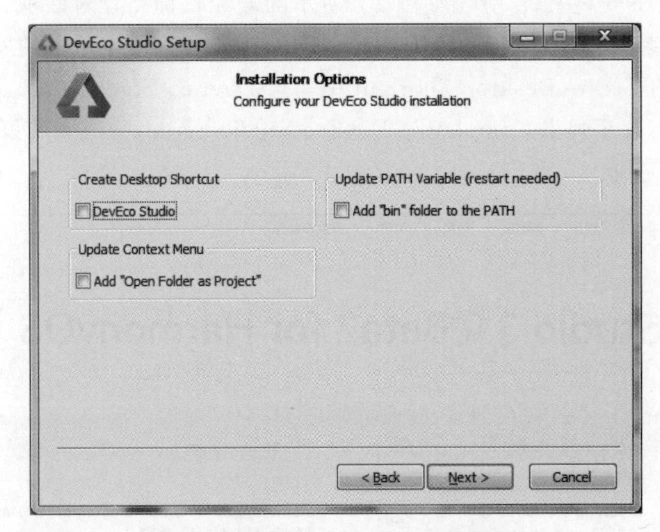

图 1.4　设置 DevEco Studio 安装选项

表 1.2　SDK 包和工具链

类　别	包　名	说　明
SDK	Native	C/C++ 语言软件开发包
	eTS	eTS(Extended TypeScript)语言软件开发包
	JS	JavaScript 语言软件开发包
	Java	Java 语言软件开发包

续表

类　别	包　名	说　明
SDK Tool	Toolchains	HarmonyOS 软件开发包工具链，包含编译、打包、签名及数据库管理等功能的 HarmonyOS 应用程序开发必备的工具集
	Previewer	HarmonyOS 应用程序预览器，在开发过程中可以动态预览应用程序在 Phone、TV、Wearable、LiteWearable 等设备上的运行效果，支持 JS、eTS 和 Java 语言开发的应用程序预览

2. 安装 HarmonyOS SDK

第一次使用 DevEco Studio，需要下载 HarmonyOS SDK 及对应工具链。单击桌面上或开始菜单中的 DevEco Studio 3.0.0.800 图标，运行已安装的 DevEco Studio，选择 Do not import settings，单击 OK 按钮，进入如图 1.5 所示的 DevEco Studio 操作向导页面设置 npm registry（使用默认值），单击 Start using DevEco Studio 按钮，打开如图 1.6 所示的 SDK 组件安装对话框，默认选中 OpenHarmony SDK 选项，单击 Next 按钮，开始安装 OpenHarmony SDK。由于本书仅介绍 HaromonyOS 应用程序开发，并不需要安装 OpenHarmony SDK，所以单击 Cancel 按钮退出 OpenHarmony SDK 安装。

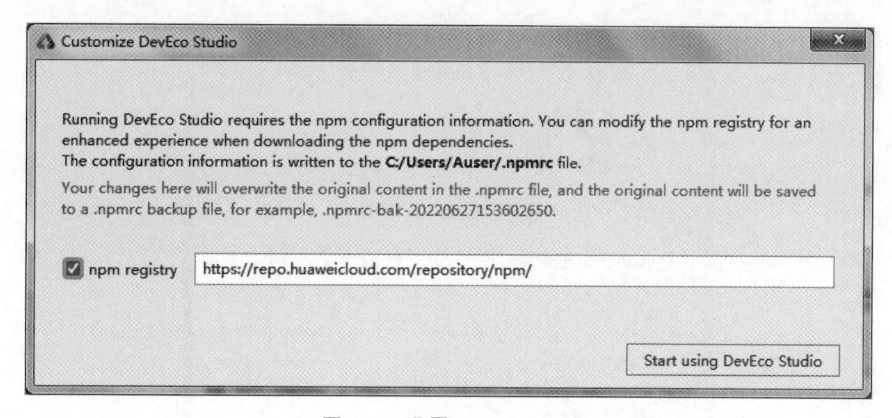

图 1.5　设置 npm registry

单击图 1.6 所示对话框的 Cancel 按钮，打开如图 1.7 所示的 Welcome to DevEco Studio 欢迎页面，单击该页面上的“”设置图标，在打开的对话框中依次单击 Settings→SDK Manager→HarmonyOS Legacy SDK，打开如图 1.8 所示的 HarmonyOS Legacy SDK 设置页面，单击页面上的 Edit，打开如图 1.9 所示的 SDK 组件安装对话框，设置 HarmonyOS SDK 安装路径后，单击 Next 按钮并在打开的 License Agreement 窗口选择 Accept 选项后开始下载安装 JS、Java、Toolchains 和 Previewer，最后单击 Finish 按钮，HarmonyOS SDK 安装完成，并打开如图 1.10 所示的 HarmonyOS Legacy SDK 设置页面。

SDK 默认仅下载最新版本的 Java SDK、JS SDK、Previewer 和 Toolchains。Java SDK 和 JS SDK 在图 1.10 所示的 Platforms 选项卡显示，Previewer 和 Toolchains 在图 1.10 所示

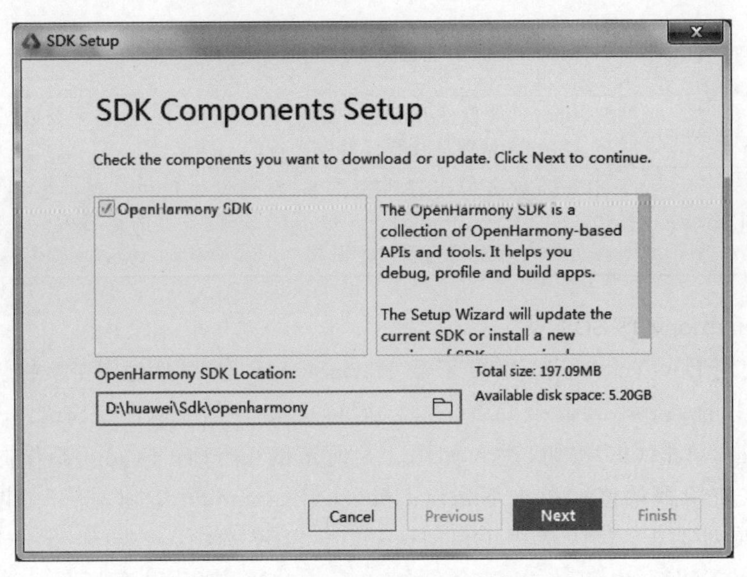

图 1.6　SDK 组件安装对话框(1)

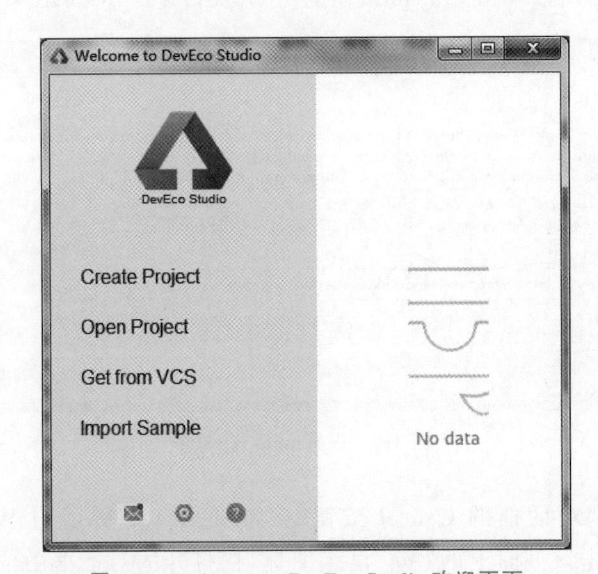

图 1.7　Welcome to DevEco Studio 欢迎页面

的 Tools 选项卡显示。如果要安装其他组件包,在图 1.9 所示的 HarmonyOS Legacy SDK 设置页面勾选对应的组件包,单击 Apply 按钮就可以下载安装其他组件了。

3. 配置 DevEco Studio

(1) 设置 IDE 主题。依次打开 Appearance&Behavior→Appearance 选项,在 Theme 下拉列表框中选择开发者偏好的主题。

(2) 设置字体、字号。依次打开 Editor→Font 选项,在 Font 下拉列表框中选择开发者

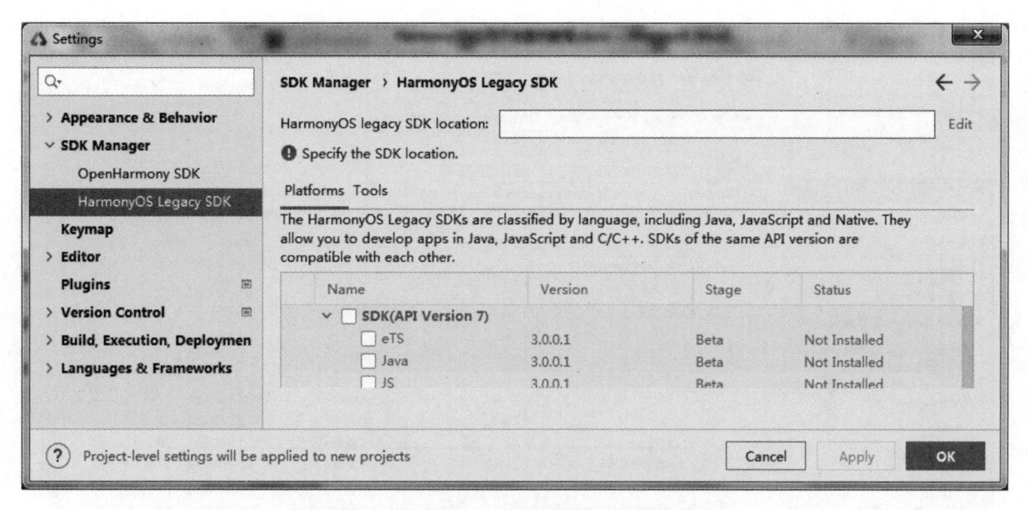

图 1.8　HarmonyOS Legacy SDK 设置页面(1)

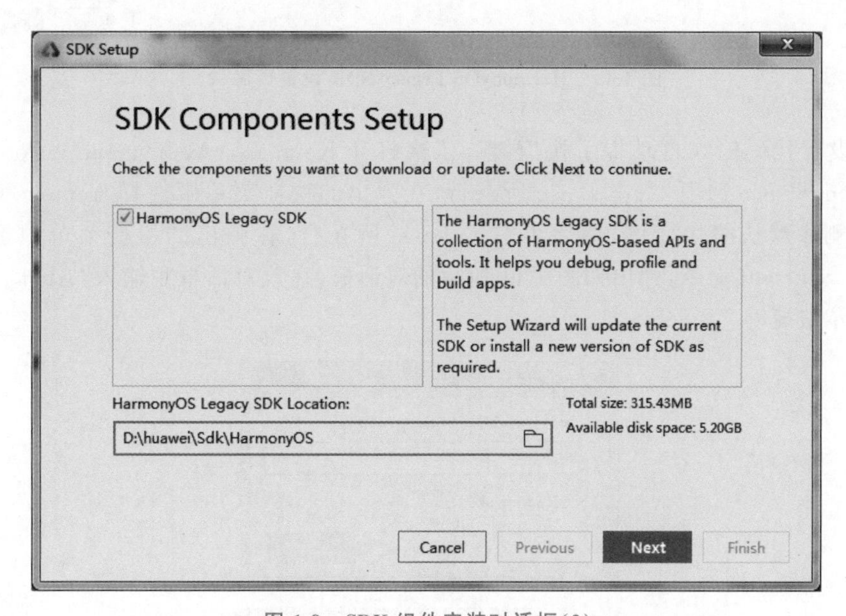

图 1.9　SDK 组件安装对话框(2)

偏好的字体，在 Size 输入框中输入开发者偏好的字号，在 Line Space 输入框中输入开发者偏好的行距。

(3) 设置自动导包。依次打开 Editor→General→Auto Import 选项，选中 Add unambiguous import on the fly 和 Optimize imports on the fly。

(4) 设置忽略大小写提示。依次打开 Editor→General→Code Completion 选项，取消选中 Match case。

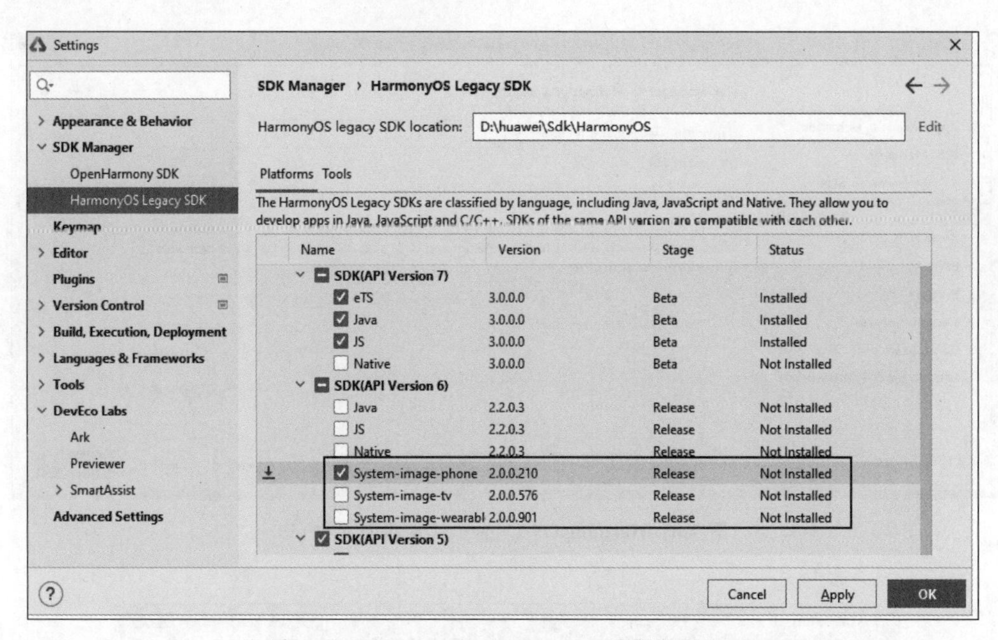

图 1.10 HarmonyOS Legacy SDK 设置页面(2)

(5) 设置代码输入自动提示快捷键。依次打开 Keymap→Main menu→Code→Code Completion→Basic 选项，右击 Basic 所在行，在弹出的快捷菜单中选择"remove Ctrl+空格"命令，删除默认的快捷键，然后再右击 Basic 所在行，在弹出的快捷菜单中选择 Add Keyboard Shortcut 命令，弹出如图 1.11 所示的对话框，在该对话框中输入"Alt+/"作为代码自动提示快捷键。

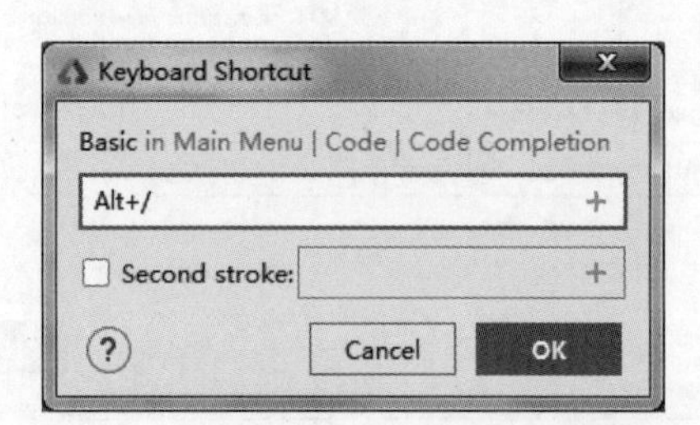

图 1.11 设置代码输入自动提示快捷键

扫一扫

1.3.3 搭建 macOS 平台下的开发环境

1. 安装 DevEco Studio

打开 https://developer.harmonyos.com/cn/develop/deveco-studio#download_beta 网页，弹出如图 1.2 所示的页面，单击 Mac 行右侧的"⭳"图标开始下载 DevEco Studio 的安装包 deveco-studio-3.0.0.800.dmg 文件。双击安装包待文件检测验证完毕后，打开如图 1.12 所示

的安装对话框，在对话框中拖动DevEco-Studio图标到Applications图标，即可完成macOS系统下DevEco Studio的安装。

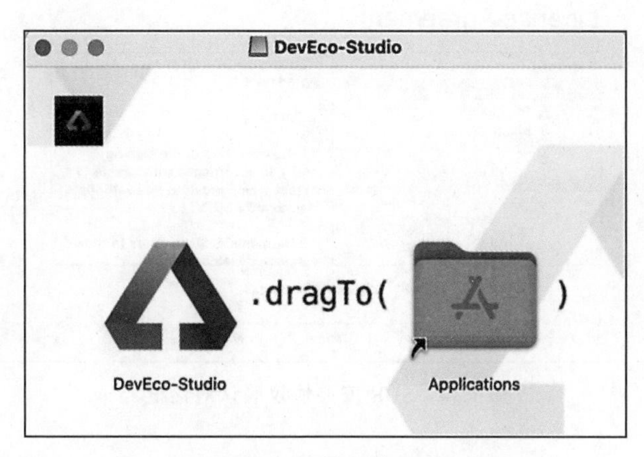

图1.12 在macOS下安装DevEco Studio

2. 安装HarmonyOS SDK

单击启动台中的“”图标启动DevEco Studio，打开Welcome to HUAWEI DevEco Studio页面，单击该页面上的“”设置图标，依次单击Settings→SDK Manager→HarmonyOS Legacy SDK选项，打开如图1.13所示的SDK Setup对话框，保持默认设置（开发者可以根据实际需要进行修改），将HarmonyOS SDK组件安装在“/Users/用户名/Library/Huawei/sdk”文件夹下，单击Next按钮打开如图1.14所示的SDK安装协议确认对话框。

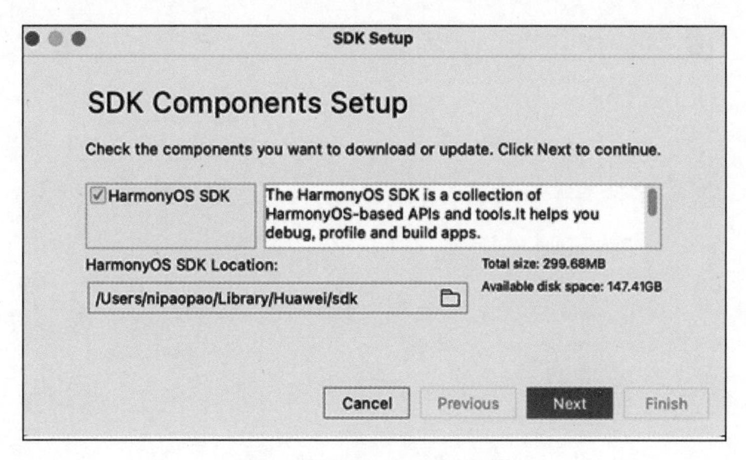

图1.13 SDK Setup对话框

在图1.14所示的SDK安装协议确认对话框中选择Accept选项接受许可证协议，并单击Next按钮开始下载安装Java SDK、JS SDK、Toolchains和Previewer组件。

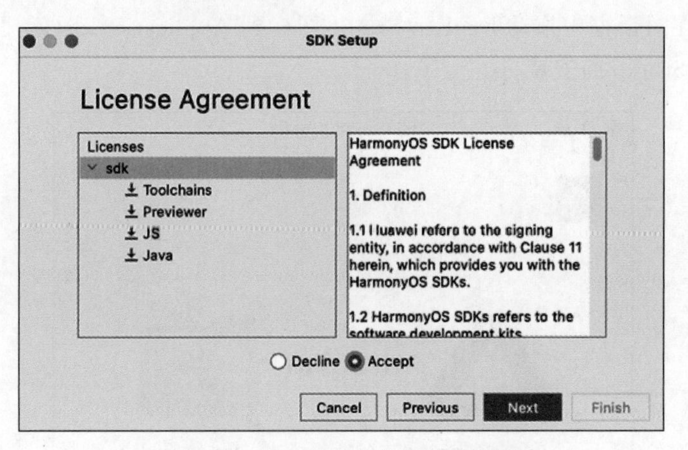

图 1.14　SDK 安装协议确认对话框

本章小结

本章首先介绍了 HarmonyOS 的发展与现状、技术架构与特点，然后详细介绍了 Windows 平台、macOS 平台下 HarmonyOS 应用程序开发环境搭建的步骤，为后续的 HarmonyOS 应用程序开发打下了基础。

第2章 HarmonyOS项目结构

HarmonyOS提供了支持多种开发语言的API，供开发者进行应用程序开发。支持的开发语言包括Java、XML（Extensible Markup Language）、C/C++、eTS（Extended TypeScript）、JS（JavaScript）、CSS（Cascading Style Sheets）和hml（HarmonyOS Markup Language）。目前，HarmonyOS应用程序的开发主要包括Java＋XML、JS＋hml＋CSS和eTS三种方式，本章结合在DevEco Studio环境下新建的第一个HarmonyOS项目，详细介绍前两种开发方式开发HarmonyOS应用程序的工程结构和目录结构。

扫一扫

2.1 项目结构

2.1.1 第一个HarmonyOS项目

1. 创建HarmonyOS项目

开发环境搭建完成后，第一次启动DevEco Studio时打开如图2.1所示的Welcome to

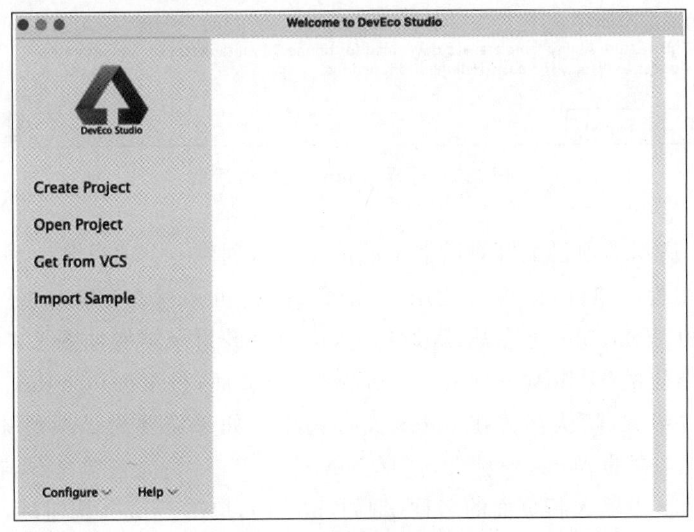

图2.1 创建项目对话框

DevEco Studio 对话框，单击 Create Project（创建项目）选项，打开如图 2.2 所示创建新 HarmonyOS 项目的 Create Project（创建项目）对话框，开发者可以根据需要在该对话框中选择相应的 Ability Template（Ability 模板）选项，之后就可以按照 Ability 模板创建一个新的 HarmonyOS 项目。在图 2.2 中选择 Empty Ability（空 Ability）模板，单击 Next 按钮，打开如图 2.3 所示的 HarmonyOS 项目配置对话框，在 Project name（项目名称）输入框中输入项目名称，在 Project type（项目类型）选项中选择 Application（应用程序），在 Bundle name（包名）输入框中输入包名，在 Save location（保存位置）输入框中选择项目的存放位置，在 Compatible API version（可用的 HarmonyOS SDK 版本）下拉列表框中选择 SDK 版本，在 Language（开发语言）选项中选择项目采用的开发语言，在 Device type（设备类型）选项中选择项目可运行的设备平台。配置完成新建 HarmonyOS 项目相关信息后，单击 Finish（完成）按钮，HarmonyOS 项目创建完成。

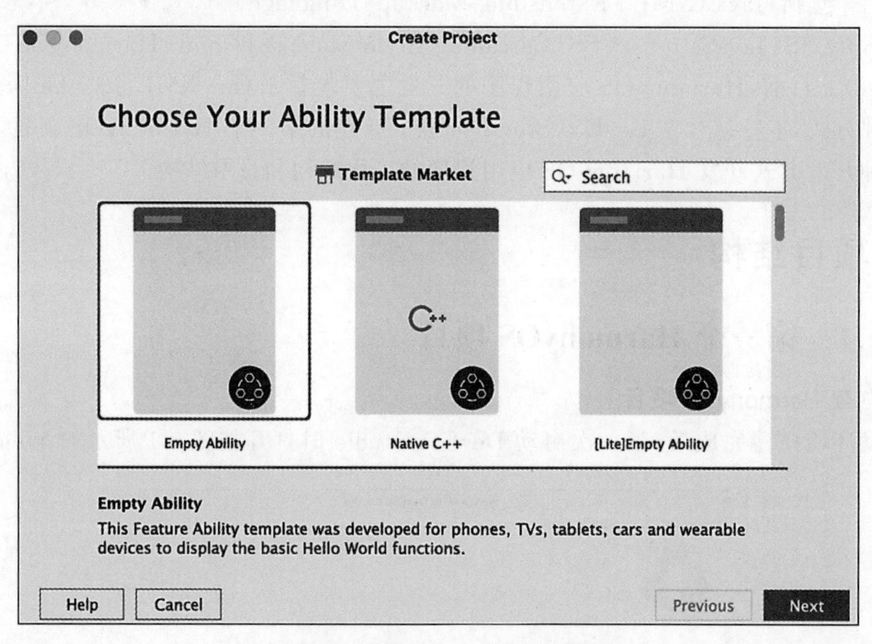

图 2.2　选择 Ability 模板对话框

例如，图 2.3 所示的项目配置对话框中的信息表示创建一个项目名为 HelloWorld_js 的 HarmonyOS 应用程序项目，该项目使用 JS 语言开发，可运行在 Phone（手机）、Tablet（平板）、TV（电视）和 Wearable（可穿戴）等设备上，该项目的目录结构如图 2.4 所示。从图 2.4 可以看出，当前创建的 HelloWorld_js 项目仅有一个页面，该页面由 index.hml、index.css、index.js 三个文件组成，默认存放在 index 文件夹中。如果需要为该项目添加一个新的页面，可以右击图 2.4 中的 pages 文件夹，选择 New→JS Page 快捷菜单命令，在 New JS Page（新 JS 页面）对话框中输入新页面的名称（例如，home），单击 Finish 按钮后，就可以在 pages 文件夹下新建一个以新页面名称命名的文件夹及对应的三个文件（例如，home 文件夹中

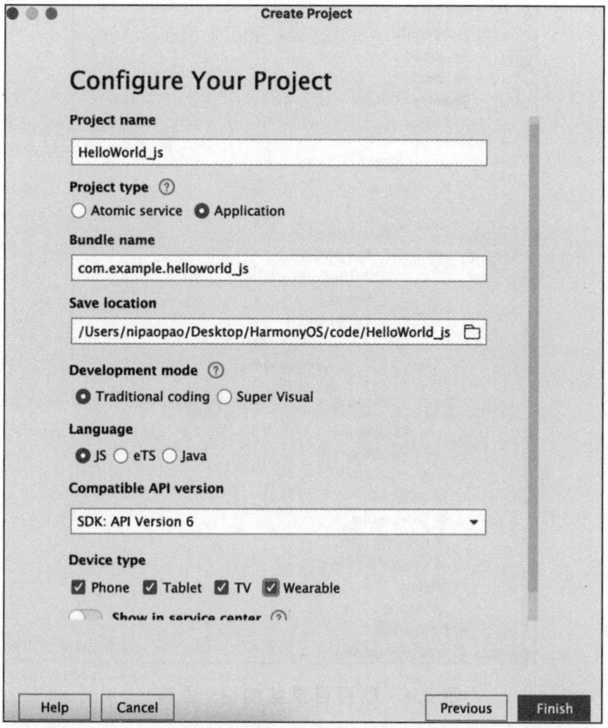

图 2.3　项目配置对话框

会自动产生 home.hml、home.css、home.js 文件)。

如果在图 2.3 所示的项目配置对话框中选择 Java 开发语言，则在 Device type 中会增加一个 Car(车机)设备选项，使用 Java 开发语言创建的项目目录结构如图 2.5 所示。

当然，在 DevEco Studio 启动完毕的开发环境窗口，也可以在菜单栏依次选择 File→New→New Project 菜单命令创建 HarmonyOS 项目。

2. 运行 HarmonyOS 项目

扫一扫

应用程序开发完成后，可以使用真机设备、模拟器进行运行和调试。模拟器分为本地模拟器(Local Emulator)和远程模拟器(Remote Emulator)。目前可以使用本地模拟器和远程模拟器运行和调试手机(Phone)、智慧屏(TV)和智能穿戴设备(Wearable)的应用程序/服务；平板(Tablet)的应用程序/服务只可以用远程模拟器进行运行和调试；轻量级智能穿戴设备(Lite Wearable)和智慧视觉(Smart Vision)的应用程序/服务可以使用 Simulator 进行运行和调试。DevEco Studio 的远程模拟器还提供了超级终端模拟器(Super device)供开发者调测跨设备应用程序/服务。

DevEco Studio 开发环境提供了丰富的 HarmonyOS 应用程序调试能力，远程模拟器既支持 Java、JS 和 eTS 等单语言调试，也支持 JS+Java 跨语言调试和分布式应用程序/服务的跨设备调试，同时可以支持运行已签名或未签名的应用程序，这样可以帮助开发者更方

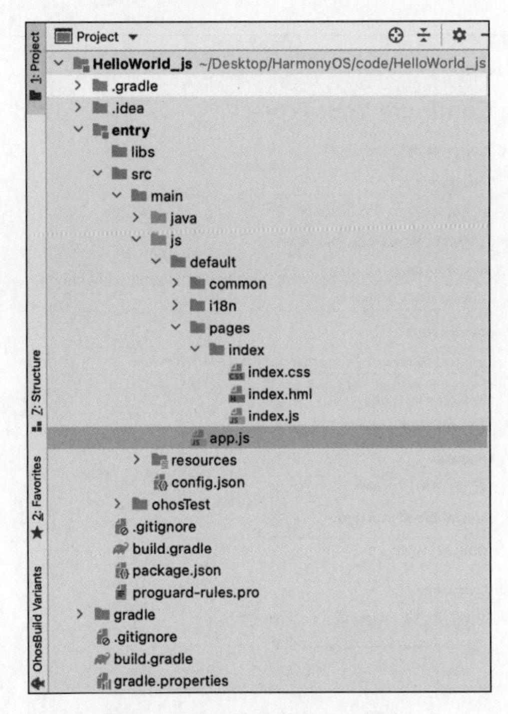

图 2.4　项目目录结构（JS 语言）

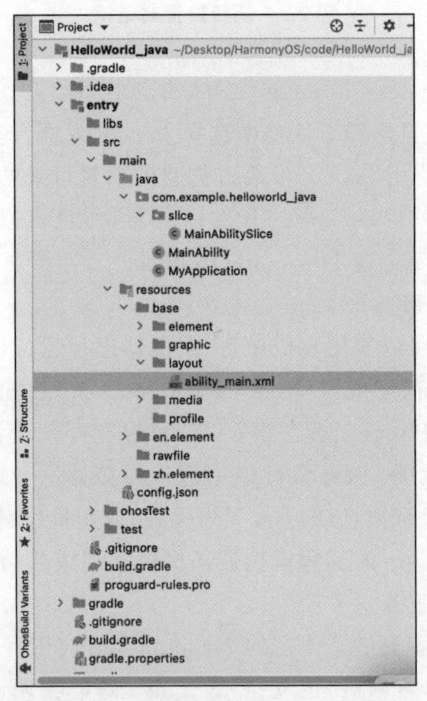

图 2.5　项目目录结构（Java 语言）

便、高效地调试应用程序。真机设备分为本地物理真机和远程真机。真机设备既支持Java、JS、eTS和C/C++单语言调试及JS+Java、Java+C/C++跨语言调试，也支持分布式应用程序/服务的跨设备调试，但是，在使用真机设备进行调试前，需要对鸿蒙Ability包(HarmonyOS Ability Package，HAP)进行签名后才能进行调试。

下面以远程模拟器运行和调试HarmonyOS应用程序为例，介绍DevEco Studio开发环境下应用程序的运行和调试步骤。

(1) 在DevEco Studio开发环境的菜单栏依次选择Tools(工具)→Device Manager(设备管理)菜单命令，打开如图2.6所示的HarmonyOS Device Manager(HarmonyOS设备管理)对话框。

图2.6　HarmonyOS设备管理对话框(登录)

(2) 单击图2.6所示对话框中的Sign In按钮，在打开的登录页面上输入开发者的华为账号和密码。登录成功后，DevEco Studio开发环境需要访问开发者的华为账号页面，并单击允许授权按钮进行授权。授权成功后，图2.6所示的HarmonyOS Device Manager对话框切换成如图2.7所示可供选择的远程模拟器设备列表框，在设备列表框中选择某个模拟器设备运行HarmonyOS应用程序。当然，开发者必须先注册成功华为开发者联盟账号，并完成实名认证后，才可以使用远程模拟器运行HarmonyOS应用程序。

(3) 在图2.7所示的设备列表中，开发者可以根据需要选择不同设备的远程模拟器，单击右侧的"▶"按钮或在DevEco Studio开发环境的工具栏中单击"▶"按钮，就可以启动运行远程模拟器。例如，选择Phone设备的P40模拟器，其运行效果如图2.8所示；P40模拟器加载 HarmonyOS 应用程序后，其运行效果如图 2.9 所示。

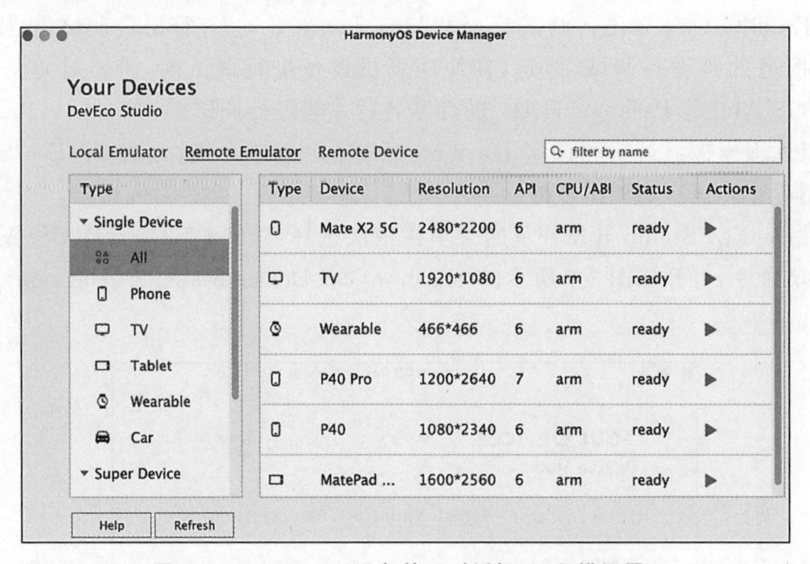

图 2.7　HarmonyOS 设备管理对话框（远程模拟器）

图 2.8　P40 远程模拟器

图 2.9　P40 远程模拟器（加载程序）

本地模拟器创建和运行在本地计算机上，不需要登录授权，在运行和调试应用程序/服务时，由于没有网络数据的交换，因此可以保持很好的流畅性和稳定性，但是需要耗费一定的计算机磁盘资源。创建和运行本地模拟器的步骤如下。

(1) 在 DevEco Studio 开发环境的菜单栏依次选择 Preferences→SDK Manager→HarmonyOS Legacy SDK(Windows 系统 Files→Settings→SDK Manager→HarmonyOS Legacy SDK)的选项卡命令，单击图 1.10 所示的 Platforms 选项卡，勾选并下载 Platforms 下的 System-image；单击图 1.10 所示的 Tools 选项卡，勾选并下载 Tools 下的 Emulator X86 资源。

(2) 在 DevEco Studio 开发环境的菜单栏依次选择 Tools→ Device Manager 菜单命令，在如图 2.10 所示的 Local Emulator 选项卡中单击右下角的"＋New Emulator(新建模拟器)"按钮，就会打开用于创建本地模拟器的相关对话框。

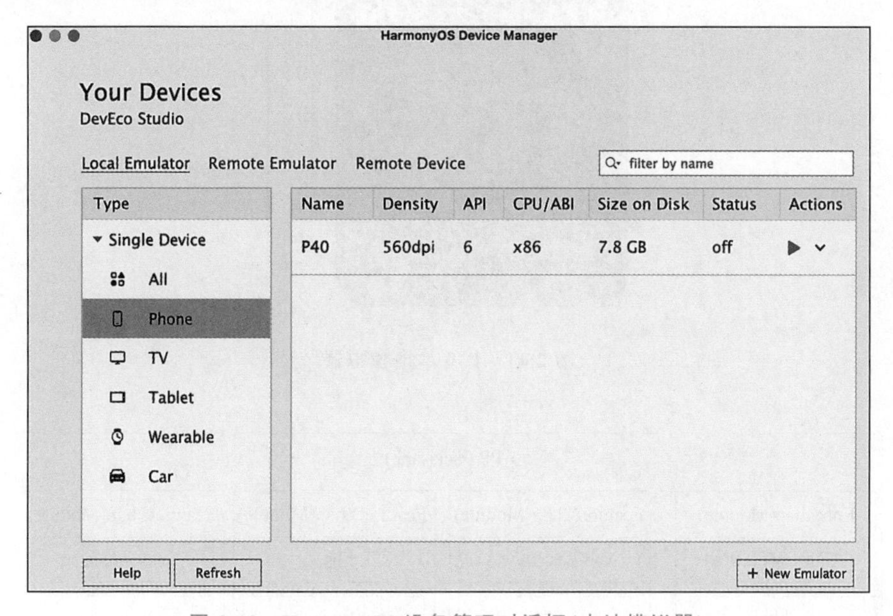

图 2.10　HarmonyOS 设备管理对话框(本地模拟器)

(3) 在创建模拟器的相关对话框中，可以选择一个默认的设备；也可以单击 New Hardware 按钮或默认设备后的克隆图标添加一个新设备，以便自定义设备的尺寸、分辨率、内存等参数。例如，图 2.10 所示的 HarmonyOS 设备管理页面中，创建完成了一个 P40 本地模拟器，单击右侧的"▶"图标可以启动运行本地模拟器，该模拟器的运行效果如图 2.11 所示。

2.1.2　工程结构

扫一扫

HarmonyOS 应用程序软件包以 APP Pack(Application Package，简称 APP)形式发布，它由一个或多个 HAP 和描述每个 APP Pack 属性的 pack.info 文件组成，如图 2.12 所

示。一个 HAP 在工程中对应一个 Module，它是由能力（Ability）抽象代码、资源（resources）、第三方库（libs）及应用配置文件（config.json）组成的。

图 2.11　P40 本地模拟器

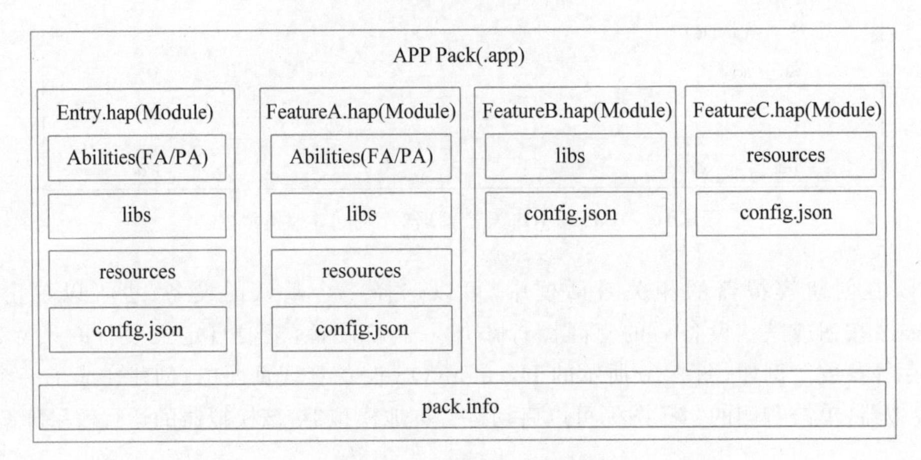

图 2.12　APP Pack 的组成

HAP 可以分为 Entry 和 Feature 两种类型模块。Entry 是可以独立安装运行的应用程序主模块，在一个 APP 中，同一类型的设备可以包含一个或多个 Entry 类型的 HAP。Feature 是应用程序的动态特性模块，在一个 APP 中，可以包含一个或多个 Feature 类型模块的 HAP,也可以不包含,只有包含 Ability 的 HAP 才能独立运行。

1. Ability

Ability 是 HarmonyOS 应用程序所具备能力的抽象,一个应用程序可以包含一个或多个 Ability。HAP 是 Ability 的部署包,应用程序代码围绕 Ability 组件展开,它由一个或多个 Ability 组成。一个 Ability 中可以包含一个或多个 AbilitySlice,AbilitySlice 用来展示图片、文本等需要在页面上显示的内容。Ability 相当于应用程序的一个窗口,AbilitySlice 相当于这个窗口里面的一个页面;如果执行 Ability 切换操作,就会弹出一个应用程序窗口;如果执行 AbilitySlice 切换操作,就相当于在同一个应用程序窗口切换新的页面内容。

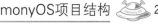

Ability 的 FA 和 PA 类型都为开发者提供了不同的模板,以便实现不同的业务功能。FA 支持 Page Ability,有 UI(User Interface,用户界面);Page 模板是 FA 唯一支持的模板,用于提供与用户交互的能力;一个 Page 实例可以包含一组相关页面,每个页面用一个 AbilitySlice 实例表示。PA 支持 Service Ability 和 Data Ability,无 UI;Service 模板用于提供后台运行任务的能力;Data 模板用于对外部提供统一的数据访问抽象。

在配置文件(config.json)中注册 Ability 时,可以通过配置 Ability 元素中的 type 属性指定 Ability 模板类型,示例代码如下。

```
1  {
2      "module": {
3          ...
4          "abilities": [
5              {
6                  ...
7                  "type": "page"
8                  ...
9              }
10         ]
11         ...
12     }
13     ...
14 }
```

上述第 7 行代码的 type 的取值可以为 page、service 或 data,分别表示 Page 模板、Service 模板、Data 模板。基于 Page 模板、Service 模板、Data 模板实现的 Ability 分别称为 Page Ability、Service Ability、Data Ability。

2. 库文件

库文件是应用程序依赖的第三方代码,可以包括 so、jar、bin 和 har 等格式的二进制文件,存放在工程项目的 libs 目录中。HarmonyOS 应用程序开发提供了三种常用的第三方库引入方式,具体包括 Maven 仓的依赖方式、Module 的依赖方式和 Har 包的依赖方式,这些依赖方式都是通过配置工程项目的 build.gradle 文件实现的。

3. 资源文件

应用程序需要访问的字符串、图片、音频等资源文件,存放在工程项目的 resources 目录中，便于开发者使用和维护。resources 目录下包括两大类目录：一类为 base 目录与限定词目录，按照两级目录形式组织，目录命名必须符合规范，以便根据设备状态匹配相应文件夹中的资源文件，在编译过程中会被编译成二进制文件，并赋予相应的资源标识符处理；在该类目录下可以创建包括 element、media、animation、layout、graphic、profile 等资源目录，用于存放特定类型的资源文件；另一类为 rawfile 目录，可以由开发者在该目录下创建多层子目录，目录名称可以自定义，这些子目录用于存放应用程序中要访问的各类资源文件，在编译过程中不会被编译为二进制码。例如，图 2.13 所示的 student.db 表示应用程序中要访问的数据库资源文件。

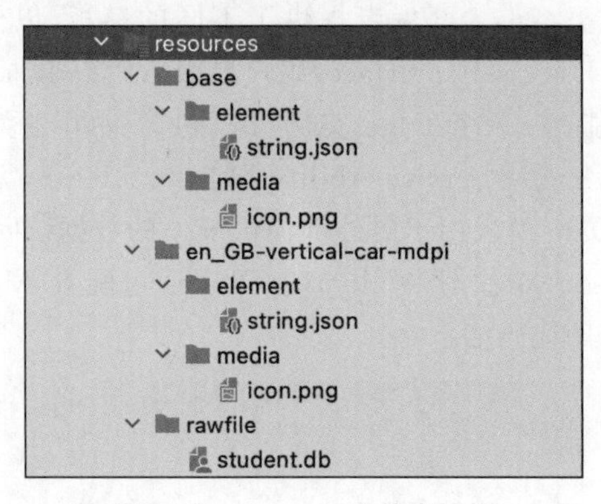

图 2.13 resources 文件夹结构

1）base 目录

创建工程项目中默认包含 base 目录，当应用程序的 resources 目录中没有与设备状态匹配的限定词目录时，会自动引用此目录中的资源文件。在该目录下可以创建如表 2.1 所示的二级子目录，用于存放字符串、颜色、布尔值、媒体、动画、布局等资源文件。

表 2.1 配置文件的内部结构说明

资源文件夹	资源文件说明
base/element	存放字符串、整型数、颜色、样式等资源的 JSON 文件。每个资源均由 json 格式进行定义，文件名称建议用 boolean.json（布尔型）、color.json（颜色）、float.json（浮点型）、intarray.json（整型数组）、integer.json（整型）、pattern.json（样式）、plural.json（复数形式）、strarray.json（字符串数组）、string.json（字符串值）等，每个文件中只能包含同一类型的数据
base/graphic	存放 xml 类型的可绘制资源，如 SVG（Scalable Vector Graphics，可缩放矢量图形）文件及包含矩形、圆形、线等 Shape 类型的几何图形等
base/layout	存放 xml 类型的界面布局文件
base/media	存放图片、音频、视频等非文本格式的媒体资源文件，支持“.png”“.gif”“.mp3”“.mp4”等文件格式
base/animation	存放 xml 类型的动画资源

续表

资源文件夹	资源文件说明
base/profile	存放任意格式的原始资源文件。但是，如果资源文件存放在 rawfile 文件夹中，则不会根据设备的状态匹配不同的资源，而需要指定文件路径和文件名进行引用
rawfile	

例如，图 2.13 中 base 目录下 element 二级子目录中的 string.json 字符串资源文件，其代码格式如下。

```
1  {
2    "string": [
3      {
4        "name": "companyname",
5        "value": "南京师范大学泰州学院"
6      },
7      {
8        "name": "companyaddress",
9        "value": "江苏泰州"
10     }
11   ]
12 }
```

如果在 config.json 文件中需要引用 companyaddress 的值，可以使用“$string: companyaddress”格式。如果需要创建颜色资源文件，则将上述第 2 行代码的“string”修改为“color”。

base 目录用于定义浅色模式下可以引用的资源，开发者也可以在 resources 目录下创建一个 dark 子目录，用于定义深色模式下可以引用的资源，如果没有该目录，则深色模式下仍然使用 base 文件夹中定义的资源。当应用程序的 resources 资源目录中没有与设备状态匹配的限定词目录时，会自动引用 base 目录中的资源文件。

2）限定词目录

限定词目录是由开发者自行创建的一级子目录，目录名称由一个或多个表征应用场景或设备特征的限定词组合而成，包括语言、文字、国家或地区、横竖屏、设备类型、颜色模式和屏幕密度等维度，限定词之间通过下画线(_)或者中画线(-)连接。可以根据应用程序的使用场景和设备特征选择其中的一类或几类组成目录名称。例如，zh_CN-vertical-car-mdpi 限定词目录中的 zh 表示中文、CN 表示中国、vertical 表示竖屏、car 表示车机设备、mdpi 表示中规模屏幕密度，合起来表示如果是中国中文竖屏中分辨率的车机设备，就可以适配此子目录中的资源文件。

4. 配置文件

应用程序的每个 HAP 包都有一个 config.json 配置文件，该文件由 app、deviceConfig 和 module 三部分组成，缺一不可。配置文件的内部属性功能说明见表 2.2，文件主要涵盖以下三方面内容。

表 2.2 配置文件的内部属性功能说明

属性名	数据类型	是否可缺省	功能说明
app	对象	否	表示项目的全局配置信息，同一项目的不同 HAP 包的项目配置信息必须保持一致
deviceConfig	对象	否	表示应用程序在具体设备上的配置信息
module	对象	否	表示项目中每个 HAP 包的配置信息，该属性下的配置仅对当前 HAP 包生效

(1) app(项目的全局配置信息)。包含项目的包名、生产厂商、版本号等基本信息。

(2) deviceConfig(应用程序在具体设备上的配置信息)。包含应用程序的备份恢复、网络安全等能力。

(3) module(HAP 包的配置信息)。包含每个 Ability 必须定义的包名、类名、类型及 Ability 提供的能力等基本属性，以及 HAP 包访问系统或其 HAP 包受保护部分所需的权限等。

扫一扫

2.2 Java 工程

2.2.1 Java 工程目录结构

使用 Java 语言开发的 HarmonyOS 项目目录结构如图 2.5 所示，应用程序涉及的代码、资源、第三方库及配置文件等主要保存在工程项目文件夹下，具体包括下列文件夹和文件。

(1) .gradle：Gradle 配置文件，由系统自动生成，一般情况下不需要修改。

(2) entry：默认启动模块(主模块)，开发者用于编写源码文件以及开发资源文件的文件夹。

- libs 文件夹：用于存放 entry 模块的依赖文件。
- src/main/java：用于在以包名命名的文件夹内存放 Java 源码。
- src/main/resources：用于存放应用程序所用到的图形、多媒体、字符串等资源文件和布局文件。
- src/main/config.json：应用程序的配置文件。
- src/ohosTest：HarmonyOS 应用程序测试框架，运行在模拟器或者真机设备上。
- src/test：编写单元测试代码的文件夹，运行在本地 Java 虚拟机(JVM)上。
- .gitignore：标识 git 版本管理需要忽略的文件。
- build.gradle：entry 模块的编译配置文件。

(3) build：用于存放最终编译完成后的应用程序包，也就是 HAP 包。HAP 包中包含了项目中用到的图片、布局、代码及各种资源。

扫一扫

2.2.2 Java 工程配置文件

Java 工程项目在创建 Module(模块)时都会由开发工具自动创建一个文件名为 config.

json 的 Module 配置文件，该文件位于 entry/src/main 文件夹下，entry 的名称由创建的 Module 名称决定。config.json 配置文件的内容为 json 格式，表 2.2 介绍了配置文件包含的 app、deviceConfig 和 module 三个主要属性配置项以及它们详细的功能，下面详细介绍 config.json 配置文件中出现的具体配置项及功能。

1. app

app 属性配置项的代码格式一般如下。

```
1   "app": {
2     "bundleName": "com.example.helloworld_java",
3     "vendor": "example",
4     "version": {
5       "code": 1000000,
6       "name": "1.0.0"
7     }
8     "apiVersion": {
9             "compatible": 3,
10            "target": 3,
11            "releaseType": "Beta1"
12     }
13  },
```

上述代码中的 bundleName 用于标识应用程序的唯一性的包名，通常用反向公司域名表示。vendor 用于描述应用程序开发者。version 用于标识应用程序的版本信息，其中 code 用于标识内部版本号，仅用于 HarmonyOS 管理版本使用，对应用程序的用户不可见；name 用于标识应用程序的版本名，对应用程序的用户可见。apiVersion 用于标识应用程序依赖的 HarmonyOS 的 API 版本，其中 compatible 用于标识应用程序运行需要的最小 API 版本；target 用于标识应用程序运行需要的目标 API 版本；releaseType 用于标识应用程序运行需要的目标 API 版本类型，releaseType 的值包括 Canary$N$（受限发布的版本）、Beta$N$（公开发布的 Beta 版本）或 Release（公开发布的正式版本）等，其中 N 代表大于零的整数。

2. deviceConfig

deviceConfig 属性配置项的代码格式一般如下。

```
1   "deviceConfig": {
2       "default": {
3           "process": "com.example.helloworld_java",
4           "supportBackup": false,
5           "network": {
6               "cleartextTraffic": true,
7               "securityConfig": {
8                   "domainSettings": {
9                       "cleartextPermitted": true,
10                      "domains": [
11                          {
12                              "subdomains": true,
```

```
13                              "name": "example.ohos.com"
14                          }
15                      ]
16                  }
17              }
18          }
19      }
20  }
```

上述代码中的 default 用于标识所有设备通用的应用配置信息。process 用于标识应用程序或 Ability 的进程名，如果 deviceConfig 下配置了 process 属性，则该应用程序的所有 Ability 都运行在该进程中；如果 abilities 下也为某个 Ability 配置了 process 属性，则该 Ability 就运行在该配置的进程中。supportBackup 用于标识应用程序是否支持备份和恢复；process 属性和 supportBackup 属性仅适用于手机、平板、智慧屏、车机及智能穿戴设备。network 用于标识网络安全性配置信息，该属性允许应用程序通过配置文件的安全声明自定义其网络安全，无须修改应用程序代码；其中 cleartextTraffic 用于标识是否允许应用程序使用明文网络流量；securityConfig 用于标识应用程序的网络安全配置信息；domainSettings 用于标识自定义的网络范围的安全配置；cleartextPermitted 用于标识自定义的网络范围内是否允许明文流量传输；domains 用于标识域名配置信息；subdomains 用于标识是否包含子域名；name 用于标识域名名称。

3. module

module 属性配置项的代码格式一般如下。

```
1   "module": {
2     "package": "com.example.helloworld_java",
3     "name": ".MyApplication",
4     "mainAbility": "com.example.helloworld_java.MainAbility",
5     "deviceType": [
6       "phone",
7       "tablet",
8       "tv",
9       "wearable",
10      "car"
11    ],
12    "distro": {
13      "deliveryWithInstall": true,
14      "moduleName": "entry",
15      "moduleType": "entry",
16      "installationFree": false
17    },
18    "abilities": [
19      {
20        "skills": [
21          {
```

```
22            "entities": [
23              "entity.system.home"
24            ],
25            "actions": [
26              "action.system.home"
27            ]
28          }
29        ],
30        "orientation": "unspecified",
31        "name": "com.example.helloworld_java.MainAbility",
32        "icon": "$media:icon",
33        "description": "$string:mainability_description",
34        "label": "$string:entry_MainAbility",
35        "type": "page",
36        "launchType": "standard"
37      }
38    ]
39  }
```

上述代码中的 package 用于标识 HAP 的唯一性的包名，通常用反向公司域名表示；name 用于标识 HAP 的类名，前缀需要与同级的 package 指定的包名一致，也可以直接以“.”加类名的形式指定；mainAbility 用于标识 HAP 包的入口 ability 名称；deviceType 用于标识允许 Ability 运行的设备类型。distro 用于标识 HAP 发布的具体描述信息，deliveryWithInstall 用于标识当前 HAP 是否支持随应用程序一起安装，moduleName 用于标识当前 HAP 的名称，moduleType 用于标识当前 HAP 的类型，installationFree 用于标识当前 FA 是否支持免安装特性。abilities 用于标识当前 Module 内包含的所有 Ability 配置信息，采用对象数组格式，每个元素表示一个 Ability，skills 用于标识 Ability 能够接收的 Intent 的特征。如果 entities 属性值为 entity.system.home，则表示能够接收的 Intent 的 Ability 的类别可以包含一个或多个 entity。如果 actions 属性值为 action.system.home，则表示能够接收的 Intent 的 action 值可以包含一个或多个 action。orientation 表示 Ability 的显示模式，如果它的属性值为 unspecified，则表示由系统自动判断方向。abilities 配置项下的 name 用于标识 Ability 名称；icon 用于标识 Ability 图标资源文件的索引，如果它的属性值为 $ media:icon，则表示引用 media 目录下的 icon 资源；description 用于标识 Ability 的描述信息；label 用于标识 Ability 对用户显示的名称，也就是应用程序安装到设备后显示的名称；type 用于标识 Ability 的 Type 类型，该值可以为 page、service 或 data；launchType 用于标识 Ability 的启动模式。Ability 支持 standard（多实例）、singleton（单实例）或 singleMission（单任务）三种启动模式。

2.2.3 应用程序的运行过程

用 Java 语言开发的 HarmonyOS 工程项目，运行时首先解析项目中的 config.json 配置文件，根据配置文件对项目进行初始化，并获取项目运行需要的入口 Ability 的全类名，然后根据类名找到 Ability 运行，在运行 Ability 时需要加载定义应用程序界面的 xml 布局文件，最后根据布局文件在设备界面上展示应用程序的页面内容。

扫一扫

2.3 JS 工程

2.3.1 JS 工程目录结构

使用 JavaScript 语言开发的 HarmonyOS 项目目录结构如图 2.4 所示，应用程序涉及的 UI 代码、业务逻辑代码、媒体资源等主要保存在工程项目的 entry/src/main/js/default 文件夹下，具体包括下列文件夹和文件。

(1) common 文件夹：用于存放媒体资源、自定义组件和 js 类型的业务逻辑文档等公共资源文件。

(2) i18n 文件夹：用于存放多语言的 JSON 文件，可以在该文件夹下创建应用程序在不同语言系统下显示的内容。开发者只要通过定义资源文件和引用资源两个步骤，就可以使用开发框架的多语言能力。

(3) pages 文件夹：用于存放 1 个或多个应用程序的页面，每个页面都需要创建一个页面文件夹，用于保存页面的布局文件(hml 类型格式)、页面的样式文件(css 类型格式)和页面的逻辑文件(js 类型格式)。例如，图 2.4 中 index 页面文件夹下的 index.hml 文件、index.css 文件和 index.js 文件，具体功能如下。

- hml 类型格式文件(index.hml)：用于定义页面的布局结构、组件及这些组件的层级关系。该文件使用 hml 语法格式定义页面，通过组件、事件构建页面的内容，并且页面具有数据绑定、事件绑定、列表渲染、条件渲染和逻辑控制等高级能力。
- css 类型格式文件(index.css)：用于定义页面的样式与布局，包含样式选择器和各种样式属性等。该文件使用 css 语法格式定义组件和页面的样式；如果在样式文件中没有定义组件的样式，则使用系统默认样式。
- js 类型格式文件(index.js)：用于描述页面的业务逻辑功能、处理页面与用户交互等所用到的所有逻辑关系，包括数据、事件等。

(4) app.js 文件：用于全局 JS 业务逻辑文件和应用程序生命周期的管理。它也是应用程序的入口，用于配置应用程序的生命周期。当创建应用程序时调用 onCreate()函数，当退出应用程序时调用 onDestroy()函数。从 API version 6 开始，当应用程序切换至前台时调用 onShow()函数；当应用程序切换至后台时调用 onHide()函数。

每一个 HarmonyOS 应用程序的 JS 工程项目目录结构中都必须包含 pages 文件夹和 app.js 文件，在 DevEco Studio 开发环境下，它们一般会随着工程项目的创建而自动生成，其他文件夹是可选的，可以由开发者根据实际项目需要创建。i18n 和 resources 是保留文件夹，不可以重命名。另外，从 API version 5 开始，如果一个工程的多个实例需要共享资源，则可以在工程中创建一个 share 文件夹，并在该文件夹中配置多个实例共享的资源内容。

如果 share 文件夹中的资源文件和实例中的资源文件同名且目录一致，则在资源引用时，实例中资源的优先级高于 share 中资源的优先级。

2.3.2 JS 工程中的文件访问

工程项目目录结构中的资源文件可以通过绝对路径或相对路径的方式进行访问，绝对路径以“/”(根目录)开头，相对路径以“./”(当前目录)或“../”(父目录)开头，具体访问规则如下。

(1) 引用代码文件时建议使用相对路径。例如，“../common/utils.js”表示引用父文件夹下的 common 文件夹中的 utils.js 业务逻辑代码文件。

(2) 引用资源文件时建议使用绝对路径。例如，“/common/banner.png”表示引用根文件夹下的 common 文件夹中的 banner.png 图片文件。

(3) 公共代码文件和资源文件建议存放在 common 文件中，并通过以上两条规则进行访问。

(4) 在 css 类型格式的样式文件中，如果需要引用资源文件，则通过 url()函数创建 url 数据类型的对象。例如，在样式文件中引用根文件夹下的 common 文件夹中的 banner.png 图片文件，可以用如下代码实现。

```
1   url(/common/banner.png)
```

在 HarmonyOS 应用程序的工程项目中进行文件访问时，代码文件 a.js 需要引用代码文件 b.js，如果这两个文件位于同一文件夹中，那么代码文件 b.js 既可以用相对路径引用资源文件，也可以用绝对路径引用资源文件；如果这两个文件不在同一文件夹中，由于 Webpack 打包时，代码文件 b.js 的文件夹会发生变化，所以代码文件 b.js 只能用绝对路径引用资源文件。

2.3.3 JS 工程配置文件

JS 工程项目配置文件中的具体配置项及功能与 Java 工程项目基本一样，但 JS 工程项目配置文件中多了一个 js 属性配置项。js 属性配置项的代码格式一般如下。

```
1   "js": [
2       {
3         "name": "default",
4         "pages": [
5           "pages/index/index",
6           "pages/detail/detail"
7         ],
8         "window": {
9           "designWidth": 720,
10          "autoDesignWidth": true
11        }
```

```
12            "type": "form"
13          }
14  ]
```

上述代码中的 name 用于标识 JS Component（JS 组件）的名字，不可缺省，默认值为 default。pages 用于标识应用程序中所有页面的路由信息，不可缺省，第一个数组元素代表应用程序运行时显示的第一个页面（首页）。window 用于标识与显示窗口相关的配置信息，designWidth 用于标识页面设计的基准宽度，以此为基准，根据实际设备宽度缩放元素大小；autoDesignWidth 用于标识页面设计的基准宽度是否自动计算，当值为 true 时，designWidth 属性值会被忽略，设计基准宽度由设备宽度与屏幕密度计算得出。type 用于标识 JS 应用程序的类型，值为 normal 表示该 JS Component 为应用实例，值为 form 表示该 JS Component 为卡片实例。

扫一扫

2.3.4 页面布局文件

页面布局文件使用 hml 语言编写，每一个 HarmonyOS 应用程序的页面都可以由容器组件、基础组件、媒体组件、画布组件、栅格组件、svg 组件及自定义组件的标签和属性构成。hml（HarmonyOS Markup Language）是一套类 html 的标记语言，也是一种使用＜标签＞和＜/标签＞构建页面布局的语言，并通过组件、事件构建页面的内容。hml 具有页面数据绑定、事件绑定、列表渲染、条件渲染和逻辑控制等高级能力。

【范例 2-1】 实现图 2.14 所示页面效果。

图 2.14　页面效果

hml 的代码如下。

```
1   <div>
2       <text style="font-size: 20fp;">
3           欢迎倪泡泡进入鸿蒙应用开发课程
4       </text>
```

```
5  </div>
```

上述第 2～4 行代码用 text 标签定义一个 text 组件，在 text 组件上显示"欢迎倪泡泡进入鸿蒙应用开发课程"字符串，并用 style 属性定义字符串的样式，即 font-size（字号）为 20fp。

1. 数据绑定

范例 2-1 实现的页面内容是静态的，但在很多应用场景中页面内容需要动态变化。这种动态变化的内容，可以用数据绑定机制实现。

1）作用于页面内容

通常，范例 2-1 中的"倪泡泡"会根据登录用户昵称的变化而变化，也就是 text 组件中显示昵称的部分应该是动态变化的，这样的效果可以用数据绑定形式实现。

【范例 2-2】 将范例 2-1 中的"倪泡泡"根据登录用户的昵称动态显示。

hml 的代码如下。

```
1  <div>
2      <text style="font-size: 20fp;">
3          欢迎{{username}}进入鸿蒙应用开发课程
4      </text>
5  </div>
```

上述第 3 行代码用{{username}}格式实现了将 js 代码中 username 变量的值绑定到 hml 页面，并显示在页面上。

与上述 hml 代码对应的 js 的代码如下。

```
1  export default {
2      data: {
3          username:"倪红军"
4      }
5  }
```

2）作用于组件属性

页面上组件的显示效果在某些应用场景下也需要动态变化，这种情况可以通过绑定组件的属性值实现。

扫一扫

【范例 2-3】 用数据绑定方式设定范例 2-2 中 div 组件的背景色和 text 组件的字号。

hml 的代码如下。

```
1  <div class="bcolor{{ colorid }}">
2      <text style="font-size : {{textsize}};">
3          欢迎{{ username }}进入鸿蒙应用开发课程
4      </text>
5  </div>
```

上述代码第1行用class属性定义div组件的背景色,第2行用style属性定义text组件的样式。第1行代码的{{ colorid }}和第2行代码的{{textsize}}都在组件属性中使用了数据绑定。

与上述hml代码对应的js代码如下。

```
1   export default {
2       data: {
3           username: "倪红军",
4           textsize: "65fp",
5           colorid: 1
6       }
7   }
```

与上述hml代码对应的css代码如下。

```
1   .bcolor1{
2       background-color: red;
3   }
4   .bcolor2{
5       background-color: yellow;
6   }
```

当js代码中的colorid值为1时,hml页面中div组件的背景色为red(红色);当js代码中的colorid值为2时,hml页面中div组件的背景色为yellow(黄色)。

3) 作用于控制组件

在显示页面内容时,通常会出现只有在满足某个条件的情况下,页面布局文件中定义的组件才能显示出来。也就是说,可以通过设置某个条件控制组件的显示或隐藏效果。

【范例2-4】 用数据绑定方式实现flag值为true时,显示"密码正确"的text组件;flag值为false时,显示"密码错误"的text组件。

hml的代码如下。

```
1   <div >
2       <text if="{{flag}}">
3           密码正确
4       </text>
5       <text else >
6           密码错误
7       </text>
8   </div>
```

上述第2～7行代码使用if…else…结构进行条件渲染,根据flag变量的值决定页面显示的text组件。

js的代码如下。

```
1  export default {
2      data: {
3          flag:false
4      }
5  }
```

4）进行简单的运算

在页面布局文件中使用数据绑定进行的运算，包括三元运算、逻辑运算、算术运算和字符串运算等。

【范例 2-5】 用三元运算方式实现 flag 值为 true 时，button 按钮不可用；flag 值为 false 时，button 按钮可用。

hml 的代码如下。

```
1  <div>
2     <button type="text" disabled="{{flag? true:false}}">确定</button>
3  </div>
```

上述代码用 button 标签在页面上定义一个 button 组件，type 属性用于指定 button 按钮的类型，disabled 属性用于指定 button 按钮是否可用。js 的代码与范例 2-4 的代码相似，限于篇幅，这里不再赘述。

【范例 2-6】 将 a、b、c 三个变量的和显示在页面上。

hml 的代码如下。

```
1  <div>
2     <text>a+b+c={{ a + b + c }}</text>
3  </div>
```

上述第 2 行代码表示求出 a、b、c 三个变量之和，并显示在页面上，运行效果如图 2.15 所示。

图 2.15　数据绑定（简单运算）

js 的代码如下。

```
1   export default {
2       data: {
3           a:1,
4           b:12,
5           c:34
6       }
7   }
```

2. 列表渲染

扫一扫

页面上显示的内容除可以绑定普通变量外，也可以绑定数组变量，即让组件在页面上批量显示。

【范例 2-7】 用列表渲染方式实现图 2.16 所示效果。

图 2.16 列表渲染效果(1)

hml 的代码如下。

```
1   <div>
2       <div for="{{ citys }}">
3           <text>{{ $idx + 1 }}.{{ $item }}</text>
4       </div>
5   </div>
```

上述第 2 行代码中的 for 属性用于实现列表渲染，也就是将 citys 数组中的每个元素按照"{{ $idx + 1 }}.{{ $item }}"格式显示在页面上。其中 $item 默认代表数组中的元素，$idx 默认代表数组中的元素索引。也可以按照如下代码格式自定义元素变量、索引名称。

```
1   <div>
2       <div for="{{ (id, cityname) in citys }}">
3           <text>{{ id + 1 }}.{{ cityname }}</text>
```

```
4       </div>
5   </div>
```

上述第 2 行代码的“(id, cityname)”表示分别自定义索引名称为 id、元素变量名称为 cityname。

js 的代码如下。

```
1   export default {
2       data: {
3           flag: false,
4           citys: ['泰州', '常州', '无锡', '扬州']
5       }
6   }
```

for 属性实现列表渲染时，有下列三种形式。

- for="{{arrayname}}"：表示遍历数组对象 arrayname，arrayname 数组的元素索引名称默认为 $idx、元素变量名称默认为 $item。
- for="{{value in arrayname}}"：表示遍历数组对象 arrayname，其中 value 为自定义的元素变量名称，而元素索引名称仍然默认为 $idx。
- for="{{(id, value) in arrayname}}"：表示遍历数组对象 arrayname，其中 id 为自定义的元素索引名称，value 为自定义的元素变量名称。

【范例 2-8】 用列表渲染中的自定义元素索引名称和自定义元素变量名称，实现图 2.17 的显示效果。

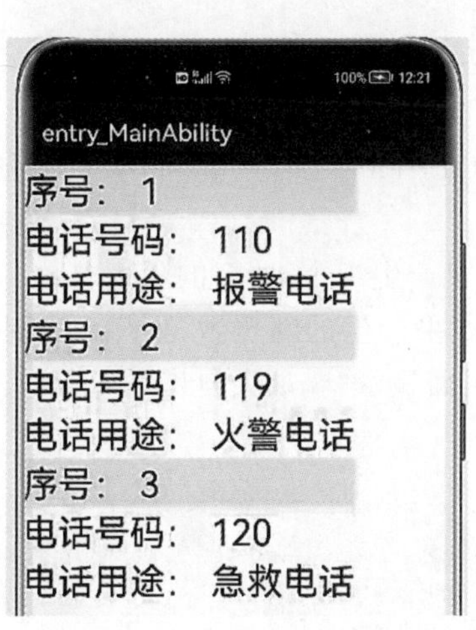

图 2.17 列表渲染效果(2)

hml 的代码如下。

```
1   <div style="display : flex; flex-direction : column;">
```

```
2       <div style="display : flex; flex-direction : column;"  for="{{ (id,
phone) in phones }}">
3           <text style="background-color : antiquewhite;">
4               序号：{{ id + 1 }}
5           </text>
6           <text>
7               电话号码：{{ phone.phonetel }}
8           </text>
9           <text>
10              电话用途：{{ phone.phonename }}
11          </text>
12      </div>
13  </div>
```

上述第1行代码表示用flex容器页面布局方式将页面组件按列方向放置在页面上；第2行的id为自定义的元素索引名称、phone为自定义的元素变量名称；第7行的{{ phone.phonetel }}和第10行的{{phone.phonename}}分别表示绑定数组元素中的phonetel属性值和phonename属性值。

js的代码如下。

```
1   export default {
2       data: {
3           phones: [{phonename: "报警电话", phonetel: "110"},
4                    {phonename: "火警电话", phonetel: "119"},
5                    {phonename: "急救电话", phonetel: "120"}]
6       }
7   }
```

3. 条件渲染

扫一扫

hml语法中条件渲染分为if…elif…else…和show两种形式。如果条件为true，则在页面中渲染组件，否则不会渲染。

【范例2-9】 用js代码随机产生1个1～7的随机整数，如果产生的随机数是1、2、3，则在页面显示“星期＊吃饺子”；如果产生的随机数是4、5、6，则在页面显示“星期＊吃馒头”；如果产生的随机数是7，则在页面显示“星期天自助餐”。

hml的代码如下。

```
1   <div>
2       <text if="{{ week >= 1 && week <= 3 }}"> 星期{{ week }}吃饺子 </text>
3       <text elif="{{ week >= 4 && week <= 6 }}">星期{{ week }}吃馒头</text>
4       <text else>星期天自助餐</text>
5   </div>
```

上述代码用show形式表示如下。

```
1   <div>
```

```
2       <text show="{{ week >= 1 && week <= 3 }}"> 星期{{ week }}吃饺子</text>
3       <text show="{{ week >= 4 && week <= 6 }}">星期{{ week }}吃馒头</text>
4       <text show="{{ week = 7 }}">{{week}}星期天自助餐</text>
5   </div>
```

js 的代码如下。

```
1   export default {
2       data: {
3           week: Math.floor(Math.random() * 7 + 1)
4       }
5   }
```

上述第 3 行代码的 Math.random( )方法可以产生一个[0,1)之间的随机数,Math.floor( )方法可以产生一个小于或等于给定数的最大整数。

4. 逻辑控制块

范例 2-9 中的 if…elif…else…形式只能一次控制一个组件,如果需要一次控制多个组件,则使用 hml 语法中的 block 控制块标签,但是 block 标签只支持 for 和 if 属性。

【范例 2-10】 用 block 控制块标签实现范例 2-8 的功能。

hml 的代码如下。

```
1   <div style="display : flex; flex-direction : column;">
2       <block  for="{{ (id, phone) in phones }}">
3           <text style="background-color : antiquewhite;">
4               序号: {{ id + 1 }}
5           </text>
6           <text>
7               电话号码: {{ phone.phonetel }}
8           </text>
9           <text>
10              电话用途: {{ phone.phonename }}
11          </text>
12      </block>
13  </div>
```

上述第 2～12 行代码用 block 控制块标签一起控制在页面显示序号、电话号码和电话用途的 3 个 text 组件。js 的代码与范例 2-8 的代码相似,限于篇幅,这里不再赘述。

5. 模板引用

扫一扫

根据实际业务需求,可能需要在一个页面上或多个页面上多次引用同样的页面内容。在 hml 语法中首先将要多次引用的内容封装成一新组件,并以模板文件形式保存,然后在工程项目中多次调用,提高代码的可读性和重用性。实现步骤如下。

1) 创建模板文件

右击图 2.4 所示的 common 文件夹,从弹出的快捷菜单中选择 New→File 命令,在弹出的对话框中输入模板文件名，此处以 ptemplate.hml 为例。模板文件代码如下。

```
1  <div>
2      <text>这是一个模板</text>
3      <button>确定</button>
4  </div>
```

2）引用模板文件

在项目的 pages 文件夹下新建页面，此处以 callptemplate 为例，并使用 element 标签将模板文件中的自定义组件引入宿主页面，页面代码如下。

```
1  <element name = 'sample' src='../../common/ptemplate.hml'></element>
2  <div>
3      <sample></sample>
4      <text>引用模板文件</text>
5  </div>
```

上述第 1 行代码用 name 属性指定模板（自定义组件）的名称，以便在页面结构文件中引用；用 src 属性指定要引用的模板文件路径。第 3 行代码表示将模板（自定义组件）显示在页面上。

2.3.5 页面样式文件

每个页面文件夹下有一个与页面布局文件（文件扩展名为 hml）同名的页面样式文件（文件扩展名为 css），用来描述该 hml 页面中组件的样式，决定组件应该如何显示。在页面布局文件中定义的每一个组件都有系统默认样式，每一个组件也可以使用页面样式文件指定样式。页面样式文件使用 css 样式语言编写。

1. 声明样式

在页面布局文件中，可以使用 style、class 属性控制组件的样式。style 属性用于控制组件的样式，如范例 2-8 实现代码的第 1～2 行，style 属性声明的样式也称为内联样式。而 class 属性控制组件的样式时，需要首先在样式文件中使用样式选择器声明样式，然后在页面布局文件中给组件指定 class 属性值来引用已经声明的样式。常用样式选择器及功能说明见表 2.3。

表 2.3 常用样式选择器及功能说明

选择器	样例	功能描述
.class	.container	作用于所有用 class="container"定义的组件
#id	#headid	作用于所有用 id="headid"定义的组件
tag	text	作用于所有 text 组件
,	.title,.content	作用于所有用 class="title"和 class="content"定义的组件

续表

选择器	样例	功能描述
#id .class tag	#headid .container text	父子关系后代选择器，作用于所有用 id="headid "定义的祖先元素和用 class="container"定义的次级祖先元素的所有 text 组件

【范例 2-11】 用样式文件实现范例 2-8，并将页面上所有的文字颜色设置为红色。

css 的代码如下。

```
1   .divcss {
2       display: flex;
3       flex-direction: column;
4   }
5   text{
6       color: red;
7   }
```

上述第 1～4 行代码表示定义一个名为 divcss 的样式，所有 class 属性值为 divcss 的组件都会采用该样式显示，display 属性值为 flex 表示页面采用弹性盒子布局方式，flex-direction 属性值为 column 表示页面上的组件按列方向摆布。关于 flex 页面布局方式，将在第 3 章详细介绍；第 5～7 行代码表示定义所有用 text 标签创建的组件样式，即所有 text 组件都会采用该样式显示，color 表示指定该组件上显示内容的颜色。

hml 的代码如下。

```
1   <div class ="divcss">
2       <div class ="divcss"   for="{{ (id, phone) in phones }}">
3           <!-- 其他代码与范例 2-8 类似，此处略 -->
4       </div>
5   </div>
```

上述第 1～2 行代码中的 class 表示用自定义的 divcss 样式定义 div 组件的样式。

【范例 2-12】 在范例 2-11 的基础上，用#id 将页面的背景颜色设置为黄色，显示效果如图 2.18 所示。

css 的代码如下。

```
1   #divid{
2       width: 100%;
3       background-color: yellow;                    /* 设置背景色为黄色 */
4   }
5   .divcss{
6       display: flex;
7       flex-direction: column;
8   }
```

```
9   text{
10      width: 100%;                                    /*设置 text 组件占满屏幕宽度*/
11      color: red;
12  }
```

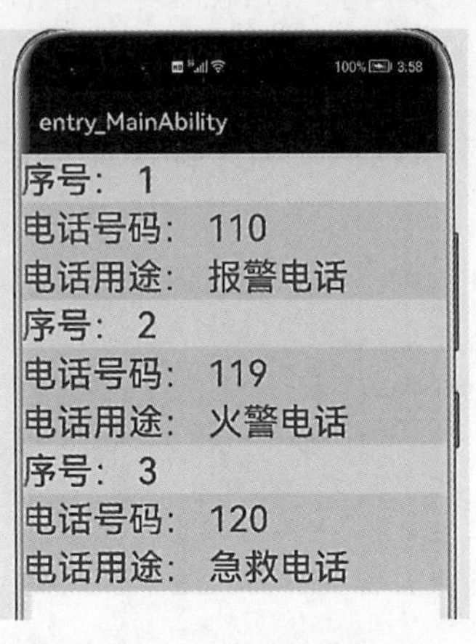

图 2.18　样式页面效果(1)

上述第 2 行和第 10 行代码中用 width 属性指定组件在页面上显示的宽度值,100%表示占满屏幕宽度。

hml 的代码如下。

```
1   <div id="divid" class="divcss">
2       <!-- 其他代码与范例 2-11 类似,此处略 -->
3   </div>
```

上述第 1 行代码中分别用 id 和 class 属性定义 div 组件在页面上显示的样式。如果需要单独定义“序号”在页面上的显示样式,则可以使用父子关系后代选择器实现。例如,显示图 2.19 所示的样式效果,可以在范例 2-12 的样式代码的基础上添加如下代码。

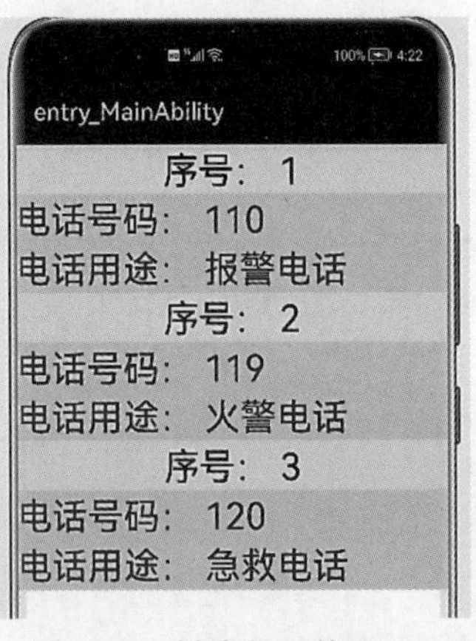

图 2.19　样式页面效果(2)

```
1   .txtalign text{      /* 对 class="txtalign"的组件下的所有 text 组件设置样式 */
2       background-color: antiquewhite;
3       text-align: center;
4       color: blue;
5   }
```

上述第1行代码表示为 txtalign 选择器下的 text 组件设置单独的样式，并与页面上其他 text 组件的样式予以区分。

```
1   <div class="txtalign">
2     <text >
3        序号：{{ id + 1 }}
4     </text>
5   </div>
```

因为按照样式代码中".txtalign text{ }"格式定义的样式，属于非严格父子关系的后代选择器，所以上述页面布局文件中第1行代码表示对 class＝"txtalign"定义的 div 组件下的所有 text 组件设置样式。如果是按照".txtalign＞text{ }"格式定义的样式，那么该样式属于严格父子关系的后代选择器，只能对 class＝"txtalign"定义的 div 组件下的直接后代 text 组件设置样式。也就是说，如果在上述页面布局文件中的第4行代码下面再添加一个用 div 组件修饰的 text 组件，并且将上述页面样式文件的第1行代码修改为".txtalign＞text{ }"格式，则该样式只对显示"序号"的 text 组件生效，而对添加的显示"备注"的 text 组件不生效，即"备注"的颜色仍然是红色。修改后的页面布局文件部分代码如下。

```
1   <div class="txtalign">
2       <text>
3          序号：{{ id + 1 }}
4       </text>
5       <div>
6           <text>
7              备注
8           </text>
9       </div>
10  </div>
```

在实际应用开发场景中，可能出现同一组件定义多个不同类型的样式选择器，这些不同类型的选择器应用于组件样式的优先级按由高到低顺序分别为内联样式、id、class、tag。

2. 伪类

扫一扫

伪类是选择器中的关键字，用于指定要选择组件的特殊状态。例如，:disabled 状态可用来设置组件的 disabled 属性值更改为 true 时的样式。除单个伪类外，还支持伪类的组合，例如，:focus:checked 状态可以用来设置组件的 focus 属性和 checked 属性同时为 true 时的样式。按照优先级降序排列的单个伪类及功能说明见表2.4。

表 2.4 按照优先级降序排列的单个伪类及功能说明

名称	适用组件	功能描述
:disabled	含 disabled 属性的组件	设置组件不可用时的样式(不支持动画样式的设置)
:focus	含 focus 属性的组件	设置组件获得焦点时的样式(不支持动画样式的设置)
:active	含 click 事件的组件	设置组件被激活时的样式(不支持动画样式的设置)
:waiting	button 组件	设置 button 显示等待中转圈时的样式(不支持动画样式的设置)
:checked	input[type="checkbox"、type="radio"]、switch	设置组件被选中时的样式(不支持动画样式的设置)
:hover	含 mouseover 事件的组件	设置鼠标悬浮在组件上时的样式

【范例 2-13】 用:active 伪类实现输入框激活时的背景色变为红色。

css 的代码如下。

```
1   .inputtext :active {
2     background-color: #FF0000;          /* 按钮被激活时,背景颜色变为红色 */
3   }
```

hml 的代码如下。

```
1   <div >
2     <input type="text" class="inputtext" value="100"></input>
3   </div>
```

上述第 2 行代码的 type 属性用于定义 input 组件的类型,text 值表示 input 组件是一个单行的文本输入框,value 属性用于定义文本输入框中的默认值为 100。

【范例 2-14】 在范例 2-13 的基础上,用:disabled 伪类实现在输入框不可用时的背景色为黄色。

输入框不可用时,背景色为黄色的 css 代码如下。

```
1   #inputdisabled:disabled {
2       background-color: #FFFF00;        /* 按钮被激活时,背景颜色变为#FFFF00 */
3   }
```

hml 代码如下。

```
1   <div>
2       <input id="inputdisabled" type="text" disabled="true" class="inputtext"
value="text"></input>
3   </div>
```

上述第 2 行代码的 id 属性用于定义 input 组件的样式,inputdisabled 在 css 代码中用:

disabled伪类定义了输入框不可用时的样式;disabled属性用于定义input组件是否可用,true表示不可用,false表示可用。

2.3.6 页面逻辑文件

js文件用来定义hml页面的业务逻辑,支持ECMA规范的JavaScript语言。基于JavaScript语言的动态化能力,可以使应用程序更富有表现力,具备更灵活的设计能力。

1. 初始化页面数据

页面逻辑文件中用data、private、public等关键字声明的页面数据,在页面第一次渲染时作为页面的初始数据使用。也就是在页面布局文件中,通过数据绑定方式在组件上绑定的页面数据,在页面加载时就可以按照定义的样式显示在页面上。但是,data与private、public不能同时使用。private声明的数据只能由当前页面修改;public声明的数据与data声明的数据具有相同特性。

如果在应用程序的所有页面中都需要共享使用同一个变量值,可以首先在app.js文件中定义一个全局变量。例如,定义一个在应用程序中共享使用的company变量,代码如下。

```
1   export default {
2       data:{
3           company:"××师范大学××学院"
4       },
5       //......
6   };
```

然后在要使用company变量值的所有页面对应的js文件中用如下代码形式获取app.js中暴露的company对象。

```
1   export var appData = getApp().data;         //获取 app.js 中暴露的对象
2   export default {
3           data: {
4               company:appData.company         //引用暴露对象中的 company 变量值
5           }
6   }
```

也可以在要使用company变量值的所有页面对应的js文件中用如下代码形式获取app.js中暴露的company对象。

```
1   onInit(){
2       this.company= this.$app.$def.data.company;
3   }
```

由于应用对象不支持数据绑定,因此需要主动触发UI更新。上述代码中的this.$app表示应用对象,$def表示引用在应用对象中定义的对象;onInit()函数在页面数据初始化完成时触发(只触发一次),从而让company变量显示在页面上。

2. 生命周期

HarmonyOS 应用程序的生命周期包括应用级生命周期（也称应用生命周期）和页面级生命周期（也称页面生命周期）。每个应用程序可以在 app.js 文件中自定义应用生命周期的实现逻辑。应用生命周期函数的功能见表 2.5。每个页面可以在 js 文件中自定义页面生命周期的实现逻辑。页面生命周期常用函数的功能见表 2.6。生命周期函数的调用如图 2.20 所示。

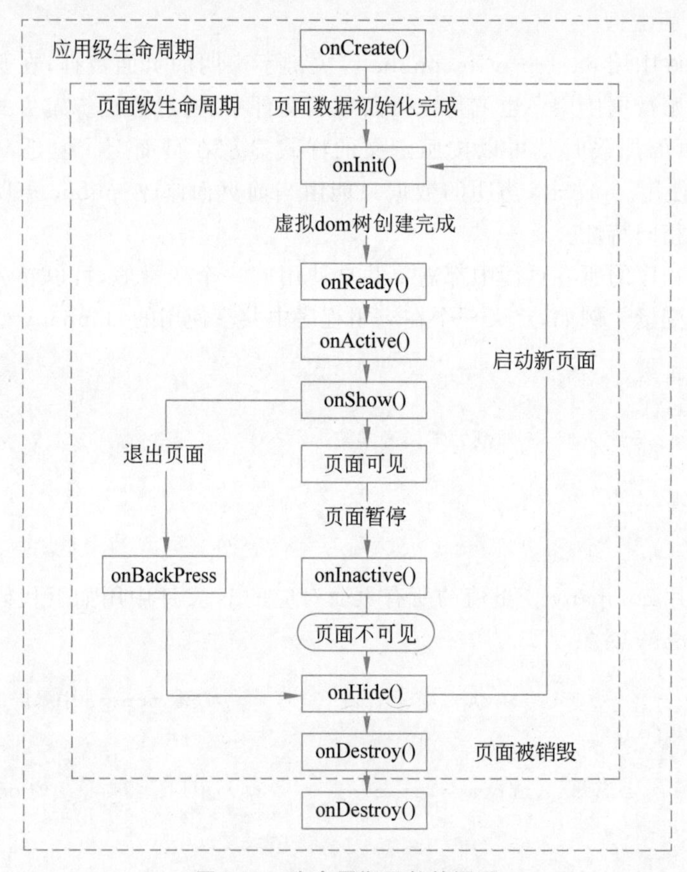

图 2.20 生命周期函数的调用

表 2.5 应用生命周期函数的功能

函数名称	函数类型	功能描述
onCreate()	void	当应用程序创建时调用该函数
onShow()	void	当应用程序处于前台时调用该函数
onHide()	void	当应用程序处于后台时调用该函数
onDestroy()	void	当应用程序退出时调用该函数

表 2.6　页面生命周期常用函数的功能

函数名称	函数类型	功能描述
onInit()	void	当页面数据初始化完成时调用该函数,但仅调用一次
onReady()	void	当页面创建完成时调用该函数,但仅调用一次
onActive()	void	当页面激活时调用该函数
onShow()	void	当页面显示时调用该函数
onHide()	void	当页面被遮挡时调用该函数
onDestroy()	void	当页面销毁时调用该函数
onBackPress()	boolean	当用户单击"返回"按钮时调用该函数
onActive()	void	当页面激活时调用该函数
onInActive()	void	当页面暂停时调用该函数

例如,某应用程序有 A 和 B 两个页面,打开 A 页面时,依次调用 A 页面定义的 onInit()、onReady()和 onShow()函数;在 A 页面打开 B 页面时,调用 A 页面定义的 onHide()函数;从 B 页面返回 A 页面时,调用 A 页面定义的 onShow()函数;在 A 页面退出时,依次调用 A 页面定义的 onBackPress()、onHide()和 onDestroy()函数;在 A 页面隐藏到后台运行时,依次调用 A 页面定义的 onInActive()和 onHide()函数;在 A 页面从后台运行恢复到前台时,依次调用 onShow()和 onActive()函数。

本章小结

本章首先介绍了 HarmonyOS 项目的创建过程、应用程序在真机设备和模拟器环境下的运行和调试方法、Java 工程项目和 JS 工程项目的目录结构及每个目录的作用,然后详细阐述了 JS 工程项目中的配置文件、页面布局文件、页面样式文件和页面逻辑文件的功能及语法规则。通过本章的学习,读者可以掌握本地模拟器和远程模拟器的创建方法、JS 工程项目的页面布局文件编写语言(hml)、JS 工程项目的创建方法,以及应用生命周期、页面生命周期的概念和调用时机等。

第3章 界面设计

HarmonyOS应用程序的Java工程通常用xml格式的页面布局文件设计用户界面，HarmonyOS应用程序的JS工程通常用hml格式的页面布局文件和css格式的页面样式文件设计用户界面。为了让开发者能够以最快的速度设计出美观、具有动态效果的JS工程用户界面，本章结合实际案例的开发过程介绍JS工程的常用样式和flex弹性布局。

3.1 样式

css是一种用来表现html或xml等文档样式的语言。css不仅可以静态地修饰用html或xml标识的页面，还可以配合各种脚本语言动态地对页面上的各个元素进行格式化。css能对页面中元素位置的排版进行像素级精确控制，支持几乎所有的字体、字号样式，拥有对页面对象和模型样式编辑的能力。为了方便应用程序的页面开发，在HarmonyOS应用程序开发框架中引入了传统css的大部分特性，同时为了更适合开发HarmonyOS应用程序，也对传统的css进行了扩充和修改，让css修饰的hml页面结构更丰富、更灵活。

扫一扫

3.1.1 尺寸单位

1. 逻辑像素 px

应用程序配置文件(config.json)的window选项用于定义与显示窗口相关的配置，其代码格式如下。

```
1   {
2          ......
3   "window": {
4            "designWidth": 720,
5            "autoDesignWidth": true
6          }
7          ...
8   }
```

designWidth属性用于指定屏幕逻辑宽度。默认状态下，手机和智慧屏设备的逻辑宽度为 720px,智能穿戴设备的逻辑宽度为 454px。所有与尺寸大小相关的样式(如 width、font-size)都以 designWidth 属性值和实际屏幕宽度的比例进行缩放。例如,如果在配置文件中指定 designWidth 属性值为 720,而样式文件中设置的 width 值为 100px,则在实际宽度为 1440 物理像素的设备屏幕上,width 的实际渲染像素值为 200 物理像素,也就是从 720px 到 1440 物理像素,所有尺寸大小放大 2 倍。

autoDesignWidth 属性用于指定渲染组件和布局时是否按屏幕密度进行缩放,如果该属性值为 true,则设置的 designWidth 属性值会被忽略,屏幕逻辑宽度由设备宽度和屏幕密度自动计算得出,在不同设备上可能不同。例如,样式文件中设置的 width 值为 100px,在屏幕密度为 3 的设备上,实际渲染像素值为 300 物理像素。

2. 百分比

组件的尺寸单位用百分比表示时,表示该组件占父组件尺寸的百分比。例如,如果组件的 width 属性值设置为 50%,则代表该组件渲染时在页面上的宽度为其父组件宽度的一半。

3.1.2 通用样式

扫一扫

HarmonyOS 应用程序开发框架所支持的通用样式与传统 css 样式类似,为方便读者阅读和理解本书的范例代码,表 3.1 中列出了部分常用的通用样式和功能说明。

表 3.1 常用的通用样式和功能说明

样式属性	功能描述	示例代码
color	设置前景色	例如,color: yellow 表示设置前景色为黄色
background-color	设置背景色	例如,background-color: yellow 表示设置背景色为黄色
font-size	设置字体大小	例如,font-size: 25px 表示设置字体大小为 25px
border	设置边框线	例如,border: 5px solid red 表示设置边框线宽度为 5px、红色
margin	设置外边距	例如,margin: 15px 5px 25px 10px 表示设置上、右、下和左侧的外边距
padding	设置内边距	例如,padding: 15px 5px 25px 10px 表示设置上、右、下和左侧的内边距
width	设置宽度	例如,width: 50%表示设置宽度占容器宽度的 50%
height	设置高度	例如,height: 200px 表示设置高度为 200px

在 css 中,可以通过使用预定义的颜色名称、RGB、RGBA 或 HEX 的值指定颜色。例如,red、rgb(255,0,0)、#FF0000 等颜色值表示指定颜色为红色,rgba(255,0,0,0.5)、#55FF0000 等颜色值表示指定颜色为透明红色。

3.1.3 样式使用

扫一扫

在页面布局文件中,通常用 style、class 属性控制组件的样式。style 属性声明的样式也称为内联样式。应用程序的每个页面目录下都有一个与页面布局文件同名的样式文件，用来描述该页面布局文件中组件的样式，决定组件应该如何显示。

【范例 3-1】 用 style 属性设置 text 组件的前景色为红色，背景色为黄色。

hml 的代码如下：

```
1  <div>
2     <text style="color: red;background-color: yellow;">HarmonyOS 应用开发
</text>
3  </div>
```

【范例 3-2】 用 class 属性设置 text 组件的前景色为红色，背景色为黄色。

css 的代码如下：

```
1  .textcolor{
2      color: red;
3      background-color: yellow;
4  }
```

hml 的代码如下。

```
1  <div>
2     <text class="textcolor">HarmonyOS 应用开发</text>
3  <div>
```

3.1.4 动画样式

HarmonyOS 应用程序开发框架从 API version 4 开始支持动画效果 hml 元素，动画效果可以让 hml 元素逐渐从一种样式变为另一种样式。在使用 css 样式设置动画时，必须首先用@keyframes 为动画指定一些关键帧。表 3.2 列出了部分常用的动画样式属性和功能说明。

表 3.2 常用的动画样式属性和功能说明

样式属性	功能描述	示例代码
animation-name	设置动画关键帧名称	例如，animation-name：example 表示设置动画关键帧名称为 example，example 必须在样式文件中已定义
animation-delay	设置动画播放的延迟时间	例如，animation-delay：4s 表示设置动画在 4s 后播放，单位为 ms(毫秒，默认)、s(秒)
animation-duration	设置动画播放的持续时间	例如，animation-duration：4s 表示设置动画播放持续 4s，单位为 ms(毫秒，默认)、s(秒)
animation-iteration-count	设置动画播放的次数	例如，animation-iteration-count：infinite 表示设置动画播放无限次，默认播放 1 次

续表

样式属性	功能描述	示例代码
transform	设置平移/旋转/缩放等动画效果	例如，transform：translateX(250px)表示设置沿 X 轴方向移至 250px 的平移动画；例如，transform：rotate(90deg)表示设置顺时针旋转 90°的旋转动画；例如，transform：scaleY(4)表示沿 Y 轴方向放大至 4 倍的缩放动画；例如，transform：skewX(80deg)表示设置逆时针倾斜 80°的倾斜动画

【范例 3-3】 设置显示 Hello World! 的 text 组件背景色从红色变为黄色，并且具有从 0°～90°～180°顺时针旋转和逐渐放大的动画效果。

hml 的代码如下。

```
1  <div class="container">
2      <text class="title">
3          Hello World!
4      </text>
5  </div>
```

css 的代码如下。

```
1   .container {
2       display: flex;
3       justify-content: center;
4       align-items: center;
5       width: 454px;
6       height: 454px;
7   }
8   .title {
9       background-color: red;
10      width: 200px;
11      height: 200px;
12      animation-name: example;                /* 指定动画关键帧名称 */
13      animation-duration: 4s;                 /* 动画播放时间为 4 秒 */
14      animation-iteration-count: infinite;    /* 动画播放无限次 */
15      text-align: center;
16  }
17  @keyframes example {                        /* 定义关键帧,名称为 example */
18      from {                                  /* 开始关键帧样式 */
19          background-color: red;
20          transform: rotate(0deg) scale(1.0);
21      }
22      50% {                     /* 通过百分比指定动画运行的中间状态关键帧样式 */
23          background-color: white;
24          transform: rotate(90deg) scale(1.2);
25      }
```

```
26     to {                                          /*终止关键帧样式*/
27         background-color: yellow;
28         transform: rotate(180deg) scale(1.5);
29     }
30 }
```

上述第 18～21 行代码定义动画起始帧的 text 组件背景色为红色、旋转角度为 0°、放大倍数为 1 倍；第 22～25 行代码定义动画运行至 50％时的关键帧样式，也可以不定义；第 26～29 行代码定义动画终止帧的 text 组件背景色为黄色、旋转角度为 180°、放大倍数为 1.5 倍。

3.1.5 渐变样式

HarmonyOS 应用程序开发框架从 API version 4 开始支持线性渐变(linear-gradient)和重复线性渐变(repeating-linear-gradient)两种渐变效果，实现两个或多个指定颜色间的平稳过渡。使用渐变样式，需要定义过渡方向和过渡颜色，也就是要指定 direction 参数、angle 参数和 color 参数的值，表 3.3 列出了这 3 个参数的使用说明。

表 3.3 direction、angle 和 color 参数的使用说明

参数名称	默认值	使用说明
direction	to bottom（由上至下渐变）	指定过渡方向，参数值格式：to[left|right]||[top|bottom]。如：to left（从右向左渐变），to bottom right（从左上角到右下角渐变）
angle	180deg(180°)	指定过渡方向，以组件几何中心为坐标原点，水平方向为 X 轴，angle 指定了渐变线与 Y 轴顺时针方向的夹角
color	无	指定使用渐变样式区域内颜色的渐变效果，至少指定两种颜色，参数值格式：＃FF0000、＃FFFF0000、rgb(255,0,0)或 rgba(255,0,0,1)

【范例 3-4】 设置显示 Hello World！的 text 组件在距离左边 27px 和距离左边 227px(454×0.5)之间 200px 宽度形成渐变效果。

将范例 3-3 的 css 代码替换为如下代码。

```
1   .title {
2       font-size: 30px;
3       text-align: center;
4       width: 200px;
5       height: 200px;
6       background: linear-gradient(to right, rgb(255, 0, 0) 27px, rgb(0, 255, 0)
50%);
7   }
```

上述第 6 行代码 linear-gradient()方法用于设置线性渐变，to right 表示渐变方向从左向右，rgb(255, 0, 0) 27px 表示距左边 27px 开始为红色效果，rgb(0, 255, 0) 50％表示距左边 227px(454×50％)处开始渐变为绿色效果。如果要实现从左向右重复渐变，重复渐变区域 30px(60px-30px)，则需要将上述第 6 行代码修改为如下代码。

```
1  background: repeating-linear-gradient(to right, rgb(255, 255, 0) 30px, rgb
(0, 0, 255) 60px);
```

3.2　flex布局

扫一扫

flex的英文全称为Flexible Box，中文含义为弹性盒子布局，它是一种布局模型。采用flex布局的元素，称为flex容器(flex container，简称"容器")。flex容器中的所有子元素，称为flex项目(flex item，简称"项目")。flex布局的坐标系是以容器左上角的点为原点，自原点向右、向下有两个坐标轴，即一个主轴(main axis)和一个交叉轴(cross axis)，交叉轴与主轴互相垂直。主轴的开始位置(与边界的交叉点)称为主轴起点(main start)，主轴的结束位置称为主轴终点(main end)；交叉轴的开始位置(与边界的交叉点)称为交叉轴起点(cross start)，交叉轴的结束位置称为交叉轴终点(cross end)。项目默认沿主轴方向排列，单个项目占据的主轴空间称为main size，单个项目占据的交叉轴空间称为cross size。flex默认布局中自原点向右的坐标轴为主轴，自原点向下的坐标轴为交叉轴，如图3.1所示。

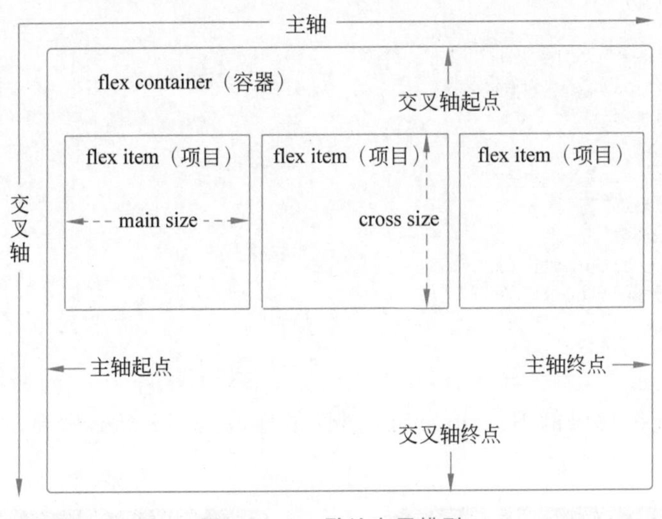

图3.1　flex默认布局模型

3.2.1　容器的属性

1. flex-direction属性

flex-direction属性用于设置容器的主轴方向，主轴方向决定了项目在容器中的摆布方式，它的属性值包含row和column。

(1) row：主轴为自左向右的水平方向，默认值，即项目按水平方向(行方向)从左到右排列。

(2) column：主轴为自上向下的垂直方向，即项目按垂直方向(列方向)从上到下排列。

【范例 3-5】 用 flex-direction 属性实现如图 3.2 所示效果。

css 的代码如下。

```
1   .container {
2       display: flex;
3       flex-direction: row;
4       width: 100%;
5       height: 100%;
6   }
7   .item {
8       background-color: blueviolet;
9       border: 1px solid yellow;
10      font-size: 20px;
11      text-align: center;
12      width: 80px;
13      height: 100px;
14  }
```

hml 代码如下。

```
1   <div class="container">
2       <text class="item">
3           item1
4       </text>
5       <text class="item">
6           item2
7       </text>
8       <text class="item">
9           item3
10      </text>
11  </div>
```

如果将上述 css 代码的 flex-direction 属性值修改为 column，则显示如图 3.3 所示的效果。

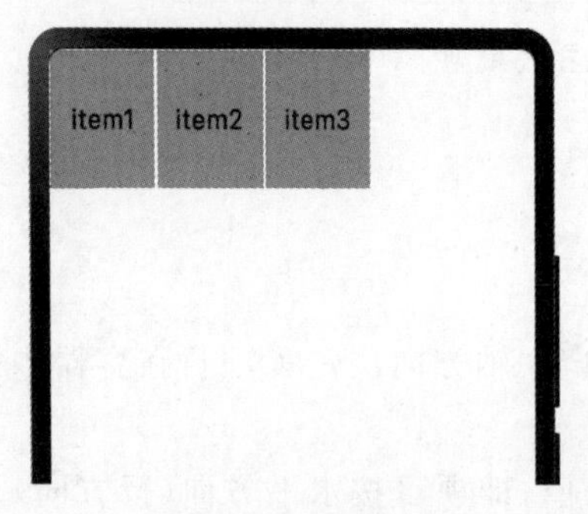

图 3.2 row 显示效果

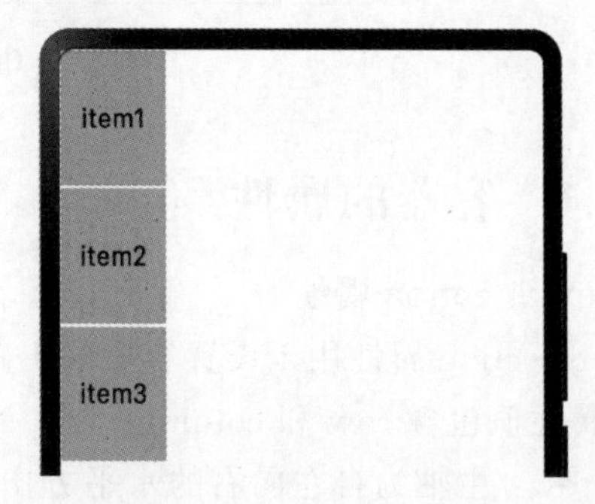

图 3.3 column 显示效果

2. flex-wrap 属性

flex-wrap 属性用于设置容器中的项目是否换行，它的属性值包含 nowrap 和 wrap。

（1）nowrap：不允许项目换行，默认值。如果所有项目按主轴方向排列时超过了容器的宽度或高度，则每个项目的宽度或高度会自动沿主轴方向压缩；如果压缩后仍然超过容器的宽度或高度，则超过的项目不显示。例如，在范例 3-5 的 hml 代码的第 10 行下再增加 3 个显示 item * 的 text 组件，其显示效果如图 3.4 所示。

（2）wrap：允许项目换行。如果所有项目按主轴方向排列时超过了容器的宽度或高度，则超过容器宽度或高度的项目会另起一行或一列。例如，在范例 3-5 的 css 代码中增加“flex-wrap：wrap；”代码，在 hml 代码的第 10 行下再增加 3 个显示 item * 的 text 组件，其显示效果如图 3.5 所示。

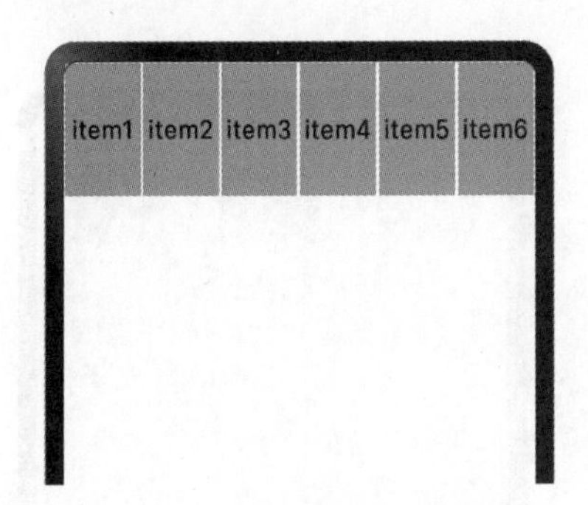

图 3.4　nowrap 显示效果

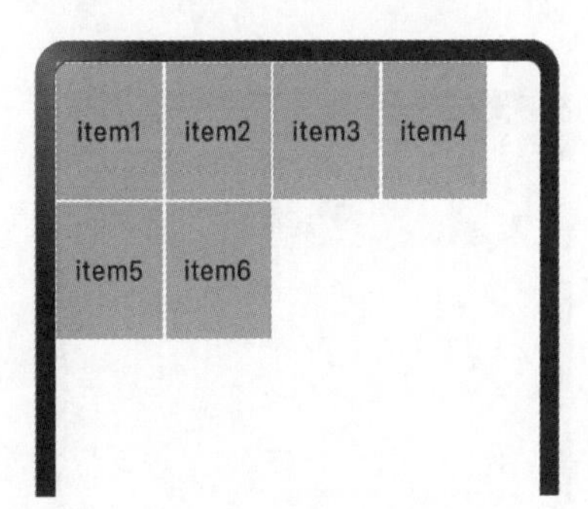

图 3.5　wrap 显示效果

3. justify-content 属性

justify-content 属性用于设置项目在主轴方向的对齐方式及分配项目与项目之间、多余空间的间隙，它的属性值包含 flex-start、center、flex-end、space-between、space-around 和 space-evenly。

（1）flex-start：默认值，项目与主轴的起点对齐，项目间不留间隙。如果主轴为水平方向，则容器中的项目左对齐；如果主轴为垂直方向，则容器中的项目顶端对齐。

（2）center：项目在主轴方向居中对齐，项目间不留间隙。例如，在范例 3-5 的 css 代码中增加“justify-content：center；”代码，其显示效果如图 3.6 所示。

（3）flex-end：项目与主轴的终点对齐，项目间不留间隙。如果主轴为水平方向，则容器中的项目右对齐；如果主轴为垂直方向，则容器中的项目底端对齐。例如，在范例 3-5 的 css 代码中增加“fjustify-content：flex-end；”代码，其显示效果如图 3.7 所示。

（4）space-between：项目沿主轴方向均匀分布，两端的项目与容器的起点、终点对齐，并且项目间的间隙相等。例如，在范例 3-5 的 css 代码中增加“justify-content：space-between；”代码，其显示效果如图 3.8 所示。

（5）space-around：项目沿主轴方向均匀分布，两端的项目与容器的起点、终点的间隙是项目与项目之间间隙的一半。例如，在范例 3-5 的 css 代码中增加“justify-content：

space-around;”代码，其显示效果如图 3.9 所示。

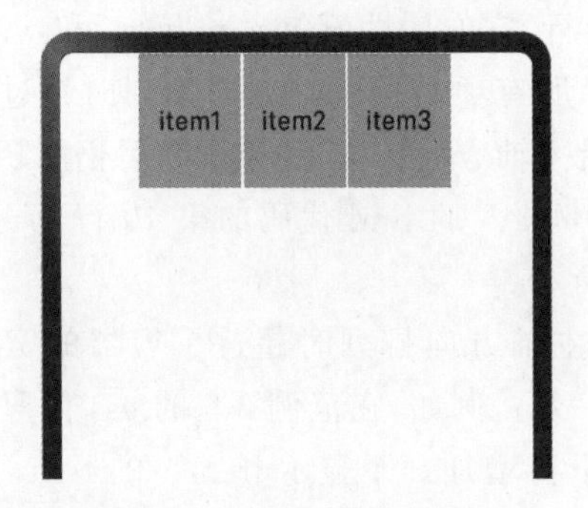

图 3.6 center 显示效果

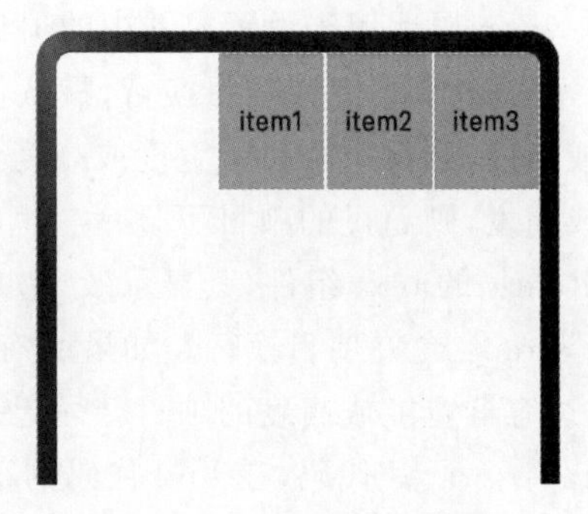

图 3.7 flex-end 显示效果

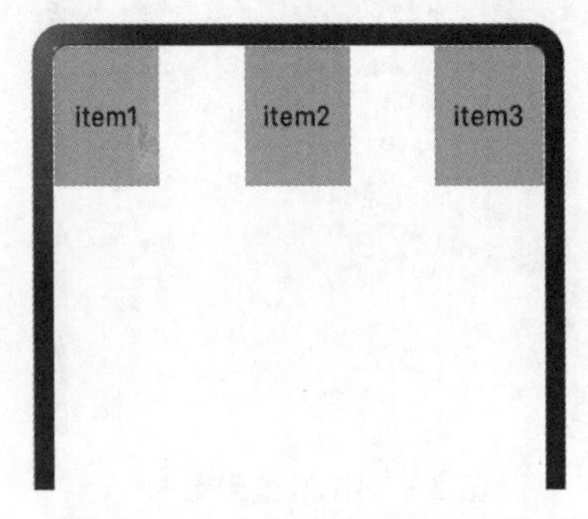

图 3.8 space-between 显示效果

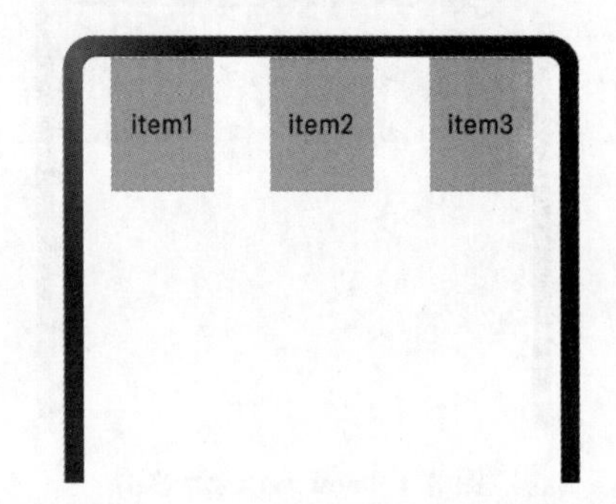

图 3.9 space-around 显示效果

（6）space-evenly：项目沿主轴方向均匀分布，每个项目之间的间隔相等。

4. align-items 属性

align-items 属性用于设置项目在交叉轴方向的对齐方式，它包含 stretch、flex-start、center、flex-end 和 baseline 5 个属性值。

（1）stretch：项目在交叉轴方向被拉伸到与容器相同的高度或宽度。

（2）flex-start：项目与交叉轴的起点对齐。

（3）center：项目在交叉轴方向居中对齐。

（4）flex-end：项目与交叉轴的终点对齐。

（5）baseline：项目与基线对齐。如果主轴为垂直方向，则该值与 flex-start 等效；如果主轴为水平方向，则项目上的文本内容按文本基线对齐，否则底部对齐。

扫一扫

3.2.2 项目的属性

1. flex-grow 属性

flex-grow 属性用于设置项目在容器主轴方向上剩余空间的拉升比例，默认值为 0（表示项目不拉升）。如果所有项目的 flex-grow 属性值相等，则它们将等分剩余空间。该属性仅对 div、list-item、tabs、refresh、stepper-item 等容器组件生效。例如，将范例 3-5 的 hml 代码修改为如下代码，其显示效果如图 3.10 所示。

```
1   <div class="container">
2       <text class="item" style="flex-grow : 1;">
3           item1
4       </text>
5       <text class="item" style="flex-grow : 2;">
6           item2
7       </text>
8       <text class="item" style="flex-grow : 1;">
9           item3
10      </text>
11  </div>
```

上述代码表示按 1∶2∶1 的比例分配剩余空间显示 item1、item2 和 item3 这三个 text 组件，即 item1 拉升四分之一剩余空间，item2 拉升四分之二剩余空间，item3 拉升四分之一剩余空间。

2. flex-shrink 属性

flex-shrink 属性用于设置项目在容器主轴方向上的收缩比例，但只有当项目的默认宽度之和大于容器的宽度时才会发生收缩，默认值为 1(表示等比收缩项目)。如果 flex-shrink 属性值为 0，表示项目不收缩。该属性仅对 div、list-item、tabs、refresh、stepper-item 等容器组件生效。

3. flex-basis 属性

flex-basis 属性用于设置项目在主轴方向上的初始宽度或高度值。如果 width 或 height 与 flex-basis 属性同时设置时，项目初始宽度或高度由 flex-basis 属性决定。该属性仅对 div、list-item、tabs、refresh、stepper-item 等容器组件生效。例如，将范例 3-5 的 hml 代码修改为如下代码，其显示效果如图 3.11 所示。

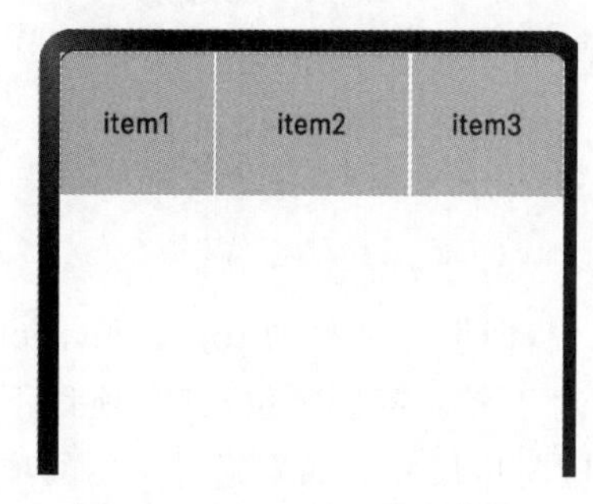

图 3.10　flex-grow 显示效果

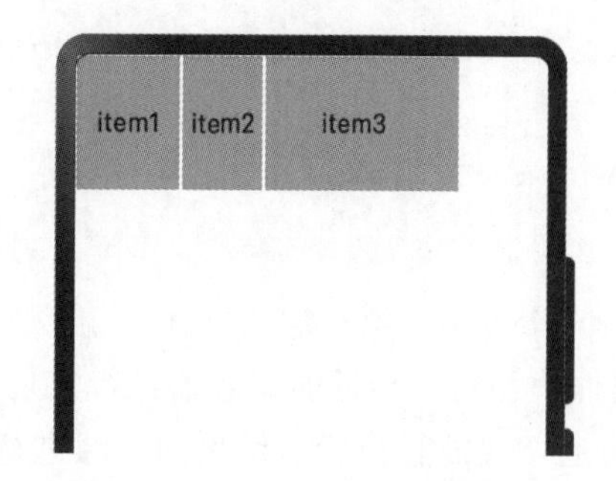

图 3.11　flex-basis 显示效果

```
1   <div class="container">
2       <text class="item" >
```

```
3           item1
4       </text>
5       <text class="item" style="flex-basis: 30px;">
6           item2
7       </text>
8       <text class="item" style="flex-basis: 180px;">
9           item3
10      </text>
11  </div>
```

上述代码表示显示 item1 的 text 组件大小由 width 属性值决定，显示 item2 和 item3 的 text 组件大小由 flex-basis 属性值决定。

4. align-self 属性

align-self 属性用于设置项目在容器交叉轴上的对齐方式，该属性会覆盖容器的 align-items 属性，仅当容器为 div、list 组件时生效。它包含 stretch、flex-start、flex-end、center 和 baseline 5 个属性值，其功能含义与 align-items 属性一样，限于篇幅，这里不再赘述。

5. position 属性

position 属性用于设置项目的定位类型，不支持动态变更。它的属性值包含 fixed、absolute 和 relative，但 absolute 属性仅当容器为 div、stack 组件时生效。项目在页面上用 top 属性（离容器顶部的距离）、bottom 属性（离容器底部的距离）、left 属性（离容器左侧的距离）和 right 属性（离容器右侧的距离）进行定位，但是，只有设置了 position 属性，它们才能生效。根据不同的 position 值，它们的工作方式也不同。

(1) fixed（固定定位）：相对于整个界面窗口进行固定定位，即项目按照设置的 top、right、bottom 和 left 属性值进行固定定位，即使是滚动页面，项目也始终位于同一位置，其余项目会根据该项目通常应放置位置上留出的空隙进行调整来适应窗口尺寸。例如，将某个项目放在界面窗口右下角的 css 代码如下。

```
1  .info_position{
2    position: fixed;
3    bottom: 0px;                                        /*离窗口底部距离为 0*/
4    right: 0px;                                         /*离窗口右侧距离为 0*/
5  }
```

(2) absolute（绝对定位）：相对于父容器进行定位，即设置项目的 top、right、bottom 和 left 属性值相对于最近的父容器进行定位，而不是相对于界面容器定位，其余项目不会根据该项目通常应放置位置上留出的空隙进行调整来适应窗口尺寸。如果绝对定位的项目没有祖先容器对象，则它会随页面滚动一起移动。

(3) relative（相对定位）：相对于其正常位置进行定位，即设置项目的 top、right、bottom 和 left 属性值将导致项目偏离其正常位置进行调整，其余项目不会根据该项目通常应放置位置上留出的空隙进行调整来适应窗口尺寸。

6. z-index 属性

z-index 属性用于设置同一父节点中子节点的渲染顺序，该属性值越大，渲染效果越靠后。

本章小结

用户界面是系统和用户之间进行交互和信息交换的媒介，好的界面设计不仅能让应用程序变得有个性、有品位，还能让应用程序的操作变得舒适、简单，且能充分体现应用程序的定位和特点。本章首先详细介绍了尺寸单位、通用样式、动画样式及渐变样式的定义和使用方法，然后结合实际案例阐述了 flex 布局中容器属性和项目属性的使用方法，以便读者设计符合要求的用户界面。

第 4 章

组　件

应用程序有一个设计美观、操作方便的 UI，就可以吸引更多的用户使用和推广。方舟开发框架是 HarmonyOS 的一套 UI 开发框架，为开发者提供应用程序 UI 开发时所必需的组件能力、布局计算能力、动画能力、UI 交互能力、绘制能力和平台 API 通道能力等。组件是 UI 搭建与显示的最小单位，开发者通过多种组件的组合可以构建出符合用户需求的用户界面。本章结合具体案例介绍方舟开发框架常用组件的样式布局、事件的使用方法。

扫一扫

4.1　概述

方舟开发框架针对不同目的和技术背景的开发者提供了基于 JS 扩展的类 Web 开发范式（简称“类 Web 开发范式”）和基于 TS 扩展的声明式开发范式（简称“声明式开发范式”）。基于 JS 扩展的类 Web 开发范式的方舟开发框架是一种跨设备的高性能 UI 开发框架，支持声明式编程和跨设备多态 UI。page 页面是方舟开发框架最小的调度分割单位，开发者可以将应用程序设计为多个功能页面，每个页面进行单独的文件管理，并通过路由 API 实现页面的调度管理，从而实现应用程序内功能的解耦。

4.1.1　组件

组件是构建 HarmonyOS 应用程序页面的基本组成单元，方舟开发框架既提供了一系列基本组件让开发者直接使用，也提供了自定义组件。自定义组件可以让开发者根据业务需求，扩展已有的组件，增加自定义的私有属性和事件后，再封装成新的组件。

目前，方舟开发框架提供了容器组件、基础组件、媒体组件、画布组件、栅格组件和 svg 组件六大类基本组件，见表 4.1。

1. 组件的定义

在定义页面结构文件时，每个组件通常都是用“＜组件名称＞”定义组件开始，用“＜/组件名称＞”定义组件结束，用“属性”修饰组件，组件的内容位于“＜组件名称＞”和“＜/组件名称＞”之间。其定义形式如下。

表 4.1　基本组件和功能说明

组件类别	组件名	功能说明	组件类别	组件名	功能说明
容器组件	badge	提醒标记	基础组件	button	按钮
	dialog	对话框		chart	图表
	div	页面的分区或节		divider	分隔线
	form	表单		image	图片
	list	列表		image-animator	图片帧动画播放器
	list-item	展示列表内容		input	交互式组件
	list-item-group	展示列表分组		label	标签
	panel	滑动面板		marquee	跑马灯
	popup	气泡提示		menu	菜单
	refresh	下拉刷新		option	下拉或菜单选项
	stack	堆叠		picker	滑动选择器
	stepper	步骤导航器		picker-view	嵌入页面的滑动选择器
	stepper-item	步骤导航器子组件		piece	块
	swiper	滑动容器		progress	进度条
	tabs	tab 页签容器		qrcode	二维码
	tab-bar	展示 tab 的标签区		rating	评分条
	tab-content	展示 tab 的内容区		richtext	富文本
svg 组件	svg	基础容器		search	搜索框
	rect	矩形、圆角矩形		select	下拉选择按钮
	circle	圆形		slider	滑动条
	ellipse	椭圆		span	组合行内组件
	path	路径		switch	开关选择器
	line	线条		text	文本
	polyline	折线		textarea	多行文本区
	polygon	多边形		toolbar	工具栏
	text	文本		toolbar-item	工具栏操作选项
	tspan	组合行内文本		toggle	状态按钮
	textPath	沿路径绘制文本		web	展示网页内容
	animate	svg 组件动画	媒体组件	camera	相机
	animateMotion	路径动画效果		video	视频播放
	animateTransform	transform 动画效果	画布组件	canvas	画布
栅格组件	grid-container	栅格布局容器			
	grid-row	栅格行容器			
	grid-col	栅格列容器			

```
1  <组件名称 属性="值">
2      定义组件的内容
3  </组件名称>
```

例如,在页面结构文件中定义一个 div 组件,其 class 属性值为 container,div 组件的内容为一个 text 组件,text 组件的内容为"鸿蒙应用开发",其代码如下。

```
1  <div class="container">
2    <text>鸿蒙应用开发</text>
3  </div>
```

2. 组件的属性

扫一扫

组件的属性用于设定组件的标识及显示特征,包括通用属性和私有属性。通用属性包括常规属性和渲染属性,常规属性是所有组件普遍支持的用来设置组件基本标识和外观显示特征的属性。常规属性及功能说明见表 4.2;渲染属性是所有组件普遍支持的用来设置组件是否渲染的属性。渲染属性及功能说明见表 4.3;私有属性是某些组件特定支持的用来设置组件特征的属性。

表 4.2 常规属性及功能说明

属性名称	值类型	功能说明
id	string	组件的唯一标识,即组件的名称
style	string	组件的样式声明
class	string	组件的样式类
ref	string	用来指定指向子元素或子组件的引用信息,该引用将注册到父组件的 $ refs 属性对象上
disabled	boolean	组件是否被禁用,默认值为 false(不禁用)
focusable	boolean	组件是否可以获得焦点,默认值为 false(不响应焦点事件和按键事件)
data-*	string	用来指定组件存储的数据,在事件回调中用 e.target.dataSet.* 读取数据
click-effect	string	用来指定组件的弹性点击效果,目前支持 spring-small(小面积组件)、spring-medium(中面积组件)、spring-large(大面积组件)三种属性值
dir	string	用来指定元素的布局模式,属性值包括 auto(跟随系统语言环境,默认值)、rtl(从右向左布局)和 ltr(从左向右布局)

表 4.3 渲染属性及功能说明

参数名称	值类型	功能说明
for	array	列表渲染展示当前组件
if	boolean	条件渲染添加或移除当前组件
show	boolean	显示或隐藏当前组件

【范例 4-1】 用渲染属性实现如图 4.1 所示的注册信息页面效果。

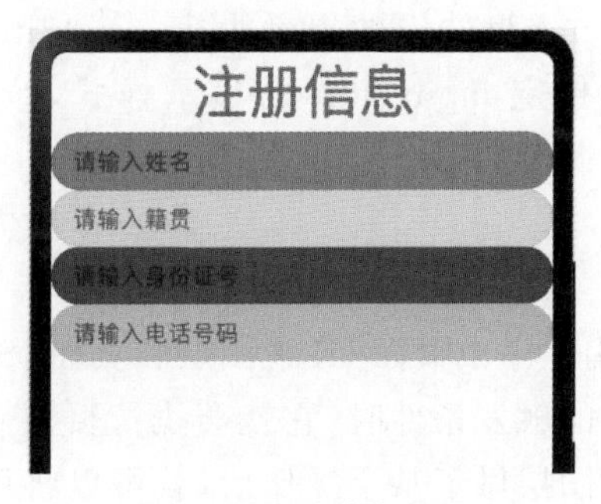

图 4.1　注册信息页面

css 的代码如下。

```
1  .container {
2      flex-direction: column;
3      align-items: center;
4      width: 100%;
5      height: 100%;
6  }
7  .title {
8      font-size: 40px;
9      color: #ff00ff;
10 }
```

上述代码中,container 样式类用于定义页面整体布局,title 样式类用于定义页面上“注册信息”文本的样式。

js 代码如下。

```
1  export default {
2      data: {
3          infos:["姓名","籍贯","身份证号","电话号码"],
4          colors:["red","green","blue","gray"]
5      },
6  }
```

上述代码中的 infos 数组用于定义 input 组件中的提示内容,colors 数组用于定义 input 组件的背景颜色。

hml 代码如下。

```
1  <div class="container">
2      <text class="title">注册信息</text>
3      <input for="{{ infos }}" placeholder="请输入{{ $item }}" style=
"background-color : {{ colors[$idx] }};"></input>
4  </div>
```

上述第 3 行代码中用列表渲染属性 for 控制 input 组件在页面上显示的次数；私有属性 placeholder 用来指定 input 组件中的提示内容，{{ $item }}用来显示 infos 数组元素内容；常用属性 style 用来指定 input 组件的显示样式，$idx 用来表示 colors 数组元素索引。

扫一扫

4.1.2 事件

事件是 HarmonyOS 应用程序中页面 UI 视图层和页面 JS 逻辑层的交互方式。事件绑定在组件上，当组件达到事件的触发条件时，它就会执行页面 JS 逻辑层中对应的事件回调函数。也就是说，当用户在视图层做了某个操作后，就可以将用户的行为反馈到逻辑层，执行逻辑层定义的事件回调函数。事件回调函数中也可以通过参数携带额外信息，如组件上的数据对象 dataset。

1. 事件绑定

如果绑定在组件上的事件达到触发条件时，就会执行 JS 中定义的对应事件回调函数。也就是说，要执行某个组件的事件回调函数，必须首先将事件回调函数绑定到相应的组件上。下面以一个简单的范例介绍事件的绑定步骤。

【范例 4-2】 在页面上定义 1 个 button 组件和 1 个 text 组件，单击 button 组件后显示 text 组件，显示效果如图 4.2 所示。

图 4.2 事件绑定效果

1）在组件上绑定事件回调函数

为页面结构文件中 button 组件的单击事件绑定 showinfo 回调函数，代码如下。

```
1  <div class="container">
2      <button class="title" @click="showinfo"> 提交 </button>
3      <text style="visibility: {{flag}};">你单击了“提交”按钮</text>
4  </div>
```

上述第 2 行代码“@click”表示为 button 组件绑定单击事件，该事件的回调函数名为 showinfo；第 3 行代码的 visibility 属性用于控制 text 组件是否在页面上显示，由 flag 变量的值决定。

2）在JS文件中定义事件回调函数

在相应的页面逻辑文件中定义showinfo回调函数，代码如下。

```
1  export default {
2      data: {
3          flag: "hidden"                         //设置 flag 初始值让 text 组件隐藏
4      },
5      showinfo() {
6          this.flag = "visible"                  //修改 flag 让 text 组件可见
7      }
8  }
```

上述第2～4行代码用data初始化页面数据，flag变量的初始值为hidden，表示页面打开时，用该变量控制的text组件在页面上隐藏；第5～7行代码用于定义showinfo()函数，其中第6行代码表示在执行该函数时将flag变量的值修改为visible，即让flag控制的text组件在页面上显示。

2. 事件分类

事件有两种分类方法：一种分为手势事件和按键事件，手势事件主要用于智能穿戴等具有触摸屏的设备，当用户在触摸屏上执行触摸、点击、长按或拖动等操作时触发；按键事件主要用于智慧屏设备，当用户操作遥控器按键时触发；另一种分为冒泡事件与非冒泡事件，冒泡事件是指组件上被触发的事件能够向父节点传递的事件；非冒泡事件是指组件上被触发的事件不能向父节点传递的事件。事件及触发条件见表4.4。

表4.4　事件及触发条件

事件名称	触发条件	支持事件类型
touchstart	手指刚触摸屏幕时触发该事件	手势事件、冒泡事件
touchmove	手指触摸屏幕后移动时触发该事件	手势事件、冒泡事件
touchcancel	手指触摸屏幕中动作被打断时触发该事件	手势事件、冒泡事件
touchend	手指触摸结束离开屏幕时触发该事件	手势事件、冒泡事件
click	点击动作触发该事件	手势事件、冒泡事件
doubleclick	双击动作触发该事件	手势事件、非冒泡事件
longpress	长按动作触发该事件	手势事件、非冒泡事件
focus	获得焦点时触发该事件	非冒泡事件
blur	失去焦点时触发该事件	非冒泡事件
key	智慧屏特有的按键事件，当用户操作遥控器按键时触发	按键事件、非冒泡事件
swipe	组件上快速滑动后触发该事件	非冒泡事件
attached	当前组件节点挂载在渲染树后触发	非冒泡事件

续表

事件名称	触发条件	支持事件类型
detached	当前组件节点从渲染树中移除后触发	非冒泡事件
pinchstart	手指开始执行捏合操作时触发该事件	手势事件、非冒泡事件
pinchupdate	手指执行捏合操作过程中触发该事件	手势事件、非冒泡事件
pinchend	手指捏合操作结束离开屏幕时触发该事件	手势事件、非冒泡事件
pinchcancel	手指捏合操作被打断时触发该事件	手势事件、非冒泡事件
dragstart	用户开始拖曳时触发该事件	手势事件、非冒泡事件
drag	拖曳过程中触发该事件	手势事件、非冒泡事件
dragend	用户拖曳完成后触发	手势事件、非冒泡事件
dragenter	进入释放目标时触发该事件	手势事件、非冒泡事件
dragover	在释放目标内拖动时触发	手势事件、非冒泡事件
dragleave	离开释放目标区域时触发	手势事件、非冒泡事件
drop	在可释放目标区域内释放时触发	手势事件、非冒泡事件

【范例 4-3】 实现如图 4.3 所示的页面效果，并用冒泡事件实现单击最内层的正方形，触发最内层 div 组件绑定的 c3click 事件、中间层 div 组件绑定的 c2click 事件和最外层 div 组件绑定的 c1click 事件；单击中间层的正方形，触发中间层 div 组件绑定的 c2click 事件和最外层 div 组件绑定的 c1click 事件。

图 4.3 冒泡事件页面效果

css 的代码如下。

```
1   .container1 {                                    /* 最外层样式 */
2       display: flex;
3       justify-content: center;
4       align-items: center;
5       background-color: red;
```

```
6       width: 400px;
7       height: 400px;
8   }
9   .container2{                                        /* 中间层样式 */
10      display: flex;
11      justify-content: center;
12      align-items: center;
13      background-color: yellow;
14      width: 200px;
15      height: 200px;
16  }
17  .container3{                                        /* 最内层样式 */
18      background-color: blue;
19      width: 100px;
20      height: 100px;
21  }
```

hml 的代码如下。

```
1   <div class="container1" @click="c1click">
2       <div class="container2" @click="c2click">
3           <div class="container3" @click="c3click">
4           </div>
5       </div>
6   </div>
```

js 的代码如下。

```
1   export default {
2       c1click(){
3           console.info("这是最外层的单击事件")
4       },
5       c2click(){
6           console.info("这是中间层的单击事件")
7       },
8       c3click(e){
9           console.info("这是最内层的单击事件")
10      }
11  }
```

上述 hml 代码中的“@click”事件属于冒泡事件，一旦触发子元素的事件，就会冒泡传递到父元素并执行相应事件。上述代码执行时，如果触发最内层 div 组件的 c3click 事件，就会冒泡传递给中间层 div 组件的 c2click 事件和最外层 div 组件的 c1click 事件。

3. 事件对象

当作用于组件的动作触发事件时，逻辑层绑定该事件的处理函数都会收到一个事件对象，通过该事件对象可以获取相应的信息。

【范例 4-4】 在范例 4-3 最外层 div 组件上绑定值为 400 的 c1 属性、中间层 div 组件上绑定值为 200 的 c2 属性、最内层 div 组件上绑定值为 100 的 c3 属性。

将范例 4-3 的 hml 代码作如下修改。

```
1   <div class="container1" data-c1="400" @click="c1click">
2       <div class="container2" data-c2="200" @click="c2click">
3           <div class="container3" data-c3="100" @click="c3click">
4           </div>
5       </div>
6   </div>
```

将范例 4-3 的 js 代码作如下修改。

```
1   export default {
2       c1click(e){
3           console.info(e.target.dataSet.c1)
4           console.info("这是最外层的单击事件")
5       },
6       c2click(e){
7           console.info(e.target.dataSet.c2)
8           console.info("这是中间层的单击事件")
9       },
10      c3click(e){
11          console.info(e.target.dataSet.c3)
12          console.info("这是最内层的单击事件")
13      }
14  }
```

上述代码运行后，单击最内层的 div 组件，在 PreviewerLog 窗口输出如图 4.4 所示效果。代码中的 data-c1、data-c2、data-c3 用于在 div 组件中定义绑定的数据属性和对应值，这些数据值可以通过事件传递给逻辑层进行处理。数据属性必须以 data-开头，如果数据属性名中包含大写字母，则在逻辑层用"e.target.dataSet.属性名"语句格式引用属性名时，属性名会自动转换为小写字母。例如，在代码中用"data-c1"格式定义 c1 属性，引用时需要用"e.target.dataSet.c1"格式引用该属性值。

```
app Log: 100
app Log: 这是最内层的单击事件
app Log: 200
app Log: 这是中间层的单击事件
app Log: 400
app Log: 这是最外层的单击事件
```

图 4.4　组件绑定信息输出效果

4.1.3　JS FA

基于 JS 扩展的类 Web 开发范式支持纯 JavaScript、JavaScript 和 Java 混合语言开发。JS FA(JavaScript Feature Ability)指基于 JavaScript 或 JavaScript 和 Java 混合开发的 FA，JS FA 在 HarmonyOS 上运行环境的基类是继承自 Ability 类的 AceAbility 类，应用程序运行入口类都是从该类派生。例如，由 DevEco Studio 开发环境自动创建的 JS 工程，保存在"entry/src/main/java/包名/MainAbility.java"文件中的应用程序入口类代码如下。

```
1  public class MainAbility extends AceAbility {
2      @Override
3      public void onStart(Intent intent) {
4          super.onStart(intent);
5      }
6      @Override
7      public void onStop() {
8          super.onStop();
9      }
10 }
```

JS FA生命周期事件分为应用生命周期和页面生命周期，应用程序通过AceAbility类中的setInstanceName()接口设置该Ability的实例资源，并通过AceAbility窗口进行显示以及全局应用生命周期管理。setInstanceName(String name)的参数name指实例名称，实例名称与config.json文件中module.js.name的值一致。如果开发者没有修改集成开发环境默认创建的config.json配置文件中的实例名(module.js.name)，则表示使用了默认值default，所以不需要修改"entry/src/main/java/包名/MainAbility.java"文件代码，也就是不需要调用此接口。如果开发者修改了config.json配置文件中的实例名，或者在JS工程中创建了两个或两个以上的实例，并且要将非default实例作为应用程序运行的入口类，则需要在应用程序Ability实例的onStart()中调用此接口，并将参数name设置为修改后的实例名称或作为入口类的实例名称。例如，如果以JSComponentName作为实例名称，则需要将上述代码修改为如下代码。

```
1  public class MainAbility extends AceAbility {
2      @Override
3      public void onStart(Intent intent) {
4          setInstanceName("JSComponentName");
                                    //config.json 中 module.js.name 的标签值
5          super.onStart(intent);
6      }
7  }
```

4.2 小学生四则运算练习册的设计与实现

随着移动终端设备的普及应用，越来越多具有学习和测试功能的App受到广大用户青睐，本节采用button、input、image组件和flex布局设计一款能够任意出题的小学生四则运算练习App，该App具有自动出题给小学生进行加、减、乘、除四则运算训练的功能。

4.2.1 button组件

扫一扫

button组件(按钮组件)是HarmonyOS应用开发中最常用的组件之一，通过设置它的type属性可以在页面上显示胶囊、圆形、文本、弧形和下载等效果的按钮。它除支持通用属性外，还支持如表 4.5 所示的属性。

表 4.5　button 组件属性及功能

属性名	类型	功能说明
type	string	设置按钮显示效果。属性值包括 capsule(胶囊按钮，带圆角、有背景色和文本)、circle(圆形按钮，按钮上可放图标)、text(文本按钮)、arc(弧形按钮，仅支持智能穿戴设备)、download(下载按钮，有下载进度条功能，仅支持手机和智慧屏)
value	string	设置按钮上显示的文本内容
icon	string	设置按钮的图标路径，图标格式为 jpg、png 或 svg
placement	string	设置图标位于文本的位置，属性值包括 start(文本前)、end(默认值，文本后)、top(文本上方)、bottom(文本下方)
waiting	boolean	设置 waiting 状态，属性值包括 false(默认值)和 true(在文本左侧展现等待中转圈效果)。按钮类型为 download 时不生效，不支持智能穿戴设备

【范例 4-5】 实现如图 4.5 所示的按钮效果。

hml 的代码如下。

```
1   <div class="container">
2       <button value="缺省按钮"></button>
3       <button type="text" value="文本按钮">文本按钮</button>
4       <button type="capsule" value="胶囊按钮">胶囊按钮</button>
5       <button type="circle" value="圆形按钮">圆形按钮</button>
6       <button type="arc" value="圆弧按钮">圆弧按钮</button>
7       <button type="download" value="进度按钮">进度按钮</button>
8   </div>
```

上述代码切换到智能穿戴设备运行后的显示效果如图 4.5 所示。如果 button 组件没有设置 type 属性值，则默认为类胶囊型按钮，通过 border-width 属性可以设置按钮的边框宽度，通过 border-radius 属性可以设置按钮的四角弧度，但是这两个属性只有同时使用时，四角弧度效果才能显现。

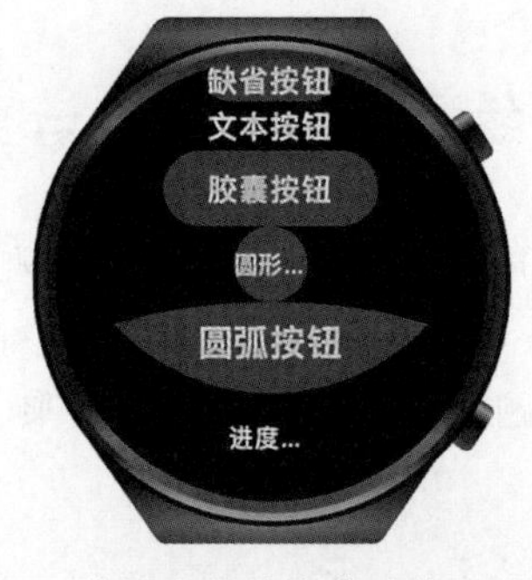

图 4.5　按钮在智能穿戴端的显示效果

【范例 4-6】 实现如图 4.6 所示的按钮效果。当单击“足球”按钮时，在页面上显示“你选择喜欢的运动是：足球”；当单击“排球”按钮时，在页面上显示“你选择喜欢的运动是：排球”；当单击“网球”按钮时，在页面上显示“你选择喜欢的运动是：网球”。

图 4.6　按钮的单击事件效果

css 的代码如下。

```
1   .container {
2       display: flex;
3       flex-direction: column;
4       justify-content: center;
5       align-items: center;
6       width: 454px;
7       height: 454px;
8   }
9   .inner{
10      width: 100%;
11      display: flex;
12      flex-direction: row;
13      justify-content: space-around;
14  }
15  button{
16      width: 30%;
17      height: 40px;
18      text-align: center;
19      font-size: 16px;
20      border-radius: 10px;
21      background-color: gray;
22  }
```

hml 的代码如下。

```
1   <div class="container">
2       <text>你选择喜欢的运动是：{{sport}}</text>
3       <div class="inner">
```

```
4           <button data-c="1" value="足球" placement="start" icon="/common/
images/football.png" @click="showinfo"></button>
5           <button data-c="2" value="排球" placement="start" icon="/common/
images/volleyball.png" @click="showinfo">排球</button>
6           <button data-c="3" value="网球" placement="start" icon="/common/
images/netball.png" @click="showinfo">网球</button>
7       </div>
8   </div>
```

上述第4～6行代码用data-c定义属性c,并通过指定不同的属性值监测用户在页面上单击的是哪一个按钮;用placement属性定义图标位于文本前的位置。icon属性用于指定图标文件,该图标文件需要开发者在开发项目时将其复制到common/images文件夹中。

js的代码如下。

```
1   export default {
2       data: {
3           sport: ''                                  //页面变量初始值为空字符串
4       },
5       showinfo(e) {
6           switch (e.target.dataSet.c) {              //判断属性c的值
7               case "1":
8                   this.sport = '足球';               //给页面变量sport赋值
9                   break;
10              case "2":
11                  this.sport = '排球';
12                  break;
13              case "3":
14                  this.sport = '网球';
15          }
16      }
17  }
```

上述第6～15行代码表示如果单击的按钮组件绑定的c属性值为"1"时,将页面变量sport的值赋值为"足球";如果单击的按钮组件绑定的c属性值为"2"时,将页面变量sport的值赋值为"排球";如果单击的按钮组件绑定的c属性值为"3"时,将页面变量sport的值赋值为"网球"。

扫一扫

4.2.2 input组件

input组件(交互式组件)用于获取用户信息,通过该组件既可以输入单行文本、E-mail地址、日期、时间、数字、密码等内容,也可以实现按钮、单选框、复选框等功能。下面根据该组件的属性、事件、方法和不同的应用场景,结合实际范例详细阐述input组件的使用方法。

1. 属性

input组件除支持通用属性外,还支持如表4.6所示的属性。

表 4.6 input 组件属性及功能

属性名	类型	功能说明
type	string	设置交互式组件的类型，属性值包括 text（默认值，单行文本）、button（按钮）、checkbox（复选框）、radio（单选框）、email（电子邮件地址输入框）、date（包括年、月、日的日期组件）、time（不带时区的时间组件）、number（数字输入框）、password（密码输入框）
name	string	设置交互式组件的名称
value	string	设置交互式组件的 value 值，当 type 属性值为 radio 时，value 属性值必填
placeholder	string	设置交互式组件的提示文本内容
checked	boolean	设置是否选中，属性值包括 false（默认值，不选中）和 true（选中），仅当 type 属性值为 checkbox 或 radio 时生效
maxlength	number	设置输入框中最多可输入的字符数量，缺省表示不限制输入的字符数量
enterkeytype	string	设置软键盘 Enter 按钮的类型，属性值包括 default（默认值）、next（下一项）、go（前往）、done（完成）、send（发送）、search（搜索）
showcounter	boolean	设置文本输入框是否显示计数下标，属性值包括 false（默认值，不显示）和 true（显示），但需要与 maxlength 属性一起使用
headericon	string	设置输入框中文本前的图标，但对 button、checkbox 和 radio 不生效，图标格式为 jpg、png 和 svg
softkeyboardenabled	boolean	设置编辑输入框内容时是否弹出系统软键盘，属性值包括 true（默认值，弹出）和 false
showpasswordicon	boolean	设置是否显示密码框末尾的图标，属性值包括 true（默认值，显示）和 false，仅当 type 属性值为 password 时生效

【范例 4-7】 实现如图 4.7 所示的简易计算器，页面上的第一个数输入框、第二个数输入框、显示计算结果框及“＋”“－”“×”“÷”按钮都是由 input 组件实现的，用户分别单击“＋”“－”“×”“÷”按钮时，可以将第一个输入框和第二个输入框中输入的两个数的加、减、乘、除结果显示在页面上。

图 4.7 简易计算器

扫一扫

css 的代码如下。

```
1   .container {                                        /* 页面整体布局样式 */
2       display: flex;
3       flex-direction: column;
4       align-items: center;
5       width: 454px;
6       height: 454px;
7   }
8   .inputab {                                          /* 输入框样式 */
9       border-radius: 15px;
10      border-width: 1px;
11      border: gray;
12      background-color: white;
13      margin-top: 10px;
14      height: 40px;
15  }
16  .calcbutton {                                       /* 加、减、乘、除按钮布局样式 */
17      width: 100%;
18      flex-direction: row;
19      justify-content: space-around;
20  }
21  .button {                                           /* 加、减、乘、除按钮样式 */
22      margin-top: 15px;
23      border-radius: 15px;
24      width: 20%;
25      background-color: gray;
26  }
```

hml 的代码如下。

```
1   <div class="container">
2       <text>简易计算器</text>
3       <input type="number" @change="geta" class="inputab" placeholder="请输
入第一个数" headericon="/common/images/keyboard.png"></input>
4       <input type="number" @change="getb" class="inputab" placeholder="请输
入第二个数" headericon="/common/images/keyboard.png"></input>
5       <input type="number" class="inputab" placeholder="显示计算结果"
headericon="/common/images/search.png" value="{{result}}"></input>
6       <div class="calcbutton">
7           <input class="button" @click="calcadd" type="button" value="+"></
input>
8           <input class="button" @click="calcsub" type="button" value="-"></
input>
9           <input class="button" @click="calcmul" type="button" value="×"></
input>
10          <input class="button" @click="calcdiv" type="button" value="÷"></
input>
```

```
11      </div>
12  </div>
```

上述第 3～5 行代码中的 type 属性值为 number，表示此输入框只能输入数字；@change 绑定了 geta()方法，表示当输入框中内容发生改变时触发 geta()方法；设置的 placeholder 属性值表示在输入框中没有内容时的提示信息；设置的 headericon 属性值表示显示在输入框文本前的图标。其中第 5 行代码中用 value 属性值绑定 result 页面变量，result 为 js 逻辑代码中实现的两个数加、减、乘、除运算的结果。第 7～10 行代码中的 type 属性值为 button，表示该组件以按钮形式显示在页面上。

js 的代码如下。

```
1   export default {
2       data: {
3           a: 0,                                              //第一个数
4           b: 0,                                              //第二个数
5           result: ""                                         //保存运算结果
6       },
7       geta(e) {
8           this.a = e.value                                   //从输入框中取第一个数
9       },
10      getb(e) {
11          this.b = e.value                                   //从输入框中取第二个数
12      },
13      calcadd(e) {
14          this.result = parseFloat(this.a) + parseFloat(this.b)
                                                               //运算结果保存到 result
15      },
16      //减法、乘法、除法运算代码类似，此处略
17  }
```

上述第 8 行代码中的 e.value 表示取出输入框中输入的内容；第 14 行代码中的 parseFloat()方法用来将输入框中输入的字符型数据转换为 float 类型数据后再进行加法运算。

2. 事件

1) change

扫一扫

当输入框中输入的内容发生变化时触发该事件，并返回用户当前输入值。例如，范例 4-7 的 hml 代码中用@change 绑定的 geta()和 getb()，js 代码中用 e.value 返回当前输入框中输入的值。

2) enterkeyclick

当单击软键盘上的 Enter 键后触发该事件，并返回 enterkeytype 属性值对应的 number 类型数值。例如，hml 的代码如下。

```
1   <input enterkeytype="search" @enterkeyclick="getKeyValue"></input>
2   <text>返回的 enterKey 类型为:{{info}}</text>
```

js的代码如下。

```
1   export default {
2       data: {
3           info:""
4       },
5       getKeyValue(e){
6           this.info = e.value                                //返回 enterKey 的类型值
7       }
8   }
```

上述代码运行效果如图4.8所示。如果将hml代码第1行的enterkeytype属性值修改为go，则js代码第6行的e.value值为2；如果将hml代码第1行的enterkeytype属性值修改为send，则js代码第6行的e.value值为4；如果将hml代码第1行的enterkeytype属性值修改为next，则js代码第6行的e.value值为5；如果将hml代码第1行的enterkeytype属性值修改为default、done或不设置该属性，则js代码第6行的e.value值为6。

图4.8　enterkeyclick事件

3）translate

设置此事件的input组件，进行文本选择操作后，文本选择弹窗中显示“剪切”“复制”“全选”和“翻译”4个按钮，如果单击“翻译”按钮，就会触发translate事件绑定的方法，并返回选中的文本内容。例如，hml的代码如下。

```
1   <input  @translate="clickTranslate"></input>
2   <text>翻译选中的文本内容为:{{info}}</text>
```

js的代码如下。

```
1   export default {
2       data: {
3           info:""
4       },
5       clickTranslate(e){
6           this.info = e.value
7       }
8   }
```

上述代码运行效果如图4.9所示。如果用户单击页面上的“翻译”按钮，页面上会显示“翻译选中的文本内容为：全世界”。

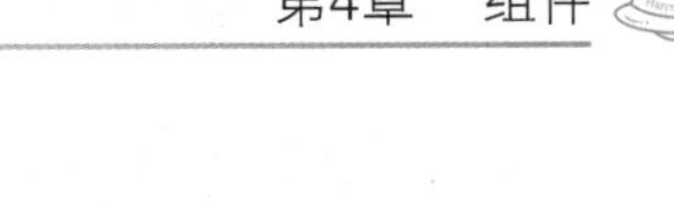

图 4.9　translate 事件

4）share

设置此事件的 input 组件，进行文本选择操作后，文本选择弹窗中显示“剪切”“复制”“全选”和“分享”4 个按钮，如果单击“分享”按钮，就会触发 share 事件绑定的方法，并返回选中的文本内容。

5）search

设置此事件的 input 组件，进行文本选择操作后，文本选择弹窗中显示“剪切”“复制”“全选”和“搜索”4 个按钮，如果单击“搜索”按钮，就会触发 search 事件绑定的回调方法，并返回选中的文本内容。

6）selectchange

设置此事件的 input 组件，如果文本选择范围发生变化，则会触发该事件绑定的回调方法，并返回 input 组件中选中文本起始位置的 start 参数和结束位置的 end 参数。例如，hml 的代码如下。

```
1   <input  @selectchange="clickSlect"></input>
2   <text>开始位置为:{{start}};结束位置为:{{end}}</text>
```

js 的代码如下。

```
1   export default {
2       data: {
3           start:"",                                   //保存开始位置
4           end:""                                      //保存结束位置
5       },
6       clickSlect(e){
7           this.start = e.start
8           this.end =e.end
9       }
10  }
```

如果用户选中页面上的“我的世界只”，则显示效果如图 4.10 所示。

7）optionselect

设置此事件的 input 组件，如果同时设置了 menuoptions 属性值，进行文本选择操作后，如果单击 menuoptions 属性值设定的菜单项，则会触发该事件绑定的回调方法，并返回点击的菜单项序号和选中的文本内容。例如，hml 的代码如下。

```
1  <input  menuoptions="{{menus}}" @optionselect="clickOptions"></input>
2  <text>你选择的菜单选项是:{{optionIndex}}——{{optionContent}}</text>
```

js 的代码如下。

```
1  export default {
2      data: {
3          optionIndex:"",                                   //保存菜单选项序号
4          selectContent:"",                                 //保存选中的内容
5          menus:[{icon:"/common/images/showfriend.png",content:"好友信息"},
6                 {icon:"/common/images/addfriend.png",content:"添加好友"},
7                 {icon:"/common/images/delfriend.png",content:"删除好友"}]
8      },
9      clickOptions(e){
10         this.optionIndex = e.index
11         this.selectContent= e.value
12     }
13 }
```

上述代码运行效果如图 4.11 所示。回调方法包含用于保存菜单中选中菜单项对应序号的 index 参数和文本选中内容的 value 参数。

图 4.10　selectchange 事件

图 4.11　optionselect 事件

3. 方法

扫一扫

1) focus

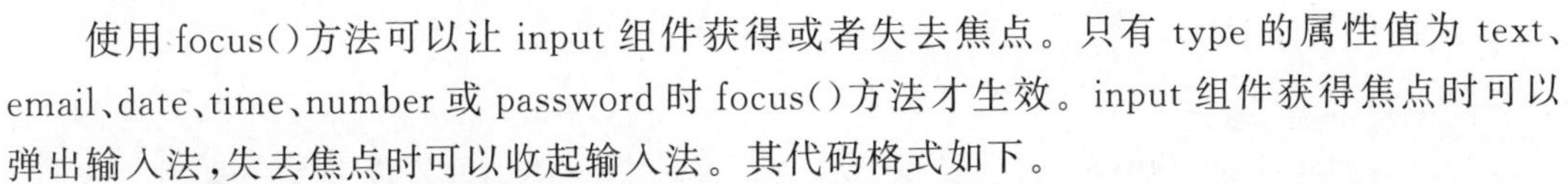

使用 focus()方法可以让 input 组件获得或者失去焦点。只有 type 的属性值为 text、email、date、time、number 或 password 时 focus()方法才生效。input 组件获得焦点时可以弹出输入法,失去焦点时可以收起输入法。其代码格式如下。

```
1   input 组件对象.focus({
2       focus: true
3   })
```

上述第 2 行代码的 focus 值可以为 true 或 false(默认值)。

2) showError

使用 showError()方法可以在 input 组件下方显示错误提示信息。只有 type 的属性值为 text、email、date、time、number 或 password 时 showError()方法才生效。其代码格式如下。

```
1   input 组件对象.showError({
2       error: "显示的错误提示信息"
3   })
```

3) delete

使用 delete()方法可以删除 input 组件中当前光标位置的文本内容,其功能与软键盘中的删除键相同。如果当前输入组件没有光标,默认删除最后一个字符并展示光标。其代码格式如下。

```
1   input 组件对象.delete()
```

【范例 4-8】 实现如图 4.12 所示的页面,用户单击"确定"按钮,判断输入框中是否为

图 4.12 showError()方法

"男"或"女",如果是,则在输入框下方显示"输入正确!",否则显示"性别只能为男或女!";用户单击"删除"按钮,删除输入框中当前光标位置的文本内容。

css 的代码如下。

```
1   .container {
2       display: flex;
3       flex-direction: column;
4       justify-content: center;
5       align-items: center;
6       width: 454px;
7       height: 454px;
8   }
9   .btn{
10      flex-direction: row;
11  }
```

hml 的代码如下。

```
1   </div class="container">
2       <input id="gender" autofocus="true" type="text" placeholder="请输入性
别" @change="getValue"></input>
3       <div class="btn">
4           <input type="button" value="确定" onclick="btnOk"></input>
5           <input type="button" value="删除" onclick="btnDel"></input>
6       </div>
7   </div>
```

js 的代码如下。

```
1   export default {
2       data: {
3           value: "",                              //保存 input 输入框中输入的内容
4       },
5       getValue(e) {
6           this.value = e.value
7       },
8       btnOk(e) {
9           var info = "输入正确!"
10          if (!((this.value == '男') || (this.value == '女'))) {
11              info = "性别只能为男或女!"
12          }
13          this.$element("gender").showError({
14              error: info                         //显示的错误信息
15          })
16          this.$element("gender").focus({
17              focus:true
18          });
19      },
```

```
20      btnDel(){
21          this.$element("gender").delete()
22      }
23  }
```

上述代码定义的 getValue()方法用于获取 input 输入框中输入的内容，btnOk()方法中定义了单击“确定”按钮实现的功能，btnDel()方法中定义了单击“删除”按钮实现的功能。其中第 13、16 和 21 行代码中的 $element("gender")表示从页面上获取 id 为 gender 的组件对象。

4.2.3 image 组件

扫一扫

image 组件(图片组件)用于渲染展示图片。

1. 属性

image 组件除支持通用属性外，还支持如表 4.7 所示的属性。

表 4.7 image 组件属性及功能

属性名	类型	功能说明
src	string	设置图片的路径，支持本地和云端路径，图片格式包括 png、jpg、bmp、svg 和 gif
alt	string	设置指定图片在加载时显示的占位图路径

2. 样式

1) object-fit

object-fit 样式用于设置图片的缩放类型，不支持 svg 格式图片。其值包括 cover(默认值，保持宽高比进行缩小或者放大，使得图片两边都大于或等于显示边界)、contain(保持宽高比进行缩小或者放大，使得图片完全显示在显示边界内)、fill(不保持宽高比进行放大或者缩小，使得图片填充满显示边界)、none(保持原有尺寸显示)、scale-down(保持宽高比，图片缩小或者保持不变)。

2) match-text-direction

match-text-direction 样式用于设置图片是否跟随文字方向，不支持 svg 格式图片。其值包括 boolean(默认值，不跟随文字方向)、true(跟随文字方向)。

3) fit-original-size

fit-original-size 样式用于设置 image 组件在未设置宽高属性的情况下是否适应图源尺寸(该属性值为 true 时 object-fit 样式不生效)，不支持 svg 格式图片。其值包括 boolean(默认值，不适应图源尺寸)、true(适应图源尺寸)。

3. 事件

1) complete

当图片加载成功时触发该事件绑定的方法，并返回加载图片的 width(宽度)值和

height(高度)值。

2) error

当图片加载异常时触发该事件绑定的方法,并返回异常图片的 width(宽度)值为 0 和 height(高度)值为 0。

例如,在页面上加载"/common/images/home.png"图片,不管是否加载成功,在图片的下方都会显示该图片的宽和高。hml 的代码如下。

```
1   <div class="container">
2       <image @complete="loadComplete" @error="loadException" src="/common/
images/home.png"></image>
3       <text>宽:{{ width }};高:{{ height }}</text>
4   </div>
```

上述第 2 行代码用@complete 事件绑定 loadComplete()方法表示当图片加载完成时执行的操作;用@error 事件绑定 loadException()方法表示图片加载异常时执行的操作。

js 的代码如下。

```
1   export default {
2       data: {
3           width: 0,
4           height: 0
5       },
6       loadComplete(e) {
7           this.width = e.width
8           this.height = e.height
9       },
10      loadException(e) {
11          this.width = e.width
12          this.height = e.height
13      }
14  }
```

上述第 7 行代码的 e.width 和第 8 行代码的 e.height 返回加载完成图片的宽和高;第 11 行代码的 e.width 和第 12 行代码的 e.height 都返回 0。

4.2.4 tabs、tab-bar 和 tab-content 组件

扫一扫

tabs 组件(选项卡切换组件)用于在一个页面区域切换显示不同类别的内容,但是同一个时刻一个页面只能显示一个类别的内容。该组件是一个容器类组件,通常包含一个用于显示选项卡标签的 tab-bar 组件和一个用于显示选项卡内容的 tab-content 组件。

1. 属性

tabs 组件除支持通用属性外,还支持如表 4.8 所示的属性。

表 4.8　tabs 组件属性及功能

属性名	类型	功能说明
index	number	设置当前处于激活状态的 tab 选项卡索引，默认值为 0
vertical	boolean	设置 tab-bar 和 tab-content 组件是否为左右排列，属性值包括 true(左右排列)、false(默认值，上下排列)

tab-bar 组件用来展示 tab 的标签区，除支持通用属性外，还支持如表 4.9 所示的属性。

表 4.9　tab-bar 组件属性及功能

属性名	类型	功能说明
mode	string	设置组件宽度的可延展性，属性值包括 scrollable(默认值，子组件宽度为实际设置的宽度，当宽度之和大于 tab-bar 的宽度时，子组件可以横向滑动)、fixed(子组件宽度均分 tab-bar 的宽度)

tab-content 组件用来展示 tab 的内容区，除支持通用属性外，还支持如表 4.10 所示的属性。

表 4.10　tab-content 组件属性及功能

属性名	类型	功能说明
scrollable	boolean	设置是否可以通过左右滑动进行选项卡内容切换，属性值包括 true(默认值，可以左右滑动切换)、false(选项卡只能通过 tab-bar 的点击进行切换)

2. 事件

tabs 组件除支持通用事件外，还支持 change 事件，在进行选项卡页面切换后就会触发该事件绑定的方法。

【范例 4-9】　实现如图 4.13 所示的页面，光标在页面上左右滑动时可以实现页面内容的切换，并且在页面上显示当前选项卡的索引值。

css 的代码如下。

```
1   /*页面样式*/
2   .container {
3       display: flex;
4       flex-direction: column;
5       justify-content: flex-start;
6       align-items: center;
7   }
8   /*选项卡标签区样式*/
9   .tab-bar {
10      margin: 5px;
11      height: 60px;
12      background-color: darkseagreen;
13  }
```

```
14  /*选项卡的标签样式*/
15  .tab-text {
16      width: 100%;
17      text-align: center;
18      font-size: 25px;
19      color: red;
20  }
21  /*选项卡内容区样式*/
22  .tab-content {
23      margin:0px 5px 5px 5px;
24      background-color: darkseagreen;
25  }
26  /*选项卡的内容样式*/
27  .item-title {
28      font-size: 20px;
29      color:blue;
30  }
```

图 4.13　选项卡页面效果(1)

hml 的代码如下。

```
1   <div class="container">
2       <tabs index="0" vertical="false" @change="tabsChange">
3           <tab-bar class="tab-bar" mode="fixed">
```

```
4              <text class="tab-text">首页</text>
5              <text class="tab-text">购物车</text>
6              <text class="tab-text">我的</text>
7          </tab-bar>
8          <tab-content class="tab-content" scrollable="true">
9              <div>
10                 <text class="item-title">首页页面内容(选项卡索引:{{ index }})
</text>
11             </div>
12             <div>
13                 <text class="item-title">购物车页面内容(选项卡索引:{{ index
}})</text>
14             </div>
15             <div>
16                 <text class="item-title">我的页面内容(选项卡索引:{{ index }})
</text>
17             </div>
18         </tab-content>
19     </tabs>
20 </div>
```

上述第 2 行代码的 vertical 属性值为 false，表示 tab-bar 组件与 tab-content 组件上下排列。如果将该属性值修改为 true，并删除 css 的第 11 行代码，则显示如图 4.14 所示的页面效果。

图 4.14 选项卡页面效果(2)

js的代码如下。

```
1   export default {
2       data: {
3           index: 0
4       },
5       tabsChange(e){
6           this.index = e.index
7       }
8   }
```

上述第5～7行代码回调方法中的index参数用于返回当前选项卡的索引值。

如果要显示图4.15所示带图标的选项卡页面效果，可以首先将范例4-9中hml的代码第3～7行替换为如下代码。

图4.15 选项卡页面效果(3)

```
1   <tab-bar class="tab-bar" mode="fixed">
2       <div class="icon-title">
3            <image style="width : 30px; height : 30px;" src="/common/images/
home.png"></image>
4           <text class="tab-text">首页</text>
5       </div>
6       <div class="icon-title">
```

```
7            <image style="width : 30px; height : 30px;" src="/common/images/
sale.png"></image>
8            <text class="tab-text">购物车</text>
9        </div>
10       <div class="icon-title">
11           <image style="width : 30px; height : 30px;" src="/common/images/me.
png"></image>
12           <text class="tab-text">我的</text>
13       </div>
14   </tab-bar>
```

然后在css代码中添加icon-title样式，将显示图片的image组件与显示选项卡标签的text组件按列方向布局，代码如下。

```
1   .icon-title{
2       display: flex;
3       flex-direction: column;
4       align-items: center;
5   }
```

4.2.5 案例：小学生四则运算练习册

扫一扫

1. 需求描述

小学生四则运算练习册运行后显示如图4.16所示页面，默认生成10以内的"加、减、乘、除"四则运算的10道题目。用户左右滑动页面或分别单击选项卡上的"加、减、乘、除"图标，可以在"加、减、乘、除"四种运算题目之间切换。用户单击页面下方的"10以内、20以内、50以内、100以内"的题目难易度单选按钮，可以分别生成10以内、20以内、50以内或100以内的"加、减、乘、除"四则运算题目。用户在每一道题目后面的输入框中输入答案后，单击"确认提交"按钮，应用程序会自动判断用户输入的题目答案是否正确，如果答案正确，则在题目后面显示"笑脸"图标并加10分，否则显示"哭脸"图标，如图4.17所示；同时也会在页面上显示"您的最终得分：*"的提示信息；单击"再来一次"按钮，应用程序会根据用户选择的题目难易度重新生成10道题目。

2. 设计思路

根据小学生四则运算练习册页面的显示效果和需求描述，整个页面从上到下分为页面顶部区、题目展示区和页面底部区。页面顶部区的"加、减、乘、除"四则运算切换用选项卡切换组件tabs、显示选项卡标签的tab-bar组件和显示选项卡内容的tab-content组件实现；题目展示区每一行的题目编号、参与运算的第一个数、运算符、参与运算的第二个数和"="用text组件实现，输入框用input组件实现，"笑脸"或"哭脸"图标用image组件实现。页面底部区分为"您的最终得分：*"显示区、题目难易度选择区和按钮显示区。"您的最终得分：*"显示区直接用text组件实现；题目难易度选择区用4个type属性值为radio的input组件实现；按钮显示区用两个button组件实现。

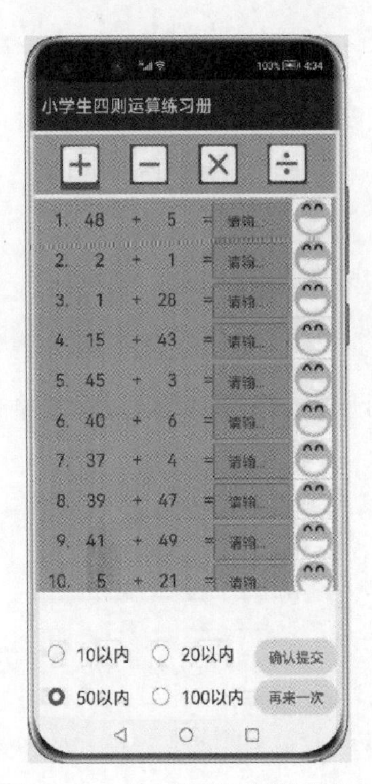

图 4.16 小学生四则运算练习册(1)

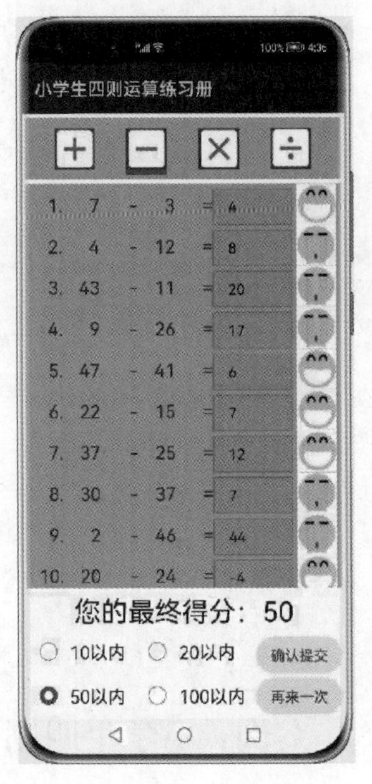

图 4.17 小学生四则运算练习册(2)

3. 实现流程

1）准备工作

从图 4.17 中可以看出，页面顶部的选项卡由代表“加、减、乘、除”的图标实现，每道题末尾的正确或错误提示由代表“笑脸”或“哭脸”的图标实现，所以需要将代表“加、减、乘、除”图标的“add.png、dec.png、mul.png、div.png”4 个图片文件和代表“笑脸”“哭脸”图标的 smile.png、cry.png 两个图片文件复制到项目的 common/images 文件夹中。

2）修改应用程序标签名和图标

首先，打开项目中的 resources/base/element/string.json 文件，在该文件的最下方添加如下代码。

```
1  {
2    "string": [
3      //原代码不变,以下为添加代码
4      ,{
5        "name": "appName",
6        "value": "小学生四则运算练习册"
7      }
8    ]
9  }
```

然后，将代表应用程序图标的 calcApp.png 文件复制到项目的 resources/base/media 文件夹中，并打开 config.json 文件，对 module 属性配置项中的 abilities 属性项代码作如下修改。

```
1  "abilities": [
2      {
3        //原代码不变,以下为修改代码
4        "icon": "$media:calcApp",
5        "label": "$string:appName",
6      }
7  ],
```

上述第 4 行代码的 icon 属性用于设置应用程序的图标，第 5 行代码的 label 属性用于设置应用程序的标签。

3)"加、减、乘、除"图标选项卡的实现

css 的代码如下。

```
1  .tab-bar {
2      margin: 5px;
3      height: 80px;
4      background-color: darkseagreen;
5  }
```

hml 的代码如下。

```
1  <tab-bar class="tab-bar" mode="fixed">
2      <div for="{{ icons }}">
3          <image style="width : 45px; height : 45px;" src="{{ $item }}"></image>
4      </div>
5  </tab-bar>
```

上述第 2～4 行代码用列表渲染的方法将代表"加、减、乘、除"图标的图片显示在选项卡标签上。

js 的代码如下。

```
1  data: {
2      icons: ['/common/images/add.png', '/common/images/dec.png', '/common/
images/mul.png', '/common/images/div.png'],
3  },
```

4)"加、减、乘、除"选项卡内容的实现

css 的代码如下。

```
1  /* 选项卡样式 */
2  .tab-content {
```

```
3       margin: 0px 5px 5px 5px;
4       background-color: darkseagreen;
5   }
6   /*题目行样式*/
7   .timu-content {
8       flex-direction: column;
9   }
10  /*题目内容样式*/
11  .item-title {
12      text-align: right;
13      font-size: 20px;
14      color: blue;
15      width: 12%;
16  }
17  /*答案样式*/
18  .item-answer {
19      width: 25%;
20      border-radius: 0px;
21      border-width: 1px;
22      border: gray;
23      margin-top: 5px;
24      margin-right: 5px;
25  }
```

hml的代码如下。

```
1   <tab-content class="tab-content" scrollable="false">
2       <div class="timu-content" for="{{oper in opers}}">
3           <div for="{{ (id,timu) in timus }}">
4               <text class="item-title">{{ timu.id }}.</text>
                                                    <!-- 题目编号 -->
5               <text class="item-title">{{ timu.da }} </text>
                                                    <!-- 第一个数 -->
6               <text class="item-title">{{ oper }}</text>
                                                    <!-- 运算符 -->
7               <text class="item-title">{{ timu.db }}</text>
                                                    <!-- 第二个数-->
8               <text class="item-title">=</text>
9               <input type="number" class="item-answer"  @change="getAnswers
({{id}})" placeholder="请输入答案"></input>          <!-- 答案输入框 -->
10              <image style="width : 45px; height : 45px;" src="{{imgSrc
[id]}}"></image>
11          </div>
12      </div>
13  </tab-content>
```

上述第2～12行代码用列表渲染的方法实现“加、减、乘、除”4个选项卡页面内容；第3～11行代码用列表渲染的方法将生成的10道题目显示在每个选项卡上。

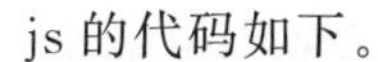
js 的代码如下。

```
1   data: {
2           numRange: 10,                              //数值范围
3           timus: [],                                 //题目内容
4           imgSrc: [],                                //题目后表情图片
5           opers: ["+", "-", "×", "÷"],               //运算符
6           userAnswers: [],                           //保存用户答案
7   },
8   /*定义随机生成题目内容的函数*/
9   getTimu(oper) {
10          this.timus = []
11          this.imgSrc = []
12          var tiId = 1
13          for (var i = 0;i < 10; i++) {
14              var tida = parseInt(Math.random() * this.numRange + 0, 10)
    //返回 0~numRange 范围的十进制整数
15              var tidb = parseInt(Math.random() * this.numRange + 0, 10)
16              var tidr = 0                           //初始化两数四则运算结果
17              switch (oper) {
18                  case 0:
19                      tidr = tida + tidb
20                      break
21                  case 1:
22                      tidr = tida - tidb
23                      break
24                  case 2:
25                      tidr = tida * tidb
26                      break
27                  case 3:
28                      tidr = tida / tidb
29              }
30              this.timus.push({                      //向 timus 数组中推送数据对象
31                  id: tiId,                          //题目编号
32                  da: tida,                          //第 1 个数
33                  db: tidb,                          //第 2 个数
34                  dr: tidr                           //标准答案
35              });
36              this.imgSrc.push("/common/images/smile.png");
                                                       //默认加载笑脸图片
37              tiId++;                                //题目编号自增
38          }
39  },
40  /*定义获取学生做题答案的事件*/
41  getAnswers(id, e) {
42          this.userAnswers[id] = e.value            //取出输入框中的值
43  },
```

上述第 9～39 行代码定义了一个根据选项卡对应的运算符随机生成 10 道题目内容的

函数,oper 为 0 表示加法、oper 为 1 表示减法、oper 为 2 表示乘法、oper 为 3 表示除法;其中第 14～15 行代码用于生成[0,numRange)的随机十进制整数,在 JavaScript 中 Math.random()函数的返回值为[0,1) 的伪随机数。上述第 41～43 行代码定义了一个绑定到 input 组件的获取学生做题答案的事件(change 事件),用于将用户在页面上输入的答案分别保存到 userAnswers 数组中。

5) 题目难易度选择区的实现

扫一扫

css 的代码如下。

```
1   .bottom-c {
2       flex-direction: column;
3       justify-content: center;
4   }
5   label {
6       font-size: 20px;
7   }
```

hml 的代码如下。

```
1   <div class="bottom-c">
2       <div>
3           <input type="radio" name="tiType" checked="true" value="10" @
change="onRadioChange('10')"></input>
4           <label>10 以内</label>
5       </div>
6       <div>
7           <input type="radio" name="tiType" checked="false" value="50" @
change="onRadioChange('50')"></input>
8           <label>50 以内</label>
9        </div>
10  </div>
11  <div class="bottom-c">
12       <!-- 20 以内代码类似,此处略 -->
13       <!-- 100 以内代码类似,此处略 -->
14  </div>
```

上述第 3 行和第 7 行代码的 type 属性值为 radio,表示用 input 组件定义单选按钮;只有在多个单选按钮的 name 属性值相同时,才可以在多个选项中选中一个,所以它们的 name 属性值都为 tiType。

js 的代码如下。

```
1   /*定义选择题目难易度事件*/
2   onRadioChange(inputValue, e) {
3       if (inputValue === e.value) {
4          this.numRange = e.value                        //取值范围
5       }
6   },
```

上述代码定义了一个绑定到 input 组件的获取选择题目难易度的事件(change 事件)，用于根据用户在页面上选择的 10 以内、20 以内、50 以内或 100 以内的选项确定参与运算的两个数的取值范围。

6）按钮功能的实现

hml 的代码如下。

```
1    <div class="bottom-c">
2        <button type="text" value="确认提交" @click="btnOk"></button>
3        <button type="text" value="再来一次" @click="btnAgain"></button>
4    </div>
```

js 的代码如下。

```
1    /*定义确认提交按钮事件*/
2    btnOk() {
3          this.flag = "visible"                    //让"您的最终得分:*"显示在页面上
4          this.score = 0;
5          for (var i = 0;i < 10; i++) {
6              if (this.userAnswers[i] == this.timus[i].dr) {
7                  this.score = this.score + 10
8                  this.imgSrc.splice(i, 1, "common/images/smile.png")
9              } else {
10                 this.imgSrc.splice(i, 1, "common/images/cry.png")
11             }
12         }
13   },
14   /*定义再来一次按钮事件*/
15   btnAgain(){
16         this.onInit()
17   }
```

上述第 5～12 行代码表示分别将页面上 10 道题目的标准答案与用户答案进行比较，如果答案相同，则保存得分的 score 加 10，并将对应题目末尾的图片加载为“笑脸”图标，否则加载为“哭脸”图标。如果将第 10 行语句改为“this.imgSrc[i] = "common/images/cry.png"”语句，则在答案不相同时，并不能将页面上的“笑脸”图标更新为“哭脸”图标。因为直接用该语句设置数组某一元素的值，虽然改变了数组的值，但视图上显示的仍为之前数组的值，因为该语句会导致数据的响应失效。只有用上述第 10 行形式的代码，才能既改变数组的值，又能在响应式系统内触发状态更新，让页面的数据发生改变。

7）小学生四则运算练习册的实现

css 的代码如下。

```
1    .container {
2        display: flex;
3        flex-direction: column;
```

```
4        justify-content: flex-start;
5        align-items: center;
6    }
7    .bottom {
8        justify-content: space-around;
9        width: 100%;
10   }
11   /*其他 css 代码与上述内容相同,此处略*/
```

上述第1～6行代码用于定义整个页面的样式为垂直方向从上到下排列,与主轴的起点对齐,交叉轴居中对齐。

hml 的代码如下。

```
1    <div class="container">
2        <tabs index="0" vertical="false" @change="tabsChange">
3            <!-- "加、减、乘、除"图标选项卡的实现-->
4            <!-- "加、减、乘、除"选项卡内容的实现-->
5        </tabs>
6        <text  style="visibility: {{flag}};">您的最终得分:{{score}}</text>
7        <div class="bottom">
8            <!-- 题目难易度选择区的实现-->
9            <!-- 按钮功能的实现-->
10       </div>
11   </div>
```

上述第2～5行代码用于定义页面顶部的选项卡,其中 index 属性值为0表示应用程序运行后,当前选项卡内容的索引值为0;@change 表示当选项卡切换时触发其绑定的 tabsChange()事件。

js 的代码如下。

```
1    export default {
2        data: {
3            flag: "hidden",
4            //其他定义变量
5            score: 0
6        },
7        tabsChange(e) {
8            this.getTimu(e.index)
9        },
10       //定义选择题目难易度事件,此处略
11       onInit() {
12           this.getTimu(0)
13       },
14       //定义随机生成题目内容的函数,此处略
15       //定义获得学生做题答案事件,此处略
16       //定义确认提交按钮事件,此处略
```

```
17        //定义再来一次按钮事件,此处略
18  }
```

上述第7～8行代码定义选项卡切换事件tabsChange(),当切换选项卡时调用getTimu()函数随机生成题目内容;第11～13行代码表示当页面数据初始化完成时调用getTimu()函数,也就是在App运行时首先调用随机生成题目内容的函数来初始化题目内容。

4.3 猜数字游戏的设计与实现

扫一扫

进入21世纪以来,随着移动互联网技术的飞速发展,人们工作、学习的压力越来越大,运行在移动终端设备上的小游戏,已成为很多人工作、学习之余休闲娱乐的主要方式之一。本节采用option、marquee、progress、menu组件和周期函数设计一款猜数字游戏App,该App可以随机产生一组0～9的自然数和1个要猜的自然数,让用户从中找出要猜的自然数。

4.3.1 option组件

option组件(选项组件)通常与select组件(下拉选择按钮组件)或menu组件(菜单组件)组合起来使用。当option组件作为select组件的子组件时,它用来展示下拉列表选择的具体项目;当option组件作为menu组件的子组件时,它用来展示弹出菜单选择的具体项目。option组件除支持通用属性外,还支持如表4.11所示的属性。

表4.11 option组件属性及功能

属性名	类型	功能说明
selected	boolean	设置选择项是否为下拉列表的默认项,仅在父组件是select时生效
value	string	设置选择项的值,作为select、menu父组件的selected事件中的返回值;option选项的UI展示值需要放在标签内,如<option value="10">十月</option>
icon	string	设置图标资源路径,该图标展示在选项文本前,图标格式包括jpg、png和svg

【范例4-10】 实现如图4.18所示的下拉列表框,在页面上选择某个选项后,弹出如图4.19所示的Toast提示信息。

css的代码如下。

```
1  .container {
2      display: flex;
3      justify-content: center;
4      align-items: center;
5      margin-top: 20px;
6  }
```

```
7   .content{
8       width: 30%;
9   }
```

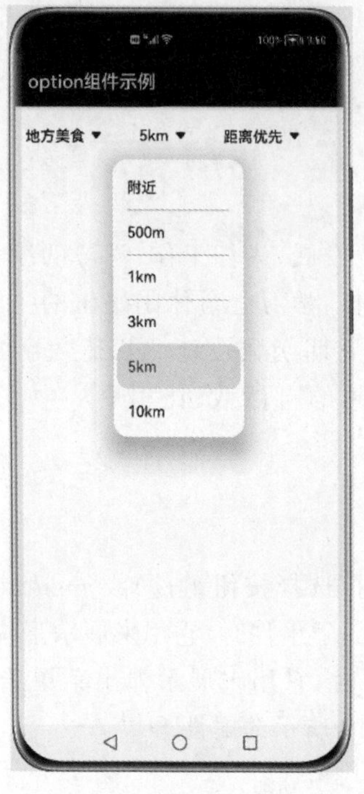

图 4.18　下拉列表框

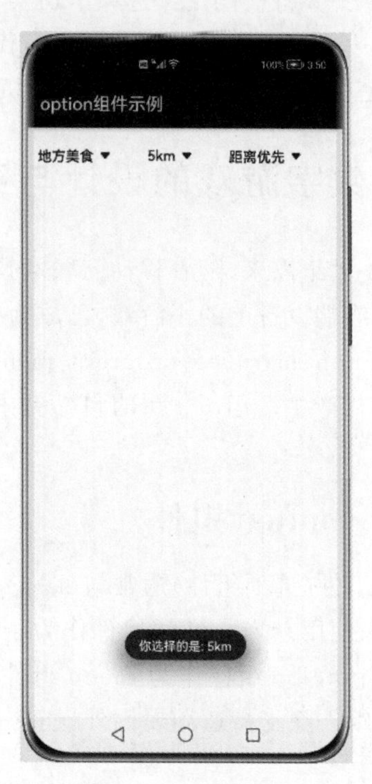

图 4.19　showToast

hml 的代码如下。

```
1   <div class="container">
2       <select class="content" @change="selectChange">
3           <block for="{{ foods }}">
4               <option value="{{ $item }}">
5                   {{ $item }}
6               </option>
7           </block>
8       </select>
9       <!-- 第二列列表框代码类似,此处代码略   -->
10      <!-- 第三列列表框代码类似,此处代码略   -->
11  </div>
```

上述第 2 行代码用@change 给 select 组件绑定了 selectChange()事件,当下拉列表框中选择新值后会触发该事件,并将子组件 option 的 value 属性值作为 select 组件的返回值,该值保存在 newValue 中。第 4～6 行代码用来定义下拉列表框的列表项,$item 表示 foods 数组元素,此处将列表项显示的内容和列表项的 value 值都设置为 $item。

js 的代码如下。

```
1  import prompt from '@system.prompt'
2  export default {
3      data: {
4          foods:['全部美食','地方美食','附近美食'],
5          distances:['附近','500m','1km','3km','5km','10km'],
6          sorts:['智能排序','距离优先','好评优先','销量优先']
7      },
8      selectChange(e){
9          prompt.showToast({
10             message: "你选择的是：" + e.newValue,
                                          //e.newValue 表示 select 组件的返回值
11             duration: 3000,
12         });
13     },
14 }
```

上述第 1 行代码表示在 js 文件中引入 prompt 模块。在引入 prompt 模块后，就可以用第 9～12 行的代码调用 showToast()方法显示 Toast 信息。

showToast()方法的原型如下。

```
1  prompt.showToast({
2      message: string,                         //提示信息
3      duration: number,                        //显示时间
4      bottom:number                            //离底部的距离
5  });
```

message 表示 Toast 提示信息；duration 表示 Toast 提示信息在页面上停留的时间，单位为 ms(毫秒)；bottom 表示 Toast 提示信息离底部的距离，如果 bottom 缺省，则弹出位置为页面接近最下方中间位置。

4.3.2 marquee 组件

扫一扫

marquee 组件(跑马灯组件)用于展示一段单行滚动的文字。

1. 属性

marquee 组件除支持通用属性外，还支持如表 4.12 所示的属性。

表 4.12 marquee 组件属性及功能

属性名	类型	功能说明
scrollamount	number	设置跑马灯每次滚动时移动的最大长度，默认值为 6
loop	number	设置跑马灯滚动的次数，默认值为－1；当 loop≤0 时，表示连续滚动
direction	string	设置跑马灯文字滚动方向，属性值包括 left(默认值，向左)、right(向右)

2. 事件

1）bounce

当文字滚动到末尾时触发该事件。

2）finish

当跑马灯文字完成滚动次数时触发该事件，但必须 loop 属性值大于 0 时才能触发。

3）start

当文字滚动开始时触发该事件。

3. 方法

1）start

让跑马灯文字开始滚动。

2）stop

让跑马灯文字停止滚动。

【范例 4-11】 实现如图 4.20 所示的跑马灯效果，在页面上单击"方向"按钮，弹出包含"向左""向右"菜单项的弹出式菜单，当用户单击"向左"菜单项时，页面上"欢迎使用鸿蒙操作系统"的跑马灯文字从右向左滚动；当用户单击"向右"菜单项时，页面上"欢迎使用鸿蒙操作系统"的跑马灯文字从左向右滚动。在页面上单击"颜色"按钮，弹出包含"红色""绿色""蓝色"菜单项的弹出式菜单；当用户依次单击"红色""绿色""蓝色"菜单项时，页面上"欢迎使用鸿蒙操作系统"的文字依次用"红色""绿色""蓝色"显示，如图 4.21 所示。

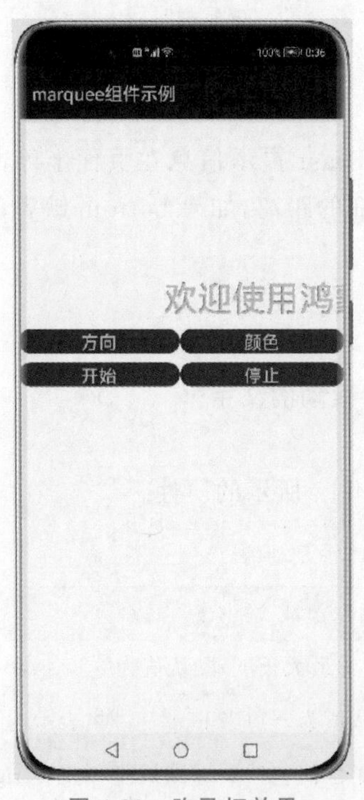

图 4.20　跑马灯效果

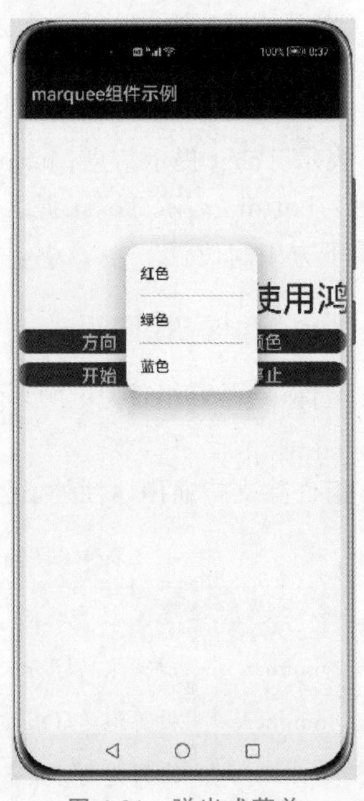

图 4.21　弹出式菜单

css的代码如下。

```
1   .container {
2       display: flex;
3       flex-direction: column;
4       justify-content: center;
5       align-items: center;
6   }
7   .content {
8       margin-top: 10px;
9       flex-direction: row;
10  }
11  .controlButton {
12      flex-grow: 1;
13      background-color: #7b2525;
14      text-color: #dee285;
15      font-size: 20px;
16  }
```

hml的代码如下。

```
1   <div class="container">
2       <marquee id="customMarquee" style="color : {{ marqueeColor }};" loop="
{{ loop }}" direction="{{ marqueeDir }}">{{ marqueeCustomData }}</marquee>
3       <div class="content">
4           <button class="controlButton" @click="btnDirection">方向</button>
5           <button class="controlButton" @click="btnColor">颜色</button>
6       </div>
7       <menu id="directionMenu" @selected="directionSelected">
8           <option value="left">向左</option>
9           <option value="right">向右</option>
10      </menu>
11      <menu id="colorMenu" @selected="colorSelected">
12          <option value="red">红色</option>
13          <option value="green">绿色</option>
14          <option value="blue">蓝色</option>
15      </menu>
16      <div class="content">
17          <button class="controlButton" @click="btnStart">开始</button>
18          <button class="controlButton" @click="btnStop">停止</button>
19      </div>
20  </div>
```

上述第2行代码用id属性值(customMarquee)指定marquee组件的唯一标识名,以便在js代码中调用该组件的start()和stop()方法控制跑马灯效果的开始和停止;用marqueeColor页面变量指定文字的颜色;用loop页面变量指定跑马灯滚动次数;用marqueeDir页面变量指定跑马灯滚动的方向。第7～10行定义了单击"方向"按钮的弹出菜单,并用@selected绑定了directionSelected()事件,实现选择"向左"或"向右"菜单项时执行的操作;第 11～15 行定义了单击"颜色"按钮的弹出菜单,并用@selected 绑定了 colorSelected()事件,实现选择"红色""绿色""蓝色"菜单项时执行的操作。

js 的代码如下。

```
1   export default {
2       data: {
3           loop: -1,                                       //滚动次数
4           marqueeDir: 'left',                             //滚动方向
5           marqueeCustomData: '欢迎使用鸿蒙操作系统',      //文字内容
6           marqueeColor: "red"                             //文字颜色
7       },
8       /*定义方向按钮事件*/
9       btnDirection() {
10          this.$element("directionMenu").show({
11              x: 280, y: 120                              //指定弹出菜单显示位置
12          });
13      },
14      /*定义选择方向菜单项事件*/
15      directionSelected(e){
16          this.marqueeDir = e.value
17      },
18      /*定义颜色按钮事件*/
19      btnColor() {
20          this.$element("colorMenu").show({
21              x: 280, y: 120
22          });
23      },
24      /*定义选择颜色菜单项事件*/
25      colorSelected(e){
26          this.marqueeColor = e.value
27      },
28      /*定义开始按钮事件*/
29      btnStart(e) {
30          this.$element('customMarquee').start();     //调用跑马灯的 start()方法
31      },
32      /*定义停止按钮事件*/
33      btnStop(e) {
34          this.$element('customMarquee').stop();      //调用跑马灯的 stop()方法
35
36      }
37  }
```

上述第 10～12 行代码表示从页面上找到 id 属性名为 directionMenu 的 menu 组件,即方向选项的菜单,然后调用 menu 组件的 show()方法将该菜单显示在页面上;20～22 行代码表示从页面上找到 id 属性名为 colorMenu 的 menu 组件,即颜色选项的菜单,然后调用 menu 组件的 show()方法将该菜单显示在页面上。

4.3.3 setInterval 函数

扫一扫

setInterval()函数是 JavaScript 提供的周期执行函数，它表示每隔一段时间执行该函数中定义的操作；只有窗口关闭、程序停止或调用 clearInterval()函数，才会结束执行定义的操作。setInterval()函数返回一个 ID 值(数值型数据)，可以将该 ID 值传递给 clearInterval()函数，用于取消 setInterval()函数中定义的正在周期执行的操作。定义 setInterval()函数的代码格式如下。

```
var interalID = setInterval(code/function,milliseconds)
```

code/function 表示周期函数需要执行的操作，它可以是要周期执行的功能代码或调用的函数；milliseconds 表示周期性执行 code 或调用 function 的时间间隔，单位为毫秒(ms)。

【范例 4-12】 实现如图 4.22 所示的倒计时效果，在页面上单击“开始”按钮，从 60s 开始每隔 1s 执行倒计时操作；单击“暂停”按钮，倒计时暂停，继续单击“开始”按钮，倒计时从暂停时间继续倒计时；单击“停止”按钮，倒计时停止，继续单击“开始”按钮，倒计时从 60s 开始重新倒计时。

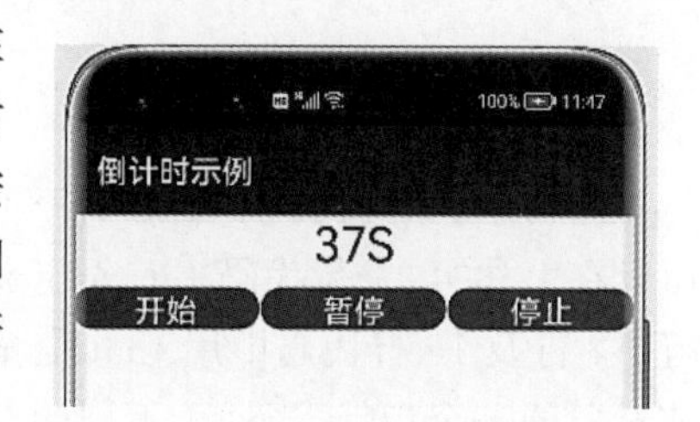

图 4.22 倒计时

hml 的代码如下。

```
1   <div class="container">
2       <text>{{ count }}S</text>
3       <div class="content">
4           <button class="controlButton" @click="btnStart">开始</button>
5           <button class="controlButton" @click="btnPause">暂停</button>
6           <button class="controlButton" @click="btnStop">停止</button>
7       </div>
8   </div>
```

js 的代码如下。

```
1   export default {
2       data: {
3           count: 60,                                    //倒计时 60s
4           intervalId: 0,                                //倒计时时钟编号
5           flag: true,                                   //是否开始倒计时
6       },
7       /* 定义开始倒计时事件 */
8       btnStart() {
9           clearInterval(this.intervalId)               //取消正在执行的周期函数
10          this.flag = true
11          var that = this
12          this.intervalId= setInterval(function () {
```

```
13              if (that.count > 0 && that.flag) {
14                  that.count = that.count - 1      //时间-1
15              } else {
16                  that.flag = false
17              }
18          }, 1000)
19      },
20      /*定义暂停倒计时事件*/
21      btnPause() {
22          this.flag = false
23      },
24      /*定义停止倒计时事件*/
25      btnStop() {
26          clearInterval(this.intervalId)          //取消正在执行的周期函数
27          this.count = 60
28      }
29  }
```

因为第12行代码中定义了一个匿名函数来实现相应的功能，操作对象已经发生改变，所以在上述第11行代码中首先定义了一个that变量用来存储原页面的对象，然后在第13行、14行及16行代码中用that变量引用原页面中的对象。在JavaScript中，this是指向当前对象的一个指针，当处于不同的对象中时，this指针所指对象会随之改变，因此，在类似的嵌套实体中，需要用另外一个变量操作this指定的原对象。本案例的css代码与范例4-11的css代码类似，限于篇幅，这里不再赘述。

扫一扫

4.3.4 progress组件

progress组件（进度条组件）用于显示内容加载进度或操作处理进度。progress组件除支持通用属性外，还支持如表4.13所示的属性。另外，不同类型的进度条还支持不同的属性，具体属性及功能如表4.14所示。

表4.13 progress组件属性及功能

属性名	类型	功能说明
type	string	设置进度条的类型，该属性不支持动态修改，属性值包括horizontal（默认值，线性进度条）、circular（loading样式进度条）、ring（圆环形进度条）、scale-ring（带刻度圆环形进度条）、arc（弧形进度条）、eclipse（圆形进度条，展现类似月圆月缺的进度展示效果）

表4.14 不同类型进度的属性及功能

进度条类型	属性名	属性类型	功能说明
horizontal、ring、scale-ring、arc、eclipse	percent	number	设置进度条当前进度，默认值为0，取值范围为0～100

续表

进度条类型	属性名	属性类型	功能说明
horizontal、ring、scale-ring	secondarypercent	number	设置进度条次级进度，默认值为0，取值范围为0～100
ring、scale-ring	clockwise	boolean	设置圆环形进度条是否顺时针，默认值为true

【范例4-13】　在页面上从左向右依次显示如图4.23所示的scale-ring、horizontal、arc和ring四种类型进度条，单击“开始”按钮，当前进度条从0开始每隔1s增加1，次级进度值从10开始每隔1s增加1，直到进度值为100时为止；单击“暂停”按钮，进度条进度暂停，继续单击“开始”按钮，进度条从暂停位置继续增加；单击“停止”按钮，进度条进度停止，继续单击“开始”按钮，进度条进度值从0开始重新每隔1s增加1。

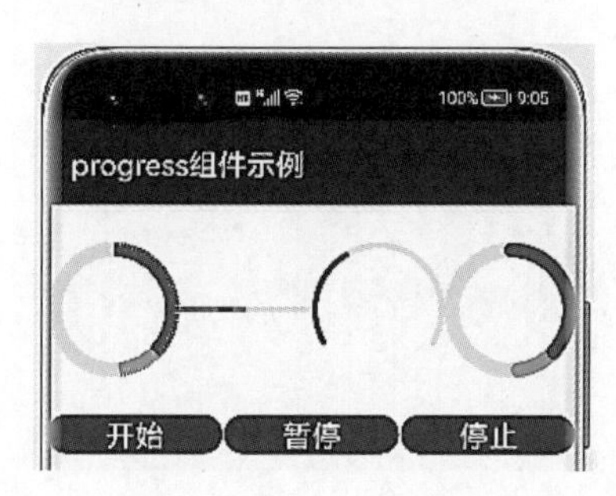

图4.23　progress组件

css的代码如下。

```
1   /* container 的 css 代码与范例 4-11 类似，此处略 */
2   /* content 的 css 代码与范例 4-11 类似，此处略 */
3   /* controlButton 的 css 代码与范例 4-11 类似，此处略 */
4   .min-progress {
5       width: 120px;
6       height: 120px;
7   }
```

hml的代码如下。

```
1   <div class="container">
2       <div class="content">
3           <progress class="min-progress" type="scale-ring" percent="{{
percent }}" secondarypercent="{{ secondaryPercent }}"></progress>
4           <progress class="min-progress" type="horizontal" percent="{{
percent }}" secondarypercent="{{ secondaryPercent }}"></progress>
5           <progress class="min-progress" type="arc" percent="{{ percent }}">
</progress>
```

```
6           <progress class="min-progress" type="ring" percent="{{ percent }}"
secondarypercent="{{ secondaryPercent }}">
7           </progress>
8       </div>
9       <div class="content">
10          <button class="controlButton" @click="btnStart">开始</button>
11          <button class="controlButton" @click="btnPause">暂停</button>
12          <button class="controlButton" @click="btnStop">停止</button>
13      </div>
14  </div>
```

上述第 3 行代码定义了一个带刻度圆环进度条,第 4 行代码定义了一个线性进度条;第 5 行代码定义了一个弧形进度条,第 6 行代码定义了一个圆环形进度条,它们都用页面变量 percent 表示当前进度值。

js 的代码如下。

```
1   export default {
2       data: {
3           percent: 0,                                     //当前进度值
4           secondaryPercent: 10,                           //次级进度值
5           flag: true,
6           intervalId: 0
7       },
8       /*定义开始按钮事件*/
9       btnStart() {
10          clearInterval(this.intervalId)
11          this.flag = true
12          var that = this
13          this.intervalId = setInterval(function () {
14              if (that.percent < 100 && that.flag) {
15                  that.percent = that.percent + 1         //当前进度值+1
16                  that.secondaryPercent = that.secondaryPercent + 1
                                                            //次级进度值+1
17              } else {
18                  that.flag = false
19              }
20          }, 1000)
21      },
22      /*定义暂停按钮事件*/
23      btnPause() {
24          this.flag = false
25      },
26      /*定义停止倒计时事件*/
27      btnStop() {
28          clearInterval(this.intervalId)                  //取消正在执行的周期函数
29          this.percent = 0                                //当前进度值设置为 0
30          this.secondaryPercent = 10                      //次级进度值设置为 10
```

```
31        }
32  }
```

上述代码表示用“开始”“暂停”和“停止”三个按钮同时控制页面上四种不同类型的进度条。

4.3.5　案例：猜数字游戏

1. 需求描述

猜数字游戏运行后显示如图 4.24 所示的页面，默认生成 4 个红色数字卡片，单击“开始游戏”按钮，开始 5 秒钟倒计时，用跑马灯文字提示用户在红色卡片中要找的数字，并在说明文字下方显示“加油加油”动画图片，此时用户就可以根据跑马灯文字提示的数字猜测在哪个红色卡片上；单击某个红色卡片，如果红色卡片上显示的数字与跑马灯提示要找的数字相同，则说明文字下方显示“好棒哦”动画图片，否则显示“对不起”动画图片。单击“游戏设置”按钮，弹出如图 4.25 所示的游戏难易度选择菜单(从 4 级到 12 级)，用户从菜单中选择游戏难易度级别后，页面上会重新加载红色数字卡片，红色数字卡片的数量与用户选择的游戏难易度级别相同。例如，在图 4.25 所示菜单中选择“8 级”难易度，在页面上就会显示 8 个红色数字卡片，然后单击“开始游戏”按钮，用户就可以开始玩猜数字游戏了。单击“退出游戏”按钮，退出猜数字游戏应用程序。

图 4.24　猜数字游戏(1)

图 4.25　猜数字游戏(2)

2. 设计思路

根据猜数字游戏页面的显示效果和需求描述,整个页面从上到下分为页面顶部倒计时区、猜数字游戏区和页面底部游戏按钮区。页面顶部倒计时区的倒计时进度用 progress 组件实现,倒计时时间用 text 组件实现。猜数字游戏区的跑马灯文字效果用 marquee 组件实现,红色数字卡片及游戏说明用 text 组件实现,加载的动画图片用 image 组件实现。页面底部游戏按钮区的按钮用 button 组件实现。

3. 实现流程

1) 准备工作

从需求描述可以看出,说明文字下方根据不同的情况需要分别加载 3 个不同的动画图片,所以需要将代表"加油加油""好棒哦""对不起"动画图片的 fight.gif、yes.gif、no.gif 3 个动画图片文件复制到项目的 common/images 文件夹中。修改应用程序标签名和图标与前面章节一样,限于篇幅,这里不再赘述。

2) 页面顶部倒计时的实现

扫一扫

css 的代码如下。

```
1   .clock {
2       align-items: center;
3       height: 10%;
4   }
5   .clockText {
6       margin-left: 10px;
7       color: #b3ef78;
8       font-size: 30px;
9   }
10  .clockProgress {
11      width: 40px;
12      height: 40px;
13      color: #b3ef78;
14      stroke-width: 5px;
15  }
```

hml 的代码如下。

```
1   <div class="clock">
2        <progress class="clockProgress" type="scale-ring" percent="{{ percent
}}"></progress>
3        <text class="clockText">{{ seconds }}秒</text>
4   </div>
```

上述代码表示在页面顶部从左向右水平放置一个代表倒计时进度的 progress 组件、一个显示倒计时值的 text 组件。其中第 2 行代码的 type 属性值为 scale-ring,表示定义了一个带刻度圆环形进度条,并用页面变量 percent 控制该进度条的当前进度值;第 3 行代码用页面变量 seconds 控制倒计时值的改变;percent 和 seconds 的值在"开始游戏"按钮的单击事件中实现，定义页面变量的js代码如下。

```
1   data: {
2           seconds: 5,                             //默认倒计时 5 秒
3           percent: 100,                           //默认当前进度值为 100
4   }
```

3）猜数字游戏区跑马灯文字效果的实现

hml的代码如下。

```
1     <marquee show="{{!isEnable}}" style="font-size:15px;color:red;" loop=
"{{-1}}"  direction="right">请找出"{{digitals[index]}}"! </marquee>
```

跑马灯文字效果用来提示用户在当前游戏中要猜的数字，这个提示信息只有在用户单击了"开始游戏"按钮后才会在页面上显示，所以用页面变量isEnable进行控制。当用户单击"开始游戏"按钮后，首先根据设置的游戏难易度level值产生level个0～9取值范围的随机数作为数字卡片对应的数字，并存放在digitals数组中，然后从digitals数组中随机产生一个0～level取值范围的数组元素下标index，该下标对应的数组元素就是要猜的数字。定义页面变量的js代码如下。

```
1   data: {
2           level: 4,                               //游戏难易度值,默认为 4
3           isEnable: true,                         //控制跑马灯效果是否显示,默认不显示
4           index: 0,                               //要猜的数字下标,默认为 0
5           digitals: []                            //数字卡片对应的数字
6   }
```

4）猜数字游戏区数字卡片的实现

扫一扫

css的代码如下。

```
1   .digtal-area {
2       align-items: center;
3       justify-content: center;
4       flex-wrap: wrap;                            /* 设置数字卡片自动换行 */
5       flex-shrink: 0;                             /* 设置数字卡片大小不收缩 */
6   }
7   .digtal {
8       margin: 2px 2px 2px 2px;
9       width: 50px;
10      height: 50px;
11      background-color: red;
12      text-align: center;
13  }
```

hml的代码如下。

```
1   <div class="digtal-area">
2       <text class="digtal" disabled="{{ isEnable }}" for="{{ digitals }}" data
-digtal="{{$idx}}" @click="clickDigtal()">
3               <span show="{{ isShow[$idx] }}">?</span>
4               <span show="{{ ! isShow[$idx] }}">{{ digitals[$idx] }}</span>
5       </text>
6   </div>
```

数字卡片的个数及数字卡片上的数字由 digitals 数组决定，在没有单击“开始游戏”按钮前，每个数字卡片不允许用户单击，所以第 2 行代码用页面变量 isEnable 控制 text 组件的 disabled 属性值；给 text 组件设置 data-digtal 属性，以便根据@click 绑定的 clickDigtal() 事件确定哪一个数字卡片被单击；第 3、4 行代码用 isShow 数组元素控制数字卡片上显示“?”还是显示数字。

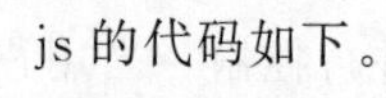

js 的代码如下。

扫一扫

```
1   data: {
2           isShow: [],                                //控制显示“?”还是显示数字
3           imgSrc: '/common/images/fight.gif',        //默认加载“加油加油”图片
4   }
5   /* 定义单击数字事件 */
6   clickDigtal(e) {
7           for (var i = 0;i < this.level; i++) {
8               if (i == e.target.dataSet.digtal) {
9                   this.isShow.splice(i, 1, false)     //单击?卡片显示数字
10                  if (this.digitals[i] == this.digitals[this.index]) {
11                      this.imgSrc = '/common/images/yes.gif'
                                                       //猜对加载“好棒哦”图片
12                      this.isEnable = true           //猜对了,数字卡片不能单击
13                      clearInterval(this.intervalId) //猜对了,停止计时
14                  } else {
15                      this.imgSrc = '/common/images/no.gif'
                                                       //猜错加载“对不起”图片
16                  }
17              }
18          }
19  },
```

上述第 6～19 行代码表示用户单击数字卡片时，如果 text 组件绑定的 digtal 值与数字卡片在 digitals 数组中对应元素的下标相同，则将 isShow 数组中对应元素的值修改为 false，也就是让卡片上数字显示出来，而“?”不显示。其中第 10～16 行代码表示将当前单击的数字卡片上对应的数字与跑马灯文字效果上显示的数字对比，如果两数相等，则表示用户猜对了数字，即在页面上显示“好棒哦”图片和让 isEnabled 值设置为 true(控制数字卡片不能再被用户单击)，并取消倒计时周期函数；否则表示用户猜错了数字，在页面上显示“对不起”图片。

5）猜数字游戏区游戏说明和动画图片的实现

css 的代码如下。

```
1  <text class="info"> 说明:单击“游戏设置”按钮,可以设置游戏的难易度;单击“开始游戏”按钮,在 5s 内根据跑马灯提示从红色方框找出数字!</text>
2  <image style="width : 200px; height : 200px;" src="{{ imgSrc }}"></image>
```

6）页面底部游戏按钮区的实现

css 的代码如下。

```
1  .bottom {
2      align-items: center;
3      height: 10%;
4      width: 90%;
5  }
6  .controlButton {
7      flex-grow: 1;
8      background-color: #7b2525;
9      text-color: #b3ef78;
10     height: 50px;
11     font-size: 20px;
12 }
```

hml 的代码如下。

```
1  <div class="bottom">
2      < button disabled =" {{! isEnable }}" class =" controlButton " @ click ="btnStart">开始游戏</button>
3      <button class="controlButton" @click="btnQuit">退出游戏</button>
4      <button class="controlButton" @click="btnSetup">游戏设置</button>
5  </div>
6  <menu id="levelMenu" @selected="levelSelected">
7      <option for="{{levels}}" value="{{ $item }}">{{ $item }}级</option>
8  </menu>
```

上述第 2 行代码表示当用户单击“开始游戏”按钮后，在倒计时时间内该按钮就不再可用，即由 disabled 属性绑定的 isEnable 变量进行控制。上述第 6～8 行代码用于定义单击“游戏设置”按钮后弹出的游戏难易度选择菜单，该菜单中将游戏难易度设置为 4～12 级。

js 的代码如下。

```
1  import app from '@system.app';
2  data: {
3          intervalId: 0,                              //周期函数 ID
4          levels: [4, 5, 6, 7, 8, 9, 10, 11, 12],     //游戏难易度
5  }
6  /* 定义产生 n 个 0~9 随机数的函数 */
```

```
7  getDigtal(n) {
8          this.digitals = []
9          this.isShow = []
10         for (var i = 0;i < n; i++) {
11             var digital = parseInt(Math.random() * 10 + 0, 10)
12             this.digitals.push(digital)  //将随机产生的数字放入 digitals 数组中
13             this.isShow.push(true)       //将 true 放入对应的 isShow 数组中
14         }
15 },
16 /* 定义开始游戏事件 */
17 btnStart() {
18         this.seconds = 5                                  //重新设置倒计时 5s
19         this.percent = 100                                //重新设置当前进度值 100
20         this.imgSrc = '/common/images/fight.gif'   //重新调载入"加油加油"图片
21         this.getDigtal(this.level)                        //初始化数字卡片
22         this.index = parseInt(Math.random() * this.level + 0, 10)
                                                             //随机产生要猜数字的下标
23         clearInterval(this.intervalId)                    //清除周期函数
24         this.isEnable = false
25         var that = this
26         this.intervalId = setInterval(function () {
27             if (that.percent >= 0) {
28                 that.seconds = that.seconds - 1
29                 that.percent = 100 * that.seconds / 5 - 1
30             } else {
31                 clearInterval(that.intervalId)
32                 that.isEnable = true                     //时间到,数字卡片不能单击
33                 that.isShow.splice(that.index, 1, false) //数字卡片上显示数字
34             }
35         }, 1000)
36 },
37 /* 定义游戏设置按钮事件 */
38 btnSetup() {
39         this.$element("levelMenu").show({
40             x: 380, y: 180
41         });
42     },
43 /* 定义选择游戏难易度事件 */
44 levelSelected(e) {
45         this.level = e.value               //获取游戏难易度值
46         clearInterval(this.intervalId)     //取消原计时器
47         this.getDigtal(this.level)         //根据游戏难易度值生成新的数字卡片
48 },
49 /* 定义退出游戏按钮事件 */
50 btnQuit(){
51    app.terminate()
52 }
```

当用户单击"开始游戏"按钮后,首先将控制游戏倒计时时间的 seconds 变量值设置为

5，将控制游戏当前进度的 percent 变量设置为 100，将控制加载图片设置的 imgSrc 变量设置为代表"加油加油"动画图片的 fight.gif 文件路径；然后调用 getDigtal()函数初始化页面上显示的数字卡片数组和随机生成用户要猜数字的数组元素下标；最后使用 setInterval()函数定义并执行周期函数。当用户单击"游戏设置"按钮后，执行 btnSetup()事件，并在页面上弹出游戏难易度选择菜单；用户在难易度选择菜单中选中某个难易度级别后，执行 levelSelected()事件。

退出 HarmonyOS 应用程序，除使用设备上的物理按钮退出外，也可以通过组件的事件触发退出。本案例单击"退出游戏"按钮就采用组件事件触发实现了退出应用程序的功能。退出应用程序必须调用 app 模块的 terminate()方法，如上述第 51 行代码所示，但是调用此方法之前必须使用上述第 1 行代码导入 App 包。

7）猜数字游戏的实现

css 的代码如下。

```
1   .container {
2       display: flex;
3       flex-direction: column;
4       align-items: center;
5       width: 100%;
6       height: 100%;
7       background-color: cornflowerblue;
8   }
9   .content {
10      flex-direction: column;
11      justify-content: center;
12      align-items: center;
13      height: 80%;
14      width: 100%;
15      background-color: white;
16  }
17  /*其他 css 代码与上述内容相同，此处略*/
```

hml 的代码如下。

```
1   <div class="container">
2       <!--  页面顶部倒计时的实现  -->
3       <div class="content">
4           <!--  猜数字游戏区跑马灯文字效果的实现  -->
5           <!--  猜数字游戏区数字卡片的实现  -->
6           <!--  猜数字游戏区游戏说明和动画图片的实现  -->
7       </div>
8       <!--  页面底部游戏按钮区的实现  -->
9   </div>
```

js 的代码如下。

```
1   export default {
2       data: {
3           //变量定义与上述内容相同,此处略
4       },
5       onInit() {
6           this.getDigtal(this.level)
7       },
8       /*定义单击数字事件*/
9       /*产生 n 个 0~9 随机数函数*/
10      /*定义开始游戏事件*/
11      /*定义游戏设置按钮事件*/
12      /*定义选择游戏难易度事件*/
13      /*定义退出游戏按钮事件*/
14  }
```

上述第 5～6 行代码表示当页面数据初始化完成时调用 getDigtal()函数,也就是在 App 运行时首先调用产生 n 个 0～9 随机数的函数,让相应的数字卡片显示在页面上。

4.4 毕业生满意度调查表的设计与实现

每年有很多大学毕业生步入社会,为了能及时了解高校毕业生的就业质量和他们对学校课程设置、任课教师及条件设施等方面的满意度,各高校一般都需要对毕业生进行满意度情况调查。本节采用 picker-view 组件、rating 组件、slider 组件和 dialog 组件设计一款毕业生满意度调查表 App,通过这款 App,毕业生可以向母校反馈毕业时间、目前薪资水平,以及他们对课程设置、任课教师和条件设施等方面的满意度评价。

扫一扫

4.4.1 picker 组件

picker 组件(滑动选择器组件)是从底部弹起的滑动选择器,通过设置它的 type 属性可以在页面上显示普通文本(text)选择器、日期(date)选择器、时间(time)选择器、日期时间(datetime)选择器和多列文本(multi-text)选择器。

1. 普通文本选择器

picker 组件的 type 属性值设置为 text 时表示普通文本选择器。普通文本选择器除支持通用属性和通用事件外,还支持如表 4.15 所示的属性和如表 4.16 所示的事件。

表 4.15 普通文本选择器属性及功能

属性名	类型	功能说明
range	array	设置普通文本选择器上绑定的数组
selected	string	设置普通文本选择器弹窗的默认取值,取值是 range 数组的索引值,该取值表示选择器弹窗界面的默认选择值
value	string	设置普通文本选择器的值

续表

属性名	类型	功能说明
vibrate	boolean	设置当滑动普通文本选择器时是否有振动效果。属性值包括 true(默认值,振动)和 false(不振动)

表 4.16　普通文本选择器事件及功能

事件名	返回值	功能说明
change	{ newValue: newValue, newSelected: newSelected }	普通文本选择器选择值后单击弹窗中的"确定"按钮时触发该事件(newValue 为返回值,newSelected 为返回索引值)
cancel		用户单击弹窗中的"取消"按钮时触发该事件

【范例 4-14】　在页面上实现如图 4.26 所示的选择所在城市普通文本选择器,当滑动选择器上的城市并单击"确定"按钮后,在"所在城市"后面显示选择器中选择的城市名称。

图 4.26　普通文本选择器

css 的代码如下。

```
1  .container {
2      display: flex;
3      justify-content: center;
```

```
4   }
5   .picker-select{
6       background-color: bisque;
7       height: 45px;
8       width: 60%;
9   }
```

hml 的代码如下。

```
1   <div class="container">
2       <label style="color : white; background-color : skyblue;">所在城市</
label>
3       <picker id="cityPicker" type="text" value="{{ citys[cityIndex] }}"
selected="{{ cityIndex }}" range="{{ citys }}"  onchange="cityChange" class="
picker-select"></picker>
4   </div>
```

上述第 3 行代码中用 range 属性绑定存放城市名称的 citys 数组，用 selected 属性绑定存放所选城市在 citys 数组中的下标 cityIndex，用 value 属性绑定所选城市在 citys 数组中的元素 citys[cityIndex]。

js 的代码如下。

```
1   export default {
2       data: {
3           citys: ['苏州','南京','无锡','泰州'],  //所有城市名称数组
4           cityIndex:0,                          //所选城市在数组中的元素下标
5           selectCityName: ''                    //所选的城市名称
6       },
7       cityChange(e) {
8           this.selectCityName = e.newValue;     //返回选择器选择的值，即城市名称
9           this.cityIndex = e.newSelected   //返回选择器选择的值在数组中对应元素的下标
10      },
11  }
```

扫一扫

2. 日期选择器

picker 组件的 type 属性值设置为 date 时表示日期选择器。日期选择器除支持通用属性和通用事件外，还支持如表 4.17 所示的属性和如表 4.18 所示的事件。

表 4.17　日期选择器属性及功能

属性名	类　型	功能说明
start	time	设置日期选择器的起始时间，格式为 YYYY-MM-DD，默认值为 1970-1-1
end	time	设置日期选择器的结束时间，格式为 YYYY-MM-DD，默认值为 2100-12-31
selected	string	设置日期选择器弹窗的默认取值，格式为 YYYY-MM-DD，该取值表示日期选择器弹窗界面的默认选择值

续表

属性名	类　型	功能说明
lunar	boolean	设置日期选择器弹窗界面是否为农历展示，属性值包括 false(默认值，不展示)和 true(展示)
lunarswitch	boolean	设置日期选择器是否显示农历开关，属性值包括 false(默认值，不显示)和 true(显示)，仅支持手机和平板设备

表 4.18　日期选择器事件及功能

事件名	返　回　值	功能说明
change	{ year: year, month: month, day: day }	日期选择器选择值后，单击弹窗中的"确定"按钮时触发该事件，其中 month 值的范围为 0(1 月)～11(12 月)

value、vibrate 属性及 cancel 事件的使用方法和功能与普通文本选择器完全一样，限于篇幅，这里不再赘述。

【范例 4-15】　在页面上实现如图 4.27 所示的日期选择器，该日期选择器可以选择的时间范围为 1990 年 1 月 1 日～2050 年 12 月 31 日，并且可以在农历日期与公历日期之间切换，默认显示的日期为当前系统日期，当滑动选择器上的日期并单击"确定"按钮后，在"出生日期"后面会显示日期选择器中选择的日期。

图 4.27　日期选择器

hml 的代码如下。

```
1   <div class="container">
2       <label style="color : white; background-color : skyblue;">出生日期</
label>
3       <picker id="birthdayPicker"  type="date"  lunarswitch="true"  value="
{{currentDate }}"  start =" {{ startDate }}"  end =" {{ endDate }}"  selected ="
{{currentDate}}" onchange="birthdayChange" class="picker-select"></picker>
4   </div>
```

js 的代码如下。

```
1   export default {
2       data: {
3           startDate: '1990-01-01',                    //可选择的起始日期
4           endDate: '2050-12-31',                      //可选择的终止日期
5           currentDate: '',                            //当前日期
6       },
7       /* 定义日期格式转换函数 */
8       parseDate(date) {
9           return date.getFullYear() + "-" + (date.getMonth() + 1) + "-" + date.
getDate()
10      },
11      onInit() {
12          var date = new Date();                      //获取当前日期时间
13          this.currentDate = this.parseDate(date) //转换日期格式为 YYYY-MM-DD
14      },
15      birthdayChange(e) {
16          this.currentDate = e.year + "-" + (e.month + 1) + "-" + e.day
17      }
18  }
```

上述第 8～10 行代码定义了一个日期格式转换函数，由于 JavaScript 中的 Date()方法可以返回当前的日期和时间值，格式为 Mon Jan 24 2022 10:45:20 GMT+0800 (CST)，而日期选择器中 selected 属性值的格式为 YYYY-MM-DD，所以需要进行日期格式的转换。由于日期选择器的 change 事件返回的代表月份的 month 值从 0 开始计数，所以第 16 行代码中用"e.month + 1"。css 的代码与范例 4-14 的 css 代码类似，限于篇幅，这里不再赘述。

3. 时间选择器

扫一扫

picker 组件的 type 属性值设置为 time 时表示时间选择器。时间选择器除支持通用属性和通用事件外，还支持如表 4.19 所示的属性和如表 4.20 所示的事件。

表 4.19　时间选择器属性及功能

属性名	类型	功能说明
containsecond	boolean	设置时间选择器是否包含秒，属性值包括 false(默认值，不包含)和 true(包含)

续表

属性名	类型	功能说明
selected	string	设置时间选择器弹窗的默认取值，格式为时分（HH：mm）；如果包含秒，则格式为时分秒（HH：mm：ss），但 containsecond 的值需为 true，该取值表示选择器弹窗界面的默认选择值
hour	number	设置时间选择器采用的时间格式，属性值包括 12（12 小时制显示，用上午和下午进行区分）和 24（24 小时制显示）

表 4.20 时间选择器事件及功能

事件名	返回值	功能说明
change	{ hour：hour，minute：minute，[second：second] }	时间选择器选择值后，单击弹窗中的“确认”按钮时触发该事件，若 containsecond 值为 true，则包含 second（秒）值

value、vibrate 属性及 cancel 事件的使用方法和功能与普通文本选择器完全一样，限于篇幅，这里不再赘述。

【范例 4-16】 在页面上实现如图 4.28 所示的到店时间选择器，该时间选择器为时分秒格式，默认显示的时间为当前系统时间，当滑动选择器上的时间并单击“确定”按钮后，“到店时间”后面会显示选择器中选择的时间。

图 4.28 时间选择器

hml 的代码如下。

```
1   <div class="container">
2       <label style="color : white; background-color : skyblue;">到店时间</
label>
3       <picker id="timePicker" type="time" containsecond="true" value="
{{currentTime}}"  selected="{{ currentTime }}" onchange="timeChange" class="
picker-select"></picker>
4   </div>
```

js 的代码如下。

```
1   export default {
2       data: {
3           currentTime: '',
4       },
5       /*定义时间格式转换函数*/
6       parseTime(date) {
7           return date.getHours() + ":" + date.getMinutes() + ":" + date.
getSeconds()
8       },
9       onInit() {
10          var date = new Date();                          //获取当前日期时间
11          this.currentTime = this.parseTime(date)   //转换时间格式为 HH:mm:ss
12      },
13      timeChange(e) {
14          this.currentTime = e.hour + ":" + e.minute + ":" + e.second
15      }
16  }
```

上述第 6～8 行代码定义了一个时间格式转换函数，由于 JavaScript 中的 Date()方法可以返回当前的日期和时间，格式为 Mon Jan 24 2022 10:45:20 GMT+0800 (CST)，而时间选择器中 selected 属性值的格式为 HH:mm 或 HH:mm:ss，所以需要进行时间格式的转换。css 的代码与范例 4-14 的 css 代码类似，限于篇幅，这里不再赘述。

扫一扫

4. 日期时间选择器

picker 组件的 type 属性值设置为 datetime 时表示日期时间选择器。日期时间选择器除支持通用属性和通用事件外，还支持如表 4.21 所示的属性和如表 4.22 所示的事件。

表 4.21　日期时间选择器属性及功能

属性名	类型	功能说明
selected	string	设置日期时间选择器弹窗的默认取值，包括月日时分(MM-DD-HH-mm)和年月日时分(YYYY-MM-DD-HH-mm)两种格式，不设置年时，默认使用当前年，该取值表示选择器弹窗界面的默认选择值
hour	number	设置日期时间选择器采用的时间格式，属性值包括 12(12 小时制显示，用上午和下午进行区分)和 24(24 小时制显示)

表 4.22　日期时间选择器事件及功能

事件名	返回值	功能说明
change	{ year: year, month: month, day: day, hour: hour, minute: minute}	日期时间选择器选择值后，单击弹窗中的“确定”按钮时触发该事件，其中 month 值的范围为 0(1 月)～11(12 月)

value、vibrate、lunar、lunarswitch 属性及 cancel 事件的使用方法和功能与时间选择器完全一样，限于篇幅，这里不再赘述。

【范例 4-17】　在页面上实现如图 4.29 所示的截止时间的日期时间选择器，该日期时间选择器使用 24 小时制，并且可以在农历日期与公历日期之间切换，默认显示的日期时间为当前系统日期时间，当滑动选择器上的日期时间并单击“确定”按钮后，“截止时间”后面会显示选择器中选择的日期时间。

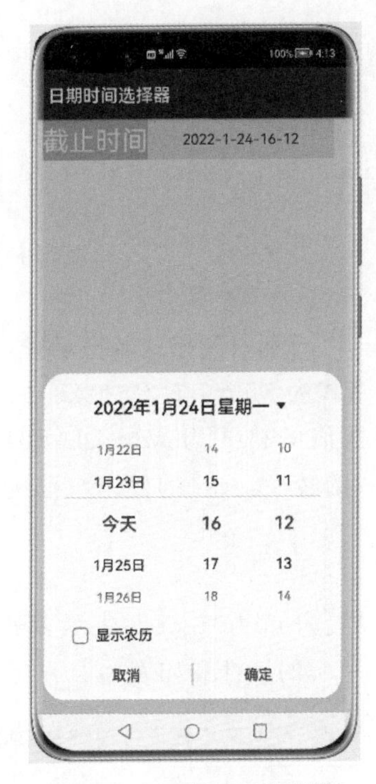

图 4.29　日期时间选择器

hml 的代码如下。

```
1   <div class="container">
2       <label style="color : white; background-color : skyblue;">截止时间</
label>
3       <picker id="datetimePicker"  type="datetime"  hours="24"  lunarswitch
="true" value="{{ currentDateTime }}"  selected="{{ currentDateTime }}"
```

```
onchange="datetimeChange" class="picker-select"></picker>
4   </div>
```

js的代码如下。

```
1   export default {
2       data: {
3           currentDateTime: '',
4       },
5       /*定义日期时间格式转换函数*/
6       parseDateTime(date) {
7           return date.getFullYear() + "-" + (date.getMonth() + 1) + "-" + date.
getDate() + "-" + date.getHours() + "-" + date.getMinutes()
                                                          //转换为YY-MM-DD-HH-mm格式
8       },
9       onInit() {
10          var date = new Date();                        //获取当前日期时间
11          this.currentDateTime = this.parseDateTime(date)
12      },
13      datetimeChange(e) {
14          this.currentDateTime = e.year + "-" + (e.month + 1) + "-" + e.day + "
-" + e.hour + "-" + (e.minute)
15      }
16  }
```

上述第6～8行代码定义了一个日期时间格式转换函数，由于JavaScript中的Date()方法可以返回当前的日期和时间，格式为Mon Jan 24 2022 10:45:20 GMT+0800 (CST)，而日期时间选择器中selected属性值的格式为MM-DD-HH-mm或YYYY-MM-DD-HH-mm，所以需要进行日期时间格式的转换。css的代码与范例4-14的css代码类似，限于篇幅，这里不再赘述。

扫一扫

5. 多列文本选择器

picker组件的type属性值设置为multi-text时表示多列文本选择器，除支持通用属性和通用事件外，还支持如表4.23所示的属性和如表4.24所示的事件。

表4.23　多列文本选择器属性及功能

属性名	类型	功能说明
columns	number	设置多列文本选择器的列数
range	array	设置多列文本选择器的选择项，其中range为二维数组。数组长度表示列数，数组的每项表示每列的数据，如[["a","b"],["c","d"]]
selected	array	设置多列文本选择器弹窗的默认值(如[0,0,0,…])，每一列被选中项对应的索引构成的数组，该取值表示选择器弹窗界面的默认选择值
value	array	设置多列文本选择器的值，即每一列被选中项对应的值构成的数组

表 4.24　多列文本选择器事件及功能

事件名	参数	功能说明
change	{ newValue：[newValue1，newValue2，…]，newSelected：[newSelected1，newSelected2，…] }	多列文本选择器选择值后，单击弹窗中的"确认"按钮时触发该事件，其中 newValue 表示被选中项对应的值构成的数组，newSelected 表示被选中项对应的索引构成的数组，它们的长度和 range 的长度一样
columnchange	{ column：column，newValue：newValue，newSelected：newSelected }	多列文本选择器中某一列的值改变时触发该事件，其中 column 表示第几列改变，newValue 表示选中的值，newSelected 表示选中值对应的索引

vibrate 属性及 cancel 事件的使用方法和功能与普通文本选择器完全一样，限于篇幅，这里不再赘述。

【范例 4-18】　在页面上实现如图 4.30 所示的购物类别的 2 列文本选择器，默认显示第 1 列的第 1 个类别和第 2 列的第 1 个类别，当滑动选择器上的第 1 列类别时，第 2 列类别内容随之改变，单击"确定"按钮后，在"购物类别"后面显示选择器中第 1 列选择的类别和第 2 列选择的类别。

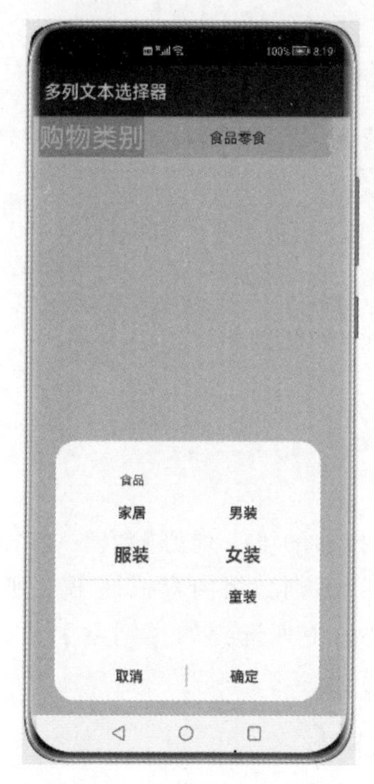

图 4.30　多列文本选择器

hml 的代码如下。

```
1   <div class="container">
```

```
2       <label style="color : white; background-color : skyblue;">购物类别</
label>
3       <picker id="multiPicker" type="multi-text" columns="2" range="{{
regionRanges }}" value="{{ currentItem }}"  selected="{{ currentItem }}"
oncolumnchange="itemChange" onchange="multiChange" class="picker-select"></
picker>
4   </div>
```

js 的代码如下。

```
1   const  items = [['零食', '生鲜', '茶酒'], ['家电', '家具', '洁具'], ['男装', '女
    装', '童装']]                                          //第 2 列显示的类别
2   export default {
3       data: {
4           regionRanges: [['食品', '家居', '服装'], items[0]],
                                                           //默认第 1 列和第 2 列显示的类别
5           currentItem: []
6       },
7       onInit() {
8           this.currentItem = [this.regionRanges[0][0], this.regionRanges[1]
[0]]
9       },
10     /*定义多列文本选择器选择值改变触发的事件*/
11      multiChange(e) {
12          this.currentItem = e.newValue              //将当前第 1 列、第 2 列的值显示
                                                       //在多列文本选择器上
13      },
14      /*定义多列文本选择器某列值改变触发的事件*/
15      itemChange(e) {
16          if (e.column == 0){
17                  this. regionRanges = [['食品', '家居', '服装'], items[e.
    newSelected]]
18          }
19      }
20  }
```

上述第 16～18 行表示当选择器的第 1 列值发生改变时，多列文本选择器 range 属性绑定的第 1 列数组内容不改变，而第 2 列数组内容根据第 1 列选择的类别索引值的改变而改变，e.newSelected 返回的值就是第 1 列选择的类别索引值。css 的代码与范例 4-14 的 css 代码类似，限于篇幅，这里不再赘述。

4.4.2 picker-view 组件

扫一扫

picker-view 组件是嵌入页面的滑动选择器，通过设置它的 type 属性可以在组件位置显示普通文本选择器、日期选择器、时间选择器、日期时间选择器和多列文本选择器 5 种嵌入页面的选择器效果，默认是普通文本选择器。

当 type 属性值为 text 时，picker-view 组件的 indicatorprefix 属性用于设置普通文本选

择器选定值增加的前缀字段，indicatorsuffix 属性值用于设置普通文本选择器选定值增加的后缀字段，该组件除没有 cancel 事件外，其他属性及事件的使用方法与 pick 组件完全一样。当 type 属性值为 date、time、datetime 时，picker-view 组件除没有 cancel 事件外，其他属性及事件的使用方法与 pick 组件完全一样。当 type 属性值为 multi-text 时，picker-view 组件除没有 cancel 和 change 事件外，其他属性及事件的使用方法与 pick 组件完全一样。

4.4.3　rating 组件

扫一扫

rating 组件(评分条组件)用于表示用户使用感受的衡量标准条，除支持通用属性和通用事件外，还支持如表 4.25 所示的属性和如表 4.26 所示的事件。

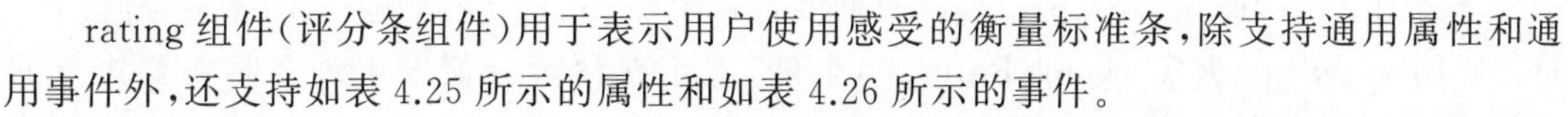

表 4.25　rating 组件属性及功能

属性名	类型	功能说明
numstars	number	设置评分条的星级总数，默认值为 5
rating	number	设置评分条的当前评星数，默认值为 0
stepsize	number	设置评分条的评星步长，默认值为 0.5
indicator	boolean	设置评分条是否作为一个指示器，此时用户不可操作，属性值包括 false(默认值，不作为)和 true

表 4.26　rating 组件事件及功能

事件名	返　回　值	功能说明
change	{ rating: number }	评分条的评星数发生改变时触发该回调事件

【范例 4-19】　在页面上实现如图 4.31 所示的电影评价评分条效果，点击评分条组件后，“《长津湖》电影的总体评价：”文字后面会显示评价分值。

《长津湖》电影的总体评价：3分

图 4.31　评分条效果

css 的代码如下。

```
1  .container {
2      display: flex;
3      justify-content: center;
4      flex-direction: column;
5      align-items: center;
6      width: 100%;
7  }
```

hml 的代码如下。

```
1   <div class="container">
2       <text style="font-size : 20fp;">《长津湖》电影的总体评价:{{ currentRating
}}分</text>
3       <rating numstars="5" rating="0" stepsize="1" @change="changeRating">
</rating>
4   </div>
```

上述第 2 行代码用 currentRating 页面变量表示在 rating 组件中点击的评价分值；第 3 行代码用@change 绑定 changeRating()事件，表示在评价分值发生改变时需要执行的操作。

js 的代码如下。

```
1   export default {
2       data: {
3           currentRating:''                              //保存当前评分值
4       },
5       changeRating(e) {
6         this.currentRating = e.rating
7       }
8   }
```

上述第 6 行代码中用 e.rating 返回评分条中的当前评价分值。

扫一扫

4.4.4 slider 组件

slider 组件(滑动条组件)用于快速调节取值范围、音量、亮度等设置值，除支持通用属性和通用事件外，还支持如表 4.27 所示的属性和如表 4.28 所示的事件。

表 4.27　slider 组件属性及功能

属性名	类型	功能说明
min	number	设置滑动条的最小值，默认值为 0
max	number	设置滑动条的最大值，默认值为 100
step	number	设置滑动条每次滑动的步长，默认值为 1
value	number	设置滑动条的初始值，默认值为 0
minicon	string	设置滑动条最小端图片的 uri，但仅在智能穿戴生效
maxicon	string	设置滑动条最大端图片的 uri，但仅在智能穿戴生效
mode	string	设置滑动条的样式，属性值包括 outset(默认值，滑块在滑竿上)和 inset(滑块在滑竿内)
showsteps	boolean	设置是否显示步长标识，但仅支持手机和平板设备，属性值包括 false(默认值，不显示)和 true

续表

属性名	类型	功能说明
showtips	boolean	设置滑动时是否有气泡提示百分比，但仅支持手机和平板设备，属性值包括 false(默认值，不显示)和 true

表 4.28　slider 组件事件及功能

事件名	返回值	功能说明
change	{ value: value, mode: mode}	滑动条选择值发生变化时触发该回调事件，value 表示当前 slider 的进度值，mode 表示当前 change 事件的类型(mode 的值为 start 表示 slider 的值开始改变，mode 的值为 move 表示 slider 的值跟随手指拖动中，mode 的值为 end 表示 slider 的值结束改变)

【范例 4-20】　在页面上实现如图 4.32 所示的设置文字颜色滑动条，分别拖动页面上的红色滑动条、绿色滑动条和蓝色滑动条，让页面上显示的“2022 年北京冬奥会”文字颜色发生改变。

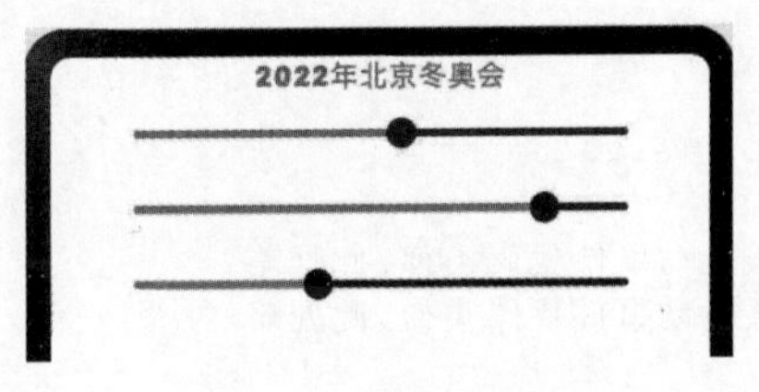

图 4.32　滑动条效果

css 的代码如下。

```
1   .container {
2       display: flex;
3       justify-content: center;
4       flex-direction: column;
5       align-items: center;
6       width: 100%;
7   }
```

hml 的代码如下。

```
1   <div class="container">
2       <text style="color : rgb({{ redcolor }}, {{ greencolor }}, {{ bluecolor
}});font-size: 15fp;">
3           2022 年北京冬奥会
4       </text>
5       <slider style="block-color : red; color : red;selected-color: aqua;" min
="0" max="255" @change="changeRed"></slider>
```

```
6        <slider style="block-color : green; color : green; selected-color: aqua;" min="0" max="255" @change="changeGreen"></slider>
7        <slider style="block-color : blue; color : blue; selected-color: aqua;" min="0" max="255" @change="changeBlue"></slider>
8    </div>
```

上述第2行代码调用rgb()方法设置“2022年北京冬奥会”文字的颜色；第5～7行代码分别在页面上创建了红色滑动条、绿色滑动条、蓝色滑动条，用于调节控制代表红色(red)、绿色(green)和蓝色(blue)的颜色值，其中的block-color样式用于控制滑动条滑块的颜色、color样式用于控制滑动条背景的颜色、selected-color样式用于控制滑动条已选择的颜色。

js的代码如下。

```
1    export default {
2        data: {
3            redcolor:255,                              //代表红色颜色值
4            greencolor:0,                              //代表绿色颜色值
5            bluecolor:0                                //代表蓝色颜色值
6        },
7        /* 定义红色滑动条拖动事件 */
8        changeRed(e) {
9          this.redcolor =e.value                       //获取红色滑动条上的进度值
10       },
11       //定义绿色滑动条拖动事件代码类似，此处略
12       //定义蓝色滑动条拖动事件代码类似，此处略
13   }
```

上述第8～10行代码定义了红色滑动条拖动事件，将滑动条的返回值e.value更新给控制页面上“2022年北京冬奥会”文字颜色中的红色变量redcolor，绿色滑动条和蓝色滑动条拖动事件与此事件类似，限于篇幅，这里不再赘述。

扫一扫

4.4.5 dialog组件

dialog组件(自定义弹窗容器组件)用于自定义在页面上弹出的对话框。该组件目前除支持通用属性中的width、height、margin、margin-[left|top|right|bottom]、margin-[start|end]等属性外，还支持如表4.29所示的属性。该组件目前支持的事件及功能说明如表4.30所示。为了控制在页面上弹出和关闭自定义对话框，该组件提供了show()方法用于在页面上弹出自定义对话框，提供了close()方法用于关闭页面上弹出的对话框。

表4.29 dialog组件属性及功能

属性名	类型	功能说明
dragable	boolean	设置对话框是否支持拖曳，属性值包括false(默认值，不支持)和true

表 4.30 dialog 组件事件及功能

事件名	返回值	功能说明
cancel	无	用户单击非 dialog 区域触发取消对话框时,触发该回调事件
show	无	对话框弹出时,触发该回调事件
close	无	对话框关闭时,触发该回调事件

【范例 4-21】 单击如图 4.33 所示页面上的"账号注销"按钮,弹出"请输入动态验证码"对话框;在对话框中输入验证码,单击对话框上的"确定"按钮,用 Toast 显示如图 4.34 所示的信息,单击对话框上的"取消"按钮,对话框关闭。

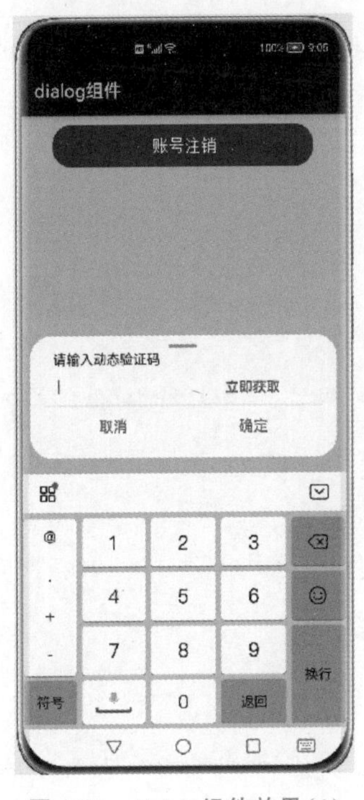

图 4.33 dialog 组件效果(1)

图 4.34 dialog 组件效果(2)

css 的代码如下。

```
1  .container {
2      display: flex;
3      justify-content: center;
4      align-items: center;
5      width: 100%;
6  }
7  /* 定义对话框样式 */
8  .dialog-css{
```

```
9       margin: 15fp;
10      flex-direction: column;
11      width: 100%;
12  }
13  /*定义对话框中的 input 组件样式*/
14  .input-css{
15      width: 60%;
16      background-color: white;
17      border-radius: 0fp;
18  }
19  /*定义对话框中的最下面一行内容样式*/
20  .dialog-btn{
21      justify-content: space-around;
22  }
23  /*定义对话框中最下面的“取消”“确定”按钮样式*/
24  .btn-txt{
25      background-color: white;
26      text-color: gray;
27      width: 50%;
28  }
```

hml 的代码如下。

```
1   <div class="container">
2       <button style="width : 80%; height : 45fp;" @click="showDialog">账号注销
</button>
3       <dialog id="logoutdialog" dragable="true" >
4           <div class="dialog-css">
5               <!--定义对话框中的最上面一行内容-->
6               <text style="font-size : 15fp; margin-left : 10fp;">请输入动态验
证码</text>
7               <!--定义对话框中的中间一行内容-->
8               <div>
9                   <input type="number" class="input-css" @change="getCode"
value="{{ verificationCode }} "></input>
10                  <button type="text" style="font-size : 15fp; text-color :
red;">立即获取</button>
11              </div>
12              <!--定义对话框中的分隔线-->
13              <divider style="stroke-width : 2fp;"></divider>
14              <!--定义对话框中的最下面一行内容-->
15              <div class="dialog-btn">
16                  <button type="capsule" class="btn-txt" @click="
closeDialog" value="取消"></button>
17                  <button type="capsule" class="btn-txt" @click="
submitDialog" value="确定"></button>
18              </div>
19          </div>
```

```
20      </dialog>
21  </div>
```

上述第 3～20 行代码用 dialog 组件定义一个输入动态验证码的对话框，并且设置 dragable 的属性值为 true 让该对话框可以在页面上拖动，该对话框的上、中、下 3 部分内容按 column 方式布局。

js 的代码如下。

```
1   import prompt from '@system.prompt';
2   export default {
3       data: {
4           verificationCode:''
5       },
6       /*定义获取验证码事件*/
7       getCode(e){
8           this.verificationCode = e.value
9       },
10      /*定义显示对话框事件*/
11      showDialog(){
12          this.$element('logoutdialog').show()
13      },
14      /*定义单击“取消”按钮事件(关闭对话框事件)*/
15      closeDialog(){
16          this.$element('logoutdialog').close()
17      },
18      /*定义单击“确定”按钮事件*/
19      submitDialog(){
20          prompt.showToast({
21              message:"你输入的验证码为:"+this.verificationCode,
22              duration:5000
23          })
24      }
25  }
```

上述第 12、16 行的 this.$element('logoutdialog')代码表示从页面上获得 id 值为 logoutdialog 的对象，即自定义的“请输入动态验证码”对话框，并分别用 show()方法在页面上弹出该对话框和用 close()方法关闭该对话框。

4.4.6 案例：毕业生满意度调查表

扫一扫

1. 需求描述

毕业生满意度调查表运行后显示如图 4.35 所示页面，需要毕业生通过满意度调查表反馈毕业时间、薪资水平及课程设置、任课教师和条件设施的满意度信息。单击“提交”按钮，弹出如图 4.36 所示的确认反馈结果对话框。

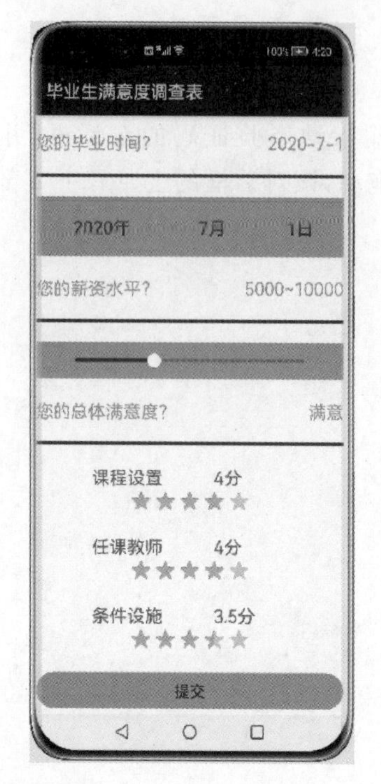

图 4.35　毕业生满意度调查表(1)

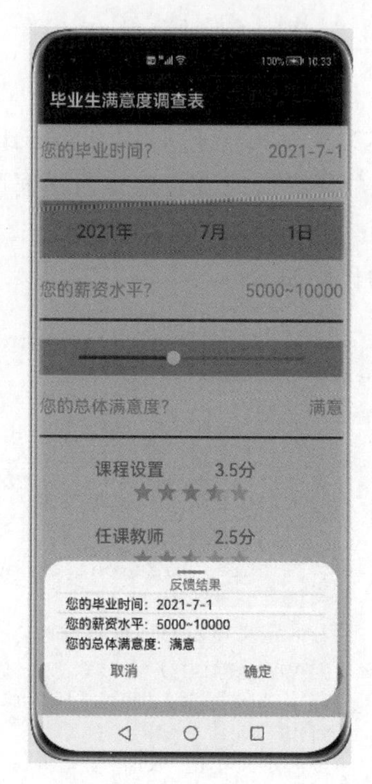

图 4.36　毕业生满意度调查表(2)

2. 设计思路

根据毕业生满意度调查表页面的显示效果和需求描述，整个页面从上到下分为毕业时间选择区、薪资水平选择区、满意度反馈区、提交按钮区和确认反馈结果对话框。毕业时间选择区的毕业时间用 text 组件实现、分隔线用 divider 组件实现、选择毕业时间用 picker-view 组件实现。薪资水平选择区的薪资水平用 text 组件实现、分隔线用 divider 组件实现、薪资水平区域用 slider 组件实现。满意度反馈区的课程设置、任课教师和条件设施等满意度评分用 rating 组件实现，其他信息用 text 组件实现。提交按钮区的提交按钮用 button 组件实现。确认反馈结果对话框用 dialog 组件实现，对话框中的按钮用 button 组件实现，其他信息用 text 组件实现。

3. 实现流程

1）毕业时间选择区的实现

css 的代码如下。

```
1   .info-css {
2       color: #dbc05a;
3   }
4   .pick-css{
5       background-color:  #dbc05a;
6       height: 65fp;
```

```
7       width: 100%;
8   }
```

hml 的代码如下。

```
1   <div class="info-css">
2           <text style="flex-grow : 1;">您的毕业时间?</text>
3           <text style="text-align : right;">{{ currentDate }}</text>
4   </div>
5   <divider style="color : #84541c; stroke-width : 3fp;"></divider>
6   <picker-view class="pick-css" type="date" value="{{ currentDate }}" start
="{{ startDate }}" end="{{ endDate }}"  @change="selectedDate"></picker-view>
```

上述第 5 行代码用 divider 组件定义一条水平方向的分隔线，其中 stroke-width 样式属性用于指定分隔线宽度，该组件也可以用 vertical 属性设置分隔线是水平的还是垂直的，默认值为 false，表示水平分隔线。

js 的代码如下。

```
1       data: {
2           startDate: '1990-01-01',                    //日期选择器起始时间
3           endDate: '2100-12-31',                      //日期选择器终止时间
4           currentDate: '',                            //日期选择器选择的毕业时间
5       },
19      /*定义日期格式转换函数*/
6       parseDate(date) {
7           return date.getFullYear() + "-" + (date.getMonth() + 1) + "-" + date.
getDate()
8       },
9       onInit() {
10          var date = new Date();
11          this.currentDate = this.parseDate(date)
12      },
13      /*定义毕业时间选择事件*/
14      selectedDate(e) {
15          this.currentDate = e.year + "-" + (e.month + 1) + "-" + e.day
16      },
```

2）薪资水平选择区的实现

css 的代码如下。

扫一扫

```
1   .slider-css{
2       width: 100%;
3       background-color: #dbc05a ;
4   }
```

hml 的代码如下。

```
1   <div class="info-css">
2       <text style="flex-grow : 1;">您的薪资水平？</text>
3       <text style="text-align : right;">{{ currentSalary }}</text>
4   </div>
5   <divider style="color : #84541c; stroke-width : 3fp;"></divider>
6   <slider class="slider-css" min="1000" max="20000" value="{{ currentSalary
}}" step="500" showsteps="true" @change="selectedSalary"></slider>
```

为了方便填写调查表，上述第 6 行代码直接用 slider 组件定义 1 个滑动条，毕业生直接在页面上拖动滑动条，并通过滑动条的当前值决定毕业生最终填写的薪资水平即可。

js 的代码如下。

```
1       data: {
2           currentSalary: '低于 5000',                //薪资水平
3       },
4       /* 定义薪资水平范围事件 */
5       selectedSalary(e) {
6           if (e.value < 5000) {
7               this.currentSalary = '低于 5000'
8           } else if (e.value < 10000) {
9               this.currentSalary = '5001~10000'
10          } else if (e.value < 20000) {
11              this.currentSalary = '10001~20000'
12          } else {
13              this.currentSalary = '高于 20000'
14          }
15      },
```

上述第 6～14 行代码表示薪资水平分为“低于 5000”“5001～10000”“10001～20000”和“高于 20000”4 个档次，毕业生拖动页面上的滑动块，并通过绑定在 slider 组件上的 selectedSalary()事件决定最终的薪资档次。

3）满意度反馈区的实现

扫一扫

css 的代码如下。

```
1   .sort-css{
2       flex-direction: column;
3       justify-content: center;
4       align-items: center;
5       color: #9c9888;
6       width: 100%;
7   }
8   .setup-css{
9       justify-content: space-around ;
10      width: 80%;
11  }
```

hml 的代码如下。

```
1       <div class="info-css">
2           <text style="flex-grow : 1;">您的总体满意度?</text>
3           <text style="text-align : right;">{{ currentSatisfaction }}</text>
4       </div>
5       <divider style="color : #84541c; stroke-width : 3fp;"></divider>
6       <div class="sort-css">
7           <div class="setup-css">
8               <text >课程设置</text>
9               <text style="width: 30%;">{{ courseRating }}分</text>
10          </div>
11          <rating numstars="5" rating="{{ courseRating }}" data-index="10" @
change="changeRateing"></rating>
12      </div>
13      <!-- 任课教师的满意度评分代码与课程设置类似,此处略 --!>
14      <!-- 条件设施的满意度评分代码与课程设置类似,此处略 --!>
```

从图 4.35 可以看出,满意度反馈区包括总体满意度水平显示区及课程设置、任课教师和条件设施满意度评分区 4 部分,并且按照 column 方式布局在页面上。对课程设置、任课教师和条件设施的满意度评分都是由 rating 组件实现的,同时用 data-index 属性绑定了不同的数值来区分不同的评分项。

js 的代码如下。

```
1       data: {
2           currentSatisfaction: '非常满意',          //总体满意度
3           courseRating: 5,                          //课程设置评分值
4           teacherRating: 5,                         //任课教师评分值
5           equipmentRating: 5,                       //条件设施评分值
6           score:0                                   //总体评分值
7       },
8       /*定义评分值事件*/
9       changeRateing(e) {
10          switch (e.target.dataSet.index) {
11              case '10':                            //课程设置评分
12                  this.courseRating = e.rating
13                  break
14              case '20':                            //任课教师评分
15                  this.teacherRating = e.rating
16                  break
17              case '30':                            //条件设施评分
18                  this.equipmentRating = e.rating
19          }
20          this.score = (this.courseRating+this.teacherRating+this.
equipmentRating)/3
21          this.judgeSatify(this.score)              //调用总体满意度判定方法
22      },
23      /*定义总体满意度判定方法*/
24      judgeSatify(score) {
```

```
25          if (score <= 2.5) {
26              this.currentSatisfaction = '不满意'
27          } else if (score <= 3) {
28              this.currentSatisfaction = '基本满意'
29          } else if (score <= 4) {
30              this.currentSatisfaction = '满意'
31          } else {
32              this.currentSatisfaction = '非常满意'
33          }
34      },
```

上述第20～21行代码首先算出课程设置、任课教师和条件设施评分值的平均值，然后根据平均值调用judgeSatify()方法判定毕业生的总体满意度。

4）提交按钮区的实现

扫一扫

css的代码如下。

```
1  .submit-css{
2      background-color: #dbc05a;
3      font-size: 18fp;
4  }
```

hml的代码如下。

```
1   <button class="submit-css" type="text"  @click="showDialog">提交</button>
```

上述用click属性绑定了showDialog()事件，表示单击"提交"按钮，弹出确认反馈结果对话框。

js的代码如下。

```
1  /* 确认显示反馈结果对话框事件 */
2  showDialog(){
3      this.$element("infoDialog").show()
4  }
```

5）反馈结果对话框的实现

css的代码如下。

```
1  .dialogtxt-css{
2      font-size : 15fp;
3      margin-left : 10fp;
4  }
5  .other-css{
6      width: 100%;
7      color: #b88b51;
8      text-align: center;
9  }
```

```
10  /* 定义对话框样式与范例 4-21 类似,此处略 */
11  /* 定义对话框中的最下面一行内容样式与范例 4-21 类似,此处略 */
12  /* 定义对话框中最下面的"取消""确定"按钮样式与范例 4-21 类似,此处略 */
```

hml 的代码如下。

```
1   <dialog id="infoDialog" dragable="true">
2           <div class="dialog-css">
3               <text class="dialogtxt-css other-css" >反馈结果</text>
4               <divider style="stroke-width : 2fp;"></divider>
5               <text class="dialogtxt-css">您的毕业时间:{{currentDate}}</text>
6               <divider style="stroke-width : 2fp;"></divider>
7               <text class="dialogtxt-css">您的薪资水平:{{currentSalary}}
</text>
8               <divider style="stroke-width : 2fp;"></divider>
9                       < text  class =" dialogtxt  -  css " > 您 的 总 体 满 意 度:
{{currentSatisfaction}}</text>
10              <div class="dialog-btn">
11                 <button type="capsule" class="btn-txt" @click="closeDialog"
value="取消"></button>
12                  <button type="capsule" class="btn-txt" @click="submitDialog"
value="确定"></button>
13              </div>
14          </div>
15  </dialog>
```

上述第 11 行代码用 click 属性绑定的 closeDialog()事件,表示单击反馈结果对话框中的“取消”按钮要执行的操作,第 12 行代码用@click 属性绑定的 submitDialog()事件表示单击反馈结果对话框中的“确定”按钮要执行的操作,读者可以参照范例 4-21 的 js 代码完成本模块的逻辑功能,限于篇幅,这里不再赘述。

6) 毕业生调查表的实现

css 的代码如下。

```
1   .container {
2       display: flex;
3       flex-direction: column;
4       justify-content: space-around;
5       width: 100%;
6       height: 100%;
7       margin: 5px;
8   }
9   text {
10      font-size: 20fp;
11  }
12  /* 其他 css 代码与上述内容相同,此处略 */
```

hml 的代码如下。

```
1   <div class="container">
2       <!--  毕业时间选择区的实现  -->
3       <!--  薪资水平选择区的实现  -->
4       <!--  满意度反馈区的实现  -->
5       <!--  提交按钮区的实现  -->
6       <!--  确认反馈结果对话框的实现  -->
7   </div>
```

js的代码如下。

```
1   export default {
2     data:{
3       //变量定义与上述内容相同,此处略
4     }
5     /*定义 data*/
6     /*定义日期格式转换函数*/
7     onInit() {
8         var date = new Date();
9         this.currentDate = this.parseDate(date)
10     },
11    /*定义毕业时间选择事件*/
12    /*定义薪资水平范围事件*/
13    /*定义评分值事件*/
14    /*定义总体满意度判定方法*/
15    /*定义显示确认反馈结果对话框事件*/
16    /*定义单击"取消"按钮事件(关闭对话框事件)*/
17    /*定义单击"确定"按钮事件*/
18  }
```

上述第7～10行代码表示当毕业生满意度调查表应用程序运行时,首先获取当前系统的日期时间,然后将其转化为“YYYY-MM-DD”的日期格式作为毕业时间的默认值。

本章小结

组件是搭建应用程序界面的最小单位,开发者通过多种组件的组合,可以构建出满足用户需求的完整界面。本章首先详细介绍了组件在HarmonyOS应用程序页面的定义、属性设置和事件定义、绑定及使用方法,然后结合实际案例项目的开发过程阐述了方舟开发框架提供的基本组件的使用方法和应用场景。读者通过对本章组件、事件的理解和掌握,可以在项目开发中设计出更令用户满意的UI和满足用户需要的应用程序。

第5章

数据存储与访问

数据存储是开发应用程序时需要解决的最基本问题，虽然客户端 App 的数据一般都由云端(服务端)提供，但是随着移动互联网的发展，用户对应用程序的性能、体验等各方面要求都有所增强，目前客户端 App 一般都需要支持离线使用模式，因此在进行客户端应用程序开发时需要客户端实现本地数据的存储与访问。本章结合具体案例介绍方舟开发框架提供的 JS API 实现本地存储与访问数据的机制，以便读者全面地了解本地数据存储与访问接口，更好地开发 HarmonyOS 应用程序。

5.1 概述

HarmonyOS 应用程序开发的数据管理机制包括轻量级数据存储(偏好文件)、文件、关系数据库、对象关系映射数据库、分布式数据服务和分布式文件服务等。华为官方推出的 JS API 提供了一系列完整的配套接口，用来实现 HarmonyOS 应用程序开发中的数据存储和访问机制。读者需要注意，JS API 中的部分数据存储与访问接口从 API version 6 开始华为官方不再维护，所以推荐使用官方提供的最新接口开发 HarmonyOS 应用程序。

5.1.1 轻量级数据存储与访问机制

在 HarmonyOS 应用程序开发中，轻量级数据存储以 key-value 结构的形式对数据进行存取操作。数据存储形式为键值对，键(key)是不重复的关键字，它的类型为字符串型；值(value)是数据值，它存储数据的类型包括数字型、字符型、布尔型。应用程序在获取某个轻量级数据存储对象后，该存储对象中的数据将会被缓存在内存中，以便应用程序以更快的速度实现数据访问，提高效率。当然，应用程序也可以将缓存的数据写入 HarmonyOS 终端设备存储器的文本文件中进行持久化存储。由于文件读写会产生不可避免的系统资源开销，因此开发者在开发应用程序时，应尽量减少对存放在 HarmonyOS 终端设备存储器中文本文件的读写频率。轻量级数据存储访问机制适用于应用程序在本地存储少量数据，经常应用于操作键值对形式数据的场景。从 API version 6 开始，JS API 提供的@ohos.data.storage 接口可以实现数据存储对象的获取和写入。

5.1.2 文件存储与访问机制

文件通常应用于将数据以普通文件格式下载或保存到 HarmonyOS 终端设备的本地存储空间。从 API version 6 开始，JS API 提供的@ohos.fileio 接口可以实现对文件或目录进行操作。但是，在操作文件或目录前，必须先通过 Ability 上下文提供的相关接口，获取操作对象在内部存储目录或内部存储缓存目录的绝对路径，然后才能进行文件或目录的创建、打开、读取、写入、复制、删除、重命名、修改操作权限、修改所有者等操作。

5.1.3 关系数据库存储与访问机制

关系数据库（Relational Database，RDB）是一种基于关系模型管理数据的数据库。HarmonyOS 关系数据库基于 SQLite 组件提供了一套完整的对本地数据库进行管理的机制，对外提供了一系列的增、删、改、查等接口，也可以直接运行用户输入的 SQL（Structured Query Language，结构化查询语言）语句来满足复杂的场景需要。SQLite 是一款轻量级的关系数据库管理系统，它既支持事务和批处理、自动版本管理、标准的 CURD（Create、Update、Retrieve、Delete）操作，也遵守 ACID（Atomic、Consistency、Isolation、Durability）特性。HarmonyOS 提供的关系数据库功能更加完善，查询效率更加高效，从 API version 7 开始，JS API 提供的@ohos.data.rdb 接口可以实现关系数据的操作。

5.1.4 对象关系映射数据库存储与访问机制

对象关系映射（Object Relational Mapping，ORM）数据库是一款基于 SQLite 的数据库框架，屏蔽了底层 SQLite 数据库的 SQL 操作，针对实体和关系提供了增、删、改、查等一系列的面向对象接口。在进行 HarmonyOS 应用程序开发时，开发者不必再编写复杂的 SQL 语句，而是直接以操作对象的形式操作数据库，所以在提升开发效率的同时，也能让开发者聚焦于业务开发。对象关系映射数据库跟关系数据库一样，都使用 SQLite 作为持久化引擎，底层使用的是同一套数据库连接池和数据库连接机制。对象关系映射数据库适用于开发者使用的数据可以分解为一个或多个对象，且需要对数据进行增、删、改、查等操作，但是不希望编写过于复杂的 SQL 语句的场景。

5.2 睡眠质量测试系统的设计与实现

如今睡眠已经成为全世界人们共同关注的问题。由于长期睡眠质量不高，常会伴随着多种疾病的产生，其中最突出的就是精神类疾病，睡眠障碍是它的主要表现形式。而大多数人对睡眠认识不够，往往忽略了睡眠与身体健康的关系，这样就造成很多睡眠质量不高的人错失了治疗的最佳时间，因此就需要提供一个方便快捷的方法来帮助这些人测量自己的睡眠状况，让他们尽早得到相应的治疗和帮助。本节以国际公认的睡眠质量自测量表——阿森斯失眠量表为理论依据，结合 switch 组件、stepper 组件、stepper-item 组件、页面路由和轻量级数据存储与访问机制设计并实现一个睡眠质量测试系统。

5.2.1 switch 组件

扫一扫

switch 组件(开关选择器组件)用于开启或关闭某个功能,除支持通用属性和通用事件外,还支持如表 5.1 所示的属性和如表 5.2 所示的事件。

表 5.1 switch 组件属性及功能

属性名	类型	功能说明
checked	boolean	设置开关是否选中,属性值包括 false(默认值,未选中)和 true
showtext	boolean	设置开关是否显示文本,属性值包括 false(默认值,不显示)和 true
texton	string	设置开关选中时显示的文本,默认值为 On
textoff	string	设置开关选中时显示的文本,默认值为 Off

表 5.2 switch 组件事件及功能

事件名	返回值	功能说明
change	{ checked: checkedValue }	开关选择器选中状态改变时,触发该回调事件

【范例 5-1】 用 switch 组件在页面上实现一个模拟开灯、关灯的效果,运行效果如图 5.1 所示。

图 5.1 开关选择器效果

css 的代码如下。

```
1   .container {
2       display: flex;
3       flex-direction: column;
4       align-items: center;
5       margin: 15fp;
6       width: 100%;
7       height: 100%;
8   }
9   .switch-css {
10      texton-color: blue;
11      textoff-color: red;
12      font-size: 25fp;
13  }
```

上述第 9～13 行代码定义 switch 组件的样式，texton-color 样式表示开关选择器处于选中状态时显示的文本颜色，textoff-color 样式表示开关选择器处于未选中状态时显示的文本颜色。

hml 的代码如下。

```
1   <div class="container">
2       <image style="height:90%;object-fit:fill;" src="{{imgSrc}}"></image>
3       <switch class="switch-css" showtext="true" checked="{{isChecked}}"
@change="controlLamp"></switch>
4   </div>
```

上述第 2 行代码用 image 组件加载代表灯亮的图片（light.png）和代表灯灭的图片（black.png），这两张图片需要先复制到项目的 common/images 文件夹中。

js 的代码如下。

```
1   export default {
2       data: {
3           imgSrc:'/common/images/black.png',          //默认加载代表灯灭的图片
4           isChecked:false                             //默认开关选择器未选中
5       },
6       controlLamp(e){
7           if(e.checked){
8               this.imgSrc = '/common/images/light.png' //加载代表灯亮的图片
9           }else{
10              this.imgSrc = '/common/images/black.png' //加载代表灯灭的图片
11          }
12      }
13  }
```

上述第 7～11 行代码表示如果开关选择器处于选中状态，则加载代表灯亮的图片文件（light.png），否则加载代表灯灭的图片文件（black.png）。

5.2.2　轻量级数据存储与访问接口

轻量级数据存储为应用程序提供 key-value(键值对)类型的文件数据处理能力,支持应用程序对数据进行轻量级的存储及查询。数据存储形式为键值对,键的类型为字符串型,最大长度为 80B;值的存储数据类型包括数字型、字符型和布尔型,其中字符型值的最大长度为 8192B。在 HarmonyOS 应用程序开发中,借助 JS API 提供的@ohos.data.storage 接口可以实现数据存储对象的获取和写入,写入的数据保存在 HarmonyOS 终端设备存储器的文本文件中。

1. 读取指定文件

扫一扫

- dataStorage.getStorageSync(path: string): Storage,同步读取指定文件,并将数据加载到 Storage 类型的实例。getStorageSync 参数及功能说明如表 5.3 所示。getStorageSync 返回值类型及功能说明如表 5.4 所示。

表 5.3　getStorageSync 参数及功能说明

参数名	类型	必填	功能说明
path	string	是	设置应用程序内部数据存储路径

表 5.4　getStorageSync 返回值类型及功能说明

返回值类型	功能说明
Storage	返回 Storage 类型实例,可用于数据存储及查询操作

【范例 5-2】　用同步方式读取应用程序内部数据存储路径下的 config.ini 文件,并将 config.ini 文件的存储路径显示在页面上,运行效果如图 5.2 所示。

图 5.2　同步读取文件目录路径

hml 的代码如下。

```
1   <div class="container">
2       <text >config.ini 文件的存储路径: {{ pathName }}</text>
3       <button type="capsule" @click="openConfig">打开文件</button>
4   </div>
```

上述第 1 行代码引用的 container 样式类代码内容与范例 5-1 的 container 样式类代码完全一样，限于篇幅，这里不再赘述。

js 的代码如下。

```
1   import dataStorage from '@ohos.data.storage'
2   import featureAbility from '@ohos.ability.featureAbility'
3   export default {
4       data: {
5           pathName: ''                              //保存 config.ini 文件的存放目录
6           storage:''                                //保存数据存储实例
7       },
8       async openConfig() {
9           var context = featureAbility.getContext()   //获取上下文
10          var path = await context.getFilesDir()     //获得应用程序内部存储目录
11          this.storage = dataStorage.getStorageSync(path + '/config.ini')
                                                      //读取 config.ini 文件
12          this.pathName = path
13          //操作 config.ini 文件中的数据
14      }
15  }
```

HarmonyOS 应用程序使用轻量级数据存储与访问机制存取数据时，必须首先从@ohos.data.storage 接口中导入 dataStorage 包，即上述第 1 行代码；然后引用该包中的各种方法对轻量级数据进行操作。轻量级数据存储与访问实际上就是对内部存储器上以键值对格式存储的文本文件进行操作，所以在读取文件时必须指明文件的存放位置，即上述第 2 行及 9～10 行代码，其中第 2 行代码表示从@ohos.ability.featureAbility 接口中导入 featureAbility 包，第 9～10 行代码表示调用该包中的 getContext()方法获得 Ability 上下文；再通过 Ability 上下文调用 getFilesDir()方法异步获取应用程序在内部存储器上的文件路径。由于 getFilesDir()方法是异步(async)执行的，所以上述第 8～14 行代码定义了一个异步事件，其中第 10 行代码中的 await 表示只有在获得应用程序内部存储目录后，才能执行第 11 行及后面的代码。虽然异步事件会返回一个 Promise 对象，但代码前用 await 关键字表示可以等待异步事件的返回值，也就是说，await 不仅可以用于等待返回 Promise 对象，而且它还可以等待任意表达式的结果，所以上述第 10 行代码直接将返回的值赋给 path 变量。从图 5.2 可以看出，getFilesDir()方法返回的应用程序在内部存储器上的文件路径为“/data/data/应用程序包名/files”。如果将上述第 10 行代码修改为下述代码，则表示获取应用程序内部存储器上的缓存目录路径，运行效果如图 5.3 所示。getCacheDir()方法返回的应用程序在内部存储器上的缓存目录路径为“/data/data/应用程序包名/cache”。

图 5.3　同步读取缓存目录路径

```
1   var path = await context.getCacheDir()       //获得应用程序内部存储缓存目录
```

- dataStorage.getStorage(path: string, callback: AsyncCallback<Storage>): void，异步读取指定文件，并将数据加载到 Storage 类型的实例，以 callback 形式返回结果。getStorage 参数及功能说明如表 5.5 所示。

扫一扫

表 5.5　getStorage 参数及功能说明

参数名	类　型	必填	功能说明
path	string	是	设置应用程序内部数据存储路径
callback	AsyncCallback<Storage>	是	回调函数

例如，要实现范例 5-2 的功能，也可以将范例 5-2 的第 11～13 行 js 代码修改为如下代码。

```
1         var that = this
2         dataStorage.getStorage(path + '/config.ini', function (err, storage) {
3             if (err) {
4                 that.pathName ="读内部存储文件失败"
```

```
5                return;
6            }
7            //用 storage 实例操作 config.ini 文件中的数据
8            that.pathName = path
9        })
```

- dataStorage.getStorage(path: string): Promise＜Storage＞，异步读取指定文件，并将数据加载到 Storage 实例。getStorage 参数及功能说明如表 5.3 所示。getStorage 返回值类型及功能说明如表 5.6 所示。

表 5.6 getStorage 返回值类型及功能说明

返回值类型	功能说明
Promise＜Storage＞	返回 Promise 实例，用于异步获取结果

例如，要实现范例 5-2 的功能，也可以将范例 5-2 的第 11～13 行 js 代码修改为如下代码。

```
1        var that = this
2        let promise = dataStorage.getStorage(path + '/config.ini')
3        promise.then((storage) => {
4            //用 storage 实例操作 config.ini 文件中的数据
5            that.pathName = path
6        }).catch((err) => {
7            that.pathName = "读内部存储文件失败"
8        })
```

2. 向指定存储对象写数据

扫一扫

- putSync(key: string, value: ValueType): void，同步将数据写入 Storage 类型的实例，并用 flush()或 flushSync()方法将 Storage 类型的实例写入指定文件保存。putSync 参数及功能说明如表 5.7 所示。

表 5.7 putSync 参数及功能说明

参数名	类型	必填	功能说明
key	string	是	设置要存储或修改的键，不能为空
value	number、string 或 boolean	是	设置要存储或修改的值

【范例 5-3】 用同步方式将登录用户名(key 为 loginName，value 为 nipaopao)和登录密码(key 为 loginPwd，value 为 123456)以键值对方式保存在应用程序内部存储路径下的 config.ini 文件中。

在实现范例 5-2 的基础上，在 hml 的代码中增加 1 个"保存数据"按钮，其代码如下。

```
1    <button type="capsule" @click="writeConfig">保存数据</button>
```

在实现范例 5-2 的基础上，在 js 的代码中增加 1 个“保存数据”单击事件的回调方法，其代码如下。

```
1      writeConfig() {
2          this.storage.putSync('loginName', 'nipaopao')
                                   //key 为'loginName',value 为'nipaopao'
3          this.storage.putSync('loginPwd', '123456')
                                   //key 为'loginPwd',value 为'123456'
4          this.storage.flushSync()      //保存到文件中
5          console.info("保存成功")
6      }
```

- put(key：string，value：ValueType，callback：AsyncCallback<void>)：void，异步将数据写入 Storage 类型的实例，并用 flush()或 flushSync()方法将 Storage 类型的实例写入指定文件保存。put 参数及功能说明如表 5.8 所示。

表 5.8 put 参数及功能说明

参数名	类型	必填	功能说明
key	string	是	设置要存储或修改的键，不能为空
value	number、string 或 boolean	是	设置要存储或修改的值
callback	AsyncCallback<Storage>	是	回调函数

例如，要实现范例 5-3 的功能，也可以将“保存数据”单击事件的回调方法修改为如下代码。

```
1   writeConfig(){
2           var that = this
3           this.storage.put('loginName', 'nipaopao', function (err) {
                                                    //保存登录用户名
4               if (err) {
5                   console.info("保存失败:" + err)
6                   return
7               }
8               that.storage.flushSync()
9               console.info("保存成功")
10          })
11          //保存登录密码的代码类似,此处略
12      }
```

- put(key：string，value：ValueType)：Promise<void>，异步将数据写入 Storage 类型的实例，并用 flush()或 flushSync()方法将 Storage 类型的实例写入指定文件保存。put 参数及功能说明如表 5.8 所示。put 返回值类型及功能说明如表 5.9 所示。

表 5.9　put 返回值类型及功能说明

返回值类型	功能说明
Promise<void>	返回 Promise 实例，用于异步处理

例如，要实现范例 5-3 的功能，也可以将"保存数据"单击事件的回调方法修改为如下代码。

```
1  writeConfig() {
2          let promise = this.storage.put('loginName', 'nipaopao')
3          promise.then(() => {
4              console.info("保存成功")
5          }).catch((err) => {
6              console.info("保存失败:" + err)
7          })
8          //保存登录密码的代码类似，此处略
9  }
```

扫一扫

3. 从指定存储对象中读数据

- getSync(key: string, defValue: ValueType): ValueType，同步获取指定键的值，如果值为 null 或者非默认值类型，则返回默认数据。getSync 参数及功能说明如表 5.10 所示。

表 5.10　getSync 参数及功能说明

参数名	类型	必填	功能说明
key	string	是	设置要获取的键，不能为空
defValue	number、string 或 boolean	是	若给定的键不存在，则设置该键返回的默认值

【范例 5-4】　用同步方式从应用程序内部存储路径下的 config.ini 文件中读出登录用户名(key 为 loginName)和登录密码(key 为 loginPwd)，并显示在如图 5.4 所示页面的对应位置。

图 5.4　同步读出轻量级数据

在实现范例 5-3 的基础上，在 hml 的代码中增加 1 个 button 组件（用于“读出数据”按钮）和 2 个 text 组件（用于显示键值），代码如下。

```
1  <button type="capsule" @click="readConfig">读出数据</button>
2  <text>用户名为:{{ userName }}</text>
3  <text>登录密码为:{{ userPwd }}</text>
```

在实现范例 5-3 的基础上，在 js 的代码中增加 1 个“读出数据”单击事件的回调方法，代码如下。

```
1  readConfig(){
2          this.userName = this.storage.getSync('loginName', '')
3          this.userPwd = this.storage.getSync('loginPwd', '')
4  }
```

上述第 2～3 行代码表示如果在 config.ini 文件中没有读到 loginName 或 loginPwd 键，则键的默认值为空字符串。

- get(key: string, defValue: ValueType, callback: AsyncCallback<ValueType>): void，异步获取指定键的值，如果值为 null 或者非默认值类型，则返回默认数据。get 参数及功能说明如表 5.11 所示。

表 5.11　get 参数及功能说明

参数名	类　型	必填	功能说明
key	string	是	设置要获取的键，不能为空
defValue	number、string 或 boolean	是	若给定的键不存在，则设置该键返回的默认值
callback	AsyncCallback<ValueType>	是	回调函数

例如，要实现范例 5-4 的功能，也可以将“读出数据”单击事件的回调方法修改为如下代码。

```
1  readConfig(){
2          var that = this
3          this.storage.get('loginName', '', function(err, value) {
4              if (err) {
5                  console.info("读出失败:" + err)
6                  return
7              }
8              that.userName = value
9          })
10         //读出登录密码的代码类似,此处略
11 }
```

- get(key: string, defValue: ValueType): Promise<ValueType>，异步获取指定键

的值，如果值为 null 或者非默认值类型，则返回默认数据。get 参数及功能说明如表 5.10 所示。get 返回值类型及功能说明如表 5.12 所示。

表 5.12　get 返回值类型及功能说明

返回值类型	功能说明
Promise＜ValueType＞	返回 Promise 实例，用于异步获取数据

例如，要实现范例 5-4 的功能，也可以将“读出数据”单击事件的回调方法修改为如下代码。

```
1  readConfig(){
2          var that = this
3          let promise = this.storage.get('loginName', '')
4          promise.then((value) => {
5             that.userName = value
6          }).catch((err) => {
7             console.info("读出失败:" + err)
8          })
9          //读出登录密码的代码类似,此处略
10 }
```

4. 判断指定存储对象中是否包含指定键

扫一扫

- hasSync(key: string): boolean，同步判断指定存储对象中是否包含指定键。hasSync 参数及功能说明如表 5.13 所示。hasSync 返回值类型及功能说明如表 5.14 所示。

表 5.13　hasSync 参数及功能说明

参数名	类　型	必填	功能说明
key	string	是	设置要获取的键，不能为空

表 5.14　hasSync 返回值类型及功能说明

返回值类型	功能说明
boolean	true 表示包含指定键，false 表示不包含指定键

【范例 5-5】　用同步方式判断应用程序内部存储路径下的 config.ini 文件中是否包含指定键，并将判断结果显示在如图 5.5 所示页面的对应位置。

在实现范例 5-4 的基础上，在 hml 的代码中增加 1 个 input 组件（用于输入指定键）、1 个 button 组件（用于“判断”按钮）和 1 个 text 组件（用于显示结果），代码如下。

```
1  <div>
```

```
2          <input style="width : 50%;" placeholder="输入 Key" value="{{ keyName
}}" @change="getKeyValue"></input>
3          <button type="capsule" @click="judgeKey">判断</button>
4          <text>{{ info }}</text>
5   </div>
```

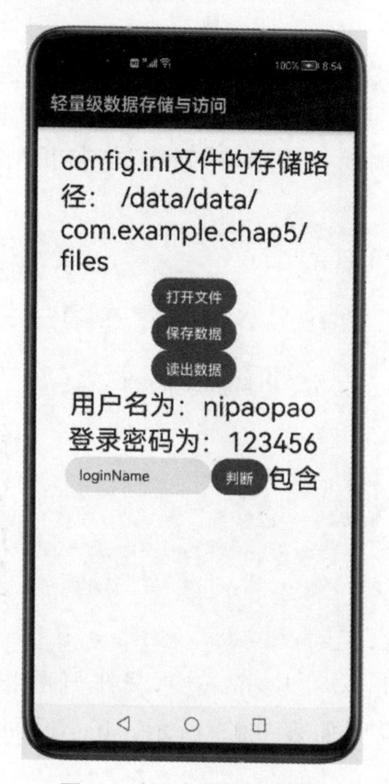

图 5.5　同步判断指定键

在实现范例 5-4 的基础上，在 js 的代码中增加 1 个输入键名的 change 事件回调方法和"判断"单击事件的回调方法，代码如下。

```
1   /* 输入键名事件 */
2   getKeyValue(e) {
3           this.keyName = e.value                              //获取键名
4   },
5   /* 判断键名是否存在方法 */
6   judgeKey() {
7           this.info = "不包含"
8           let isExist = this.storage.hasSync(this.keyName)
9           if (isExist) {
10              this.info = "包含"
11          }
12  }
```

- has(key: string, callback: AsyncCallback<boolean>): boolean，异步判断指定存

储对象中是否包含指定键。has 返回值类型及功能说明如表 5.14 所示。has 参数及功能说明如表 5.15 所示。

表 5.15 has 参数及功能说明

参数名	类 型	必填	功能说明
key	string	是	设置要获取的键,不能为空
callback	AsyncCallback＜boolean＞	是	回调函数

例如,要实现范例 5-5 的功能,也可以将“判断”单击事件的回调方法修改为如下代码。

```
1   judgeKey(){
2           this.info = "不包含"
3           var that  = this
4           this.storage.has(this.keyName, function (err, isExist) {
5               if (err) {
6                   console.info("判断异常: " + err)
7                   return
8               }
9               if (isExist) {
10                  that.info = "包含"
11              }
12          })
13  }
```

- has(key: string): Promise＜boolean＞,异步判断指定存储对象中是否包含指定键。has 参数及功能说明如表 5.13 所示。has 返回值类型及功能说明如表 5.16 所示。

表 5.16 has 返回值类型及功能说明

返回值类型	功能说明
Promise＜boolean＞	Promise 实例,用于异步处理

例如,要实现范例 5-5 的功能,也可以将“判断”单击事件的回调方法修改为如下代码。

```
1   judgeKey() {
2           this.info = "不包含"
3           var that = this
4           let promise = this.storage.has(this.keyName)
5           promise.then((isExist) => {
6               if (isExist) {
7                   that.info = '包含'
8               }
9           }).catch((err) => {
10              console.info("判断异常: " + err)
```

```
11         })
12 }
```

5. 删除指定存储对象中的指定键

扫一扫

- deleteSync(key: string): void,同步删除指定存储对象中的指定键。deleteSync 参数及功能说明如表 5.13 所示。

【范例 5-6】 用同步方式删除应用程序内部存储路径下 config.ini 文件中的指定键。

在实现范例 5-5 的基础上,在 hml 的代码中增加 1 个 button 组件用于"删除"按钮,代码如下。

```
1   <button type="capsule" @click="delKey">删除</button>
```

在实现范例 5-5 的基础上,在 js 的代码中增加 1 个"删除"单击事件的回调方法,代码如下。

```
1   delKey(){
2           this.storage.deleteSync(this.keyName)
3   }
```

- delete(key: string, callback: AsyncCallback<void>): void,异步删除指定存储对象中的指定键。delete 参数及功能说明如表 5.17 所示。

表 5.17 delete 参数及功能说明

参数名	类　型	必填	功能说明
key	string	是	设置要获取的键,不能为空
callback	AsyncCallback<void>	是	回调函数

例如,要实现范例 5-6 的功能,也可以将"删除"单击事件的回调方法修改为如下代码。

```
1   delKey(){
2           this.storage.delete(this.keyName, function (err) {
3               if (err) {
4                   console.info("删除失败: " + err)
5                   return
6               }
7               console.info("删除成功.")
8           })
9   }
```

- delete(key: string): Promise<void>,异步删除指定存储对象中的指定键。参数及功能说明如表 5.13 所示。delete 返回值类型及功能说明如表 5.18 所示。

表 5.18 delete 返回值类型及功能说明

返回值类型	功能说明
Promise<void>	Promise 实例，用于异步处理

例如，要实现范例 5-6 的功能，也可以将“删除”单击事件的回调方法修改为如下代码。

```
1   delKey(){
2           let promise = this.storage.delete(this.keyName)
3           promise.then(() => {
4               console.info("删除成功.")
5           }).catch((err) => {
6               console.info("删除失败: " + err)
7           })
8   }
```

6. 清除指定存储对象中的所有键

- clearSync()：void，同步清除指定存储对象中的所有键。
- clear(callback：AsyncCallback<void>)：void，异步清除指定存储对象中的所有键。
- clear()：Promise<void>，异步清除指定存储对象中的所有键。

【范例 5-7】 用异步方式删除应用程序内部存储路径下 config.ini 文件中的所有键。

在实现范例 5-6 的基础上，在 hml 的代码中增加 1 个 button 组件用于“清除”按钮，代码如下。

```
1   <button type="capsule" @click="clearKeys">清除</button>
```

在实现范例 5-6 的基础上，在 js 的代码中增加 1 个“清除”单击事件的回调方法，代码如下。

```
1   clearKeys(){
2           let promise = this.storage.clear()
3           promise.then(() => {
4               console.info("清除键成功.")
5           }).catch((err) => {
6               console.info("清除键失败: " + err)
7           })
8   }
```

7. 保存存储对象并写文件

- flushSync()：void，将当前存储对象中的修改保存到当前的存储对象，并同步存储到文件中。
- flush(callback：AsyncCallback<void>)：void，将当前存储对象中的修改保存到当前的存储对象，并异步存储到文件中。

- flush()：Promise＜void＞，将当前 storage 对象中的修改保存到当前的存储对象，并异步存储到文件中。

8. 删除内存中的存储对象及指定文件

- dataStorage.deleteStorageSync(path：string)：void，同步从内存中删除指定文件对应的存储对象单实例，并删除指定文件及其备份文件、损坏文件。
- dataStorage.deleteStorage(path：string，callback：AsyncCallback＜void＞)，异步从内存中删除指定文件对应的存储对象单实例，并删除指定文件及其备份文件、损坏文件。
- dataStorage.deleteStorage(path：string)：Promise＜void＞，异步从内存中移除指定文件对应的存储对象单实例，并删除指定文件及其备份文件、损坏文件。

扫一扫

【范例 5-8】 用异步方式删除应用程序内部存储路径下的 config.ini 文件。

在实现范例 5-7 的基础上，在 hml 的代码中增加 1 个 button 组件用于"删除文件"按钮，代码如下。

```
1   <button type="capsule" @click="delFile">删除文件</button>
```

在实现范例 5-7 的基础上，在 js 的代码中增加 1 个"删除文件"单击事件的回调方法，代码如下。

```
1   delFile() {
2             let promise = dataStorage.deleteStorage(this.pathName + '/config.
ini')
3            promise.then(() => {
4                console.info("删除文件成功.")
5            }).catch((err) => {
6                console.info("删除文件失败: " + err)
7            })
8   }
```

删除指定文件时，应用程序不允许再使用数据存储对象实例进行数据操作，否则可能出现数据一致性问题。

9. 删除内存中的存储对象

扫一扫

- dataStorage.removeStorageFromCacheSync(path：string)：void，同步从内存中删除指定文件对应的存储对象单实例。
- dataStorage. removeStorageFromCache (path：string，callback：AsyncCallback ＜Storage＞)：void，异步从内存中删除指定文件对应的存储对象单实例。
- dataStorage.removeStorageFromCache(path：string)：Promise＜void＞，异步从内存中移除指定文件对应的存储对象单实例。

删除数据存储对象实例时，应用程序不允许再使用该实例进行数据操作，否则会出现数据一致性问题。

【范例 5-9】 设计一个如图 5.6 所示的登录页面，当页面加载时，首先读取应用程序内部存储器上保存的轻量级数据，如果轻量级数据中存储"是否保存"信息的键值为 true，则说明前一次登录时用户勾选了"是否保存"复选框，并将"用户名称"和"用户密码"信息显示在页面上对应的输入框中。当用户单击"登录"按钮时，判断"是否保存"复选框有没有勾选，如果已勾选，则将输入的"用户名称""用户密码"和"是否保存"等信息以轻量级数据方式保存在应用程序内部存储器中。当用户单击"取消"按钮时，删除内存中存放"用户名称""用户密码"和"是否保存"等信息的存储对象。

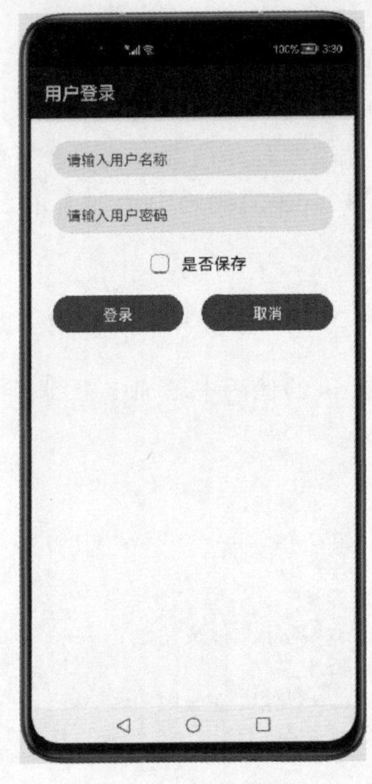

图 5.6 登录页面

css 的代码如下。

```
1   .input-css{
2      margin: 10fp;
3   }
4   .btn-css{
5      margin: 10fp;
6      width: 50%;
7   }
```

hml 的代码如下。

```
1   <div class="container">
```

```
2         < input class = " input - css " placeholder = "请输入用户名称" value = " {{
userName }}" @change= "getUsername">< /input>
3       <input class= "input-css" placeholder= "请输入用户密码" value= "{{ userPwd
}}" @change= "getUserpwd">< /input>
4       <div>
5           <input type= "checkbox" checked= "{{ isSaved }}" @change= "getSaved">
< /input>
6           <text style= "font-size: 18fp;">是否保存< /text>
7       </div>
8       <div >
9           <button class= "btn-css" type= "capsule" @click= "login">登录< /button>
10           < button class = "btn - css" type = "capsule" @click = "cancel" > 取消 < /
button>
11       </div>
12  </div>
```

上述第2～3行代码表示定义2个input组件，分别用于输入用户名称和用户密码；第5行代码指定input组件的type属性值为checkbox，表示该组件为复选框。

js的代码如下。

```
1   import dataStorage from '@ohos.data.storage'
2   import featureAbility from '@ohos.ability.featureAbility'
3   export default {
4       data: {
5           storageLogin: '',                               //存储数据对象
6           pathName: '',                                   //存储文件的目录路径
7           userName: '',                                   //用户名称
8           userPwd: '',                                    //用户密码
9           isSaved: false                                  //是否保存
10      },
11      /* 读数据方法 */
12      async readLoginKey() {
13          var context = featureAbility.getContext()
14          this.pathName = await context.getFilesDir()
15           this.storageLogin = dataStorage.getStorageSync(this.pathName + '/
login.ini')
16          this.isSaved = this.storageLogin.getSync('isSaved', false)
17          if (this.isSaved) {
18              this.userName = this.storageLogin.getSync('userName', '')
19              this.userPwd = this.storageLogin.getSync('userPwd', '')
20          }
21      },
22      async onInit() {
23          await  this.readLoginKey()
24      },
25      /* 定义写数据方法 */
26      writeLoginKey() {
27          this.storageLogin.putSync('userName', this.userName)
```

```
28            this.storageLogin.putSync('userPwd', this.userPwd)
29            this.storageLogin.putSync('isSaved', this.isSaved)
30            this.storageLogin.flushSync()
31        },
32        /*定义获取用户名称事件*/
33        getUsername(e) {
34            this.userName = e.value
35        },
36        /*定义获取用户密码事件*/
37        getUserpwd(e) {
38            this.userPwd = e.value
39        },
40        /*定义获取是否保存事件*/
41        getSaved(e) {
42            this.isSaved = e.checked
43        },
44        /*定义登录按钮事件*/
45        login() {
46            this.writeLoginKey()
47        },
48        /*定义取消按钮事件*/
49        cancel() {
50             dataStorage.removeStorageFromCache(this.pathName + '/login.ini',
function (err) {
51                if (err) {
52                    console.info("删除存储对象失败: " + err)
53                    return
54                }
55                console.info("删除存储对象成功.")
56            })
57        }
58    }
```

上述第22～24行代码表示当应用程序加载时首先执行页面初始化周期函数onInit()，在该函数中调用读数据方法readLoginKey()，用于从应用程序内部存储器中读login.ini文件，并且将数据加载到storageLogin实例，然后从storageLogin实例中读出保存“是否保存”信息的isSaved键的值。如果isSaved键的值为true，则将保存“用户名称”和“用户密码”信息的userName键和userPwd键的值读出，并赋给页面变量。第45～47行代码表示单击“登录”按钮，调用写数据方法writeLoginKey()，将“用户名称”“用户密码”和“是否保存”信息通过storageLogin实例保存到login.ini文件中。

扫一扫

5.2.3 页面路由

大多数应用程序通常由多个页面组成，并且页面与页面之间可以相互跳转，在HarmonyOS应用程序开发中，借助JS API提供的@system.router接口可以实现页面间的跳转。

1. 不带参数的页面路由

不带参数的页面路由根据目标页面的 uri 找到目标页面，并实现页面跳转，即从@system.router 接口中导入 router 包后，直接使用如下代码格式跳转到目标页面。也可以调用 router.back()方法跳转返回至前一个页面。

```
1   router.push({
2       uri:'目标页面文件目录路径'
3   })
```

例如，在范例 5-9 的基础上，单击“登录”按钮，跳转到如图 5.7(a)所示的登录成功页面，单击登录成功页面上的“返回”按钮，跳转返回到如图 5.6 所示的登录页面，按如下步骤实现。

(a) (b)

图 5.7 登录成功页面

1）创建登录成功页面

打开项目的 entry/src/main/js/default 文件夹，右击 pages 文件夹，从弹出的快捷菜单中选择 New→JS Page 选项，创建名为 p_success 的登录成功页面。

css 的代码如下。

```
1   .btn-css {
2       position: fixed;
```

```
3       top: 10px;
4       right: 10px;
5       background-color: gray;
6   }
```

上述代码定义的样式类用于将"返回"按钮固定在页面的左上角。

hml 的代码如下。

```
1   <div class="container">
2       <text>登录成功!</text>
3       <button class="btn-css" type="capsule" @click="goBack">返回</button>
4   </div>
```

js 的代码如下。

```
1   import router from '@system.router';
2   export default {
3       goBack(){
4           router.back()                                  //返回前一个页面
5       }
6   }
```

上述第 1 行代码表示从@system.router 接口中导入 router 包后,就可以直接调用该包中的 back()方法返回到前一个页面。

2) 修改范例 5-9 中的"登录"按钮事件

单击"登录"按钮,保存存储对象并写入文件后,调用 router 包中的 push()方法将页面跳转到前面创建的登录成功页面,js 的代码如下。

```
1   login() {
2           this.writeLoginKey()
3           router.push({
4               uri:'pages/p_success/p_success'    //跳转到登录成功页面
5           })
6   }
```

上述第 3～5 行代码调用 push()方法实现页面跳转,其中第 4 行代码的 uri 用于指定要跳转到的目标页面的文件路径。

2. 带参数的页面路由

带参数的页面路由根据页面的 uri 找到目标页面,根据 params 实现参数传递,从而实现页面跳转的同时将参数一起传递给目标页面。

```
1   router.push({
2      uri: '目标页面文件目录路径',
3      params: {
```

```
4           参数名 1: 参数值,
5           参数名 2: 参数值,
6           //……其他参数
7       }
8   })
```

例如，在范例 5-9 的基础上，单击“登录”按钮，跳转到登录成功页面，并将图 5.6 所示登录页面上输入的“用户名称”和“用户密码”信息显示在如图 5.7(b)所示的登录成功页面上，按如下步骤实现。

1）创建登录成功页面

打开项目的 entry/src/main/js/default 文件夹，右击 pages 文件夹，从弹出的快捷菜单中选择 New→JS Page 选项，创建名为 p_finish 的登录成功页面。

hml 的代码如下。

```
1   <div class="container">
2       <text>登录成功!</text>
3       <text>您的登录名称为:{{loginName}}</text>
4       <text>您的登录密码为:{{loginPwd}}</text>
5   </div>
```

上述第 3 行代码中的 loginName 和第 4 行代码中的 loginPwd 是进行页面跳转时传递的参数名称。

2）修改范例 5-9 中的“登录”按钮事件

单击“登录”按钮，保存存储对象并写入文件后，调用 router 包中的 push()方法将页面跳转到前面创建的登录成功页面，并传递 loginName 和 loginPwd 参数，js 的代码如下。

```
1   login() {
2           this.writeLoginKey()
3           router.push({
4               uri: 'pages/p_finish/p_finish',
5               params: {
6                   loginName: this.userName,        //传递用户名称
7                   loginPwd: this.userPwd           //传递用户密码
8               }
9           })
10      }
```

3. 跳转到 featureAbility

- featureAbility.startAbility(parameter: StartAbilityParameter): Promise<number>，异步方式启动 Ability，使用 Promise 形式返回。startAbility 参数及功能说明如表 5.19 所示。startAbility 返回值类型及功能说明如表 5.20 所示。

表 5.19　startAbility 参数及功能说明

参数名	类　型	必填	功能说明
parameter	StartAbilityParameter	是	设置启动参数

表 5.20　startAbility 返回值类型及功能说明

返回值类型	功能说明
Promise＜number＞	Promise 形式返回启动结果。错误码参考 StartAbilityCode 状态码

启动 Ability 的参数为 StartAbilityParameter 类型，该类型数据的组成及功能说明如表 5.21 所示，其中启动信息为 Want 类型数据，该类型数据的组成及功能说明如表 5.22 所示。

表 5.21　StartAbilityParameter 类型数据的组成及功能说明

名　称	参数类型	可读	可写	功能说明
want	Want	是	是	启动 Ability 的 want 信息
abilityStartSetting	{[key: string]: any}	是	是	表示能力的特殊属性，当开发者启动能力时，该属性可以作为调用中的输入参数传递

表 5.22　Want 类型数据的组成及功能说明

名　称	参数类型	可读	可写	功能说明
deviceId	string	是	是	设置运行指定 Ability 的设备 ID
bundleName	string	是	是	设置待启动 Ability 的包描述
abilityName	string	是	是	设置待启动 Ability 的名称
uri	string	是	是	设置待启动 Ability 的 Uri 描述
type	string	是	是	设置 MIME type 类型描述，例如，text/plain、image/*等
action	string	是	是	设置 action 选项描述，例如，ACTION_DIAL 表示启动拨电话页面、ACTION_SEND_SMS 表示启动发送短信页面等
entities	Array＜string＞	是	是	设置 entities 相关描述
flags	number	是	是	设置处理 Want 的方式，例如，FLAG_ABILITY_FORWARD_RESULT 表示结果返回给源 Ability、FLAG_ABILITY_CONTINUATION 表示确定是否可以将本地设备上的 Ability 迁移到远程设备
parameters	{[key: string]: any}	是	是	设置 WantParams 描述

启动 Ability 后的返回值类型为 Promise＜number＞，该返回值中对应的 StartAbilityCode 状态码说明如表 5.23 所示。

表 5.23　StartAbilityCode 状态码功能说明

名　称	参数类型	值	功能说明
ABILITY_START_SUCCESS	number	0	表示成功
ABILITY_QUERY_FAILED	number	1	表示找不到 Ability 或参数异常
SYSTEM_ERROR	number	3	表示系统异常
PERMISSION_VERIFY_FAILED	number	8	表示权限异常

【范例 5-10】　单击页面上的“毕业生满意度调查”按钮，启动第 4 章创建的“毕业生满意度调查表”应用程序；单击页面上的“打电话”按钮，启动系统的拨电话页面。

hml 的代码如下。

```
1   <button type="capsule" @click="startQuestion">毕业生满意度调查</button>
2   <button type="capsule" @click="callPhone">打电话</button>
```

js 的代码如下。

```
1   import featureAbility from '@ohos.ability.featureAbility'
2   import wantConstant from '@ohos.ability.wantConstant'
3   export default {
4       /*毕业生满意度调查按钮事件*/
5       startQuestion() {
6           var abilityParams = {
7               "want": {
8                   "bundleName": "com.example.chap4",
9                   "abilityName": "com.example.chap4.MainAbility",
10              },
11          }
12          featureAbility.startAbility(abilityParams).then((data) => {
13              console.info('启动成功: ' + JSON.stringify(data))
14          }).catch((error) => {
15              console.info('启动失败: ' + JSON.stringify(error));
16          })
17      },
18      /*打电话按钮事件*/
19      callPhone() {
20          var abilityParams = {
21              "want": {
22                  "action": wantConstant.Action.ACTION_DIAL
23              },
24          }
25          //此处代码与第 12~16 行代码一样,此处略
26      }
27  }
```

上述第 8 行代码的 com.example.chap4 是“毕业生满意度调查表”应用程序的包名；第 9

行代码的 com.example.chap4.MainAbility 是“毕业生满意度调查表”应用程序的 Ability 名称。第 22 行代码表示定义 1 个通过意图常量跳转到系统电话拨号页面的 Want 类型启动信息，然后通过 startAbility()方法执行意图跳转。JS API 的@ohos.ability.wantConstant 接口中提供了如表 5.24 所示的意图常量，使用意图常量前需要使用上述第 2 行代码从@ohos.ability.wantConstant 接口中导入 wantConstant 包。

表 5.24　意图常量及功能说明

名　称	功能说明	名　称	功能说明
ACTION_HOME	home 页面	ACTION_SET_ALARM	设置闹钟页面
ACTION_DIAL	电话拨号页面	ACTION_SHOW_ALARMS	显示所有闹钟页面
ACTION_SEARCH	搜索页面	ACTION_SNOOZE_ALARM	闹钟暂停页面
ACTION_WIRELESS_SETTINGS	无线网设置相关页面	ACTION_DISMISS_ALARM	删除闹钟页面
ACTION_MANAGE_APPLICATIONS_SETTINGS	已安装应用程序页面	ACTION_DISMISS_TIMER	删除计时器页面
ACTION_APPLICATION_DETAILS_SETTINGS	指定应用的详细信息页面	ACTION_SEND_SMS	发送短信页面
ACTION_CHOOSE	联系人或图片页面	ACTION_SELECT	应用程序选择 dialog 框
ACTION_SEND_DATA	记录发送页面	ACTION_SCAN_MEDIA_FILE	请求媒体扫描并添加文件到媒体库
ACTION_SEND_MULTIPLE_DATA	多条记录发送页面	INTENT_PARAMS_INTENT	表示 ACTION_PICKER 显示的选型
ACTION_VIEW_DATA	查看数据 action	INTENT_PARAMS_TITLE	表示 ACTION_PICKER 使用时的对话框标题
ACTION_EDIT_DATA	编辑数据 action		

- featureAbility.startAbility（parameter：StartAbilityParameter，callback：AsyncCallback＜number＞）：void，异步方式启动 Ability，使用 callback 形式返回。startAbility 参数及功能说明如表 5.25 所示。

表 5.25　**startAbility** 参数及功能说明

参数名	类　型	必填	功能说明
parameter	StartAbilityParameter	是	设置启动参数
callback	AsyncCallback＜number＞	是	设置 callback 形式的返回回调。错误码参考 StartAbilityCode 状态码

例如，实现范例 5-10 的“毕业生满意度调查”按钮功能，也可以将第 12～16 行 js 代码修改为如下代码。

```
1  featureAbility.startAbility(abilityParams, (err, data) => {
2              if (err) {
3                  console.info('启动失败:' + JSON.stringify(err));
4                  return;
5              }
6              console.info('启动成功: ' + JSON.stringify(data))
7  });
```

5.2.4　stepper 组件

扫一扫

stepper 组件（步骤导航器组件）用于完成一个任务需要多个步骤时展示当前进展的步骤导航器，它通常与 stepper-item 组件（步骤导航器子组件）配合使用，stepper-item 组件作为步骤导航器某一个步骤的内容展示组件。stepper 组件除支持通用属性和通用事件外，还支持如表 5.26 所示的属性和如表 5.27 所示的事件。

表 5.26　stepper 组件属性及功能

属性名	类型	功能说明
index	number	设置步骤导航器步骤显示第几个 stepper-item 子组件

表 5.27　stepper 组件事件及功能

事件名	返回值	功能说明
finish	无	当步骤导航器最后一个步骤完成时触发该事件
skip	无	当通过 setNextButtonStatus()方法设置当前步骤导航器可跳过时，单击右侧的跳过按钮触发该事件
change	{ prevIndex：prevIndex，index：index}	当单击步骤导航器左边或者右边的文本按钮进行步骤切换时，触发该事件，prevIndex 表示老步骤的序号，index 表示新步骤的序号
next	{ index：index，pendingIndex：pendingIndex}	当单击“下一步”按钮时触发该事件，index 表示当前步骤序号，pendingIndex 表示将跳转的序号，该事件有返回值，返回值格式为{ pendingIndex：pendingIndex }，可以通过指定 pendingIndex 修改下一个步骤使用哪个 stepper-item 子组件
back	{ index：index，pendingIndex：pendingIndex}	当单击“上一步”按钮时触发该事件，返回值中的 index 和 pendingIndex 与 next 事件中的返回值一样

stepper-item 组件除支持通用属性外，还提供了 1 个 label 属性来自定义步骤导航器底部的步骤提示文本按钮属性。如果没有定义该属性，在中文语言环境下，默认使用“返回”和“下一步”文本按钮；在非中文语言环境下，默认使用 BACK 和 NEXT 文本按钮；针对第一

个步骤，页面上没有回退文本按钮，针对最后一个步骤，页面上的下一步为“开始”文本按钮（中文语言）或者START文本按钮（非中文语言）。label属性值为Label类型。Label类型数据的组成及功能说明如表5.28所示。

表5.28 Label类型数据的组成及功能说明

名称	类型	功能说明
prevLabel	string	设置步骤导航器底部回退文本按钮的描述文本
nextLabel	string	设置步骤导航器底部下一步文本按钮的描述文本
status	string	设置步骤导航器当前步骤的初始状态，值包括normal（默认值，正常状态，右侧文本按钮正常显示，可单击进入下一个步骤）、disabled（不可用状态，右侧文本按钮灰度显示，不可单击进入下一个步骤）和waiting（等待状态，右侧文本按钮不显示，使用等待进度条，不可单击进入下一个步骤）

【范例5-11】 设计一个如图5.8所示的会员注册页面，在会员注册页面上用步骤导航器分别输入“用户名”“用户密码”和“找回密码问题、找回密码答案”等会员注册信息，单击“提交”按钮，跳转至注册信息确认页面，并按图5.9所示的页面样式显示注册内容。

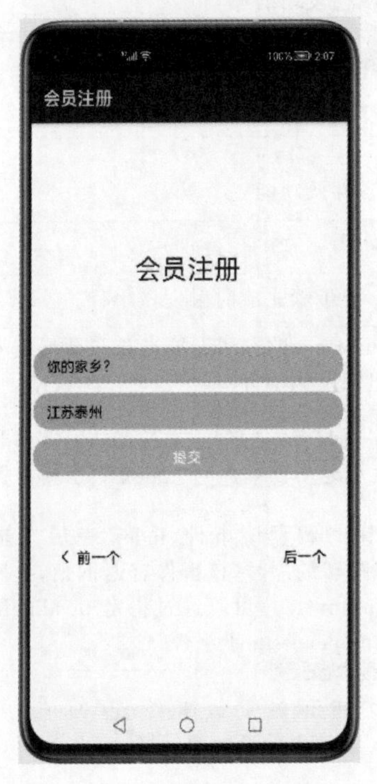

图5.8 会员注册页面

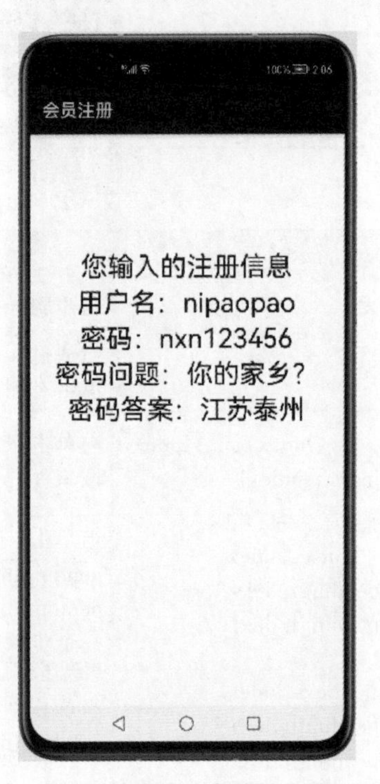

图5.9 注册信息确认页面

会员注册页面的css代码如下。

```
1   .step-css{
2       height: 50%;
3   }
4   .step-item-css{
5       height:100%;
6   }
7   .content-css{
8       display: flex;
9       flex-direction: column;
10      justify-content: center;
11      align-items: center;
12  }
13  input{
14      margin: 5fp;
15      width: 100%;
16      background-color: lightgray;
17  }
```

会员注册页面的 hml 代码如下。

```
1   <div class="container">
2       <text> 会员注册 </text>
3       <stepper class="step-css" @finish="finishEvent">
4           <stepper-item class="step-item-css" label="{{ labelName }}">
5               <div>
6                   <input placeholder="请输入用户名" @change="getUserName">
</input>
7               </div>
8           </stepper-item>
9           <stepper-item class="step-item-css" label="{{ labelName }}">
10              <div class="content-css">
11                   <input type="password" placeholder="请输入密码" @change="
getUserPwd"></input>
12              </div>
13          </stepper-item>
14          <stepper-item class="step-item-css" label="{{ labelName }}">
15              <div class="content-css">
16                  <input placeholder="请输入找回密码问题" @change=
"getUserWhat"></input>
17                  <input placeholder="请输入找回密码答案" @change=
"getUserAnswer"></input>
18                  <input type="submit" show="{{ isShow }}" value="提交" @click
="submitEvent"></input>
19              </div>
20          </stepper-item>
21      </stepper>
22  </div>
```

上述第 4～8 行代码、第 9～13 行代码和第 14～20 行代码分别定义了步骤导航器中输入"用户名""用户密码"和"找回密码问题、找回密码答案"等步骤内容的展示组件。其中第18行代码用show属性控制"提交"按钮是否显示在页面上,默认状态"提交"按钮不显示,只有在步骤导航器最后一个步骤完成时,"提交"按钮才显示在页面上,所以第3行代码中用@finish绑定了1个finishEvent()事件。

会员注册页面的js代码如下。

```
1   import router from '@system.router';
2   export default {
3       data: {
4           regInfo: {
5               userName: '',                           //用户名
6               userPwd: '',                            //用户密码
7               userWhat: '',                           //找回密码问题
8               userAnswer: ''                          //找回密码答案
9           },
10          isShow: false,
11          labelName: {                                //导航器底部步骤按钮提示文本
12              prevLabel: "前一个",
13              nextLabel: "后一个",
14              status: "normal"
15          }
16      },
17      /* 获取用户名事件 */
18      getUserName(e) {
19          this.regInfo.userName = e.value
20      },
21      /* 获取用户密码事件代码与获取用户名事件代码类似,此处略 */
22      /* 获取找回密码问题事件代码与获取用户名事件代码类似,此处略 */
23      /* 获取找回密码答案事件代码与获取用户名事件代码类似,此处略 */
24      /* 导航步骤完成时事件 */
25      finishEvent() {
26          this.isShow = true
27      },
28      /* 提交按钮单击事件 */
29      submitEvent() {
30          router.push({
31              uri: 'pages/p_submit/p_submit',     //跳转至注册信息确认页面
32              params: {
33                  regInfo: this.regInfo           //传递会员注册信息
34              }
35          })
36      }
37  }
```

上述第26行代码表示当步骤导航器最后一个步骤完成时,设置isShow值为true,即将"提交"按钮显示在页面上;第29～36行代码表示单击"提交"按钮时,跳转至注册信息确认页面,并将会员注册页面输入的注册信息作为参数传递给目标页面。

注册信息确认页面(p_submit)的 hml 代码如下。

```
1   <div class="container">
2       <text>您输入的注册信息</text>
3       <text>用户名:{{regInfo.userName}}</text>
4       <text>密码:{{regInfo.userPwd}}</text>
5       <text>密码问题:{{regInfo.userWhat}}</text>
6       <text>密码答案:{{regInfo.userAnswer}}</text>
7   </div>
```

上述第 3～6 行代码表示将会员注册页面传递的会员注册信息(regInfo 参数中的对应内容)显示在注册信息确认页面对应的 text 组件上。

另外,stepper 组件还提供了 setNextButtonStatus({ status: string, label: label })方法设置当前步骤导航器下一步文本按钮的状态。其中 label 参数用于指定下一步文本按钮显示内容,status 参数的值用于指定下一步文本按钮的状态,该参数的可选值如下。

(1) normal: 正常状态,下一步文本按钮正常显示,可单击进入下一个步骤。

(2) disabled: 不可用状态,下一步文本按钮灰度显示,不可单击进入下一个步骤。

(3) waiting: 等待状态,下一步文本按钮不显示,使用等待进度条,不可单击进入下一个步骤。

(4) skip: 跳过状态,下一步文本按钮显示跳过按钮,单击时会跳过剩下步骤。

5.2.5　案例:睡眠质量测试系统

扫一扫

1. 需求描述

阿森斯失眠量表是国际公认的睡眠质量自测量表,该表经常用于公众睡眠质量状况调查。自测量表一共包含如表 5.29 所示的 8 个问题,每个问题的答案选项分值为 0、1、2、3,如果 8 个问题的得分之和小于 4 分,那么说明测试者睡眠质量很好;如果得分之和在 6 分以上,那么说明睡眠质量较差;否则说明测试者睡眠质量欠佳。根据阿森斯睡眠质量自测量表设计并实现一个睡眠质量测试系统,该系统能够实现如下三方面的功能。

表 5.29　阿森斯睡眠质量自测量表

序号	问　　题	A 选项(0 分)	B 选项(1 分)	C 选项(2 分)	D 选项(3 分)
1	入睡时间	没问题	轻微延迟	显著延迟	延迟严重或没有睡觉
2	夜间觉醒	没问题	轻微影响	显著影响	严重影响或没有睡觉
3	比期望的时间早醒	没问题	轻微提早	显著提早	严重提早或没有睡觉
4	总睡眠时间	足够	轻微不足	显著不足	严重不足或没有睡觉
5	总睡眠质量	满意	轻微不满	显著不满	严重不满或没有睡觉
6	白天情绪	正常	轻微低落	显著低落	严重低落

续表

序号	问 题	A选项(0分)	B选项(1分)	C选项(2分)	D选项(3分)
7	白天身体功能	正常	轻微影响	显著影响	严重影响
8	白天思睡	无思睡	轻微思睡	显著思睡	严重思睡

(1) 如果用户在移动端没有运行过本系统或者没有保存过测试结果,则显示如图 5.10 所示的启动页面;否则显示如图 5.11 所示的启动页面。

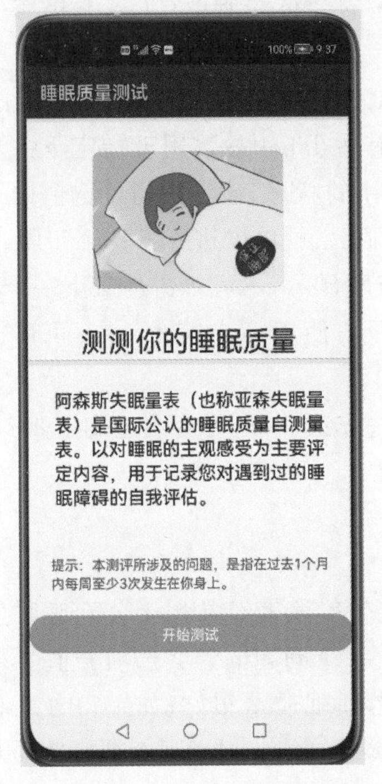

图 5.10 启动页面(1)

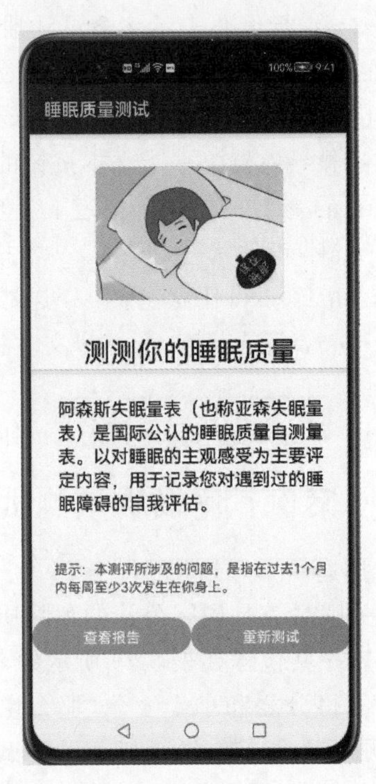

图 5.11 启动页面(2)

(2) 用户单击如图 5.10 所示启动页面上的“开始测试”按钮或单击如图 5.11 所示启动页面上的“重新测试”按钮后,切换至如图 5.12 所示的问卷调查页面。问卷调查页面上显示的问题和答案选项在用户单击“前一题”或“后一题”文本按钮后会自动随之更新。

(3) 用户单击最后一个调查问题的“后一题”文本按钮,或单击如图 5.11 所示页面上的“查看报告”按钮后,切换至如图 5.13 所示的报告页面。报告页面会根据用户回答调查问题的总得分和阿森斯失眠量表算法给出睡眠质量结论和专业性意见。单击报告页面上的“提交”按钮,将图 5.13 所示的保存报告复选框状态和总得分保存下来,以便在应用程序启动时使用。

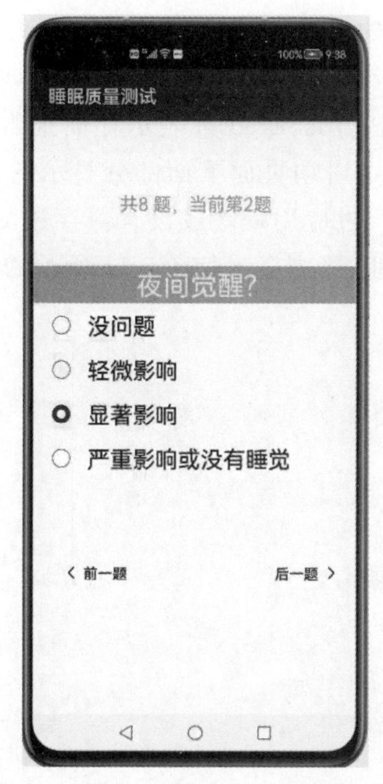

图 5.12　问卷调查页面

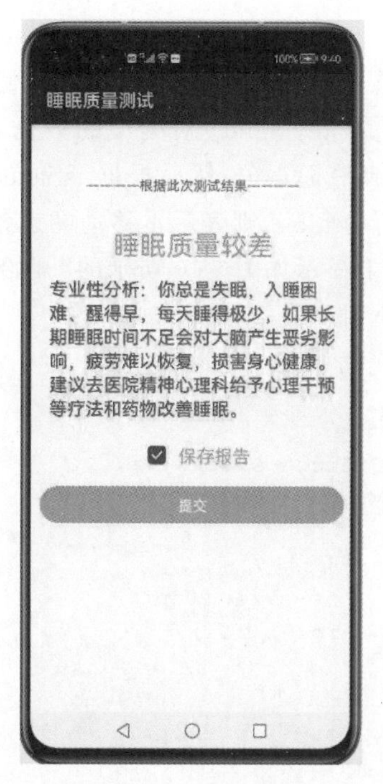

图 5.13　报告页面

2. 设计思路

根据启动页面的显示效果和需求描述，整个页面分上、下两部分，上面部分的图片由 1 个 image 组件实现、页面上的所有文本信息由 3 个 text 组件实现、页面上的分隔线由 divider 组件实现；下面部分需要用条件渲染语句控制页面上显示的内容，如果没有运行过本系统或者没有保存过测试结果，则用 1 个 button 组件实现"开始测试"按钮，否则用 2 个 button 组件分别实现"查看报告"和"重新测试"按钮。

根据问卷调查页面的显示效果和需求描述，整个页面用 1 个 step 组件展示问卷调查步骤导航器的当前进度，用 1 个 stepper-item 组件展示问卷调查步骤导航器中当前进度的内容。睡眠质量测试需要完成 8 个问卷调查内容，每个问卷调查内容由 1 个题目和 4 个答题选项构成。题目内容的显示由 text 组件实现；将 input 组件的 type 属性值设置为 radio 作为 4 个答题选项的单选框，同时 label 组件作为对应的选项内容显示；页面上的"前一题"和"后一题"文本按钮由 stepper-item 组件的 label 属性值决定。

根据报告页面的显示效果和需求描述，页面上的所有文本信息由 3 个 text 组件实现；将 input 组件的 type 属性值设置为 checkbox 作为保存报告状态的复选框，用 label 组件显示"保存报告"；"提交"按钮用 button 组件实现。

3. 实现流程

1）启动页面

扫一扫

打开项目的 entry/src/main/js/default 文件夹，右击 pages 文件夹，从弹出的快捷菜单中选择 New→JS Page 选项，创建名为 healthApp 的启动页面。睡眠质量测试系统应用程序启动时，首先加载 healthApp 页面，并使用轻量级数据存储与访问机制从移动端内部存储器上读出键值(key-value)对类型的数据，本案例中用 isSaved 键表示存储报告标志、score 键表示问卷调查总得分；然后根据 isSaved 的值决定启动页面下面部分显示的内容。如果 isSaved 的值为 false，则表示本移动端设备没有运行过应用程序或没有保存过测试报告，所以此时页面上显示如图 5.10 所示的"开始测试"按钮，否则显示如图 5.11 所示的"查看报告"和"重新测试"按钮。

css 的代码如下。

```
1   divider{
2       stroke-width: 5fp;
3       color: yellow;
4   }
5   .memo-css{
6       font-size: 20fp;
7       margin: 25fp;
8   }
9   .tips-css{
10      font-size: 15fp;
11      margin: 25fp;
12      color: gray;
13  }
14  .img-css{
15      margin-top: 35px;
16      margin-bottom: 35px;
17      object-fit: contain;
18      height: 150fp;
19  }
20  button{
21      width: 100%;
22      background-color: burlywood;
23  }
```

hml 的代码如下。

```
1   <div class="container">
2       <image class="img-css" src="/common/images/sleep.png"></image>
3       <text>测测你的睡眠质量</text>
4       <divider></divider>
5       <text class="memo-css">阿森斯失眠量表(也称亚森失眠量表)是国际公认的睡眠质
量自测量表。以对睡眠的主观感受为主要评定内容,用于记录您对遇到过的睡眠障碍的自我评估。
</text>
6       <text class="tips-css">提示:本测评所涉及的问题,是指在过去 1 个月内每周至少
3 次发生在你身上。</text>
7       <div if="{{ ! flag }}">
8           <button type="capsule" @click="startTest">开始测试</button>
```

```
9       </div>
10      <div else>
11          <button type="capsule" @click="viewReport">查看报告</button>
12          <button type="capsule" @click="startTest">重新测试</button>
13      </div>
14  </div>
```

上述第7～13行代码中用flag条件渲染启动页面下部显示的内容，如果flag值为false，则在页面下部显示“开始测试”按钮，否则显示“查看报告”和“重新测试”按钮。“开始测试”和“重新测试”按钮用@click属性绑定了打开问卷调查页面的startTest()事件，“查看报告”按钮用@click属性绑定了打开报告页面的viewReport()事件。

js的代码如下。

扫一扫

```
1   import router from '@system.router';
2   import dataStorage from '@ohos.data.storage'
3   import featureAbility from '@ohos.ability.featureAbility'
4   export default {
5       data: {
6           flag: false,                                        //是否保存报告标记
7           score:0                                             //问卷调查总得分
8       },
9       /*定义读报告方法*/
10      async readReport() {
11          var context = featureAbility.getContext()
12          var pathName = await context.getFilesDir()
13          var storage = dataStorage.getStorageSync(pathName + '/report.ini')
14          var isSaved = storage.getSync('isSaved', false)     //读 isSaved 键值
15          this.score = storage.getSync('score', 0)            //读 score 键值
16          if ( isSaved) {
17              this.flag = true
18          }
19      },
20      async onInit(){
21          this.readReport()
22      },
23      /*定义开始测试按钮或重新测试按钮的事件*/
24      startTest() {
25          router.push({
26              uri: 'pages/healthApp/question/question'        //打开问卷调查页面
27          })
28      },
29      /*定义查看报告按钮事件*/
30      viewReport(){
31          router.push({
32              uri: 'pages/healthApp/report/report',           //跳转到报告页面
33              params:{
34                  score:this.score                            //带 score 参数跳转
```

```
35                }
36            })
37        }
38 }
```

当启动页面运行并且页面数据初始化完成时调用 onInit()函数，该函数调用了上述第10～19 行代码定义的 readReport()方法。readReport()方法用轻量级数据存储与访问机制，从应用程序内部存储路径下的 report.ini 文件中读出 isSaved 和 score 的键值。其中第16～18 行代码表示如果 isSaved 的值为 true，则说明本移动端已经保存过测试报告，并将 flag 值赋值为 true，让启动页面的下面部分显示“查看报告”和“重新测试”按钮，否则显示“开始测试”按钮。

2）问卷调查页面

扫一扫

打开项目的 entry/src/main/js/default/pages 文件夹，右击 healthApp 文件夹，从弹出的快捷菜单中选择 New→JS Page 选项，创建名为 question 的问卷调查页面。问卷调查页面加载时，首先定义 1 个数组（本案例数组名称为 questions），每个数组元素对应每个问卷题目，每个问卷题目都是由题目内容、答案选项、用户答案数组和用户答案组成的；题目内容与答案选项由表 5.29 中的内容决定，用户答案数组用于保存每个问卷题目对应 4 个答案选项的值，用户答案用于保存每个问卷题目的最终答案。例如，假设第 1 个问卷题目的答案为 C 选项，则该问卷题目的用户答案数组值为[false，false，true，false]、用户答案的值为 C。问卷题目的数据结构及功能说明如表 5.30 所示。

表 5.30　问卷题目的数据结构及功能说明

序号	属性名称	数据类型	功能说明	示例
1	detail	string	问卷题目内容	“入睡时间”
2	optionA	string	答题选项 A	“没问题”
3	optionB	string	答题选项 B	“轻微延迟”
4	optionC	string	答题选项 C	“显著延迟”
5	optionD	string	答题选项 D	“延迟严重或没有睡觉”
6	answers	array	每个问卷题目对应 4 个答案选项的值	[false，false，true，false]，
7	answer	string	每个问卷题目的最终答案	“C”

css 的代码如下。

```
1  .step-css{
2      height: 80%;
3  }
4  .step-item-css{
5      height:100%;
```

```
6   }
7   .content-css{
8       display: flex;
9       width: 100%;
10      flex-direction: column;
11      align-items: center;
12  }
13  .info-css{
14      color: burlywood;
15      font-size: 20fp;
16      margin-bottom: 55fp;
17  }
18  .question-css{
19      width: 100%;
20      text-align: center;
21      background-color: burlywood;
22      color: yellow;
23  }
24  label{
25      margin: 5fp;
26      width: 80%;
27      font-size: 25fp;
28  }
```

hml 的代码如下。

```
1   <div class="container">
2       < stepper class =" step - css " @ finish =" finishEvent " @ change ="
switchQuestion">
3           <stepper-item for="{{ questions }}" class="step-item-css" label="
{{ labelName }}">
4               <div class="content-css">
5                   <text class="info-css"> 共{{ questions.length }} 题,当前第{{
$idx + 1 }}题</text>
6                   <text class="question-css">{{ $item.detail }}?</text>
7                   <div>
8                       <input type="radio" name="tiType" checked="{{answers
[0]}}"  value="{{ $idx + 'A' }}" @change="selectOption({{ $idx + 'A' }})">  </
input>
9                       <label>{{ $item.optionA }}</label>
10                  </div>
11                  <!-- 答案选项 B 代码类似,此处略 -->
12                  <!-- 答案选项 C 代码类似,此处略 -->
13                  <!-- 答案选项 D 代码类似,此处略 -->
14              </div>
15          </stepper-item>
16      </stepper>
17  </div>
```

上述第 2 行代码用@finish 属性绑定了 finishEvent()事件，该事件实现了在步骤导航器完成任务后，计算出用户答题的总得分及跳转至报告页面的功能；用@change 属性绑定了 switchQuestion()事件，该事件实现了单击“前一题”和“后一题”文本按钮后，页面上答案选项结果随之更新的功能。第 3 行代码用 for 属性绑定 questions 数组实现列表渲染，将数组中的每个元素显示在步骤导航器的每一步内容展示中。第 5 行代码用于实现调查问卷的答题进度。第 6 行代码用于显示每个问卷题目内容。第 7～10 行代码用于实现每个问卷题目的答案选项 A 功能，其中第 7 行代码用@change 属性绑定 selectOption()事件，并用参数传值的方式确定单击的是哪一个问卷题目的 A 选项；第 9 行代码用于显示选项 A 的内容。

js 的代码如下。

扫一扫

```
1   import router from '@system.router';
2   export default {
3       data: {
4           questions: [
5               {
6                   detail: '入睡时间',                          //问卷题目内容
7                   optionA: '没问题',                           //答题选项 A
8                   optionB: '轻微延迟',                         //答题选项 B
9                   optionC: '显著延迟',                         //答题选项 C
10                  optionD: '延迟严重或没有睡觉',               //答题选项 D
11                  answers: [false, false, false, false],  //用户答案数组值
12                  answer: ''                              //用户答案
13              },
14              //第 2~8 问卷题目定义代码类似,此处略
15          ],
16          labelName: {                               //导航器底部步骤按钮提示文本
17              prevLabel: "前一题",
18              nextLabel: "后一题",
19              status: "normal"
20          },
21          answers:[]                                 //保存当前问卷题目的用户答案数组值
22      },
23      /*定义根据用户答案获得用户答案数组值方法*/
24      getAnswers(answer) {
25          var answers = [false, false, false, false]
26          switch (answer) {
27              case 'A':
28                  answers = [true, false, false, false]
29                  break
30              case 'B':
31                  answers = [false, true, false, false]
32                  break
33              case 'C':
34                  answers = [false, false, true, false]
35                  break
36              case 'D':
```

```
37                 answers = [false, false, false, true]
38             }
39             return answers
40         },
41         /* 定义用户选择答案选项事件 */
42         selectOption(inputValue, e) {
43             if (inputValue === e.value) {
44                 var cIndex = e.value.substring(0, 1)
                                           //取返回值中第 1 个字符,即当前题目索引值
45                 var cAnswer = e.value.substring(1, 2)
                                           //取返回值中第 2 个字符,即当前题目答案
46                 this.questions[cndex].answer = cAnswer
                                           //将当前答案赋给对应的数组元素
47                 this.questions[cIndex].answers = this.getAnswers(cAnswer)
                                           //获得用户答案数组值
48             }
49         },
50         /* 定义步骤导航器步骤切换事件 */
51         switchQuestion(e) {
52             this.answers = this.questions[e.index].answers
53         },
54         /* 定义步骤导航器步骤完成事件 */
55         finishEvent() {
56             var score = 0
57             for (var i = 0;i < this.questions.length; i++) {
58                 switch (this.questions[i].answer) {
59                     case 'A':
60                         score = score + 0  //根据阿森斯睡眠质量自测量表答案 A 加 0 分
61                         break
62                     case 'B':
63                         score = score + 1  //根据阿森斯睡眠质量自测量表答案 B 加 1 分
64                         break
65                     case 'C':
66                         score = score + 2  //根据阿森斯睡眠质量自测量表答案 C 加 2 分
67                         break
68                     case 'D':
69                         score = score + 3  //根据阿森斯睡眠质量自测量表答案 D 加 3 分
70                 }
71             }
72             router.push({
73                 uri:'pages/healthApp/report/report',     //跳转到报告页面
74                 params:{
75                     score:score             //带 score 参数跳转
76                 }
77             })
78         }
79     }
```

上述第 24～40 行代码定义了根据用户答案获得用户答案数组值的方法，如果当前问卷

题目的用户答案为A,则该问卷题目对应的用户答案数组值为[true,false,false,false];如果当前问卷题目的用户答案为B,则该问卷题目对应的用户答案数组值为[false,true,false,false],其余答案类推,可以得出用户答案数组值。用户答案数组值用于单击页面上的"前一题"和"后一题"文本按钮后,页面显示的当前问卷题目选择的答案选项随之改变。

3)报告页面

扫一扫

打开项目的entry/src/main/js/default/pages文件夹,右击healthApp文件夹,从弹出的快捷菜单中选择New→JS Page选项,创建名为report的报告页面。报告页面加载时,首先定义用于存放睡眠质量结论的resultTitle数组和用于存放专业性意见的resultInfo数组,然后根据问卷调查页面传递的score参数值和阿森斯失眠算法,得出睡眠质量结论和专业性意见在resultTitle和resultInfo数组中的元素下标,并保存于result变量中。

css的代码如下。

```
1   .head-css{
2       font-size: 15fp;
3       margin-top: 55fp;
4       margin-bottom: 35fp;
5       color: gray;
6   }
7   .title-css {
8       font-size: 30px;
9       text-align: center;
10      color: burlywood;
11  }
12  .info-css{
13      font-size: 20px;
14      margin: 15fp;
15      color: red;
16  }
17  label{
18      font-size: 20fp;
19      color: burlywood;
20  }
21  button{
22      margin: 10fp;
23      width: 100%;
24      background-color:burlywood;
25  }
```

hml的代码如下。

```
1   <div class="container">
2       <text class="head-css">----根据此次测试结果----</text>
3       <text class="title-css">
4           {{ resultTitle[result] }}
5       </text>
```

```
6        <text class="info-css">
7            {{ resultInfo[result] }}
8        </text>
9        <div>
10           <input type="checkbox" checked="{{isSaved}}" @change="select"></
input>
11           <label >保存报告</label>
12       </div>
13       <button type="capsule" @click="submit">提交</button>
14   </div>
```

上述第10行代码用checked属性绑定复选框的状态值,用@change属性绑定select()事件;第13行代码用@click属性绑定单击"提交"按钮的submit()事件。

js的代码如下。

```
1    import app from '@system.app'
2    //导入 dataStorage 和 featureAbility 包,代码与启动页面 js 的代码类似,此处略
3    export default {
4        data: {
5            result: 0,
6            resultTitle: ['睡眠质量很好', '睡眠质量欠佳', '睡眠质量较差'],
7            resultInfo: ['专业性分析:你没有失眠的困扰。保持锻炼、定期体检,关注身体健
康指标,可以让你持续保持饱满的身体和精神状态', '专业性分析:你偶尔会失眠,总体来说睡眠
质量不是很好,可能是由不良的睡眠生活习惯或疾病引起的。如果长期睡眠时间不足或质量太差,
会对大脑产生不良的影响,导致大脑的疲劳难以恢复,不能保证日常生活、工作所需精力。建议你
设法放松一下身心,如:睡前可以喝杯牛奶,听听轻音乐,洗个温水澡或用温水泡脚及对足底按摩
等;尽量避免睡前打游戏,晚饭不宜过饱等。','专业性分析:你总是失眠,入睡困难、醒得早,每天
睡得极少,如果长期睡眠时间不足会对大脑产生恶劣影响,疲劳难以恢复,损害身心健康。建议去
医院精神心理科给予心理干预等疗法和药物改善睡眠。'],
8            isSaved: false
9        },
10       onInit() {
11           this.judgeResult(this.score)
12       },
13       /* 定义获取睡眠质量对应元素下标的方法 */
14       judgeResult(value) {
15           if (value < 4) {
16               this.result = 0
17           } else if (value < 6) {
18               this.result = 1
19           } else {
20               this.result = 2
21           }
22       },
23       /* 定义保存报告方法 */
24       async writeReport(score, flag) {
25           var context = featureAbility.getContext()
26           var pathName = await context.getFilesDir()
```

```
27            var storage = dataStorage.getStorageSync(pathName + '/report.ini')
28            storage.putSync('score', score)
29            storage.putSync('isSaved', flag)
30            storage.flushSync()
31        },
32        /*定义是否保存报告事件*/
33        select(e) {
34            this.isSaved = e.checked
35        },
36        /*定义提交事件*/
37        async submit() {
38            this.writeReport(this.score, this.isSaved)      //写键值对
39            app.terminate()                                 //退出应用程序
40        }
41    }
```

上述第10～12行代码表示在报告页面初始完成后，根据问卷调查页面传递的score参数值，调用judgeResult()方法计算出睡眠质量结论在resultTitle和resultInfo数组中的元素下标，然后根据元素下标值将睡眠质量结论和专业性意见显示在页面上。第37～40行代码定义了“提交”按钮事件，当用户单击“提交”按钮后，首先调用第24～31行代码定义的保存报告方法，该方法使用轻量级数据存储与访问机制将score和isSave以键值对的方式保存在report.ini文件中；然后调用app.terminate()方法退出应用程序。

扫一扫

5.3 抽奖助手的设计与实现

抽奖活动在很多场合都有应用，如商家促销、公司年会、节假日文娱活动等，传统的奖箱摇一摇、小纸条抽一抽等方式，既造成了资源的浪费，又对环境卫生造成污染。本节采用swiper组件、stack组件、textarea组件及文件存储与访问机制设计一款抽奖助手App，活动主办方通过这款App可以设置奖项、奖品信息、活动参与者信息等，然后根据抽奖规则抽出本次活动的所有获奖人和奖品信息。

5.3.1 swiper组件

swiper组件（滑动容器组件）用于切换子组件显示，除支持通用属性和通用事件外，还支持如表5.31所示的属性和如表5.32所示的事件。

表5.31 swiper组件属性及功能

属性名	类型	功能说明
index	number	设置当前在容器中显示的子组件的索引值，默认值为0
autoplay	boolean	设置子组件是否自动播放，属性值包括false(默认值，不自动)和true
interval	number	设置使用自动播放时播放的时间间隔，单位为毫秒(ms)，默认值为3000

续表

属性名	类型	功能说明
indicator	boolean	设置是否启用导航点指示器，属性值包括 true(默认值，启用)和 false
digital	boolean	设置是否启用数字导航点，属性值包括 false(默认值，不启用)和 true，必须设置 indicator 数字导航点才能生效
indicatordisabled	boolean	设置指示器是否禁止用户手势操作，属性值包括 false(默认值，不禁止)和 true
loop	boolean	设置是否开启循环滑动，属性值包括 true(默认值，开启)和 false
duration	number	设置子组件切换的动画时长，单位为毫秒(ms)
vertical	boolean	设置是否为纵向滑动，纵向滑动时采用纵向的指示器，属性值包括 false(默认值，否)和 true
cachedsize	number	设置 swiper 延迟加载时 item 的最少缓存数量，默认值为 −1(全部缓存)
scrolleffect	string	设置滑动效果，仅在 loop 属性为 false 时生效，属性值包括 spring(默认值，弹性物理动效，滑动到边缘后可以根据初始速度或通过触摸事件继续滑动一段距离，松手后回弹)、fade(渐隐物理动效，滑动到边缘后展示一个波浪形的渐隐)、none(滑动到边缘后无效果)
displaymode	string	设置当 swiper 容器在主轴上尺寸(水平滑动时为宽度，纵向滑动时为高度)大于子组件时，在 swiper 容器里的呈现方式，属性值包括 stretch(默认值，拉伸子组件主轴上的尺寸与 swiper 容器一样大)、autoLinear(保持子组件本身大小线性排列在 swiper 容器里)

表 5.32　swiper 组件事件及功能

事件名	返　回　值	功能说明
change	{index: currentIndex }	当前显示的组件索引变化时，触发该回调事件
rotation	{value: rotationValue }	当智能穿戴表冠旋转时，触发该回调事件
animationfinish	—	当动画结束时，触发该事件

【范例 5-12】 设计一个如图 5.14 所示的“北京冬奥精彩瞬间”图片展示页面，水平滑动页面图片，页面下方显示的奥运健儿信息会随之改变。

css 的代码如下。

```
1   .swiper-css {
2      height: 40%;
3   }
4   .content-css {
5      display: flex;
6      flex-direction: column;
7   }
8   .img-css {
```

```
9       object-fit: fill;
10  }
11  .content-txt-css {
12      width: 100%;
13      display: flex;
14      justify-content: space-between;    /* 两端的 text 组件与容器的起点、终点对齐 */
15  }
16  .info-css {
17      margin: 5fp;
18      color: gray;
19      font-size: 15fp;
20      text-align: center;
21  }
22  .detail-css {
23      margin: 5fp;
24      font-size: 20fp;
25  }
```

图 5.14　图片展示页面(1)

上述第 11～15 行代码用于定义图片下方显示比赛项目名称的 text 组件、显示第几块金牌信息的 text 组件的布局方式，space-between 属性值表示左侧显示比赛项目名称的 text 组件与容器左侧边缘对齐、右侧显示第几块金牌信息的 text 组件与容器右侧边缘对齐。

hml 的代码如下。

```
1  <div class="container">
2      <text class="head-css">北京冬奥精彩瞬间</text>
3      <swiper class="swiper-css" id="swiper_image" @change="changeDetail"
index="0" indicator="true"  loop="true"  >
4          <div for="{{ sportImgs }}">
5              <div class="content-css">
6                      < image class =" img - css" src =" {{ '/common/images/' +
sportImgs[$idx] + '.jpeg' }}"></image>
7                  <div class="content-txt-css">
8                      <text class="info-css">{{ sportNames[$idx] }}</text>
9                      <text class="info-css">—第{{ $idx + 1 }}金—</text>
10                 </div>
11             </div>
12         </div>
13     </swiper>
14     <text class="detail-css">{{ detail }}</text>
15 </div>
```

上述第3～13行代码用swiper组件实现图片展示的相关功能，第14行代码用text组件显示当前图片相关的奥运健儿信息；其中第6行代码的image组件用于加载冬奥精彩瞬间的图片（图片扩展名为.jpeg），这些图片需要保存在项目的common/images文件夹下。当滑动图片时，需要切换第14行代码中detail的内容，所以第3行代码中用@change绑定了changeDetail()事件。

js的代码如下。

```
1  export default {
2      data: {
3          sportNames: ['短道速滑混合 2000 米接力', '短道速滑男子 1000 米', '自由式
滑雪女子大跳台', …… ],                       //保存比赛项目名称,……需要读者自行添加
4          sportImgs: ['sport1', 'sport2', 'sport3', …… ],
                                             //保存瞬间图片,……需要读者自行添加
5          sportInfos: ['范可新,1993 年 9 月 19 日出生于黑龙江省七台河市勃利县,中国女子
短道速滑队运动员。\n 曲春雨,1996 年 7 月 20 日出生于黑龙江省北安市,中国女子短道速滑运动
员。\n……', '谷爱凌,2003 年 9 月 3 日出生于美国加利福尼亚州圣弗朗西斯科,昵称“青蛙公主”,
中国女子自由式滑雪运动员。',……],          //保存奥运健儿信息, ……需要读者自行添加
6          detail:"                          //保存当前图片对应奥运健儿信息
7      },
8      onInit(){
9          this.detail = this.sportInfos[0]
10     },
11     changeDetail(e){
12         this.detail=this.sportInfos[e.index]
13     }
14 }
```

上述第8～10行代码表示页面初始化完成时直接显示第1位奥运健儿的信息；第11～13行代码表示滑动swiper组件中的图片时，将存放奥运健儿信息的sportInfos数组中对应

下标元素值赋给 detail，然后显示在页面的 text 组件上。

另外，swiper 组件还提供了 showNext()、showPrevious()和 wipeTo({index: number})3 个方法用于切换 swiper 组件中的子组件。showNext()方法用于将 swiper 组件中显示的内容切换为下一个子组件，showPrevious()方法用于将 swiper 组件中显示的内容切换为上一个子组件，wipeTo({ index: number })方法用于将 swiper 组件中显示的内容切换为第 index 个子组件。

【范例 5-13】 在图 5.14 所示的页面上增加“向前”和“向后”按钮，单击“向前”按钮相当于向右滑动图片，单击“向后”按钮相当于向左滑动图片，显示效果如图 5.15 所示。

图 5.15 图片展示页面(2)

在实现范例 5-12 的基础上，在 hml 代码的第 13 行下方增加 2 个 button 组件用于“向后”和“向前”按钮，代码如下。

```
1   <div>
2           <button class="btn-css" type="capsule" @click="btnPrev"> 向前 </
button>
3           <button class="btn-css" type="capsule" @click="btnNext"> 向后 </
button>
4   </div>
```

在实现范例 5-12 的基础上，在 css 代码中增加“向前”和“向后”按钮的 btn-css 样式，代码如下。

```
1   .btn-css{
2       margin: 5fp;
3       width: 50%;
4   }
```

在实现范例 5-12 的基础上，在 js 代码中增加 1 个“向前”按钮单击事件的 btnPrev()回调方法和 1 个“向后”按钮单击事件的 btnNext()回调方法，代码如下。

```
1   btnPrev(){
2           this.$element('swiper_image').showPrevious();
3   },
4   btnNext(){
5           this.$element('swiper_image').showNext();
6   }
```

上述第 2 行和第 5 行代码中的 swiper_image 是页面布局 hml 代码中定义 swiper 组件的 id。

5.3.2　stack 组件

stack 组件(堆叠容器组件)用于子组件按照顺序依次入栈，后一个子组件覆盖前一个子组件。

【范例 5-14】　在图 5.14 所示的页面上增加◀、▶和↩按钮，单击◀按钮相当于向右滑动图片，单击▶按钮相当于向左滑动图片，显示效果如图 5.16 所示。只有在页面展示最后一张图片时才会显示↩按钮，单击↩按钮直接在页面上展示第一张图片，显示效果如图 5.17 所示。

图 5.16　图片展示页面(3)

图 5.17　图片展示页面(4)

在实现范例 5-12 的 css 代码基础上，增加定义 stack 组件的样式 stack-css，修改 swiper 组件的样式 swiper-css，增加定义◀、▶和↩按钮的布局样式 btn-prev-css、btn-next-css、btn-again-css，修改按钮的展示样式 btn-css，css 的代码如下。

```
1   .stack-css {
2       height: 40%;
3       align-items: center;
4   }
5   .swiper-css {
6       height: 100%;
7   }
8   .btn-css {
9       margin: 5fp;
10      background-color: #00000000;
11  }
12  .btn-prev-css {
13      display: flex;
14      width: 100%;
15      justify-content: flex-start;
16  }
17  .btn-next-css {
18      display: flex;
19      width: 100%;
20      justify-content: flex-end;
21  }
22  .btn-again-css {
23      display: flex;
24      width: 100%;
25      justify-content: center;
26  }
27  /*其他样式与范例 5-12 的代码一样,此处略*/
```

hml 的代码如下。

```
1   <div class="container">
2       <text class="head-css">北京冬奥精彩瞬间</text>
3       <stack class="stack-css">
4           <swiper id="swiper_image" class="swiper-css" @change="changeDetail" index="0" indicator="true" loop="false">
5               <!-- 此处代码与范例 5-12 的第 4~12 行代码一样,此处略 -->
6           </swiper>
7           <div class="btn-prev-css">
8               <button class="btn-css" type="circle" value="◀" @click="btnPrev"></button>
9           </div>
10          <div class="btn-next-css">
11              <button class="btn-css" type="circle" value="▶" @click="btnNext"></button>
```

```
12            </div>
13            <div class="btn-again-css">
14                <button class="btn-css" type="circle" show="{{isShow}}" value
="↩" @click="btnAgain"></button>
15            </div>
16        </stack>
17        <text class="detail-css">{{ detail }}</text>
18    </div>
```

上述第 3～16 行代码用 stack 组件将实现图片滑动的 swiper 容器组件、实现◀、▶和↩按钮的 button 组件进行堆叠，并通过设置不同的样式控制这 3 个按钮在页面上的位置。为了实现单击◀按钮向前翻图片、单击▶按钮向后翻图片的功能，在上述第 8 行和第 11 行代码中分别用@click 绑定了 btnPrev()事件和 btnNext()事件，事件代码与范例 5-13 的代码完全一样。当页面上的图片翻到最后一张时，在页面上显示↩按钮，上述第 14 行代码用 isShow 控制↩按钮在页面上显示或不显示，所以在实现范例 5-13 的基础上，在 js 的代码中增加 1 个↩按钮单击事件的 btnAgain 回调方法，修改 swiper 组件的@change 事件的 changeDetail()回调方法，代码如下。

```
1   btnAgain() {
2           this.$element('swiper_image').swipeTo({  index: 0  });
3           this.isShow = false                          //页面上的↩按钮不显示
4   },
5   changeDetail(e) {
6           this.detail = this.sportInfos[e.index]
7           if (e.index + 1 >= this.sportInfos.length) {
8               this.isShow = true
9           }
10  },
```

上述第 2 行代码表示单击↩按钮后，swiper 组件中显示的内容直接切换到第一张图片位置的子组件；第 7～9 行代码表示如果当前子组件的 index 已经到最后一张图片，则显示↩按钮。

5.3.3 textarea 组件

扫一扫

textarea 组件（多行文本输入框组件）用于输入多行文本内容的输入框。该组件的 value、placeholder 和 maxlength 等属性及 translate、share 和 search 等事件的使用方法与 input 组件一样。当多行文本输入框中输入的内容发生变化时会触发 change 事件，并返回用户当前输入的相关信息，相关信息的格式为{ text：newText，lines：textLines，height：textHeight }，其中，text 参数表示输入的内容，lines 参数表示输入的行数，height 参数表示输入的行高。

扫一扫

5.3.4 文件存储与访问接口

应用程序使用文件存储与访问接口访问文件时，可以通过 Ability 上下文提供的相关接口方法访问预定义的一些文件存取目录。目前情况下，应用程序只对表 5.33 中的存储目录具有访问权限，不在该表中目录下的文件访问会被拒绝，也不能使用“../”方式访问父目录。

表 5.33 存储目录及权限操作说明

目录类型	访问可见性	接口方法	功能说明
临时目录	应用程序本身可见	getCacheDir()	可读写，随时可能清除，不保证持久性，一般用作下载临时目录或缓存目录
私有目录	应用程序本身可见	getFilesDir()	随应用程序卸载删除
外部存储目录	所有应用程序可见	getExternalCacheDir()	随应用程序卸载删除。其他应用程序在有相应权限的情况下，可读写此目录下的文件

手机、平板、穿戴及电视等不同设备对应的实际存储位置不同，不同接口方法获得的存储目录也不同。例如：

```
1  import ability_featureAbility from '@ohos.ability.featureAbility'
2  var context = ability_featureAbility.getContext();
3  var path = await context.getCacheDir()
4  console.info(path)                              //输出/data/data/包名/cache
5  path = await context.getFilesDir()
6  console.info(path)                              //输出/data/data/包名/files
7  path = await context.getExternalCacheDir()
8  console.info(path)          //输出/storage/emulated/0/Android/data/包名/cache
```

上述代码运行在手机、平板和穿戴设备上，获得的临时目录、私有目录和外部存储目录一样，即上述代码中注释的输出结果。上述代码在电视设备上获得的临时目录、私有目录也是上述代码中注释的输出结果，但是获得的外部存储目录为/storage/emulated/0/Harmony/包名/cache。文件存储目录确定后，借助 JS API 提供的@ohos.fileio 接口可以实现文件目录打开、文件信息获取、文件访问、文件复制、文件夹（目录）创建、数据读取、目录删除、文件删除、数据写入、文件权限修改、文件重命名和文件关闭等操作。

1. 文件操作

扫一扫

1）打开文件

- fileio.openSync(path: string, flags?: number, mode?: number): number，同步打开文件。openSync 参数及功能说明如表 5.34 所示，返回值类型为 number，表示打开文件的文件描述符。

表 5.34　openSync 参数及功能说明

参数名	类型	必填	功能说明
path	string	是	待获取文件的绝对路径
flags	number	否	打开文件的选项，必须指定 0o0（只读打开，默认值）、0o1（只写打开）或 0o2（读写打开）选项中的一个。同时，也可从下列选项中按位或的方式追加打开文件选项：①0o100，若文件不存在，则创建文件。使用该选项时必须指定第三个参数 mode；② 0o200，如果追加了 0o100 选项，且文件已经存在，则出错；③0o1000，如果文件存在且以只写或读写的方式打开文件，则将其长度裁剪为零；④0o2000，以追加方式打开，后续写将追加到文件末尾；⑤0o4000，如果 path 指向 FIFO、块特殊文件或字符特殊文件，则本次打开及后续 I/O 进行非阻塞操作；⑥0o200000，如果 path 指向目录，则出错；⑦0o400000，如果 path 指向符号链接，则出错；⑧0o4010000，以同步 I/O 的方式打开文件。例如，以读写方式打开文件，如果文件不存在，则需要创建文件。flags 的值为 0o2|0o100
mode	number	否	若创建文件，则指定文件的权限，默认权限值为 0o666。文件的权限用 9 位二进制数表示，前 3 位用于设置文件所有者具有的权限，中间 3 位用于设置文件所有用户组具有的权限，后 3 位用于设置其余用户具有的权限。每个 3 位二进制数的第 1 位为 1 表示具有读权限、第 2 位为 1 表示具有写权限、第 3 位为 1 表示具有执行权限。例如，默认权限值为 0o666 对应的二进制形式为 110110110，即前 3 位的第 1 个 1 表示文件所有者具有读权限、第 2 个 1 表示文件所有者具有写权限、第 3 个 0 表示文件所有者不具有执行权限，中间 3 位的第 1 个 1 表示文件所有用户组具有读权限、第 2 个 1 表示文件所有用户组具有写权限、第 3 个 0 表示文件所有用户组不具有可执行权限，后 3 位的第 1 个 1 表示其余用户具有读权限、第 2 个 1 表示其余用户具有写权限、第 3 个 0 表示其余用户不具有可执行权限）。文件可以按位或的方式追加权限，在设置权限值时将二进制转换为八进制数表示。例如，如果设置文件的所有者具有读、写、可执行权限，所有用户组具有读权限，其余用户没有权限，则对应的权限二制数表示为 111100000，权限值的八进制数为 0o740

- fileio.open(path: string, flags?: number, mode?: number): Promise<number>，异步打开文件，使用 Promise 形式返回结果。参数及功能说明如表 5.34 所示，返回值类型为 Promise<number>，用于返回打开文件的文件描述符。
- fileio.open(path: string, flags: number, mode: number, callback: AsyncCallback<number>): void，异步打开文件，使用 callback 形式返回结果。path、flags 和 mode 参数及功能说明如表 5.34 所示，callback 参数表示异步打开文件之后的回调。

2）获取文件信息

- fileio.statSync(path: string): Stat，同步获取文件信息。statSync 参数及功能说明如表 5.35 所示；返回值类型为 Stat，表示文件的具体信息。Stat 类型的属性及功能说明如表 5.36 所示。

扫一扫

表 5.35　statSync 参数及功能说明

参数名	类　型	必填	功能说明
path	string	是	待获取文件的绝对路径

表 5.36　Stat 类型的属性及功能说明

属性名	类型	可读	可写	功能说明
dev	number	是	否	标识包含该文件的主设备号
ino	number	是	否	标识该文件
mode	number	是	否	表示文件类型及权限，其首 4 位表示文件类型，后 12 位表示权限。用八进制表示的文件类型首 4 位特征码包括：①0o14，文件是套接字；②0o12，文件是符号链接；③0o10，文件是一般文件；④0o06，文件属于块设备；⑤0o04，文件是目录；⑥0o02，文件是字符设备；⑦0o01，文件是命名管道，即 FIFO 后 12 位权限功能说明与表 5.34 中的 mode 参数功能说明一样
nlink	number	是	否	文件的硬链接数
uid	number	是	否	文件所有者的 ID
gid	number	是	否	文件所有组的 ID
rdev	number	是	否	标识包含该文件的从设备号
size	number	是	否	文件的大小，以字节为单位。仅对普通文件有效
blocks	number	是	否	文件占用的块数，计算时块大小按 512B 计算
atime	number	是	否	上次访问该文件的时间(距 1970 年 1 月 1 日 0 时 0 分 0 秒的秒数)
mtime	number	是	否	上次修改该文件的时间(距 1970 年 1 月 1 日 0 时 0 分 0 秒的秒数)
ctime	number	是	否	最近改变文件状态的时间(距 1970 年 1 月 1 日 0 时 0 分 0 秒的秒数)

- fileio.stat(path: string): Promise＜Stat＞，异步获取文件信息，使用 Promise 形式返回结果。参数及功能说明如表 5.35 所示；返回值类型为 Promise＜Stat＞，用于返回文件的具体信息。
- fileio.stat(path: string, callback: AsyncCallback＜Stat＞): void，异步获取文件信息，使用 callback 形式返回结果。参数及功能说明如表 5.35 所示；callback 参数表示异步获取文件信息之后的回调。

【范例 5-15】　设计如图 5.18 所示的页面，单击"打开或创建文件"按钮，用同步、读写方式打开应用程序私有目录下的 config.ini 文件，若文件不存在，则创建该文件，并指定文件所有者具有可读、可写及可执行权限；单击"显示文件信息"按钮，输出文件信息。

hml 的代码如下。

图 5.18　打开或创建文件页面

```
1  <div class="container">
2      <button type="capsule" value="打开或创建文件" @click="openOrCreateFile"
></button>
3      <button type="capsule" value="显示文件信息" @click="showFileStat"></
button>
4  </div>
```

js的代码如下。

```
1  import ability_featureAbility from '@ohos.ability.featureAbility'
2  import fileio from '@ohos.fileio';
3  export default {
4      data: {
5          context: ''
6      },
7      async openOrCreateFile() {
8          this.context = ability_featureAbility.getContext()
9          var path = await this.context.getFilesDir()
10         var fd = fileio.openSync(path+"/config.ini",0o2 | 0o100, 0o0700)
11         console.info("文件打开成功,文件描述符为:"+fd)
12     },
13     async showFileStat() {
14         var path = await this.context.getFilesDir()
```

```
15          var stat = fileio.statSync(path + "/config.ini")
16          console.info("包含该文件的主设备号:" + stat.dev)
17          console.info("文件的 ino:" + stat.ino)
18          console.info("文件类型及权限:" + stat.mode)
19          console.info("文件的硬链接数:" + stat.nlink)
20          console.info("文件所有者的 ID:" + stat.uid)
21          console.info("文件所有组的 ID:" + stat.gid)
22          console.info("包含该文件的从设备号:" + stat.rdev)
23          console.info("文件的大小(字节):" + stat.size)
24          console.info("文件占用的块数:" + stat.blocks)
25          console.info("上次访问该文件的时间:" + stat.atime)
26          console.info("上次修改该文件的时间:" + stat.mtime)
27          console.info("最近改变文件状态的时间:" + stat.ctime)
28      }
29  }
```

上述第 10 行代码中的 0o2 | 0o100 表示以读写方式打开 config.ini 文件，若文件不存在，则创建文件。上述代码运行后，单击"显示文件信息"按钮，显示如图 5.19 所示的输出结果，其中第 3 行输出的十进制数 33216 为文件类型和权限，该数对应的八进制数为 100700，10 表示 config.ini 为普通文件，0700 表示该文件的所有者具有读、写和可执行权限。

```
app Log: 包含该文件的主设备号:65056
app Log: 文件的ino:119715
app Log: 文件类型及权限:33216
app Log: 文件的硬链接数:1
app Log: 文件所有者的ID:10189
app Log: 文件所有组的ID:10189
app Log: 包含该文件的从设备号:0
app Log: 文件的大小(字节):0
app Log: 文件占用的块数:0
app Log: 上次访问该文件的时间:1647174394
app Log: 上次修改该文件的时间:1647174394
app Log: 最近改变文件状态的时间:1647174394
```

图 5.19　输出文件信息

扫一扫

3) 写文件

- fileio.writeSync(fd: number, buffer: ArrayBuffer | string, options?: Object): number，同步将数据写入文件。writeSync 参数及功能说明如表 5.37 所示；返回值类型为 number，用于返回实际写入的长度。

表 5.37　writeSync 参数及功能说明

参数名	类　型	必填	功能说明
fd	number	是	待写入文件的文件描述符

续表

参数名	类　型	必填	功能说明
buffer	ArrayBuffer | string	是	待写入文件的数据，可来自缓冲区或字符串
options	Object	否	设置写入文件的选项，包括：①offset(number 类型，可选，默认值为 0)，表示期望写入数据的位置相对于数据首地址的偏移；②length(number 类型，可选，默认缓冲区长度减去偏移长度)，表示期望写入数据的长度；③position(number 类型，可选，默认从当前位置开始写)，表示期望写入文件的位置；④encoding(string 类型，默认 utf-8)：当数据是 string 类型时有效，表示数据的编码方式，目前仅支持 utf-8

【范例 5-16】 在图 5.18 所示的页面上增加"写入数据"按钮，单击"写入数据"按钮向 config.ini 文件中写入"Hello，HarmonyOS"字符串。

在实现范例 5-15 的基础上，在 hml 代码的第 3 行下方增加 1 个 button 组件用于"写入数据"按钮，代码如下。

```
1   <button type="capsule" value="写入数据" @click="writeFile"></button>
```

js 的代码如下。

```
1   async writeFile(){
2           var context = ability_featureAbility.getContext()
3           var path = await this.context.getFilesDir()
4           var fd = fileio.openSync(path+"/config.ini",0o2)
                                              //以读写方式打开 config.ini 文件
5           var number = fileio.writeSync(fd,"Hello,HarmonyOS")
6           console.info("实际写的字符数为"+number) //输出:实际写的字符数为 15
7   }
```

上述第 4 行代码表示按读写方式打开应用程序私有目录下的 config.ini 文件。如果要以追加方式向 config.ini 文件中写入内容，则将第 4 行代码修改为如下代码：

```
1   var fd = fileio.openSync(path + "/config.ini", 0o2|0o2000)   //以读写、追加方式
打开 config.ini 文件
```

- fileio.write(fd：number，buffer：ArrayBuffer | string，options?：Object)：Promise<number>，异步将数据写入文件，使用 Promise 形式返回结果。参数及功能说明如表 5.37 所示，返回值类型为 Promise<number>，用于返回实际写入的长度。
- fileio.write(fd：number，buffer：ArrayBuffer | string，options?：Object，callback：AsyncCallback<number>)：void，异步将数据写入文件，使用 callback 形式返回结果。fd、buffer 和 options 参数及功能说明如表 5.37 所示，callback 参数表示异步

将数据写入文件之后的回调。

4）读文件

扫一扫

- fileio.readSync(fd: number, buffer: ArrayBuffer, options?: Object): number，同步从文件中读取数据。readSync 参数及功能说明如表 5.38 所示；返回值类型为 number，用于返回实际读取的长度。

表 5.38　readSync 参数及功能说明

参数名	类　型	必填	功 能 说 明
fd	number	是	待读取文件的文件描述符
buffer	ArrayBuffer	是	用于保存读取到的文件数据的缓冲区
options	Object	否	设置读取文件的选项，包括：①offset(number 类型，可选，默认值为 0)，表示将数据读取到缓冲区的位置，即相对于缓冲区首地址的偏移；②length(number 类型，可选，默认缓冲区长度减去偏移长度)，表示期望读取数据的长度；③position(number 类型，可选，默认从当前位置开始读)，表示期望读取文件的位置

【范例 5-17】　在图 5.18 所示的页面上增加“读出数据”按钮，单击“读出数据”按钮从 config.ini 文件中读出字符串。

在实现范例 5-16 的基础上，在 hml 代码的第 4 行下方增加 1 个 button 组件用于“读出数据”按钮，代码如下。

```
1  <button type="capsule" value="读出数据" @click="readFile"></button>
```

js 的代码如下。

```
1  async readFile() {
2          var context = ability_featureAbility.getContext()
3          var path = await this.context.getFilesDir()
4          var fd = fileio.openSync(path + "/config.ini", 0o2)
5          var buf = new ArrayBuffer(4096);
6          var number = fileio.readSync(fd, buf);
7          var content = String.fromCharCode.apply(null, new Uint8Array(buf))
8          console.info("实际读的字符数为:" + number + ",文件内容为:" + content)
9  }
```

上述第 5 行代码定义了 1 个 4096B 的数据缓冲区，第 6 行代码表示将 config.ini 文件内容读出后保存在数据缓冲区中，第 7 行代码表示将数据缓冲区中的内容转换为字符串。

- fileio.read(fd: number, buffer: ArrayBuffer, options?: Object): Promise<Readout>，异步从文件读取数据，使用 Promise 形式返回结果。参数及功能说明如表 5.38 所示；返回值类型为 Promise<Readout>，用于返回读取的结果。Readout 类型的属性及功能说明如表 5.39 所示。

表 5.39　Readout 类型的属性及功能说明

属性名	类　型	可读	可写	功能说明
bytesRead	number	是	是	实际读取长度
offset	number	是	是	读取数据相对于缓冲区首地址的偏移
buffer	ArrayBufer	是	是	保存读取数据的缓冲区

- fileio. read（fd：number，buffer：ArrayBuffer，options?：Object，callback：AsyncCallback<Readout>）：void，异步从文件中读取数据，使用 callback 形式返回结果。fd、buffer 和 options 参数及功能说明如表 5.38 所示，callback 参数表示异步读取数据之后的回调。

例如，范例 5-17 的 js 代码也可以用下列代码代替。

```
1   async readFile() {
2           var context = ability_featureAbility.getContext()
3           var path = await this.context.getFilesDir()
4           var fd = fileio.openSync(path + "/config.ini", 0o2)
5           var buf = new ArrayBuffer(4096);
6           await fileio.read(fd, buf, function (err, readOut) {
7               if (!err) {
8                   var content = String.fromCharCode.apply(null, new Uint8Array
(readOut.buffer))
9                   console.info("文件内容为:" +  content )
10              }
11          });
12  }
```

- fileio.readTextSync(filePath：string，options?：Object)：string，基于文本方式同步读取文件，即以同步方式直接读取文件的文本内容。readTextSync 参数及功能说明如表 5.40 所示；返回值类型为 string，用于返回读取文件的内容。

表 5.40　readTextSync 参数及功能说明

参数名	类　型	必填	功能说明
filePath	string	是	待读取文件的绝对路径
options	Object	否	设置读取文件的选项，包括①position（number 类型，可选，默认从当前位置开始读取）：表示期望读取文件的位置；②length（number 类型，可选，默认缓冲区长度减去偏移长度）：表示期望读取数据的长度；③encoding（string 类型，默认 utf-8）：当数据是 string 类型时有效，表示数据的编码方式，目前仅支持 utf-8

例如，范例 5-17 的 js 代码也可以用下列代码代替。

```
1   async readFile() {
```

```
2         var context = ability_featureAbility.getContext()
3         var path = await this.context.getFilesDir()
4         var content = fileio.readTextSync(path + "/config.ini")
5         console.info("文件内容为:"+content)
6     }
```

如果从 config.ini 文件的第 3 个字符开始读出 2 个字符，则可以将上述第 4 行代码修改为如下代码。

```
1  var content = fileio.readTextSync(path + "/config.ini", {
2          position: 2,        //从文件的第 3 个字符开始(文件中的字符从 0 开始计数)
3          length: 2           //从文件中读取 2 个字符
4  })
```

- fileio.readText(filePath: string, options?: Object): Promise<string>，基于文本方式异步读取文件，使用 Promise 形式返回结果。filePath 和 options 参数及功能说明如表 5.40 所示；返回值类型为 Promise<string>，用于返回读取文件的内容。

例如，范例 5-17 的 js 代码也可以用下列代码代替。

```
1  async readFile() {
2          var context = ability_featureAbility.getContext()
3          var path = await this.context.getFilesDir()
4          fileio.readText(path + "/config.ini")
5              .then((content) => {
6                  console.info("文件内容为:" + content)
7              }).catch((error) => {
8              console.info("读文件错误")
9          });
10 }
```

- fileio. readText (filePath: string, options?: Object, callback: AsyncCallback <string>): void，基于文本方式异步读取文件，使用 callback 形式返回结果。filePath 和 options 参数及功能说明如表 5.40 所示，callback 参数表示基于文本方式异步读取文件之后的回调。

扫一扫

5）复制文件

- fileio.copyFileSync(src: string | number, dest: string | number, mode?: number): void，同步方式复制文件。copyFileSync 参数及功能说明如表 5.41 所示。

表 5.41 copyFileSync 参数及功能说明

参数名	类 型	必填	功 能 说 明
src	string | number	是	待复制文件的路径或待复制文件的描述符
dest	string | number	是	目标文件路径或目标文件描述符

续表

参数名	类　型	必填	功能说明
mode	number	否	mode 提供覆盖文件的选项，当前仅支持 0，且默认值为 0。0 表示完全覆盖目标文件，未覆盖部分将被裁切掉

【范例 5-18】　在图 5.18 所示的页面上增加“复制文件”按钮，单击“复制文件”按钮将应用程序私有目录下的 config.ini 文件复制到相同目录下的 backconfig.ini 文件，并读出 backconfig.ini 文件的内容。

在实现范例 5-17 的基础上，在 hml 代码的第 5 行下方增加 1 个 button 组件用于“复制文件”按钮，代码如下。

```
1     <button type="capsule" value="复制文件" @click="copyFile"></button>
```

js 的代码如下。

```
1  async copyFile(){
2          var context = ability_featureAbility.getContext()
3          var path = await this.context.getFilesDir()
4          var src = path+"/config.ini"
5          var dest = path+"/backconfig.ini"
6          fileio.copyFileSync(src, dest);          //复制文件
7          var content = fileio.readTextSync(dest)//读文件
8          console.info("backconfig.ini 文件内容为:" + content)
9  }
```

- fileio.copyFile(src: string | number, dest: string | number, mode?: number): Promise<void>，异步方式复制文件，使用 Promise 形式返回结果。参数及功能说明如表 5.41 所示。返回值类型为 Promise<void>，用于异步获取结果，本调用将返回空值。

例如，要实现范例 5-18 的功能，也可以将上述实现范例 5-18 的 js 代码第 6 行用下列代码替代。

```
1  var promise = await fileio.copyFile(src, dest);
```

- fileio.copyFile(src: string | number, dest: string | number, mode?: number, callback: AsyncCallbak<void>): void，异步方式复制文件，使用 callback 形式返回结果。参数及功能说明如表 5.41 所示，callback 参数表示异步复制文件之后的回调。

例如，要实现范例 5-18 的功能，也可以将上述实现范例 5-18 的 js 代码第 6～8 行用下列代码替代。

```
1  await fileio.copyFile(src, dest, function (err) {
```

```
2           if (!err) {
3               var content = fileio.readTextSync(dest)
4               console.info("文件内容为:" + content)
5               return
6           }
7           console.info("复制文件错误:" + err)
8   });
```

扫一扫

6）重命名文件

- fileio.renameSync(oldPath: string, newPath: string): void，同步重命名文件。renameSync 参数及功能说明如表 5.42 所示。

表 5.42　renameSync 参数及功能说明

参数名	类　型	必填	功能说明
oldPath	string	是	待重合文件的当前绝对路径
newPath	string	是	待重合文件的新绝对路径

【范例 5-19】　在图 5.18 所示的页面上增加“重命名文件”按钮，单击“重命名文件”按钮将应用程序私有目录下的 backconfig.ini 文件复制到相同目录下的 newconfig.ini 文件，并读出 newconfig.ini 文件的内容。

在实现范例 5-18 的基础上，在 hml 代码的第 6 行下方增加 1 个 button 组件用于“重命名文件”按钮，代码如下。

```
1   <button type="capsule" value="重命名文件" @click="renameFile"></button>
```

js 的代码如下。

```
1   async renameFile(){
2           var context = ability_featureAbility.getContext()
3           var path = await this.context.getFilesDir()
4           var oldpath = path + "/backconfig.ini"
5           var newpath = path + "/newconfig.ini"
6           fileio.renameSync(oldpath, newpath);
7           var content = fileio.readTextSync(newpath)
8           console.info("文件内容为:" + content)
9   }
```

- fileio.rename(oldPath: string, newPath: string): Promise<void>，异步重命名文件，使用 Promise 形式返回结果。参数及功能说明如表 5.42 所示，返回值类型为 Promise<void>，用于异步获取结果，本调用将返回空值。

例如，要实现范例 5-19 的功能，也可以将上述实现范例 5-19 的 js 代码第 6 行用下列代码替代。

```
1  var promise = await fileio.rename(oldpath, newpath)
```

- fileio.rename(oldPath: string, newPath: string, callback: AsyncCallback<void>): void,异步重命名文件,使用 callback 形式返回结果。参数及功能说明如表 5.42 所示,callback 参数表示异步重命名文件之后的回调。

例如,要实现范例 5-19 的功能,也可以将上述实现范例 5-19 的 js 代码第 6～8 行用下列代码替代。

```
1  fileio.rename(oldpath, newpath, function (err) {
2              if (!err) {
3                  var content = fileio.readTextSync(newpath)
4                  console.info("文件内容为:" + content)
5                  return
6              }
7              console.info("重命名文件出错!" + content)
8  })
```

7) 删除文件

- fileio.unlinkSync(path: string): void,同步删除文件。unlinkSync 参数及功能说明如表 5.43 所示。

扫一扫

表 5.43　unlinkSync 参数及功能说明

参数名	类　型	必填	功能说明
path	string	是	待删除文件的绝对路径

【范例 5-20】　在图 5.18 所示的页面上增加"删除文件"按钮,单击"删除文件"按钮将应用程序私有目录下的 newconfig.ini 文件删除。

在实现范例 5-18 的基础上,在 hml 代码的第 7 行下方增加 1 个 button 组件用于"删除文件"按钮,代码如下。

```
1  <button type="capsule" value="删除文件" @click="deleteFile"></button>
```

js 的代码如下。

```
1  async deleteFile(){
2          var context = ability_featureAbility.getContext()
3          var path = await this.context.getFilesDir()
4          var path = path + "/newconfig.ini"
5          fileio.unlinkSync(path)
6  }
```

- fileio.unlink(path: string): Promise<void>,异步删除文件。参数及功能说明如表 5.43 所示,返回值类型为 Promise<void>,用于异步获取结果,本调用返回空值。

例如，要实现范例 5-20 的功能，也可以将上述实现范例 5-20 的 js 代码第 5 行用下列代码替代。

```
1   await fileio.unlink(path);
```

- fileio.unlink(path：string，callback：AsyncCallback＜void＞)：void，异步删除文件，使用 callback 形式返回结果。参数及功能说明如表 5.43 所示，callback 参数表示异步删除文件之后的回调。

例如，要实现范例 5-20 的功能，也可以将上述实现范例 5-20 的 js 代码第 5 行用下列代码替代。

```
1   await fileio.unlink(path, function(err) {
2               if (!err) {
3                   console.info("删除文件成功")
4                   return
5               }
6               console.info("删除文件失败")
7   })
```

8）修改文件权限

扫一扫

- fileio.chmodSync(path：string，mode：number)：void，基于文件绝对路径同步修改文件权限。chmodSync 参数及功能说明如表 5.44 所示。

表 5.44 chmodSync 参数及功能说明

参数名	类　型	必填	功 能 说 明
path	string	是	待修改权限文件的绝对路径
mode	number	是	改变文件权限。权限功能说明与表 5.34 中的 mode 参数功能说明一样，可以按位或的方式追加权限

【范例 5-21】 在图 5.18 所示的页面上增加"修改文件权限"按钮，单击"修改文件权限"按钮将应用程序私有目录下的 backconfig.ini 文件权限修改为文件所有者、所有用户组及其余用户都具有可读、可写和可执行权限，然后显示文件类型及权限。

在实现范例 5-18 的基础上，在 hml 代码的第 8 行下方增加 1 个 button 组件用于"修改文件权限"按钮，代码如下。

```
1   <button type="capsule" value="修改文件权限" @click="chmodFile"></button>
```

js 的代码如下。

```
1   async chmodFile(){
2           var context = ability_featureAbility.getContext()
3           var path = await this.context.getFilesDir()
```

```
4          var oldpath = path + "/backconfig.ini"
5          fileio.chmodSync(oldpath, 0o777);                    //修改权限,权限值为 777
6          var stat = fileio.statSync(oldpath)
7          console.info("文件类型及权限:" + stat.mode)      //输出值为:33279
8   }
```

上述第 7 行代码的输出结果为 33279(十进制),该值对应的八进制值为 100777,前两位“10”表示 backconfig.ini 为一般文件,后四位“0777”表示文件的权限。

- fileio.chmod(path: string, mode: number): Promise<void>,基于文件绝对路径异步修改文件权限。参数及功能说明如表 5.44 所示,返回值类型为 Promise<void>,用于异步获取结果,本调用返回空值。

例如,要实现范例 5-21 的功能,也可以将上述实现范例 5-21 的 js 代码第 5 行用下列代码替代。

```
1   await fileio.chmod(oldpath, 0o777);
```

- fileio.chmod(path: string, mode: number, callback: AsyncCallback <void>): void,基于文件绝对路径异步修改文件权限。参数及功能说明如表 5.44 所示,callback 参数表示异步修改文件权限之后的回调。

例如,要实现范例 5-21 的功能,也可以将上述实现范例 5-21 的 js 代码第 5～7 行用下列代码替代。

```
1   await fileio.chmod(oldpath, 0o777).then(function () {
2         var stat = fileio.statSync(oldpath)
3         console.info("文件类型及权限:" + stat.mode)
4   }).catch(function (error) {
5         console.info("修改文件权限出错" + error)
6   })
```

- fileio.fchmodSync(fd: number, mode: number): void,基于文件描述符同步修改文件权限。fchmodSync 参数及功能说明如表 5.45 所示。

表 5.45　fchmodSync 参数及功能说明

参数名	类　型	必填	功能说明
fd	number	是	待修改文件权限的文件描述符
mode	number	是	改变文件权限。权限功能说明与表 5.34 中的 mode 参数功能说明一样,可以按位或的方式追加权限

【范例 5-22】　用 fchmodSync()方法实现范例 5-21 的功能。

hml 的代码与范例 5-21 的代码一样,js 的代码如下。

```
1   async chmodFile() {
```

```
2          var context = ability_featureAbility.getContext()
3          var path = await this.context.getFilesDir()
4          var oldpath = path + "/backconfig.ini"
5          var fd = fileio.openSync(oldpath, 0o2)
6          fileio.fchmodSync(fd, 0o777);
7          var stat = fileio.statSync(oldpath)
8          console.info("文件类型及权限:" + stat.mode)
9   }
```

- fileio.fchmod(fd: number, mode: number): Promise<void>,基于文件描述符异步修改文件权限,使用 Promise 形式返回结果。参数及功能说明如表 5.44 所示,返回值类型为 Promise<void>,用于异步获取结果,本调用返回空值。

例如,要实现范例 5-22 的功能,也可以将上述实现范例 5-22 的 js 代码第 6~8 行用下列代码替代。

```
1   await fileio.fchmod(fd,0o777).then(()=>{
2         var stat = fileio.statSync(oldpath)
3             console.info("文件类型及权限:" + stat.mode)
4   }).catch((error)=>{
5         console.info("修改文件权限出错" + error)
6   })
```

- fileio.fchmod(fd: number, mode: number, callback: AsyncCallback<void>): void,基于文件描述符异步修改文件权限,使用 callback 形式返回结果。参数及功能说明如表 5.44 所示,callback 参数表示异步改变文件权限之后的回调。

例如,要实现范例 5-22 的功能,也可以将上述实现范例 5-22 的 js 代码第 6~8 行用下列代码替代。

```
1   await fileio.fchmod(fd, 0o777).then(function () {
2         var stat = fileio.statSync(oldpath)
3         console.info("文件类型及权限:" + stat.mode)
4   }).catch(function (error) {
5         console.info("修改文件权限出错" + error)
6   });
```

9) 改变文件所有者

- fileio.chownSync(path: string, uid: number, gid: number): void,基于文件绝对路径同步改变文件所有者。chownSync 参数及功能说明如表 5.46 所示。

表 5.46 chownSync 参数及功能说明

参数名	类型	必填	功能说明
path	string	是	待修改权限文件的绝对路径

续表

参数名	类型	必填	功能说明
uid	number	是	新的 UID(用户 ID)
gid	number	是	新的 GID(用户组 ID)

【范例 5-23】 将应用程序私有目录下的 backconfig.ini 文件所有者改变为应用程序临时目录下 config.ini 文件的所有者。

js 的代码如下。

```
1        var context = ability_featureAbility.getContext()
2        var path = await context.getCacheDir()
3        var stat = fileio.statSync(path+"/config.ini")
4        path = await this.context.getFilesDir()
5        fileio.chownSync(path+"/backconfig.ini, stat.uid, stat.gid);
```

上述第 3 行代码表示获取 config.ini 的文件信息，第 5 行代码中的 stat.uid 和 stat.gid 表示获得 config.ini 文件的用户 ID 和用户组 ID，并调用 chownSync()方法将用户 ID 和用户组 ID 设置给 backconfig.ini 文件。

- fileio.chown(path: string, uid: number, gid: number): Promise<void>，基于文件绝对路径异步改变文件所有者，使用 Promise 形式返回结果。参数及功能说明如表 5.46 所示，返回值类型为 Promise<void>，表示用于异步获取结果，本调用返回空值。
- fileio.chown(path: string, uid: number, gid: number, callback: AsyncCallback<void>): void，基于文件绝对路径异步改变文件所有者，使用 callback 形式返回结果。参数及功能说明如表 5.46 所示，callback 参数表示异步改变文件所有者之后的回调。
- fileio.fchownSync(fd: number, uid: number, gid: number): void，基于文件描述符同步改变文件所有者。fchownSync 参数及功能说明如表 5.47 所示。

表 5.47　fchownSync 参数及功能说明

参数名	类型	必填	功能说明
fd	number	是	待改变文件的文件描述符
uid	number	是	新的 UID(用户 ID)
gid	number	是	新的 GID(用户组 ID)

例如，要实现范例 5-23 的功能，可以使用如下的 js 代码。

```
1        var context = ability_featureAbility.getContext()
2        var path = await context.getCacheDir()
```

```
3        var stat = fileio.statSync(path+"/config.ini")
4        path = await this.context.getFilesDir()
5        var fd = fileio.openSync(path+"/backconfig.ini);
6        fileio.chownSync(fd, stat.uid, stat.gid);
```

- fileio.fchown(fd: number, uid: number, gid: number): Promise<void>,基于文件描述符异步改变文件所有者,使用 Promise 形式返回结果。参数及功能说明如表 5.47 所示,返回值类型为 Promise<void>,表示用于异步获取结果,本调用返回空值。
- fileio.fchown(fd: number, uid: number, gid: number, callback: AsyncCallback<void>): void,基于文件描述符异步改变文件所有者,使用 callback 形式返回结果。参数及功能说明如表 5.47 所示,callback 参数表示异步改变文件所有者之后的回调。

10) 截断文件

- fileio.truncateSync(path: string, len: number): void,基于文件绝对路径同步截断文件。truncateSync 参数及功能说明如表 5.48 所示。

表 5.48　truncateSync 参数及功能说明

参数名	类型	必填	功能说明
path	string	是	待截断文件的绝对路径
len	number	是	文件截断后的长度,以字节为单位

【范例 5-24】　截断应用程序私有目录下的 backconfig.ini 文件,截断后该文件的长度为 100B。

js 的代码如下。

```
1        var context = ability_featureAbility.getContext()
2        var path = await this.context.getFilesDir()
3        fileio.ftruncate(path+"/backconfig.ini", 100);
```

- fileio.truncate(path: string, len?: number): Promise<void>,基于文件绝对路径异步截断文件,使用 Promise 形式返回结果。参数及功能说明如表 5.48 所示,返回值类型为 Promise<void>,表示用于异步获取结果,本调用返回空值。
- fileio.truncate(path: string, len?: number, callback: AsyncCallback<void>): void,基于文件绝对路径异步截断文件,使用 callback 形式返回结果。参数及功能说明如表 5.48 所示,callback 参数表示异步截断文件之后的回调。
- fileio.ftruncateSync(fd: number, len?: number): void,基于文件描述符同步截断文件。ftruncateSync 参数及功能说明如表 5.49 所示。

表 5.49　ftruncateSync 参数及功能说明

参数名	类型	必填	功能说明
fd	number	是	待截断文件的文件描述符
len	number	是	文件截断后的长度，以字节为单位

例如，要实现范例 5-24 的功能，可以使用如下的 js 代码。

```
1        var context = ability_featureAbility.getContext()
2        var path = await this.context.getFilesDir()
3        var fd = fileio.openSync(path+"/backconfig.ini);
4        fileio.ftruncate(fd, 100);
```

- fileio.ftruncate(fd: number, len?: number): Promise<void>，基于文件描述符异步截断文件，使用 Promise 形式返回结果。参数及功能说明如表 5.49 所示，返回值类型为 Promise<void>，表示用于异步获取结果，本调用返回空值。
- fileio.ftruncate(fd: number, len?: number, callback: AsyncCallback<void>): void，基于文件描述符异步截断文件，使用 callback 形式返回结果。参数及功能说明如表 5.49 所示，callback 参数表示异步截断文件之后的回调。

2. 目录操作

1）创建目录

- fileio.mkdirSync(path: string, mode?: number): void，同步创建目录。mkdirSync 参数及功能说明如表 5.50 所示。

表 5.50　mkdirSync 参数及功能说明

参数名	类型	必填	功能说明
path	string	是	待创建目录的绝对路径
mode	number	否	创建目录的权限，可按照表 5.34 中的 mode 参数给定权限和按位或的方式追加权限，默认给定 0o775（表示所有者具有读、写及可执行权限，其余用户具有读及可执行权限）

【范例 5-25】　设计如图 5.20 所示的页面，在“请输入目录名”的输入框中输入要创建的目录名，然后单击“创建目录”按钮，在应用程序的私有目录下创建新目录。

hml 的代码如下。

```
1  <div class="container">
2      <input placeholder="请输入目录名" @change="getDirName" value=
"{{dirname}}"></input>
3      <button value="创建目录" @click="createDir"></button>
4  </div>
```

js 的代码如下。

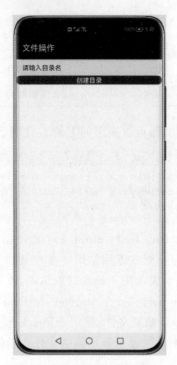

图 5.20　创建目录页面

```
1  import ability_featureAbility from '@ohos.ability.featureAbility';
2  import fileio from '@ohos.fileio';
3  export default {
4      data: {
5          dirname: ''
6      },
7      getDirName(e) {
8          this.dirname = e.value
9      },
10     async createDir() {
11         var context = ability_featureAbility.getContext()
12         var path = await context.getFilesDir()
13         fileio.mkdirSync(path + "/" + this.dirname)
14     }
15 }
```

- fileio.mkdir(path: string, mode?: number): Promise<void>，异步创建目录，使用 Promise 形式返回结果。参数及功能说明如表 5.50 所示；返回值类型为 Promise<void>，用于异步获取结果，本调用返回空值。
- fileio.mkdir(path: string, mode?: number, callback: AsyncCallbak<void>): void，异步创建目录，使用 callback 形式返回结果。path 和 mode 参数及功能说明如表 5.50 所示，callback 是异步创建目录操作完成之后的回调。

例如，范例 5-25 的 createDir()方法的代码也可以用下列代码代替。

```
1  async createDir() {
2          var context = ability_featureAbility.getContext()
3          var path = await context.getFilesDir()
4          await fileio.mkdir(path + "/" + this.dirname, function(err) {
5              if (!err) {
6                  console.info("创建目录成功!")
7              }
8          });
9  }
```

2）打开文件目录

扫一扫

- fileio.opendirSync(path：string)：Dir，同步打开目录。path 参数表示待打开文件目录的绝对路径，返回值为 Dir 类型，表示返回 Dir 类型的对象。
- fileio.opendir(path：string)：Promise<Dir>，异步打开目录，使用 Promise 形式返回结果。path 参数表示待打开文件目录的绝对路径，返回值为 Promise<Dir>类型，表示返回 Dir 类型的对象。
- fileio.opendir(path：string，callback：AsyncCallback<Dir>)：void，异步打开目录，使用 callback 形式返回结果。path 参数表示待打开文件目录的绝对路径，callback 参数表示异步打开文件目录之后的回调。

3）管理目录

通过同步方法 opendirSync()或异步方法 opendir()打开文件目录可以构建一个 Dir 类型实例，Dir 类型实例既提供了读取下一个目录项的方法，也提供了关闭目录的方法。

（1）读取下一个目录项。

- readSync()：Dirent，同步读取下一个目录项。返回值为 Dirent 类型，表示返回一个类型对象。
- read()：Promise<Dirent>，异步读取下一个目录项，使用 Promise 形式返回结果。返回值为 Promise<Dirent>类型，表示返回 Dirent 类型对象。
- read(callback：AsyncCallback<Dirent>)：void，异步读取下一个目录项，使用 callback 形式返回结果。callback 参数异步读取下一个目录项之后的回调。

（2）关闭目录。

- closeSync()：void，关闭目录。目录被关闭后，Dir 类型实例中持有的文件描述将被释放，后续将无法从 Dir 类型实例中读取目录项。

通过同步方法 readSync()或异步方法 read()读取目录项可以构建一个 Dirent 类型的实例，Dirent 类型的实例既提供一个目录项的名称属性，也提供一些判断目录类型的方法。

（1）属性。

- name：该属性值为 string 类型，它的值可读不可写，表示当前目录项名称。

(2) 方法。

- isBlockDevice()：boolean，用于判断当前目录项是否是块特殊设备。一个块特殊设备只能以块为粒度进行访问，且访问的时候带缓存。返回值类型为 boolean，表示当前目录项是否是块特殊设备。
- isCharacterDevice()：boolean，用于判断当前目录项是否是字符特殊设备。一个字符特殊设备可进行随机访问，且访问的时候不带缓存。返回值类型为 boolean，表示当前目录项是否是字符特殊设备。
- isDirectory()：boolean，用于判断当前目录项是否是目录。返回值类型为 boolean，表示当前目录项是否是目录。
- isFIFO()：boolean，用于判断当前目录项是否是命名管道(也称为 FIFO)。命名管道通常用于进程间通信。返回值为 boolean 类型，表示当前目录项是否是 FIFO。
- isFile()：boolean，用于判断当前目录项是否是普通文件。返回值类型为 boolean，表示当前目录项是否是普通文件。
- isSocket()：boolean，用于判断当前目录项是否是套接字。返回值类型为 boolean，表示当前目录项是否是套接字。
- isSymbolicLink()：boolean，用于判断当前目录项是否是符号链接。返回值类型为 boolean，表示当前目录项是否是符号链接。

【范例 5-26】 设计如图 5.21 所示的页面，单击“显示目录清单”按钮，将应用程序的私有目录下的文件和目录名称分别显示在页面上。

图 5.21 显示目录清单

hml 的代码如下。

```
1  <div class="container">
2      <button type="capsule" value="显示目录清单" @click="showDirNames"></
button>
3      <text>目录名清单如下:</text>
4      <div for="{{ dirNames }}">
5          <text>{{ $item }}</text>
6      </div>
7      <text>文件名清单如下:</text>
8      <div for="{{ fileNames }}">
9          <text>{{ $item }}</text>
10     </div>
11 </div>
```

上述第 4～6 行代码表示将存放在 dirNames 数组中的目录名称用列表渲染的方式显示在页面上。第 8～10 行代码表示将存放在 fileNames 数组中的文件名称用列表渲染的方式显示在页面上。

js 的代码如下。

```
1  export default {
2      data: {
3          dirNames: [],                              //目录名称
4          fileNames: []                              //文件名称
5      },
6      async onInit() {
7          var context = ability_featureAbility.getContext()
8          var path = await context.getFilesDir()
9          fileio.mkdirSync(path + "/" + "books")
10         var fd = fileio.openSync(path + "/config.ini", 0o2 | 0o100, 0o0700)
11     },
12     async showDirNames() {
13         this.dirNames = []
14         this.fileNames = []
15         var context = ability_featureAbility.getContext()
16         var path = await context.getFilesDir()
17         var dir = fileio.opendirSync(path);      //打开目录
18         var dirent = dir.readSync();             //读取目录项
19         while (dirent.name) {
20             if (dirent.isDirectory())  this.dirNames.push(dirent.name)
21             if (dirent.isFile())  this.fileNames.push(dirent.name)
22             dirent = dir.readSync();
23         }
24     }
25 }
```

上述第 6～11 行代码表示在页面数据初始化完成时，直接在应用程序的私有目录下创建 books 目录和 config.ini 文件。第 19～23 行代码表示循环读取应用程序私有目录下的目

录项，如果读取到，并且该目录项是目录，则将该目录项存放到 dirNames 数组中，否则存放到 filesNames 数组中。

扫一扫

3. 文件流操作

1）打开文件流

- fileio.createStreamSync(path: string, mode: string): Stream，基于文件绝对路径同步打开文件流。createStreamSync 参数及功能说明如表 5.51 所示，返回值类型为 Stream，表示返回文件流的结果。

表 5.51 createStreamSync 参数及功能说明

参数名	类 型	必填	功 能 说 明
path	string	是	待打开文件的绝对路径
mode	string	是	设置打开文件流的方式，包括①r：打开只读文件，该文件必须存在；②r+：打开可读写的文件，该文件必须存在；③w：打开只写文件，若文件存在，则文件长度清 0，即该文件内容会消失；若文件不存在，则建立该文件；④w+：打开可读写文件，若文件存在，则文件长度清 0，即该文件内容会消失；若文件不存在，则建立该文件；⑤a：以附加的方式打开只写文件；若文件不存在，则会建立该文件；若文件存在，则写入的数据会被追加到文件尾，即文件原先的内容会被保留；⑥a+：以附加方式打开可读写的文件；若文件不存在，则会建立该文件；若文件存在，则写入的数据会被追加到文件尾，即文件原先的内容会被保留

例如，以可读、可写及追加方式打开应用程序私有目录下的 detail.txt 文件，若文件不存在，则建立该文件，代码如下。

```
1  var context = ability_featureAbility.getContext()
2  var path = await context.getFilesDir()
3  var stream =  fileio.createStreamSync(path+"/detail.txt","a+")
```

- fileio.createStream(path: string, mode: string): Promise<Stream>，基于文件绝对路径异步打开文件流，使用 Promise 形式返回结果。参数及功能说明如表 5.51 所示，返回值类型为 Promise<Stream>，表示返回文件流的结果。

例如，以可读、可写方式打开应用程序私有目录下的 detail.txt 文件，若文件不存在，则给出错误提示，代码如下。

```
1  await fileio.createStream(path + "/detail.txt", "r+").then((stream) => {
2          //打开文件正常执行的操作
3  }).catch((error) => {
4          console.info("打开文件错误" + error)
5  })
```

- fileio.createStream(path: string, mode: string, callback: AsyncCallback<Stream>): void，基于文件绝对路径异步打开文件流，使用 callback 形式返回结果。参数及功能

说明如表 5.51 所示，callback 参数表示异步打开文件流之后的回调。

例如，以只写方式打开应用程序私有目录下的 detail.txt 文件，若文件存在，则删除原文件内容；若文件不存在，则建立该文件，代码如下。

```
1  await fileio.createStream(path + "/detail.txt", "w", function(err, stream){
2          if(!err){
3              //打开文件流正常执行的操作
4            return
5          }
6          console.info("打开文件流错误")
7  });
```

2）写文件流

扫一扫

- writeSync(buffer: ArrayBuffer | string, options?: Object): number，数据同步写入文件流。writeSync 参数及功能说明如表 5.52 所示，返回值类型为 number，表示返回实际写入的长度。

表 5.52 writeSync 参数及功能说明

参数名	类 型	必填	功能说明
buffer	ArrayBuffer | string	是	待写入文件的数据，可来自缓冲区或字符串
options	Object	否	设置写入文件的选项，包括①offset(number 类型，可选，默认值为 0)：表示期望写入数据的位置相对于数据首地址的偏移；②length(number 类型，可选，默认缓冲区长度减去偏移长度)：表示期望写入数据的长度；③position(number 类型，可选，默认从当前位置开始写)：表示期望写入文件的位置；④encoding(string 类型，默认 utf-8)：当数据是 string 类型时有效，表示数据的编码方式，目前仅支持 utf-8

例如，以可读、可写及追加方式打开应用程序私有目录下的 detail.txt 文件，若文件不存在，则建立该文件，并在文件末尾追加内容。代码如下。

```
1  var context = ability_featureAbility.getContext()
2  var path = await context.getFilesDir()
3  var stream =  fileio.createStreamSync(path+"/detail.txt","a+")
4  stream.writeSync("Hello,HarmonyOS")
5  stream.flushSync()
```

上述第 5 行代码表示同步刷新文件流，写文件时只有执行刷新文件流才能真正把内容写入文件中。

- write(buffer: ArrayBuffer | string, options?: Object): Promise<number>，数据异步写入文件流，使用 Promise 形式返回结果。参数及功能说明如表 5.52 所示，返回值类型为 Promise<number>，表示返回实际写入的长度。

- write(buffer: ArrayBuffer | string, options?: Object, callback: AsyncCallback<number>): void，数据异步写入文件流，使用 callback 形式返回结果。参数及功能说明如表 5.52 所示，callback 参数表示异步写入完成后执行的回调函数。

3）刷新文件流

- flushSync(): void，同步刷新文件流。
- flush(): Promise<void>，异步刷新文件流，使用 Promise 形式返回结果。返回值类型为 Promise<void>，表示异步刷新文件流的结果。
- flush(callback: AsyncCallback<void>): void，异步刷新文件流，使用 callback 形式返回结果。callback 参数表示异步刷新文件流后的回调。

4）读文件流

- readSync(buffer: ArrayBuffer, options?: Object): number，同步从流文件读取数据。参数及功能说明如表 5.38 所示的 buffer 和 options 参数；返回值类型为 number，用于返回实际读取的长度。
- read(buffer: ArrayBuffer, options?: Object): Promise<Readout>，异步从流文件读取数据，使用 Promise 形式返回结果。参数及功能说明如表 5.38 所示的 buffer 和 options 参数；返回值类型为 Promise<Readout>，用于返回读取的结果。
- read(buffer: ArrayBuffer, options?: Object, callback: AsyncCallback<Readout>): void，异步从流文件读取数据，使用 callback 形式返回结果。参数及功能说明如表 5.38 所示的 buffer 和 options 参数，callback 参数异步从流文件读取数据之后的回调。

5）关闭文件流

- closeSync(): void，同步关闭文件流。
- close(): Promise<void>，异步关闭文件流，使用 Promise 形式返回结果。返回值类型为 Promise<void>，表示异步关闭文件流的结果。
- close(callback: AsyncCallback<void>): void，异步关闭文件流，使用 callback 形式返回结果，callback 参数表示异步关闭文件流之后的回调。

【范例 5-27】 设计如图 5.22 所示的页面，单击“保存文件”按钮，将页面上输入的文件内容，按照输入的文件名以文件流的方式保存在应用程序的私有目录下，单击“读出文件”按钮，将保存在应用程序私有目录下的文件内容以文件流的方式读出，并显示在如图 5.23 所示的页面上。

css 的代码如下。

```
1   .filename-css{
2       margin: 5fp;
3   }
4   .filecontent-css{
5       height: 40%;
```

```
6       margin: 5fp;
7   }
```

图 5.22　文件流写文件

图 5.23　文件流读文件

hml 的代码如下。

```
1   <div class="container">
2       <input class="filename-css" placeholder="请输入文件名" value="{{
fileName }}" @change="getFileName"></input>
3       <textarea class="filecontent-css" extend="true" placeholder="请输入文
件内容" value="{{ fileContent }}" @change="getFileContent"></textarea>
4       <div>
5           <button type="capsule" value="保存文件" @click="saveFile"></button>
6           <button type="capsule" value="读出文件" @click="readFile"></button>
7       </div>
8       <textarea class="filecontent-css" extend="true" placeholder="显示文件
内容" value="{{ readContent }}"></textarea>
9   </div>
```

上述第 3 行代码的 extend 属性值为 true 表示文本框支持可扩展，即设置可扩展属性后文本框高度可以自适应文字高度。

js 的代码如下。

```
1   export default {
2       data: {
3           fileName: '',                                    //输入的文件名
4           fileContent: '',                                 //写入的文件内容
5           readContent: ''                                  //读出的文件内容
6       },
7       /*获取文件名事件*/
8       getFileName(e) {
9           this.fileName = e.value
10      },
11      /*获取文件内容事件*/
12      getFileContent(e) {
13          this.fileContent = e.text
14      },
15      /*保存文件内容事件*/
16      async saveFile() {
17          var context = ability_featureAbility.getContext()
18          var path = await context.getFilesDir()
19          var stream = fileio.createStreamSync(path + "/" + this.fileName, "w+")
20          stream.writeSync(this.fileContent)
21          stream.flushSync()
22          stream.closeSync()
23      },
24      /*读出文件内容事件*/
25      async readFile() {
26          var context = ability_featureAbility.getContext()
27          var path = await context.getFilesDir()
28          var that = this
29          await fileio.createStream(path + "/" + this.fileName, "r").then
((stream) => {
30                  var buffer = new ArrayBuffer(4096)
31                  stream.readSync(buffer)
32                  that.readContent = String.fromCharCode.apply(null, new
Uint8Array(buffer))
33                  stream.closeSync()
34              }).catch((error) => {
35                  console.info("读文件错误" + error)
36              })
37      }
38  }
```

上述第19行代码表示以可读、可写方式打开文件流，若文件存在，则清除文件内容；若文件不存在，则建立该文件。第29行代码表示以可读方式打开文件流，第31行代码表示以流方式将文件内容读入buffer中，第32行代码表示将buffer中的内容转换为string类型数据后显示在页面上。

4. 文件交互

1）选择文件

扫一扫

- document.choose(type?: string[]): Promise<string>，通过文件管理器选择文件，异步返回文件 URI，使用 Promise 形式返回结果。choose 参数及功能说明如表 5.53 所示，返回值类型为 Promise<string>，表示异步返回文件 URI。

表 5.53　choose 参数及功能说明

参数名	类　型	必填	功 能 说 明
type	string[]	否	设置限定选择文件的类型，当前仅支持"＊"，即所有类型，为默认值。但从 API version 7 开始支持①图片：类型字符串为"image""image/＊""image/jpeg"；②视频：类型字符串为"video""video/＊""video/mp4"；③音频：类型字符串为"audio""audio/＊""audio/mp3"；④文本：类型字符串为"text""text/＊""text/txt"；⑤文档、压缩包：类型字符串为"application""application/＊"

- document.choose(type?: string[], callback: AsyncCallback<string>): void，通过文件管理器选择文件，异步返回文件 URI，使用 callback 形式返回结果。参数及功能说明如表 5.53 所示，callback 参数表示异步获取对应文件 URI 时回调。

【范例 5-28】　设计如图 5.24 所示的页面，单击"打开文件"按钮，可以从文件管理器中选择文件，并在页面的对应位置显示该文件的 URI。

图 5.24　显示文件的 URI

hml 的代码如下。

```
1   <div class="container">
2       <button type="capsule" @click="openFile" value="打开文件"></button>
3       <text>打开文件的 URI 为:{{fileUri}}</text>
4   </div>
```

js 的代码如下。

```
1   import document from '@ohos.document';
2   export default {
3       data: {
4           fileUri:''                                  //保存文件的 URI
5       },
6       async openFile() {
7           var that =this
8           await document.choose((err,uri)=>{      //选择文件
9               that.fileUri = uri
10          })
11      }
12  }
```

HarmonyOS 应用程序使用文件交互功能访问文件时，必须首先从@ohos.document 接口中导入 document 包，即上述第 1 行代码；上述代码执行时会打开如图 5.25 所示的 HarmonyOS 文件管理器，从文件管理器中可以选择不同位置的文件，然后将选中文件的 URI 显示在页面上。图 5.24 所示的 dataability:///media/external/images/media/30 是从文件管理器中“图片”文件夹下选择的 1 个照片文件 URI。

2）打开文件

- document.show(url: string, type: string): Promise<void>，异步打开 URI 对应的文件，使用 Promise 形式返回结果。url 参数表示待打开的文件 URI，type 参数及功能说明如表 5.53 所示，返回值类型为 Promise<void>。
- document.show(url: string, type: string, callback: AsyncCallback<void>): void，异步打开 URI 对应的文件，使用 callback 形式返回结果。url 参数表示待打开的文件 URI，type 参数及功能说明如表 5.53 所示，callback 参数表示异步打开 uri 对应文件时回调，通过 err 判断是否成功打开。

【范例 5-29】 在实现范例 5-28 的基础上，添加 1 个“显示文件”按钮，单击“显示文件”按钮，弹出如图 5.26 底部所示的对话框，从中选择某一打开方式后，即可将页面上显示的 URI 对应文件打开。

在实现范例 5-28 的基础上，在 hml 代码的第 3 行下方增加 1 个 button 组件用于“显示文件”按钮，代码如下。

```
1   <button type="capsule" value="显示文件" @click="showFile"></button>
```

图 5.25 HarmonyOS 文件管理器

图 5.26 选择文件打开方式

js 的代码如下。

```
1  async showFile(){
2          await document.show(this.fileUri,["*"]).then(()=>{
3              console.info("显示文件成功")
4          }).catch(()=>{
5              console.info("显示文件失败")
6          })
7  }
```

5.3.5 剪贴板

扫一扫

用户通过系统剪贴板服务，可以实现应用程序之间的数据传递。例如，在应用程序 A 中复制的数据，可以在应用程序 B 中粘贴，反之亦然。HarmonyOS 提供系统剪贴板服务的 @ohos.pasteboard 操作接口，支持用户程序从系统剪贴板中读取、写入和查询剪贴板数据，以及添加、移除系统剪贴板数据变化的回调。

1. 创建剪贴板内容对象

- pasteboard.createPlainTextData(text: string): PasteData，创建一个纯文本剪贴板内容对象。text 参数表示一个纯文本内容，返回值类型为 PasteData，表示包含 text 参数内容的剪贴板内容对象。

例如,创建一个纯文本剪贴板内容对象 myPasteBoard 的代码如下。

```
1   var textContent= "this is a test!";
2   var myPasteBoard = pasteboard.createHtmlData(textContent);
```

- pasteboard.createHtmlData(htmlText: string): PasteData,创建一个 html 文本剪贴板内容对象。htmlText 参数表示一个待保存的 HTML 文本内容,返回值类型为 PasteData,表示包含 htmlText 参数内容的剪贴板内容对象。

例如,创建一个 html 文本剪贴板内容对象 myPasteBoard 的代码如下。

```
1   var htmlText = "<!DOCTYPE html>\n" + "<html>\n" + "<head>\n" + "<meta
charset=\"utf-8\">\n" + "<title>HTML-PASTEBOARD_HTML</title>\n" + "</head>\
n" + "<body>\n" + " <h1>HEAD</h1>\n" + " <p></p>\n" + "</body>\n" + "</html>";
2   var myPasteBoard = pasteboard.createHtmlData(htmlText);
```

- pasteboard.createWantData(want: Want): PasteData,创建一个 Want 类型剪贴板内容对象。want 参数表示一个待保存的 Want 类型内容,返回值类型为 PasteData,表示包含 want 参数内容的剪贴板内容对象。

例如,创建一个 Want 类型剪贴板内容对象 myPasteBoard 的代码如下。

```
1   var object = {
2       bundleName: "com.example.chap5",
3       abilityName: "com.example.chap5.MainAbility"
4   };
5   var myPasteBoard = pasteboard.createWantData(object);
```

- pasteboard.createUriData(uri: string): PasteData,创建一个 URI 剪贴板内容对象。uri 参数表示一个待保存的 URI 内容,返回值类型为 PasteData,表示包含 uri 参数内容的剪贴板内容对象。

例如,在实现范例 5-28 的基础上,当单击"打开文件"按钮时,也同时创建一个该 URI 的剪贴板内容对象,可以在范例 5-28 的 js 代码第 8 行下面增加如下代码。

```
1   var myPasteBoard = pasteboard.createUriData(uri)
```

2. 获取系统剪贴板

- pasteboard.getSystemPasteboard(): SystemPasteboard,获取系统剪贴板。返回值类型为 SystemPasteboard,表示返回一个系统剪贴板对象。

例如,获取一个系统剪贴板,可以使用如下代码。

```
1   import pasteboard from '@ohos.pasteboard';                    //导入剪贴板服务包
2   var systemPasteboard = pasteboard.getSystemPasteboard();
                                                                   //获取系统剪贴板对象
```

剪贴板实例对象提供了从系统剪贴板读出内容、向系统剪贴板写入内容等方法,以便适应不同应用程序开发场景的需要。

（1）从系统剪贴板读出内容。

- getPasteData()：Promise＜PasteData＞，异步读取系统剪贴板中的内容，并使用Promise 异步方式返回结果。返回值类型为 Promise＜PasteData＞，表示返回系统剪贴板中的内容。
- getPasteData(callback：AsyncCallback＜PasteData＞)：void，读取系统剪贴板中的内容，使用 callback 方式返回结果。callback 参数表示异步从系统剪贴板中读出内容时的回调。

（2）向系统剪贴板写入内容。

- setPasteData(pasteData：PasteData)：Promise＜void＞，异步向系统剪贴板写入内容，使用 promise 形式返回结果。参数 pasteData 表示要写入的 PasteData 对象，返回值类型为 Promise＜void＞。
- setPasteData(pasteData：PasteData，callback：AsyncCallback＜void＞)：void，异步向系统剪贴板写入内容，使用 callback 方式返回结果。pasteData 参数表示要写入的 PasteData 对象，callback 参数表示异步向剪贴板中写入内容时回调。

【范例 5-30】　设计如图 5.27 所示的页面，单击“复制到剪贴板”按钮，会将页面上方 textarea 输入框中的内容复制到系统剪贴板中，单击“从剪贴板粘贴”按钮，会将系统剪贴板中的内容复制到页面下方的 textarea 输入框中。

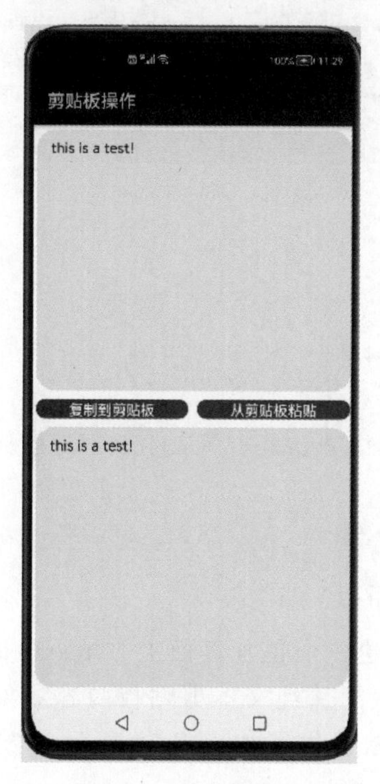

图 5.27　剪贴板操作

hml 的代码如下。

```
1  <div class="container">
2      <textarea class="content-css" extend="true" value="{{ srcContent }}" @
change="getContent"></textarea>
3      <div>
4          <button value="复制到剪贴板" @click="toPaste"></button>
5          <button value="从剪贴板粘贴" @click="fromPaste"></button>
6      </div>
7      <textarea class="content-css" extend="true" value="{{ destContent }}"
></textarea>
8  </div>
```

js 的代码如下。

```
1  import pasteboard from '@ohos.pasteboard';
2  export default {
3      data: {
4          srcContent: '',
5          destContent: ''
6      },
7      getContent(e) {
8          this.srcContent = e.text                    //获取 textarea 中输入的内容
9      },
10     toPaste() {
11         var pasteData = pasteboard.createPlainTextData(this.srcContent);
12         var systemPasteboard = pasteboard.getSystemPasteboard();
13         systemPasteboard.setPasteData(pasteData, (error, data) => {
14             if (!error) {
15                 console.info('setPasteData successfully.' + data);
16             }
17         });
18     },
19     fromPaste() {
20         var that = this
21         var systemPasteboard = pasteboard.getSystemPasteboard();
22         systemPasteboard.getPasteData((error, pasteData) => {
23             if (!error) {
24                 that.destContent = pasteData.getPrimaryText();
25             }
26         });
27     }
28 }
```

上述第 11 行代码表示创建一个包含页面上方 textarea 组件中输入内容的纯文本剪贴板内容对象，第 24 行代码表示从纯文本剪贴板内容对象中获取首个条目的纯文本内容。PasteData 类型的实例对象提供了如表 5.54 所示的方法获取剪贴板中首个条目的内容。

表 5.54　方法及功能说明

方法名	返回值类型	功能说明
getPrimaryText()	string	获取剪贴板中首个条目的纯文本内容
getPrimaryHtml()	string	获取剪贴板中首个条目的 HTML 文本内容
getPrimaryWant()	Want	获取剪贴板中首个条目的 Want 对象内容
getPrimaryUri()	string	获取首个条目的 URI 文本内容

(3) 清空系统剪贴板中的内容。

- clear()：Promise<void>，异步清空系统剪贴板中的内容，并使用 Promise 方式返回结果。返回值类型为 Promise<void>。
- clear(callback：AsyncCallback<void>)：void，异步清空系统剪贴板中的内容，并使用 callback 方式返回结果。callback 参数表示清空系统剪贴板内容时的回调。

5.3.6 案例：抽奖助手

扫一扫

1. 需求描述

抽奖助手应用程序可以根据使用场合设置横幅滚动图片、奖项信息(包括奖项名称、奖项个数)和参与抽奖人员名单(可以为姓名、编号等)。如果抽奖助手应用程序第一次运行，则会自动切换至如图 5.28 所示的抽奖设置页面。在抽奖设置页面上可以依次添加“奖项名称”和“奖项个数”信息、导入参与抽奖人员名单、导入抽奖页面上部的横幅滚动图片，待抽奖设置信息保存后，可切换至如图 5.29 所示的抽奖页面。抽奖页面根据抽奖设置信息在横幅滚动图片区域加载图片；在奖项信息显示区域按照“奖项名称(奖项数量)：获奖人姓名”的格式显示相关信息；单击抽奖区域的“设置”按钮，可以进行抽奖信息设置；单击抽奖区域的“开始”按钮，可以开始进行抽奖活动；单击“退出”按钮，可以退出抽奖助手应用程序。

2. 设计思路

扫一扫

根据抽奖设置页面的显示效果和需求描述，整个页面从上至下依次分为奖项设置区、参与抽奖人员名单设置区、横幅滚动图片设置区和按钮区四部分。奖项设置区由 type 值分别为 text(奖项名称输入框)、number(奖项数量输入框)和 button(添加奖项按钮)的 3 个 input 组件实现；参与抽奖人员名单设置区由 1 个 textarea 组件(显示抽奖人员名单)和 1 个 type 值为 button(导入名单按钮)的 input 组件实现；横幅滚动图片设置区由 1 个 image 组件(预览当前导入的图片)和 1 个 type 值为 button(导入图片按钮)的 input 组件实现；按钮区由 2 个 type 值为 button 的 input 组件实现。单击页面上的“保存设置”按钮，将设置的奖项信息、导入的参与抽奖人员名单和设置的横幅滚动图片以文件形式保存在应用程序私有目录中；单击抽奖设置页面上的“返回抽奖”按钮，应用程序切换至如图 5.29 所示的抽奖页面。

图 5.28 抽奖设置页面

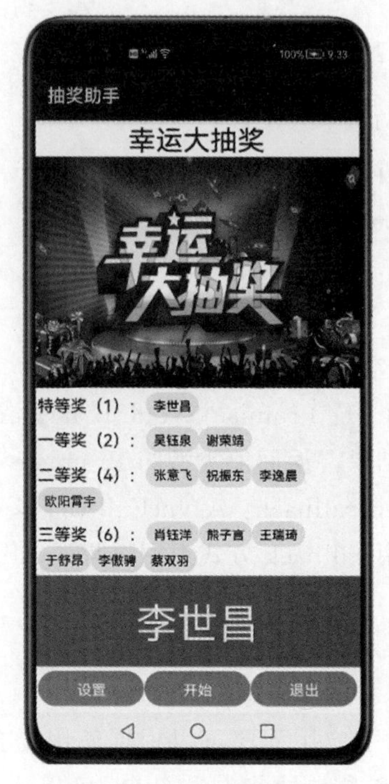

图 5.29 抽奖页面

根据抽奖页面的显示效果和需求描述，整个页面从上至下依次分为横幅滚动图片显示区、奖项信息显示区、滚动名单显示区和按钮区四部分。横幅滚动图片显示区由 swiper 组件和 image 组件实现；奖项信息显示区由 text 组件和 piece 组件实现，text 组件用于显示奖项名称和奖项数量，piece 组件用于显示获奖人员名单；滚动名单显示区用 text 组件与周期执行函数实现；按钮区由 3 个 type 值为 capsule 的 button 组件实现。单击页面上的“设置”按钮，应用程序切换至抽奖设置页面；单击页面上的“开始”按钮，滚动名单显示区的名单会动态变化，并且该按钮上的文字切换为“停止”，单击“停止”按钮，名单停止滚动，当前显示的名单即为中奖名单，单击中奖名单后，就可以将中奖名单添加到奖项信息显示区显示。

3. 实现流程

1）抽奖页面

打开项目的 entry/src/main/js/default 文件夹，右击 pages 文件夹，选择 New→JS Page 选项创建名为 lottery 的抽奖页面。抽奖助手应用程序启动时，首先加载 lottery 页面，并使用文件存储与访问机制从应用程序私有目录中打开 config.ini 抽奖助手的配置文件，如果配置文件内容为空，则说明抽奖助手应用程序是首次运行，也就是抽奖助手还没有进行抽奖选项的设置，即需要切换至如图 5.28 所示的抽奖设置页面进行抽奖选项设置；否则读出 config.ini 配置文件内容，并按照表 5.55 的奖项信息数据结构解析文件。

表 5.55　奖项信息数据结构及功能说明

属性名	类　型	功能说明	样　例
lname	string	奖项名称	{ lname：'特等奖'，lcount：1，lmember：[] }
lcount	number	奖项数量	
lmember	string[]	中奖人员名单	

① 横幅滚动图片显示区的实现。

css 的代码如下。

```
1   .head-css {
2       width: 100%;
3       text-align: center;
4   }
5   .swiper-css {
6       height: 40%;
7   }
8   .content-css {
9       display: flex;
10      flex-direction: column;
11  }
12  .img-css {
13      object-fit: fill;
14  }
```

hml 的代码如下。

```
1   <text class="head-css">幸运大抽奖</text>
2   <swiper id="swiper_image" class="swiper-css" indicator="true" autoplay="
true" digital="false"  scrolleffect="fade" cachedsize="-1">
3           <div for="{{ imgSrc }}">
4               <div class="content-css">
5                   <image class="img-css" src="{{ $item }}"></image>
6               </div>
7           </div>
8   </swiper>
```

上述第 3～7 行代码表示根据存放横幅滚动图片源地址的 imgSrc 数组进行列表渲染。

js 的代码如下。

```
1       data: {
2           imgSrc: [ ],                //存放横幅滚动图片
3           lotters: [ ], //存放奖项信息({ lname: '特等奖', lcount: 1, lmember: [] })
4           allNames: [ ],              //存放参与抽奖人员名单
5           currentName: '滚动名单',    //存放当前滚动的名单
6           btnName: '开始',            //存放开始抽奖的按钮上的文字
```

```
7         flag: true,                     //存放是否单击“开始”按钮标志
8         intervalId: 0,                  //存放周期执行函数 id
9         index:0                         //存放当前中奖人在 allNames 数组中的索引下标
10     },
11     async onInit() {
12         var context = ability_featureAbility.getContext()
13         var path = await context.getFilesDir()
14         var fd = fileio.openSync(path + "/config.ini", 0o2 | 0o100, 0o0700)
                                          //以读写方式打开 config.ini 文件
15         var buf = new ArrayBuffer(40960);
16         var number = fileio.readSync(fd, buf);
17         if(number==0){
18             router.push({
19                 uri: 'pages/lottery/setup/setup',
20             })
21             return
22         }
23         var content = String.fromCharCode.apply(null, new Uint8Array(buf))
24         var contents=content.split(";")
25         this.lotters = JSON.parse(contents[0])      //奖项信息
26         this.imgSrc = JSON.parse(contents[1])       //横幅滚动图片源地址
27         this.allNames= contents[2].split(",")       //参与抽奖人员名单
28     },
```

当页面数据初始化完成时调用 onInit()函数,上述第 12～16 行代码表示从应用程序的私有目录中打开抽奖助手配置文件,并读出文件内容。如果内容为空,则执行上述第 17～22 行代码,表示应用程序页面切换至抽奖设置页面。如果内容不为空,则执行上述第 23～27 行代码,分别解析出奖项信息、横幅滚动图片源地址和参与抽奖人员名单。

② 奖项信息显示区的实现。

css 的代码如下。

```
1   .detail-css {
2       display: flex;
3       flex-direction: column;
4   }
5   .lottery-css {
6       flex-wrap: wrap;
7       font-size: 18fp;
8       margin: 5fp;
9       background-color: white;
10  }
```

hml 的代码如下。

```
1   <div class="detail-css" for="{{ (id, lotter) in lotters }}">
2           <div class="lottery-css">
```

```
3               <text>{{ lotter.lname }}({{ lotter.lcount }}): </text>
4               <div for="{{ (id, member) in lotter.lmember }}">
5                   <piece content="{{ member }}"></piece>
6               </div>
7           </div>
8   </div>
```

上述代码表示根据存放奖项信息的 lotters 数组进行列表渲染，其中第 3 行代码表示按照“奖项名称(奖项数量)”的格式显示奖项信息，第 4～6 行代码表示根据存放中奖名单的 lmember 数组进行列表渲染，并用 piece 组件显示中奖名单信息。

③ 滚动名单显示区的实现。

css 的代码如下。

```
1   #info{
2       height: 100fp;
3       font-size: 45fp;
4       background-color: red;
5       color: yellow;
6   }
```

hml 的代码如下。

```
1   <text id="info" class="head-css" disabled="{{!flag}}" @click="submitName"
>{{ currentName }}</text>
```

上述代码用 disabled 属性控制滚动名单是否能被单击，只有滚动名单停止滚动时，才能被单击。

js 的代码如下。

```
1   submitName() {
2           for (var i = 0;i < this.lotters.length; i++) {
3               if (this.lotters[i].lcount > this.lotters[i].lmember.length) {
4                   this.lotters[i].lmember.push(this.allNames[this.index])
5                   break
6               }
7           }
8           this.allNames.splice(this.index, 1)  //从参与抽奖名单中删除当前中奖人
9   },
```

上述第 3～6 行代码表示抽奖过程中如果某个奖项的数量大于当前抽中的获奖人数，则将中奖人员名单添加到存放该奖项的中奖人员名单数组中。第 8 行代码表示从参与抽奖名单数组中删除当前中奖人，防止重复中奖。

④ 按钮区的实现。

css 的代码如下：

```
1   .btn-css {
2       justify-content: center;
3       margin: 5fp;
4       width: 100%;
5   }
6   button{
7       background-color: lightcoral;
8       flex-grow: 1;
9   }
```

hml 的代码如下。

```
1   <div class="btn-css">
2           <button type="capsule" @click="setup" value="设置"></button>
3           <button type="capsule" @click="start" value="{{ btnName }}"></button>
4           <button type="capsule" @click="quit" value="退出"></button>
5   </div>
```

js 的代码如下。

```
1   /*开始按钮事件*/
2   start() {
3           this.flag ? this.btnName = '停止' : this.btnName = '开始'
4           this.flag = !this.flag
5           clearInterval(this.intervalId)              //取消正在执行的周期函数
6           var that = this
7           this.intervalId = setInterval(function () {
8               if (!that.flag) {
9                   that.index = parseInt(Math.random() * that.allNames.length +
0, 10)
10                  that.currentName = that.allNames[that.index]
                                                    //将随机人员名单显示在页面上
11              }
12          }, 1000)
13  },
14  /*设置按钮事件*/
15  setup() {
16          router.push({
17              uri: 'pages/lottery/setup/setup',
18          })
19  },
20  /*退出按钮事件略*/
```

上述第 7～12 行代码表示创建一个每隔 1s 执行一次的周期函数，单击“开始”按钮后，产生一个[0,参与抽奖人员数组长度)区间内的随机数，并将此随机数作为参与抽奖人员数组元素的下标。

⑤ 抽奖页面的实现。

css 的代码如下。

```
1   .container {
2       display: flex;
3       flex-direction: column;
4       width: 100%;
5       height: 100%;
6   }
7   /* 横幅滚动图片显示区的 css 代码 */
8   /* 奖项信息显示区的 css 代码 */
9   /* 滚动名单显示区的 css 代码 */
10  /* 按钮区的 css 代码 */
```

hml 的代码如下。

```
1   <div class="container">
2     /* 横幅滚动图片显示区的 hml 代码 */
3     /* 奖项信息显示区的 hml 代码 */
4     /* 滚动名单显示区的 hml 代码 */
5     /* 按钮区的 hml 代码 */
6   </div>
```

js 的代码如下。

```
1   import ability_featureAbility from '@ohos.ability.featureAbility';
2   import fileio from '@ohos.fileio';
3   import router from '@system.router';
4   export default {
5     /* 横幅滚动图片显示区的 js 代码 */
6     /* 奖项信息显示区的 js 代码 */
7     /* 滚动名单显示区的 js 代码 */
8     /* 按钮区的 js 代码 */
9   }
```

2) 抽奖设置页面

扫一扫

打开项目的 entry/src/main/js/default/pages 文件夹，右击 lottery 文件夹，选择 New→JS Page 选项创建名为 setup 的抽奖设置页面。用户在抽奖设置页面添加奖项信息、导入参与抽奖人员名单和导入抽奖页面的横幅滚动图片源地址后，单击“保存设置”按钮，使用文件存储与访问机制，向应用程序私有目录中的 config.ini 抽奖助手的配置文件写入抽奖设置信息；单击“返回抽奖”按钮后，抽奖助手应用程序切换至抽奖设置页面。

① 奖项设置区的实现。

css 的代码如下。

```
1   .title{
2       height: 6%;
```

```
3   }
4   .item-css {
5       align-items: center;
6       margin: 5fp;
7       height: 10%;
8       width: 100%;
9   }
```

hml 的代码如下。

```
1   <text class="title">
2           抽奖设置
3   </text>
4   <div class="item-css">
5       <input style="width : 45%;height: 100%;" type="text" placeholder="输入
奖项名称" value="{{ lname }}" @change="getName"></input>
6       <input style="width : 35%;height: 100%;" type="number" placeholder="输
入奖项人数" value="{{ lcount }}" @change="getCount"></input>
7       <input style="width : 20%;height: 100%; background-color : #bfa574;
" type="button" value="添加奖项"  @click="addLottery"></input>
8   </div>
```

js 的代码如下。

```
1   data: {
2           lname: '',                                  //保存奖项名称
3           lcount: '',                                 //保存奖项数量
4           lotters: [],                                //保存奖项信息
5           imgSrc: ['/common/images/lottery.png'],     //保存导入的图片源地址
6           currrentImg: '/common/images/lottery.png',
                                          //保存当前 image 组件显示的图片源地址
7           currentName: ''                       //保存导入的参与抽奖人员名单
8   },
9   /*获取奖项名称事件*/
10  getName(e) {
11          this.lname = e.value
12  },
13  /*获取奖项个数事件*/
14  getCount(e) {
15          this.lcount = parseInt(e.value)
16  },
17  /*添加奖项信息事件*/
18  addLottery() {
19          this.lotters.push({  lname: this.lname, lcount: this.lcount,
lmember: [] })
20          this.lname = ""
21          this.lcount = ""
22  },
```

上述第19行代码表示按照表5.55所示的奖项信息数据结构格式，添加本次抽奖设置的奖项信息，其中lname表示奖项名称，lcount表示奖项数量，lmember表示中奖人员名单。

② 参与抽奖人员名单设置区的实现。

扫一扫

css的代码如下。

```
1   .name-css {
2       align-items: center;
3       margin: 5fp;
4       height: 35%;
5       width: 100%;
6   }
```

hml的代码如下。

```
1   <div class="name-css">
2           <textarea style="width : 80%;height: 100%;"  extend="true"
placeholder="导入抽奖人员名单或编号需用英文逗号,隔开" value="{{currentName}}" @
change="getallNames"></textarea>
3           <input style="width : 20%;height: 100%; background-color : #bfa574;
" type="button" value="导入名单" @click="addName"></input>
4   </div>
```

js的代码如下。

```
1   /*获取参与抽奖人员名单事件*/
2   getallNames(e) {
3           this.currentName = e.text
4   },
5   /*打开抽奖人员名单文件事件*/
6   async addName() {
7           await document.choose((err, uri) => {
8               document.show(uri, ["*"]).then(() => {
9                   console.info("导入名单成功")
10              }).catch(() => {
11                  console.info("导入名单失败")
12              })
13          })
14          var that = this
15          var systemPasteboard = pasteboard.getSystemPasteboard();
16          systemPasteboard.getPasteData((error, pasteData) => {
17              if (!error) {
18                  that .currentName = pasteData.getPrimaryText();
19              }
20          });
21  },
```

上述第7～13行代码用于打开文件管理器，用户在文件管理器中选中存放参与抽奖人员名单的文件后，就可以调用document.show()方法选择某一种文件打开方式将该文件打开,然后选中打开文件的内容,并将其复制到系统剪贴板,再调用系统剪贴板的 systemPasteboard.getPasteData()方法读出系统剪贴板中的内容,并赋值给 currentName,也就是将剪贴板中的内容粘贴到 textarea 组件上。

③ 横幅滚动图片设置区的实现。

css 的代码如下。

```
1   .image-css{
2       align-items: center;
3       margin: 5fp;
4       height: 35%;
5       width: 100%;
6   }
```

hml 的代码如下。

```
1   <div class="image-css">
2           <image style="width : 80%;height: 100%;" src="{{currrentImg}}"></
image>
3           <input style="width : 20%;height: 100%; background-color : #bfa574;
" type="button" value="导入图片" @click="importImgs"></input>
4   </div>
```

默认状态下,image 组件中显示 common/images/lottery.png 图片,该图片已经复制到项目的 common/images 文件夹中。

js 的代码如下。

```
1   async importImgs() {
2           var that = this
3           await document.choose((err, uri) => {
4               that .currrentImg = uri
5               that .imgSrc.push(uri)
6           })
7   },
```

单击"导入图片"按钮后打开文件管理器,用户在文件管理器中选择图片后将图片显示在 image 组件中,并将该图片的 URI 值追加存放到 imgSrc 数组中。

④ 按钮区的实现。

扫一扫

css 的代码如下。

```
1   .savebtn-css{
2       height: 6%;
3       width: 100%;
4       margin:5;
5       background-color: #bfa574;
6   }
```

hml 的代码如下。

```
1  <div>
2          <input type="button" class="savebtn-css" value="保存设置" @click=
"saveConfig"></input>
3          <input type="button" class="savebtn-css" value="返回抽奖" @click=
"returnLottery"></input>
4  </div>
```

js 的代码如下。

```
1  /*保存抽奖设置选项事件*/
2  async saveConfig() {
3          var context = ability_featureAbility.getContext()
4          var path = await context.getFilesDir()
5          var fd = fileio.openSync(path + "/config.ini", 0o2 | 0o100, 0o0777)
                                                  //以读写方式打开 config.ini 文件
6          var lotterys = JSON.stringify(this.lotters) + ";"
                                                  //将 lotters 数组转换为 JSON 格式字符串
7          var imgsrcs = JSON.stringify(this.imgSrc) + ";"
                                                  //将 imgSrc 数组转换为 JSON 格式字符串
8          var number = fileio.writeSync(fd, lotterys + imgsrcs + this.currentName)
                                                  //向文件写入数据
9          fileio.closeSync(fd)
10 },
11 /*返回抽奖页面事件*/
12 returnLottery() {
13         router.push({
14             uri: 'pages/lottery/lottery',
15         })
16 }
```

上述第 5 行代码表示以读写方式打开应用程序私有目录下的 config.ini 文件，如果文件不存在，则创建该文件。第 6～8 行代码表示将设置的奖项信息、横幅滚动图片源地址及导入的参与抽奖人员名单用“;”连接成一个字符串，然后写入 config.ini 文件中。

⑤ 抽奖设置页面的实现。

css 的代码如下。

```
1  .container {
2      display: flex;
3      flex-direction: column;
4      align-items: center;
5      width: 100%;
6      height: 100%;
7      background-color: antiquewhite;
8  }
9  /*奖项设置区的 css 代码*/
```

```
10 /*参与抽奖人员名单设置区的css代码*/
11 /*横幅滚动图片设置区的css代码*/
12 /*按钮区的css代码*/
```

hml的代码如下。

```
1  <div class="container">
2     /*奖项设置区的hml代码*/
3     /*参与抽奖人员名单设置区的hml代码*/
4     /*横幅滚动图片设置区的hml代码*/
5     /*按钮区的hml代码*/
6  </div>
```

js的代码如下。

```
1  import document from '@ohos.document';
2  import ability_featureAbility from '@ohos.ability.featureAbility';
3  import fileio from '@ohos.fileio';
4  import router from '@system.router';
5  import pasteboard from '@ohos.pasteboard';
6  export default {
7    /*奖项设置区的js代码*/
8    /*参与抽奖人员名单设置区的js代码*/
9    /*横幅滚动图片设置区的js代码*/
10   /*按钮区的js代码*/
11 }
```

扫一扫

5.4 随手账本的设计与实现

为了满足人们在快节奏的生活中可以随时随地记下个人及家庭其他成员的收入、支出情况，及时了解家庭每个月的收入与支出状况，方便个人及家庭的记账需求，本节采用toolbar和toolbar-item组件、list、list-item-group和list-item组件、refresh组件、chart组件及关系数据存储与访问机制设计一款随手账本App。用户通过这款App可以记录每一笔收入与支出明细、查看每一笔收入与支出详细信息，以及了解每个月的收入与支出状况等。

5.4.1 toolbar和toolbar-item组件

toolbar组件（工具栏组件）用于在页面展示针对当前页面的操作选项，一个操作选项就是一个toolbar-item子组件。页面工具栏最多可以展示5个toolbar-item子组件操作选项，如果超过5个toolbar-item子组件操作选项，则工具栏只显示前面4个，后面余下的子组件操作选项会收纳到工具栏上的更多操作选项中，用户单击更多操作选项后，会弹窗展示剩下的子组件操作选项。目前，页面工具栏上的前面4个toolbar-item子组件可以通过自定义样式设置显示样式，但是自定义样式对更多操作选项展示的组件不生效，更多操作选项展示的样式只能为系统默认样式。

toolbar 组件支持通用属性、通用样式和通用事件，toolbar-item 组件除支持通用属性、通用样式和通用事件外，还支持如表 5.56 所示的属性。

表 5.56　toolbar-item 组件属性及功能

属性名	类型	功能说明
value	string	设置该操作项文本内容
icon	string	设置该操作项图标资源路径，该图标展示在选项文本上，支持本地和云端路径，图片格式包括 png、jpg 和 svg

工具栏在页面上的位置可以通过设置 toolbar 组件的样式实现。例如，下面的代码表示工具栏显示在页面底部。

```
1  <toolbar style="position : fixed; bottom: 0px;">
2      <!-- toolbar-item 子组件 -->
3  </toolbar>
```

例如，下面的代码表示工具栏显示在页面顶部。

```
1  <toolbar style="position : fixed; top : 0px;">
2      <!-- toolbar-item 子组件 -->
3  </toolbar>
```

【范例 5-31】　设计一个如图 5.30 所示的易购商城页面底部工具栏，单击底部工具栏的操作选项，页面上显示的内容会随之改变。

图 5.30　底部工具栏

hml 的代码如下。

```
1  <div class="container">
2      <text>{{ info }}列表</text>
3      <toolbar style="position : fixed; bottom : 0px;">
4          <toolbar-item style="font-size: 15fp;" icon='/common/images/icon/
tiezi.png' value='我的帖子' @click="changeTab(0)"></toolbar-item>
5          <toolbar-item style="font-size: 15fp;" icon='/common/images/icon/
duihuan.png' value='兑换订单' @click="changeTab(1)"></toolbar-item>
6          <toolbar-item style="font-size: 15fp;" icon='/common/images/icon/
tejia.png' value='特价订单' @click="changeTab(2)"></toolbar-item>
7          <toolbar-item style="font-size: 15fp;" icon='/common/images/icon/
msg.png' value='我的消息' @click="changeTab(3)"></toolbar-item>
8          <toolbar-item style="font-size: 15fp;" icon='/common/images/icon/
chongzi.png' value='充值记录' @click="changeTab(4)"></toolbar-item>
9          <toolbar-item style="font-size: 15fp;" icon='/common/images/icon/
xiaofei.png' value='消费记录' @click="changeTab(5)"></toolbar-item>
10         <toolbar-item style="font-size: 15fp;" icon='/common/images/icon/
kefu.png' value='客服电话' @click="changeTab(6)"></toolbar-item>
11         <toolbar-item style="font-size: 15fp;" icon='/common/images/icon/
fankui.png' value='投诉反馈' @click="changeTab(7)"></toolbar-item>
12     </toolbar>
13 </div>
```

上述第 4～11 行代码用 toolbar-item 组件设置了 8 个操作选项，并用@click 绑定了 changeTab()单击操作选项事件，当用户单击操作选项时会将绑定事件的参数值传递给 js 业务逻辑功能代码中。

js 的代码如下。

```
1  export default {
2      data: {
3          txtTips: ['我的帖子', '兑换订单', '特价订单', '我的消息', '充值记录', '消
费记录', '客服电话', '投诉反馈'],
4          info: '我的帖子'                          //存放页面顶部显示的内容
5      },
6      changeTab(value) {
7          this.info = this.txtTips[value]
8      }
9  }
```

上述第 7 行代码表示单击底部工具栏操作选项时，将绑定事件 changeTab()传递的参数值作为 txtTips 数组元素的下标。

5.4.2 list、list-item-group 和 list-item 组件

扫一扫

list 组件(列表组件)用于在页面展示连续、多行同类数据的一系列相同宽度的列表项。该组件是一个容器类组件，通常与展示列表分组的 list-item-group 组件和展示列表项的

list-item 组件一起设计应用程序的用户界面。

1. list 组件

list 组件除支持通用属性和通用事件外，还支持如表 5.57 所示的属性和如表 5.58 所示的事件。

表 5.57 list 组件属性及功能

属性名	类型	功能说明
scrollpage	boolean	设置 list 顶部页面中非 list 部分是否会随 list 一起滑出可视区域，属性值包括 false(默认值，不会)和 true。但当 list 方向为 row 时，不支持此属性
cachedcount	number	设置长列表延迟加载时 list-item 的最少缓存数量，默认值为 0。当可视区域外缓存的 list-item 数量少于该值时，会触发 requestitem 事件
scrollbar	string	设置侧边滑动栏的显示模式(当前只支持纵向)，属性值包括 off(默认值，不显示)、auto(按需显示，触摸时显示，2s 后消失)和 on(常驻显示)
divider	boolean	设置 item 是否自带分隔线，属性值包括 false(默认值，不带分隔线)和 true。可以用 divider-color、divider-height、divider-length 和 divider-origin 样式设置分隔线的颜色、高度、长度和离主轴起点的偏移量
scrollvibrate	boolean	设置 list 滑动时是否有振动效果，属性值包括 true(默认值，有振动)和 false。但仅在智能穿戴场景生效
selected	string	设置当前 list 中被选中激活的 item，可选值为 list-item 的 section 属性值

表 5.58 list 组件事件及功能

事件名	返回值	功能说明
scroll	{scrollX: scrollXValue, scrollY: scrollYValue, scrollState: stateValue}	当列表滑动时触发该事件，返回列表滑动的偏移量和状态。如果滑动已经停止，则状态回调返回 scrollState 值为 0；如果列表正在用户触摸状态下滑动，则状态回调返回 scrollState 值为 1；如果列表正在用户松手状态下滑动，则状态回调返回 scrollState 值为 2
scrollbottom	无	当列表已滑动到底部位置时触发该事件
scrolltop	无	当列表已滑动到顶部位置时触发该事件
scrollend	无	当列表滑动已经结束时触发该事件
scrolltouchup	无	当手指已经抬起且列表仍在惯性滑动时触发该事件
requestitem	无	当请求创建新的 list-item 时触发该事件。在长列表延迟加载时，可视区域外缓存的 list-item 数量少于 cachedcount 时，会触发该事件
rotate	{ rotateValue: number }	返回表冠旋转角度增量值，仅智能穿戴支持

2. list-item 组件

list-item 组件用来展示列表中具体的 item 项。父容器 list 组件的 align-items 默认样式为 stretch，list-item 组件的宽度默认充满 list 组件。如果要设置 list-item 组件的自定义宽度，则必须将父容器 list 组件的 align-items 样式设置为非 stretch 值，才能让自定义宽度生效。list-item 组件除支持通用属性和通用事件外，还支持如表 5.59 所示的属性和如表 5.60 所示的事件。

表 5.59　list-item 组件属性及功能

属性名	类型	功能说明
type	string	设置 list-item 类型，默认值为 default，同一 list 中可以包含多种 type 的 list-item，相同 type 的 list-item 需要确保渲染后的视图布局也相同，如果 type 固定，则使用 show 属性代替 if 属性，确保视图布局不变
primary	boolean	设置该 item 是否是 group 中的主 item，如果是主 item，则收拢时显示该 item，属性值包括 false（默认值，不是）和 true。如果有多个 item 被标记为 primary，则以第一个为准；如果没有 item 被标记为 primary，则以第一个 item 为主 item
section	string	设置当前 item 的匹配字符串，如不设置，则为空，不支持动态修改。但 group 内只有主 item 设置有效
sticky	string	设置当前 item 是否为吸顶 item 以及其吸顶消失的效果，属性值包括 none（默认值，不吸顶）、normal（吸顶，消失效果滑动消失）和 opacity（item 吸顶，消失效果渐隐消失，仅在智能穿戴设备支持）。当前该属性仅支持纵向 list，group 内部的 item 不可吸顶，即设置该属性无效
clickeffect	boolean	设置当前 item 是否有点击动效，属性值包括 true（默认值，有）和 false

表 5.60　list-item 组件事件及功能

事件名	返回值	功能说明
sticky	{ state: boolean }	吸顶组件回调事件，若当前 item 处于非吸顶状态，则 state 状态值为 false，否则 state 状态值为 true。仅当 item 设置 sticky 属性时才支持此事件

3. list-item-group 组件

list-item-group 组件用来展示列表分组，宽度默认充满父容器 list 组件。使用 list-item-group 组件时父容器 list 组件的样式 columns 值必须为 1，否则功能异常。list-item-group 组件除支持通用属性和通用事件外，还支持如表 5.61 所示的属性和如表 5.62 所示的事件。

表 5.61　list-item-group 组件属性及功能

属性名	类型	功能说明
type	string	设置 list-item-group 类型，默认值为 default，同一 list 中可以包含多种 type 的 list-item-group，相同 type 的 list-item-group 需要确保渲染后的视图布局也相同，若 type 固定，则使用 show 属性代替 if 属性，确保视图布局不变

表 5.62　list-item-group 组件事件及功能

属性名	返　回　值	功 能 说 明
groupclick	{ groupid：string }	单击 group 时触发该事件，groupid 表示被单击 group 的 id
groupcollapse	{ groupid：string }	收拢 group 时触发该事件，groupid 表示被收拢 group 的 id；当不输入参数或者 groupid 为空时，收拢所有 group 分组
groupexpand	{ groupid：string }	展开 group 时触发该事件，groupid 表示被展开 group 的 id；当不输入参数或者 groupid 为空时，展开所有 group 分组

【范例 5-32】 在实现范例 5-31 的基础上，单击底部工具栏中的“我的帖子”选项，页面上会显示如图 5.31 所示的可滚动列表，可滚动列表中显示了帖子标题，当可滚动列表中的帖子标题发生改变时，列表下方的帖子内容也随之改变；单击底部工具栏中的“兑换订单”选项，页面上会显示如图 5.32 所示的可滚动列表，单击列表中的某一项兑换订单，可以将订单名称作为参数传递给打开的新页面；单击底部工具栏中的“我的消息”选项，页面上会显示如图 5.33 所示的分组列表，单击列表中的某一项消息，可以用 Toast 提示单击的消息信息。

扫一扫

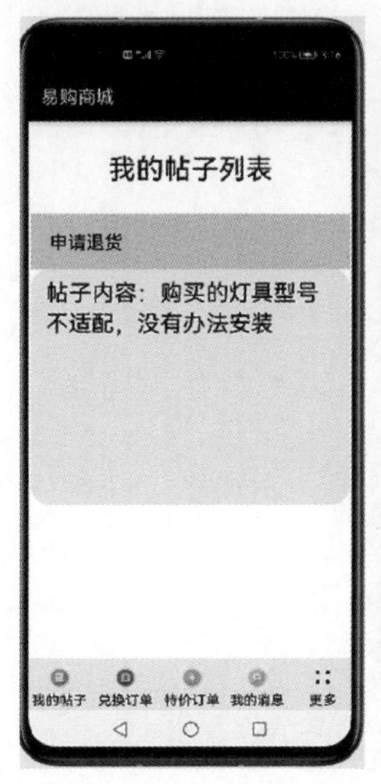

图 5.31　list 组件效果(1)

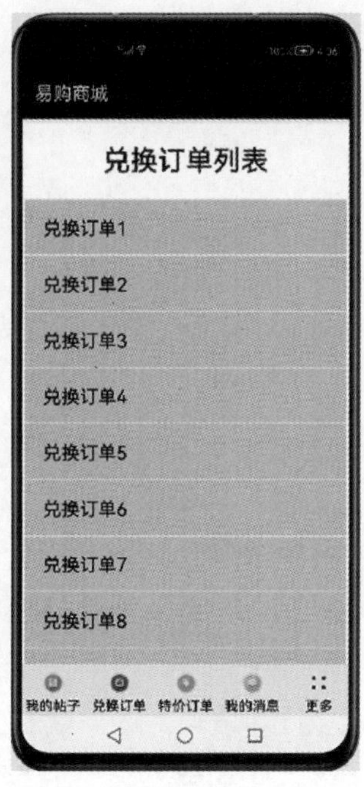

图 5.32　list 组件效果(2)

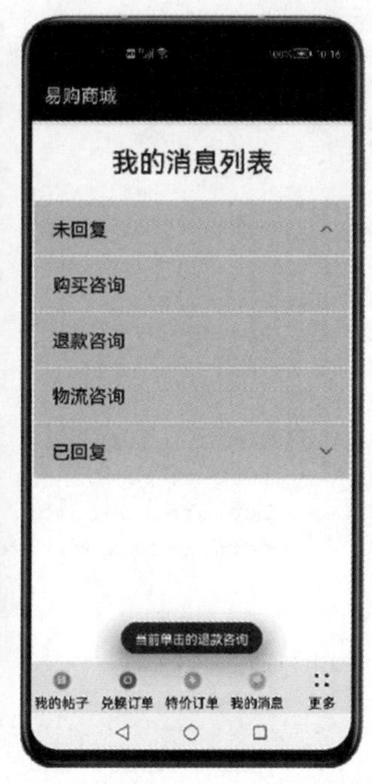

图 5.33　list 组件效果(3)

css 的代码如下。

```
1   .container {
2       display: flex;
```

```
3      flex-direction: column;
4      align-items: center;
5      margin-left: 5fp;
6      margin-right: 5fp;
7      width: 100%;
8      height: 100%;
9  }
10 .head-css {
11     font-size: 30px;
12     text-align: center;
13     height: 100px;
14 }
15 .area-css{
16     flex-direction: column;
17 }
18 .postlist-css{
19     height: 60px;
20     columns: 1;
21 }
22 .listItem-css{
23     height: 60px;
24     background-color: gainsboro;
25     border-bottom: 1px solid #DEDEDE;
26 }
27 .title-css{
28     margin-left: 20;
29     font-size: 20px;
30 }
31 .detail-css{
32     height: 40%;
33     font-size: 25fp;
34 }
35 .listItem-head{
36     height: 60px;
37     background-color: gold;
38     border-bottom: 1px solid white;
39 }
```

hml 的代码如下。

```
1  <div class="container">
2      <text class="head-css">{{ info }}列表</text>
3      <div class="area-css" if="{{ cIndex == 0 }}">
4          <list class="postlist-css" scrollbar="auto">
5              <list-item class="listItem-css" sticky="normal" for="{{ posts
}}" @sticky="getStickItem({{ $idx }})">
6                  <text class="title-css">{{ $item.title }}</text>
7              </list-item>
8          </list>
```

```
9           <textarea class="detail-css" value="帖子内容:{{ detail }}"></
textarea>
10      </div>
11      <div class="area-css" elif="{{ cIndex == 1 }}">
12          <list scrollbar="auto">
13              <list-item class="listItem-css" for="{{ orders }}" @click="
changeItem({{ $idx }})">
14                  <text class="title-css">{{ $item }}</text>
15              </list-item>
16          </list>
17      </div>
18      <div class="area-css" elif="{{ cIndex == 3 }}">
19          <list scrollbar="auto" >
20              <list-item-group for="{{ msgsType }}" >
21                  <list-item class="listItem-head">
22                      <text class="title-css">{{ $item }}</text>
23                  </list-item>
24                  <block for="{{ (index, msgitem) in msgs }}" if="{{ $item ==
msgitem.flag }}">
25                      <list-item class="listItem-css" @click="getMsgItem
(index)">
26                          <text class="title-css">{{ msgitem.title }}</text>
27                      </list-item>
28                  </block>
29              </list-item-group>
30          </list>
31      </div>
32      <!-- toolbar 工具栏代码与范例 5-31 的 hml 代码类似,此处略-->
33  </div>
```

上述第 3～10 行代码用于实现图 5.31 所示的页面布局效果，其中第 5 行的 posts 数组存放我的帖子信息(title 表示帖子标题，content 表示帖子内容)；第 11～17 行代码用于实现图 5.32 所示的页面布局效果，其中第 13 行的 orders 数组存放兑换订单信息；第 18～31 行代码用于实现图 5.33 所示的页面布局效果，其中第 24～28 行代码表示将 msgsType(消息类别)数组中的元素值与 msgs(消息)数组中元素的 flag 值一样的归类显示在同一个列表组(list-item-group)中。

js 的代码如下。

扫一扫

```
1   import router from '@system.router';
2   export default {
3       data: {
4           //txtTips、info 的定义代码与范例 5-31 类似,此处略
5           posts: [
6               {title: '申请退货', content: '购买的灯具型号不适配,没有办法安装'},
7               {title: '申请返修', content: '35690111 号订单购买的话筒声音太小,目
前在保修期内'},
```

```
8                                                    //……
9           ],                                       //存放帖子信息
10          detail: '',                              //存放当前帖子内容
11          cIndex: 0,                               //存放底部工具栏操作选项索引
12          orders: [],                              //存放兑换订单信息
13          msgsType:['未回复','已回复'],              //消息类别
14          msgs:[
15              {title:'购买咨询',flag:'未回复'},
16              {title:'退货咨询',flag:'已回复'},
17                                                   //……
18          ]                                        //存放消息信息
19      },
20      onInit() {
21          for (var i = 0;i < 30; i++) {
22              this.orders.push("兑换订单" + (i + 1)) //兑换订单格式:兑换订单 1
23          }
24      },
25      /*定义切换页面底部工具栏操作选项事件*/
26      changeTab(value) {
27          this.info = this.txtTips[value]          //在页面顶部显示列表名称
28          this.cIndex = value                      //获取底部工具栏操作选项索引
29      },
30      /*定义吸顶列表项事件*/
31      getStickItem(value, e) {
32          if (e.state) {
33              this.detail = this.posts[value].content
34          }
35      },
36      /*定义单击兑换订单列表选项事件*/
37      changeItem(value) {
38          router.push({
39              uri: 'pages/p_5_32/p_order/p_order',
40              params: {
41                  order: this.orders[value]        //传递兑换订单参数
42              }
43          })
44      }
45      /*定义单击消息列表选项事件*/
46      getMsgItem(index){
47          prompt.showToast({
48              message: '当前单击的' + this.msgs[index].title
49          })
50      }
51  }
```

上述第 20～24 行代码表示在页面数据初始化完成时自动生成 30 个兑换订单;第 32～34 行代码表示如果列表项吸顶,则在帖子内容区显示当前吸顶列表项对应的帖子内容;第 38～43 行代码表示单击兑换订单列表选项时页面切换至 p_order。

5.4.3 refresh 组件

refresh 组件(下拉刷新容器组件)用于刷新显示该容器内子组件的内容,除支持通用属性和通用事件外,还支持如表 5.63 所示的属性和如表 5.64 所示的事件。

表 5.63 refresh 组件属性及功能

属性名	类型	功能说明
offset	<length>	设置刷新组件静止时距离父组件顶部的距离
refreshing	boolean	设置刷新组件当前是否正在刷新,属性值包括 false(默认值,不是正在刷新)和 true
type	string	设置组件刷新时的动效,属性值包括 auto(默认效果,列表界面拉到顶后,列表不移动,下拉后有转圈弹出)和 pulldown(列表界面拉到顶后,可以继续往下滑动一段距离触发刷新,刷新完成后有回弹效果)。如果子组件含有 list,为防止下拉效果冲突,需将 list 的 scrolleffect 设置为 no。该属性值不支持动态修改
lasttime	boolean	设置是否显示上次更新时间,属性值包括 false(默认值,不显示)和 true
timeoffset	<length>	设置更新时间距离父组件顶部的距离
friction	number	设置下拉摩擦系数,取值范围为 0~100,手机设备默认值为 42,智能穿戴设备默认值为 62。仅对手机、平板和智能穿戴设备有效

表 5.64 refresh 组件事件及功能

事件名	返回值	功能说明
refresh	{refreshing: refreshingValue }	下拉刷新状态变化时触发该回调事件。refreshing 值为 false 表示当前处于下拉刷新过程中,值为 true 表示当前未处于下拉刷新过程中
pulldown	{ state: string }	下拉开始和松手时触发该回调事件。state 值为 start 表示开始下拉,state 值为 end 表示结束下拉

【范例 5-33】 在实现范例 5-32 的基础上,下拉如图 5.32 所示的兑换订单列表,刷新兑换订单列表页面的订单信息,显示效果如图 5.34 所示。

在实现范例 5-32 的 hml 代码基础上,将 12~16 行 hml 代码修改为如下代码:

```
1  <refresh refreshing="{{ isFresh }}" @refresh="refreshList">
2      <list scrollbar="auto">
3          <list-item class="listItem-css" for="{{ orders }}" @click=
"changeItem({{ $idx }})">
4              <text class="title-css">{{ $item }}</text>
5          </list-item>
6      </list>
7  </refresh>
```

图 5.34　refresh 组件效果

在实现范例 5-32 的 js 代码基础上，增加定义 1 个 isFresh 页面变量用来保存下拉刷新组件当前是否正在刷新的状态，增加定义 1 个 refresh 事件回调方法 refreshList()，具体代码如下。

```
1   refreshList(e) {
2           prompt.showToast({
3               message: '刷新中...'
4           })
5           var that = this;
6           that.isFresh = e.refreshing;
7           setTimeout(function () {
8               that.isFresh = false;
9               for (var i = -11;i < -1; i++) {
10                  that.orders.unshift("兑换订单" + (i + 1))
11              }
12              prompt.showToast({
13                  message: '刷新完成!'
14              })
15          }, 2000)
16  },
```

上述第 2～4 行代码表示当正在下拉刷新容器组件时，用 Toast 显示“刷新中…”提示信息;第7～15行代码定义一个2s后执行代码的函数,该函数包括模拟在兑换订单orders数组元素的最前面添加兑换订单信息功能(由第9～11行代码表示)、用Toast显示“刷新完成!”提示信息功能(由第12～14行代码表示)。

5.4.4　关系型数据接口

基于关系模型的数据库都以行和列的形式存储数据,每一行数据对应一条记录,每一列数据对应一个属性。HarmonyOS基于SQLite组件不仅对外提供了一系列的增、删、改、查等接口实现对本地关系数据库的操作,而且它提供的关系数据库功能更完善,查询效率更高。在HarmonyOS应用程序开发中,借助JS API提供的@ohos.data.rdb接口可以实现关系数据库的操作。

1. 数据库操作

1) 创建RdbStore对象

扫一扫

- dataRdb.getRdbStore(config: StoreConfig, version: number): Promise＜RdbStore＞,创建一个与config参数指定数据库相关的RdbStore对象,用于操作关系数据库,用户可以根据自己的需求配置RdbStore的参数,然后通过RdbStore调用相关接口执行相关的数据操作,结果以Promise形式返回。参数及功能说明如表5.65所示,返回值类型为Promise＜RdbStore＞,表示Promise回调函数返回一个RdbStore对象。StoreConfig类型的参数的数据格式为{name: 数据库文件名}。

表5.65　参数及功能说明

参数名	类　型	必填	功能说明
config	StoreConfig	是	与关系数据库存储相关的数据库配置
version	number	是	数据库版本

【范例5-34】　单击页面上的“创建数据库”按钮,创建一个数据库文件名为males.db和版本号为1的数据库。

本范例的css与范例5-15的css代码类似,此处不再赘述。hml的代码如下。

```
1  <div class="container">
2    <button type="capsule" value="创建数据库" @click="createDB"></button>
3  </div>
```

js的代码如下。

```
1  import dataRdb from '@ohos.data.rdb'
2  createDB() {
3          const MALES_CONFIG = {
4              name: "males.db"                       //数据库名称
```

```
5          }
6          dataRdb.getRdbStore(MALES_CONFIG, 1).then((rdbStore) => {
7              console.info("创建数据库成功:")
8              //执行与数据库相关的操作
9           }).catch((err) => {
10              console.info("创建数据库失败:"+err)
11          });
12      }
```

上述第 6 行代码的 rdbStore 为返回的 RdbStore 对象，通过该对象可以执行与 males.db 数据库相关的操作，数据文件 males.db 默认存放在/data/data/包名/MainAbility/databases/db 文件夹下。

- dataRdb.getRdbStore(config: StoreConfig, version: number, callback: AsyncCallback＜RdbStore＞): void，创建一个与 config 参数指定数据库相关的 RdbStore 对象操作关系数据库，用户可以根据自己的需求配置 RdbStore 的参数，然后通过 RdbStore 调用相关接口可以执行相关的数据操作，结果以 callback 形式返回。config 和 version 参数及功能说明如表 5.65 所示，callback 表示获取到 RdbStore 对象后的回调函数。

例如，范例 5-34 的 js 代码也可以用下列代码代替。

```
1   createDB() {
2           //MALES_CONFIG的定义与范例 5-34 的代码一样，此处略
3           dataRdb.getRdbStore(MALES_CONFIG, 1, (err, rdbStore) => {
4               if (!err) {
5                   console.info("创建数据库成功")
6                   //执行与数据库相关的操作
7                   return
8               }
9               console.info("创建数据库失败:" + err)
10          })
11      }
```

2）删除数据库

- dataRdb.deleteRdbStore(name: string): Promise＜void＞，使用指定的数据库文件配置删除数据库，结果以 Promise 形式返回。name 参数表示要删除的数据库文件名称，返回值类型为 Promise＜void＞，表示数据库删除后的 Promise 回调函数。

【范例 5-35】 单击页面上的"删除数据库"按钮，删除一个文件名为 males 的数据库。

在实现范例 5-34 的 hml 代码第 2 行下面添加如下代码。

```
1   <button type="capsule" value="删除数据库" @click="deleteDB"></button>
```

js 的代码如下。

```
1   deleteDB() {
2           dataRdb.deleteRdbStore("males.db").then((err, rdbStore) => {
3               if (!err) {
4                   console.info('数据库删除成功!')
5                   return
6               }
7               console.info('数据库删除失败!' + err)
8           })
9   },
```

- dataRdb.deleteRdbStore(name: string, callback: AsyncCallback<void>): void，删除数据库，结果以 callback 形式返回。name 参数表示要删除的数据库文件名称，callback 参数表示数据库删除后的回调函数。

2. 表操作

RdbStore 提供了执行 SQL(Structure Query Language，结构化查询语言)语句、插入记录、修改记录、删除记录和查询记录等管理关系数据库方法的接口。

1) 创建表

通过调用 RdbStore 提供的 executeSql()方法执行 SQL 语句创建表结构。

扫一扫

- executeSql(sql: string, bindArgs: Array<ValueType>): Promise<void>，执行包含指定参数但不返回值的 SQL 语句，结果以 Promise 形式返回。sql 参数为 string 类型，表示指定要执行的 SQL 语句；bindArgs 参数为 Array<ValueType>类型，表示 SQL 语句中参数的值，其中 ValueType 用于表示允许的数据字段类型，包括 number、string 和 boolean 类型。返回值类型为 Promise<void>，表示执行 SQL 语句后的 Promise 回调函数。

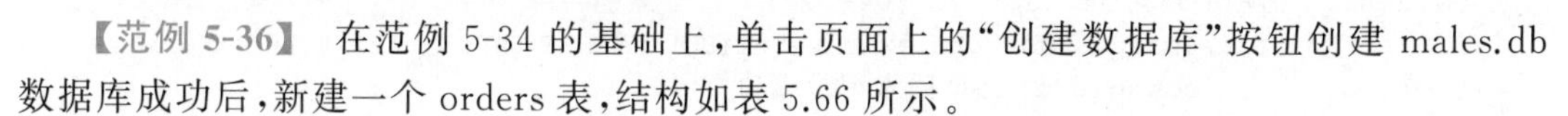

【范例 5-36】 在范例 5-34 的基础上，单击页面上的"创建数据库"按钮创建 males.db 数据库成功后，新建一个 orders 表，结构如表 5.66 所示。

表 5.66 表结构及功能说明

字段名	类　型	功能说明	字段名	类　型	功能说明
id	integer(整型)	订单编号(主键，自动增加)	pay	float(单精度)	实付款
seller	text(文本)	商家名称	buydate	text(文本)	购买日期

将实现范例 5-34 的 js 代码第 8 行用如下代码替换。

```
1   var SQL_CREATE_TABLE = "create table if not exists orders(id integer primary
key autoincrement,seller text not null, pay float,buydate text)"
2   rdbStore.executeSql(SQL_CREATE_TABLE, null).then(() => {
3                   console.info("创建表成功")
4               }).catch((err) => {
5                   console.info("创建表失败" + err)
6   })
```

上述第 1 行代码为创建表结构的 SQL 语句，其中的 if not exists orders 表示如果当前数据库中不存在 orders 表，则创建该表；primary key 表示该字段为主键；autoincrement 表示该字段值自动增加。

- executeSql(sql: string, bindArgs: Array<ValueType>, callback: AsyncCallback<void>): void，执行包含指定参数但不返回值的 SQL 语句，结果以 callbck 形式返回。sql、bindArgs 参数与上述的 executeSql()方法一样；callback 表示执行 SQL 语句后的回调函数。

2) 插入表记录

扫一扫

(1) 通过调用 RdbStore 提供的 executeSql()方法执行 SQL 语句插入表记录。

【范例 5-37】 在范例 5-34 的基础上，单击页面上的"插入记录"按钮，向 orders 表中插入(生活用品馆，34.45，2022-04-02)表记录。

在实现范例 5-34 的 hml 代码第 2 行下面添加如下代码。

```
1   <button type="capsule" value="插入表记录" @click="insertRecord"></button>
```

js 的代码如下。

```
1   data: {
2           males_rdbStore: ''
3   },
4   this.males_rdbStore = rdbStore    //在范例 5-34 的第 7 行 js 代码下方插入此行代码
5   /* 定义插入表记录事件 */
6   insertRecord() {
7           var SQL_INSERT_TABLE = "insert into orders(seller,pay,buydate)
values('生活用品馆',34.45,'2022-04-02')"
8           this.males_rdbStore.executeSql(SQL_INSERT_TABLE, null).then(() => {
9               console.info("插入记录成功")
10          }).catch((err) => {
11              console.info("插入记录失败" + err)
12          })
13  },
```

由于上述第 7 行代码的 SQL 语句直接指定了 seller、pay 和 buydate 字段的值，所以第 8 行的 bindArgs 参数值为 null。如果 SQL 语句中没有指定字段值，则可以用如下的代码实现插入记录。

```
1   insertRecord() {
2           var SQL_INSERT_TABLE = "insert into orders(seller,pay,buydate)
values(?,?,?)"
3           var bindArgs=['生活用品馆',34.45,'2022-04-02']
4           this.males_rdbStore.executeSql(SQL_INSERT_TABLE, bindArgs).then(()
=> {
5               console.info("插入记录成功")
```

```
6           }).catch((err) => {
7               console.info("插入记录失败" + err)
8           })
9   },
```

上述第2行代码的SQL语句没有直接指定seller、pay和buydate字段的值，而是用“?”占位符表示，这样用第3行代码定义了代替占位符的参数值bindArgs，并在第4行代码的executeSql()方法调用时引用了该参数值。

(2) 通过调用RdbStore提供的insert()方法插入表记录。

- insert(name：string，values：ValuesBucket)：Promise<number>，向指定表中插入一条记录，结果以Promise形式返回。name参数为string类型，表示插入记录的目标表名称；values参数为ValuesBucket类型，表示要插入到表中的记录行，其中ValuesBucket类型的数据为键值对，键的类型为string，值的类型包括number、string、boolean、Uint8Array或null。返回值类型为Promise<number>，表示插入记录后的Promise回调函数，如果操作成功，则返回插入记录的ID，否则返回−1。

例如，范例5-37的功能也可以使用如下代码实现。

```
1   insertRecord() {
2           var valueBucket = {
3               "seller": "生活用品馆",
4               "pay": 34.45,
5               "buydate": '2022-04-02',
6           }
7           this.males_rdbStore.insert("orders", valueBucket).then((ret) => {
8               console.info("当前插入的记录 ID: " + ret)
9           }).catch((err) => {
10              console.info("插入记录失败: " + err)
11          })
12  },
```

- insert(name：string，values：ValuesBucket，callback：AsyncCallback<number>)：void，向指定表中插入一条记录，结果以callback形式返回。name、values参数与上述的insert()方法一样，callback参数表示插入记录后的回调函数，如果操作成功，则返回插入记录的ID，否则返回−1。

3) 删除表记录

(1) 通过调用RdbStore提供的executeSql()方法执行SQL语句删除表记录。

扫一扫

【范例5-38】 在范例5-34的基础上，单击页面上的“删除记录”按钮，从orders表中删除商家名称为“生活用品馆”的表记录。

在实现范例5-34的hml代码第2行下面添加如下代码。

```
1   <button type="capsule" value="删除表记录" @click="deleteRecord"></button>
```

js 的代码如下。

```
1   deleteRecord() {
2           var SQL_DELETE_TABLE = "delete from orders where seller='生活用品馆'"
3           this.males_rdbStore.executeSql(SQL_DELETE_TABLE, null).then(() =
> {
4               console.info("删除记录成功!")
5           }).catch((err) => {
6               console.info("删除记录失败!" + err)
7           })
8   },
```

上述代码也可以用“?”占位符及 bindArgs 参数实现删除记录功能，还可以用下列代码实现范例 5-38 的功能。

```
1   deleteRecord(){
2           var SQL_DELETE_TABLE = "delete from orders where seller=?"
3           var bindArgs=['生活用品馆']
4           this.males_rdbStore.executeSql(SQL_DELETE_TABLE, bindArgs).then(()
=> {
5               console.info("删除记录成功!")
6           }).catch((err) => {
7               console.info("删除记录失败!" + err)
8           })
9   },
```

(2) 通过调用 RdbStore 提供的 delete()方法删除表记录。

- delete(rdbPredicates: RdbPredicates): Promise<number>，根据 rdbPredicates 的指定实例对象从数据库中删除数据，结果以 Promise 形式返回。rdbPredicates 参数为 RdbPredicates 类型，表示删除记录的条件。返回值类型为 Promise<number>，表示删除记录后的 Promise 回调函数，如果执行成功，则返回删除的记录条数。

RdbPredicates 为关系数据库(RDB)的谓词类，该类用来确定关系数据库中条件表达式的值是 true 还是 false，在使用如下代码格式构造一个 RdbPredicates 实例化对象后，就可以使用如表 5.67 所示的方法组合成操作关系数据库的条件表达式。

```
1   let predicates = new dataRdb.RdbPredicates("orders")
```

上述代码表示构造一个 orders 表的 RdbPredicates 类型的实例化对象。

表 5.67　RdbPredicates 类的方法及功能说明

方法名	功能说明
equalTo (field: string, value: ValueType)	指定 field 字段值与指定 value 值相等的记录，例如：predicates.equalTo("seller", "生活用品馆")

续表

方法名	功能说明
notEqualTo(field: string, value: ValueType)	指定 field 字段值与指定 value 值不相等的记录,例如: predicates.notEqualTo("seller", "生活用品馆")
beginWrap()	添加左括号
endWrap()	添加右括号
or()	或,例如: predicates.equalTo("seller", "生活用品馆").beginWrap().equalTo("pay", 18).or().equalTo("buydate","2022-04-03").endWrap()
and()	与,例如: predicates.equalTo("seller", "生活用品馆").and().equalTo("pay", 200)
contains(field: string, value: string)	指定 field 字段值包含指定 value 值的记录,例如: predicates.contains("seller", "生活")
beginsWith(field: string, value: string)	指定 field 字段值以指定 value 字符串值开头的记录,例如: predicates.beginsWith("seller", "生")
endsWith(field: string, value: string)	指定 field 字段值以指定 value 字符串值结尾的记录,例如: predicates.endsWith("seller", "馆")
isNull(field: string)	指定 field 字段值为 null 的记录,例如: predicates.isNull("seller")
isNotNull(field: string)	指定 field 字段值不为 null 的记录,例如: predicates.isNotNull("seller")
like(field: string, value: string)	指定 field 字段值类似于指定 value 字符串值的记录,例如: predicates.like("seller", "%用品%")
between(field: string, low: ValueType, high: ValueType)	指定 field 字段值在指定的 low 值与 high 值之间的记录,例如: predicates.between("pay", 10, 50)
notBetween(field: string, low: ValueType, high: ValueType)	指定 field 字段值不在指定的 low 值与 high 值之间的记录,例如: predicates.notBetween("pay", 10, 50)
greaterThan(field: string, value: ValueType)	指定 field 字段值大于指定 value 值的记录,例如: predicates.greaterThan("pay", 18)
greaterThanOrEqualTo(field: string, value: ValueType)	指定 field 字段值大于或等于指定 value 值的记录,例如: predicates.greaterThanOrEqualTo("pay", 18)
lessThan(field: string, value: ValueType)	指定 field 字段值小于指定 value 值的记录,例如: predicates.lessThan("pay", 18)
lessThanOrEqualTo(field: string, value: ValueType)	指定 field 字段值小于或等于指定 value 值的记录,例如: predicates.lessThanOrEqualTo("pay", 18)
orderByAsc(field: string)	指定按 field 字段值升序排序记录,例如: predicates.orderByAsc("seller")
orderByDesc(field: string)	指定按 field 字段值降序排序记录,例如: predicates.orderByDesc("seller")
distinct()	指定过滤重复记录并仅保留其中一个,例如: predicates.equalTo("seller", "生活用品馆").distinct()

续表

方 法 名	功 能 说 明
limitAs(value: number)	指定最大数据记录数为指定 value 值,例如: predicates.equalTo("seller", "Rose").limitAs(3)
offsetAs(rowOffset: number)	指定返回记录的起始位置为指定 rowOffset 值,例如: predicates.equalTo("seller", "生活用品馆").offsetAs(3)
groupBy(fields: Array<string>)	指定按 fields 字段数组分组记录,例如: predicates.groupBy(["seller", "pay"])
indexedBy(indexName: string)	指定按 indexName 索引名排序记录,例如: predicates.indexedBy("buydate")
in(field: string, value: Array<ValueType>)	指定按 field 字段值在指定范围内的记录,例如: predicates.in("pay", [18, 20])
notIn(field: string, value: Array<ValueType>)	指定按 field 字段值不在指定范围内的记录,例如: predicates.notIn("pay", [18, 20])

例如,范例 5-38 的功能也可以用如下代码实现。

```
1  deleteRecord() {
2          let predicates = new dataRdb.RdbPredicates("orders")
3          predicates.equalTo("seller", "生活用品馆")
4          this.males_rdbStore.delete(predicates).then((rows) => {
5              console.info("删除记录成功,删除记录条数为: " + rows)
6          }).catch((err) => {
7              console.info("删除记录失败!" + err)
8          })
9  },
```

- delete(rdbPredicates: RdbPredicates, callback: AsyncCallback<number>): void,根据 rdbPredicates 的指定实例对象从数据库中删除数据,结果以 callback 形式返回。rdbPredicates 参数为 RdbPredicates 类型,表示删除记录的条件,callback 参数表示删除记录后的回调函数,返回删除的记录条数。

4) 修改表记录

扫一扫

(1) 通过调用 RdbStore 提供的 executeSql()方法执行 SQL 语句修改表记录。

【范例 5-39】 在范例 5-34 的基础上,单击页面上的"修改记录"按钮,将 orders 表中商家名称为"生活用品馆"的实付款全部清零。

在实现范例 5-34 的 hml 代码第 2 行下面添加如下代码。

```
1  <button type="capsule" value="修改表记录" @click="updateRecord"></button>
```

js 的代码如下。

```
1  updateRecord() {
```

```
2         var SQL_UPDATE_TABLE = "update orders set pay = 0 where seller='生活用品馆'"
3         this.males_rdbStore.executeSql(SQL_UPDATE_TABLE, null).then(() => {
4             console.info("修改记录成功!")
5         }).catch((err) => {
6             console.info("修改记录失败!" + err)
7         })
8     },
```

(2) 通过调用 RdbStore 提供的 update()方法修改表记录。

- update(values: ValuesBucket, rdbPredicates: RdbPredicates): Promise<number>,根据 rdbPredicates 的指定实例对象更新数据库中的数据,结果以 Promise 形式返回。values 参数为 ValuesBucket 类型,表示要更新的字段及对应的更新值;rdbPredicates 参数为 RdbPredicates 类型,表示更新记录的条件。返回值类型为 Promise<number>,表示更新记录后的 Promise 回调函数,返回更新的记录条数。

例如,范例 5-39 的功能也可以用如下代码实现。

```
1   updateRecord() {
2           var valueBucket = {
3               "pay": 0,                           //实付款清零
4           }
5           let predicates = new dataRdb.RdbPredicates("orders")
6           predicates.equalTo("seller", "生活家居馆")
7           this.males_rdbStore.update(valueBucket, predicates).then((ret) => {
8               console.info("更新记录成功,更新记录数为: " + ret)
9           }).catch((err) => {
10              console.info("更新记录失败!" + err)
11          })
12  },
```

- update(values: ValuesBucket, rdbPredicates: RdbPredicates, callback: AsyncCallback<number>): void,根据 rdbPredicates 的指定实例对象更新数据库中的数据,结果以 callback 形式返回。values 参数为 ValuesBucket 类型,表示要更新的字段及对应的更新值;rdbPredicates 参数为 RdbPredicates 类型,表示更新记录的条件;callback 参数表示更新记录后的回调函数,返回更新的记录条数。

5) 查询表记录

(1) 通过调用 RdbStore 提供的 executeSql()方法执行 SQL 语句查询表记录。

扫一扫

【范例 5-40】 在范例 5-34 的基础上,单击页面上的"查询记录"按钮,筛选出 orders 表中商家名称为"生活用品馆"和实付款金额超过 100 元的记录。

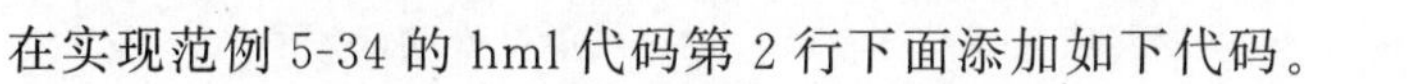

在实现范例 5-34 的 hml 代码第 2 行下面添加如下代码。

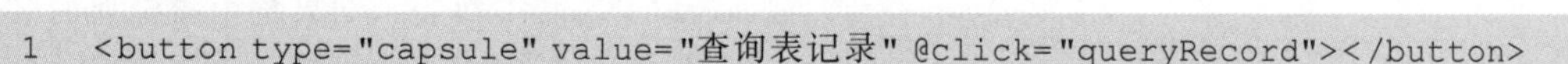

```
1   <button type="capsule" value="查询表记录" @click="queryRecord"></button>
```

js 的代码如下。

```
1   queryRecord() {
2           var SQL_QUERY_TABLE = "select * from orders where seller='生活用品馆'
and pay>100"
3           this.males_rdbStore.executeSql(SQL_QUERY_TABLE, null).then(() => {
4               console.info("查询记录成功!")
5           }).catch((err) => {
6               console.info("查询记录失败!" + err)
7           })
8   },
```

(2) 通过调用 RdbStore 提供的 query()方法查询表记录。

- query(rdbPredicates: RdbPredicates, columns: Array<string>): Promise<ResultSet>,根据指定条件查询数据库中的数据,结果以 Promise 形式返回。rdbPredicates 参数为 RdbPredicates 类型,表示查询记录的条件;columns 参数为 Array<string>类型,表示查询结果包含的字段名(列属性)。返回值类型为 Promise<ResultSet>,表示查询记录后的 Promise 回调函数,返回 ResultSet 类型对象。

ResultSet 类型的实例化对象为查询数据库的结果集,它提供了操作结果集的一些属性和方法。ResultSet 类的属性及功能说明如表 5.68 所示,方法及功能说明如表 5.69 所示。

表 5.68　ResultSet 类的属性及功能说明

属性名	属性值类型	功能说明
columnNames	Array<string>	获取结果集中所有列的名称
columnCount	number	获取结果集中的列数
rowCount	number	获取结果集中的行数
rowIndex	number	获取结果集当前行的索引
isAtFirstRow	boolean	检查结果集是否位于第一行
isAtLastRow	boolean	检查结果集是否位于最后一行
isEnded	boolean	检查结果集是否位于最后一行之后
isStarted	boolean	检查指针是否移动过
isClosed	boolean	检查当前结果集是否关闭

表 5.69　ResultSet 类的方法及功能说明

方法名	返回值类型	参数及功能说明
getColumnIndex(columnName: string)	number	columnName 参数表示结果集中指定列的名称。根据指定的列名获取的列索引

续表

方　法　名	返回值类型	参数及功能说明
getColumnName(columnIndex: number)	string	columnIndex 参数表示结果集中指定列的索引。根据指定的列索引获取的列名称
goTo(offset: number)	boolean	offset 参数表示相对于当前位置的偏移量。向前或向后转至结果集的指定行，如果成功移动，则返回 true，否则返回 false
goToRow(position: number)	boolean	position 参数表示要移动到的指定位置。转到结果集的指定行，如果成功移动，则返回 true，否则返回 false
goToFirstRow()	boolean	转到结果集的第一行，如果成功移动，则返回 true，否则返回 false
goToLastRow()	boolean	转到结果集的最后一行，如果成功移动，则返回 true，否则返回 false
goToNextRow()	boolean	转到结果集的下一行，如果成功移动，则返回 true，否则返回 false
goToPreviousRow()	boolean	转到结果集的上一行，如果成功移动，则返回 true，否则返回 false
getBlob(columnIndex: number)	Uint8Array	columnIndex 参数表示指定的列索引。以字节数组的形式获取当前行中指定列的值
getString(columnIndex: number)	string	columnIndex 参数表示指定的列索引。以字符串形式获取当前行中指定列的值
getLong(columnIndex: number)	number	columnIndex 参数表示指定的列索引。以 Long 形式获取当前行中指定列的值
getDouble(columnIndex: number)	number	columnIndex 参数表示指定的列索引。以 double 形式获取当前行中指定列的值
isColumnNull(columnIndex: number)	boolean	columnIndex 参数表示指定的列索引。检查当前行中指定列的值是否为 null，如果当前行中指定列的值为 null，则返回 true，否则返回 false
close(): void	void	关闭结果集

例如，范例 5-40 的功能也可以用如下代码实现。

```
1   queryRecord() {
2           let predicates = new dataRdb.RdbPredicates("orders")
3           predicates.equalTo("seller", "生活用品馆").and().greaterThan("pay",
100)
4           this.males_rdbStore.query(predicates, ["*"]).then((resultSet) => {
5               console.info("resultSet 的字段名称:" + resultSet.columnNames)
                                                //输出字段名称
6               console.info("resultSet 的字段个数:" + resultSet.columnCount)
                                                //输出字段个数
```

```
7             while (resultSet.goToNextRow()) {
8                 console.info(resultSet.columnNames[0] + ":" + resultSet.
getLong(0))                                          //订单编号
9                 console.info(resultSet.columnNames[1] + ":" + resultSet.
getString(1))                                        //商家名称
10                console.info(resultSet.columnNames[2] + ":" + resultSet.
getDouble(2))                                        //应付款
11                console.info(resultSet.columnNames[3] + ":" + resultSet.
getString(3))                                        //购买日期
12            }
13        }).catch((err) => {
14            console.info("查询表记录错误" + err)
15        })
16    },
```

上述第 4 行代码的“["*"]”表示查询结果包含所有的字段名称，如果查询结果只需要包含“商家名称”和“应付款”字段，则可以将“["*"]”修改为“["seller","pay"]”。上述第 7～12 行代码表示循环输出查询结果中每条记录的订单编号、商家名称、应付款和购买日期。

扫一扫

5.4.5 chart 组件

chart 组件(图表组件)用于在页面上显示线形图、柱状图、量规图、进度类圆形图表、加载类圆形图表或占比类圆形图表，除支持通用属性和通用事件外，还支持如表 5.70 所示的属性和如表 5.71 所示的方法。

表 5.70 chart 组件属性及功能

属性名	类型	功能说明
type	string	设置图表类型，属性值包括 line(默认值，线形图)、bar(柱状图)、gauge(量规图)、progress(进度类圆形图表)、loading(加载类圆形图表)和 rainbow(占比类圆形图表)
options	ChartOptions	设置图表参数选项，柱状图和线形图必须设置该属性，对量规图不生效。可以设置 x 轴和 y 轴的最小值、最大值、刻度数、是否显示及线条宽度、是否平滑等
datasets	Array<ChartDataset>	设置图表的数据集合，柱状图和线形图必须设置该属性，量规图不生效。可以设置多条数据集及背景色
segments	DataSegment | Array<DataSegment>	设置进度类、加载类和占比类圆形图表使用的数据结构。DataSegment 针对进度类和加载类圆形图表使用，而 Array<DataSegment>针对占比类图形图表使用，DataSegment 最多 9 个。仅支持手机和平板设备
effects	boolean	设置是否开启占比类、进度类圆形图表特效，属性值包括 true(默认值，开启)和 false。仅支持手机和平板设备
animationduration	number	设置占比类圆形图表展开动画时长(默认值为 3000)，单位为 ms。仅支持手机和平板设备

续表

属性名	类型	功能说明
percent	number	设置当前值占整体的百分比(默认值为0),取值范围为0～100。仅对量规图生效

表 5.71　chart 组件方法及功能

方法名	参数	功能说明
append	{serial: number, data: Array<number>}	往已有的数据序列中动态添加数据,serial 参数表示设置要更新的线形图数据下标,data 参数表示设置新增的数据。根据 serial 指定目标序列,serial 为 datasets 数组的下标(从 0 开始)。但不会更新 datasets[index].data,仅支持线形图,按横坐标加 1 递增(与 xAxis min/max 设置相关)

ChartOptions 类型的数据作为图表参数,该类型的数据格式如下所示。

```
1   options:{
2       xAxis:ChartAxis, //x 轴参数设置。可以设置 x 轴最小值、最大值、刻度数以及是否显示
3       yAxis:ChartAxis, //y 轴参数设置。可以设置 y 轴最小值、最大值、刻度数以及是否显示
4       series:ChartSeries, //数据序列参数设置。可以设置线的样式(如线宽、是否平滑
//等),以及设置线最前端位置白点的样式和大小。但此属性仅支持线形图
5   }
```

ChartAxis 类型的数据作为图表 x 轴或 y 轴的参数设置,该类型的数据格式如下所示。

```
1   xyaxis:{
2       min:number,         //设置 x 轴的最小值(默认值为 0),但仅线形图支持负数
3       max:number,         //设置 x 轴的最大值(默认值为 100),但仅线形图支持负数
4       axisTick:number,    //设置轴显示的刻度数量(默认值为 10),仅支持 1~20,且具体显
//示的效果与公式(图的宽度所占的像素/(max-min))计算值有关。在柱状图中,每组数据显示的
//柱子数量与刻度数量一致,且柱子显示在刻度处
5       display:boolean,    //设置是否显示轴(默认值为 false)
6       color:<color>,      //设置轴颜色(默认值为#c0c0c0)
7   }
```

ChartSeries 类型的数据作为图表中数据序列的参数设置,该类型的数据格式如下。

```
1   series:{
2       lineStyle:ChartLineStyle, //设置线样式(如线宽、是否平滑等)
3       headPoint:PointStyle,     //设置线最前端位置白点的样式和大小
4       topPoint:PointStyle,      //设置最高点的样式和大小
5       bottomPoint:PointStyle,   //设置最低点的样式和大小
6       loop:ChartLoop            //设置屏幕显示满时,是否需要从头开始绘制
7   }
```

ChartLineStyle 类型的数据作为图表中线的样式,该类型的数据格式如下。

```
1   linestyle{
2       width:<length>,             //设置线宽(默认值为 1px)
3       smooth:boolean,             //设置是否平滑(默认值为 false)
4       lineGradient:boolean,       //设置线段是否渐变(默认值为 false)
5       targetColor:<color>         //设置线段渐变的目标颜色(默认值为 transparent),
                                    //渐变初始颜色为 strokeColor
6   }
```

PointStyle 类型的数据作为图表中线的前端白点、最高点和最低点的样式,该类型的数据格式如下。

```
1   pointstyle:{
2       shape:string,             //设置高亮点的形状,属性值包括 circle(默认值,圆形)、
                                  //square(方形)、triangle(三角形)
3       size:<length>,            //设置高亮点的大小(默认值为 5px)
4       strokeWidth:<length>,     //设置边框宽度(默认值为 1px)
5       strokeColor:<color>,      //设置边框颜色(默认值为#ff0000)
6       fillColor:<color>         //设置填充颜色(默认值为#ff0000)
7   }
```

ChartLoop 类型的数据作为图表在屏幕上显示满屏时,从头开始绘制的设置,该类型的数据格式如下。

```
1   chartloop:{
2       margin:<length>,//设置擦除点的个数(默认值为 1),表示最新绘制的点与最老的点
//之间的横向距离。但由于轻量设备 margin 和 topPoint/bottomPoint/headPoint 同时使用
//时,有可能出现 point 正好位于擦除区域的情况,导致 point 不可见,因此不建议同时使用
3       gradient:boolean,//设置是否需要渐变擦除(默认值为 false)
4   }
```

ChartDataset 类型的数据作为图表的数据集合,该类型的数据格式如下所示。

```
1   dataset:{
2       strokeColor:<color>,  //设置线条颜色(默认值为#ff6384),但仅线形图支持
3       fillColor:<color>,    //设置填充颜色(默认值为#ff6384)。线形图表示填充的渐
                              //变颜色
4       data:Array<number> | Array<Point>,     //设置绘制线或柱中的点集
5       gradient:boolean,     //设置是否显示填充渐变颜色(默认值为 false),但仅线形
                              //图支持
6   }
```

Point 类型的数据作为图表中绘制的点,该类型的数据格式如下所示。

```
1   point:{
2       value:number,            //设置绘制点的 y 轴坐标(默认值为 0)
3       pointStyle:PointStyle,   //设置当前数据点的绘制样式
4       description:string,      //设置当前点的注释内容
```

```
5       textLocation:string,  //设置注释绘制于点的位置,包括 top(上方)、bottom(下
//方)或 none(不绘制)
6       textColor:<color>,    //设置注释文字的颜色(默认值为#000000)
7       lineDash:string,      //设置绘制当前线段虚线的样式,包括"solid"(默认值,实
//线)、"dashed,5,5"(5px 实线后留 5px 空白的纯虚线)
8       lineColor:<color>,    //设置当前线段的颜色(默认值为#000000),若不设置,则会
//默认使用整体的 strokeColor
9   }
```

DataSegment 类型的数据作为进度类、加载类和占比类圆形图表使用的数据结构,该类型的数据格式如下所示。

```
1   datasegment:{
2       startColor:Color,     //设置起始位置的颜色,同时必须设置 endColor。不设置
//startColor 时,会使用表 5.72 所示的系统默认预置的颜色数组
3       endColor:Color,       //设置终止位置的颜色,同时必须设置 startColor
4       value:number,         //设置占比数据的所占份额(默认值为 0),最大为 100
5       name:string,          //设置此类数据的名称
6   }
```

表 5.72　系统默认预置的颜色数组

数据组	浅色主题	深色主题
0	起始颜色：#f7ce00,结束颜色：#f99b11	起始颜色：#d1a738,结束颜色：#eb933d
1	起始颜色：#f76223,结束颜色：#f2400a	起始颜色：#e67d50,结束颜色：#d9542b
2	起始颜色：#f772ac,结束颜色：#e65392	起始颜色：#d5749e,结束颜色：#d6568d
3	起始颜色：#a575eb,结束颜色：#a12df7	起始颜色：#9973d1,结束颜色：#5552d9
4	起始颜色：#7b79f7,结束颜色：#4b48f7	起始颜色：#7977d9,结束颜色：#f99b11
5	起始颜色：#4b8af3,结束颜色：#007dff	起始颜色：#4c81d9,结束颜色：#217bd9
6	起始颜色：#73c1e6,结束颜色：#4fb4e3	起始颜色：#5ea6d1,结束颜色：#4895c2
7	起始颜色：#a5d61d,结束颜色：#69d14f	起始颜色：#91c23a,结束颜色：#70ba5d
8	起始颜色：#a2a2b0,结束颜色：#8e8e93	起始颜色：#8c8c99,结束颜色：#6b6b76

【范例 5-41】 模拟产生 1～12 月的月销量数据,并按照月销量在页面显示如图 5.35 所示的线形图和柱状图。

扫一扫

css 的代码如下。

```
1   .container {
2       flex-direction: column;
3       align-items: center;
4   }
```

```
5   .line-area {
6       height: 45%;
7       width: 100%;
8       font-size: 12fp;                        /* 绘制注释的文本大小 */
9   }
10  text {
11      font-size: 18px;
12  }
```

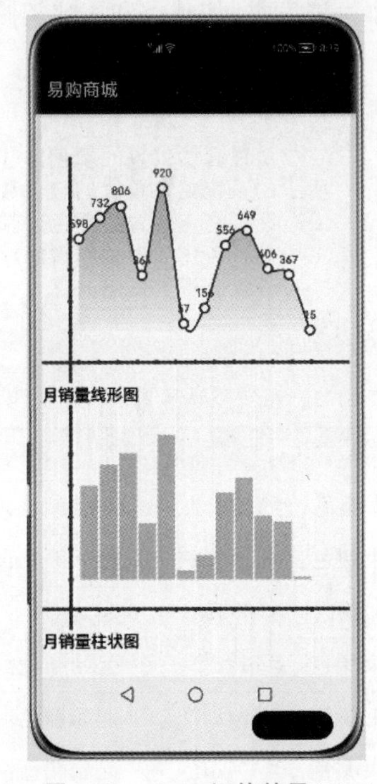

图 5.35　chart 组件效果(1)

hml 的代码如下。

```
1   <div class="container">
2       <chart class="line-area" type="line" options="{{ lineOps }}" datasets
="{{ lineData }}"></chart>
3       <text>月销量线形图</text>
4       <chart class="line-area" type="bar" options="{{ lineOps }}" datasets="
{{ lineData }}"></chart>
5       <text>月销量柱状图</text>
6   </div>
```

js 的代码如下。

```
1   export default {
```

```
2      data: {
3          points: [],                                         //保存图表上的点集合
4          lineData: [],                                       //保存图表上的数据集合
5          lineOps: {                                          //保存图表的参数选项
6              xAxis: {                                        //图表 x 轴样式
7                  min: 0,
8                  max: 12,
9                  axisTick:13,                                //图表 x 轴刻度数
10                 display: true,
11                 color: '#ffff0000'
12             },
13             yAxis: {                                        //图表 y 轴样式
14                 min: 0,
15                 max: 1000,
16                 axisTick:5,                                 //图表 y 轴刻度数
17                 display: true,
18                 color: '#ffff0000'
19             },
20             series: {                                       //数据序列参数
21                 lineStyle: {
22                     width: "2px",
23                     smooth: true,
24                 },
25                 headPoint: {
26                     shape: "circle",
27                     size: 10,
28                     strokeWidth: 2,
29                     fillColor: '#ffffff',
30                     strokeColor: '#007aff',
31                     display: true,
32                 },
33                 loop: {
34                     margin: 2,
35                     gradient: true,
36                 }
37             }
38         },
39     },
40     onInit() {
41         for (var i = 0;i < 12; i++) {
42             var pvalue = parseInt(Math.random() * 1000 + 0, 10)
                                                               //模拟产生 1~12 月的月销量
43             this.points.push(
44                 {
45                     value: pvalue,                          //y 轴坐标值
46                     pointStyle:{                            //数据点的绘制样式
47                         shape: "circle",
48                         size: 10,
49                         strokeWidth: 2,
```

```
50                        fillColor: '#ffffff',
51                        strokeColor: '#007aff',
52                        display: true,
53                    },
54                    description: pvalue+'',            //当前点的注释内容
55                    textLocation:'top',                //注释绘制于点的位置
56                    textColor:'#ffff00ff'
57                })
58            }
59            this.lineData = [                          //图表数据集合
60                {
61                    strokeColor: '#0081ff',            //线条颜色
62                    fillColor: '#cce5ff',              //填充颜色
63                    data: this.points,                 //点集合
64                    gradient: true                     //显示填充渐变颜色
65                }
66            ]
67        }
68    }
```

上述第41～58行代码用for循环模拟产生12个月的销量，并封装成图表上的点集合存放在points数组中；第59～66行代码用来定义图表的数据集合。

【范例5-42】 模拟产生1～9月的月销量数据，并按照月销量在页面显示如图5.36所示的线形图和占比类圆形图；单击“添加销量数据”按钮，可以添加10～12月销量或更新线形图的显示效果。

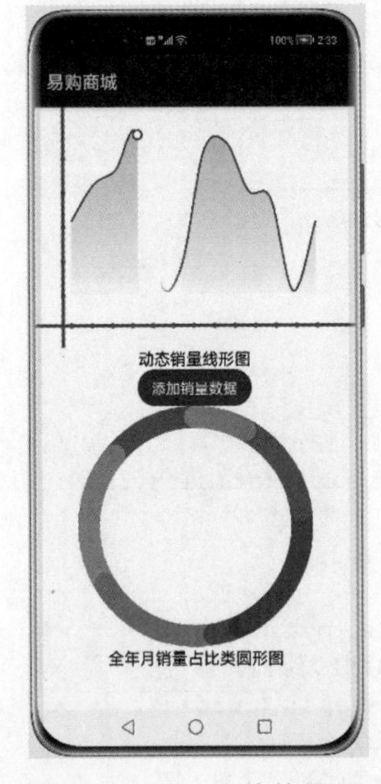

图5.36 chart组件效果(2)

hml 的代码如下。

```
1   <div class="container">
2        <chart class="line-area" type="line" ref="linechart" options="{{
lineOps }}" datasets="{{ lineData }}"></chart>
3       <text>动态销量线形图</text>
4       <button type="capsule" value="添加销量数据" onclick="addData"></button>
5       <chart class="line-area" type="rainbow" options="{{ lineOps }}"
segments="{{ rainData }}"></chart>
6       <text >全年月销量占比类圆形图</text>
7   </div>
```

js 的代码如下。

```
1   export default {
2       data: {
3           //points、lineData 及 lineOps 的定义代码与范例 5-41 类似,此处略
4           rainData:[],                                    //保存 1~8 月的销量占比
5       },
6       onInit(){
7           var allSales=0                                  //保存 1~8 月的总销量
8           for (var i = 0;i < 9; i++) {
9               var pvalue = parseInt(Math.random() * 1000 + 0, 10)
10              this.points.push(pvalue)
11              allSales = allSales+pvalue
12          }
13          for(var i = 0;i<9;i++){
14              this.rainData.push({value:this.points[i]/allSales * 100})
                                                            //计算每个月的销量占比
15          }
16          //this.lineData = ... 代码与范例 5-41 类似,此处略
17      },
18      /* 定义添加销量数据单击事件 */
19      addData() {
20          var pvalue = parseInt(Math.random() * 1000 + 0, 10)
                                                            //模拟产生新的月销量数据
21          this.$refs.linechart.append({
22              serial: 0,
23              data: [ pvalue]
24          })
25      }
26  }
```

上述第 21～24 行代码表示按横坐标加 1 递增方式,向 linechart 图表添加模拟产生的月销量数据。

扫一扫

5.4.6 案例：随手账本

1. 需求描述

随手账本应用程序可以记录收入和支出两大类账目，用户可以根据实际的需求设置收入账目和支出账目的一级类别和二级类别，设置完成收入和支出类别后，就可以记录每一笔收入明细和支出明细，最后根据每一笔收入明细和支出明细统计每月的收入和支出总额，并用线形图展示收入和支出趋势。随手账本应用程序能够实现以下四方面的功能。

(1) 首次运行时显示如图 5.37 所示的记账设置页面，单击记账类别右侧的“收入”或“支出”项目，在“请输入一级类别”和“请输入二级类别”的输入框中输入相应类别名称，并单击“设置”按钮，输入框中输入的一级类别名称、二级类别名称及“删除”按钮按行方式显示在页面上，单击每行右侧的“删除”按钮，删除当前行的类别名称。单击“重置”按钮，将当前页面上“请输入一级类别”和“请输入二级类别”输入框中的内容清空。单击“保存”按钮，将当前页面上显示的每行类别保存到数据库文件中。待收入和支出类别保存后，单击页面底部的“收入管理”操作选项，页面内容切换为如图 5.38 所示的收入管理页面。

图 5.37 记账设置页面

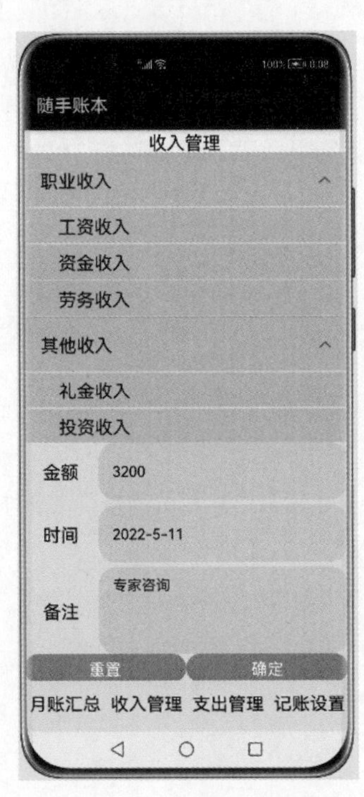

图 5.38 收入管理页面

(2) 单击收入管理页面上收入账目一级类别名称右侧的“∨”或“∧”符号，可以展开或收起收入账目的二级类别名称。根据需要记账的收入明细类别单击收入账目的二级类别名称，并在金额、时间和备注右侧的输入框中输入收入明细信息，单击“确定”按钮，可以把当前输入的收入明细信息保存到数据库中。待收入明细信息保存后，单击页面底部的“月账汇总”操作选项，页面内容切换为如图 5.39 所示的月账汇总页面。

(3) 月账汇总页面加载时根据用户记录的每一笔收入明细或支出明细，统计每月的收入总额和支出总额，并以线形图的方式显示在页面上。单击图 5.39 所示月账汇总页面上的“收入明细”按钮或“支出明细”按钮，页面跳转至如图 5.40 所示的账单详情页面，并将每笔对应账单的明细信息显示在账单详情页面上。

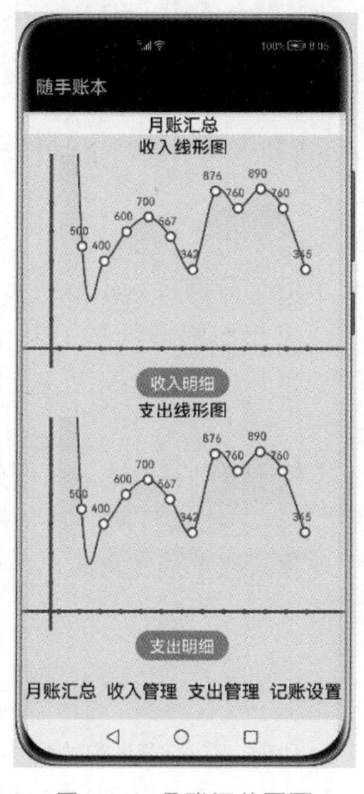

图 5.39 月账汇总页面

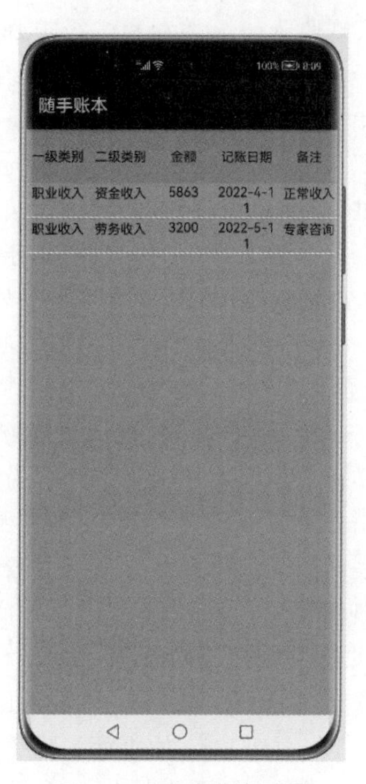

图 5.40 账单详情页面

(4) 通过图 5.37 所示的记账设置页面设置完成支出账目的一级类别和二级类别后，单击页面底部的“支出管理”操作选项，页面内容切换为支出管理页面。支出管理页面的显示效果与图 5.38 类似，限于篇幅，这里不再赘述。

2. 设计思路

扫一扫

根据随手账本的需求描述和页面显示效果，该应用程序开发时需要设计两个页面：一个为主页面，当用户单击页面底部的“记账设置”“收入管理”“支出管理”或“月账汇总”操作选项时，主页面上显示的内容随之改变；另一个为账单详情页面，当用户单击月账汇总页面上的“收入明细”或“支出明细”按钮时，将收入或支出的明细信息显示在该页面上。

记账设置页面内容从上至下依次分为记账类别选择区、类别名称输入区、按钮区和记账类别显示区四部分。记账类别选择区用 1 个 text 组件显示“记账类别”，用 list、list-item 和 text 组件组合实现记账类别选择列表；类别名称输入区用 2 个 type 值为 text 的 input 组件实现一级类别和二级类别名称的输入；按钮区用 3 个 type 值为 capsule 的 button 组件实现“设置”“重置”和“保存”按钮；记账类别显示区由显示区头部和显示区内容两部分组成，显示区头部用 3 个 text 组件实现“一级类别”“二级类别”和“操作”标题，显示区内容用 list、list-item、text 和 button 组件组合实现记账类别明细列表。

收入管理页面内容从上至下依次分为收入类别分组选择区、金额输入区、时间输入区、备注输入区和按钮区五部分。收入类别分组选择区用 list、list-item-group、list-item 和 text 组件组合实现收入一级类别和二级类别的选择列表；金额输入区用 1 个 text 组件显示“金额”和 1 个 type 值为 number 的 input 组件实现金额的输入；时间输入区用 1 个 text 组件显示“时间”和 1 个 type 值为 text 的 input 组件实现时间的输入；备注输入区用 1 个 text 组件显示“备注”和 1 个 textarea 组件实现时间的备注输入；按钮区用 2 个 type 值为 capsule 的 button 组件实现“重置”和“确定”按钮。

月账汇总页面内容从上至下依次分为收入线形图区和支出线形图区。收入线形图区用 1 个 text 组件显示“收入线形图”，用 1 个 chart 组件显示每个月的收入汇总线形图，用 1 个 type 值为 capsule 的 button 组件实现“收入明细”按钮。支出线形图区用 1 个 text 组件显示“支出线形图”，用 1 个 chart 组件显示每个月的支出汇总线形图，用 1 个 type 值为 capsule 的 button 组件实现“支出明细”按钮。

账单详情页面内容从上至下依次为详情列表头部区和详情内容列表区两部分。详情列表头部区用 4 个 text 组件实现“一级类别”“二级类别”“金额”“记账日期”和“备注”标题；详情内容列表区用 list、list-item 和 4 个 text 组件组合实现收入账单或支出账单的明细信息。

3. 实现流程

扫一扫

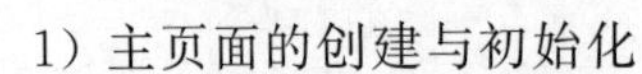

1）主页面的创建与初始化

打开项目的 entry/src/main/js/default 文件夹，右击 pages 文件夹，选择 New→JS Page 选项创建名为 notetaking 的页面。随手账本应用程序启动时，首先需要初始化 1～12 月线形图表上的点集合（包括数据集合、参数选项）、页面底部操作选项数组、记账类别数组、默认收入的一级/二级类别数组及其他变量；然后获取当前系统日期（格式为年-月-日）和创建数据库，数据库包括收入类别表、支出类别表、收入明细表和支出明细表。

定义及初始化数据代码如下。

```
1      /*定义数据*/
2      data: {
3          //points、lineData 及 lineOps 的定义代码与范例 5-41 类似，此处略
4          txtTips: ['月账汇总', '收入管理', '支出管理', '记账设置'],
                                                      //页面底部操作选项
5          noteType: ['收入', '支出'],                  //记账类别
6          rtypes: [
7              {mainName: '职业收入', subName: '工资收入'},
8              {mainName: '职业收入', subName: '资金收入'},
9              { mainName: '职业收入', subName: '劳务收入'},
```

```
10            {mainName: '其他收入', subName: '礼金收入'},
11            {mainName: '其他收入', subName: '投资收入'},
12        ],                                        //默认收入一级类别、二级类别
13        ramounts:[0,0,0,0,0,0,0,0,0,0,0,0],       //默认 1~12 月的收入月汇总
14        info: '月账汇总',                          //页面顶部 text 组件显示内容
15        cIndex: 0,                                //默认底部操作选项下标
16        mainName: '',                             //保存输入的一级类别
17        subName: '',                              //保存输入的二级类别
18        flag: false,                              //标记收入/支出类别表
19        notepadDB: '',                            //保存打开的数据库
20        rmanager: [],                             //保存收入管理页面一级类别
21        rmanagerdetail: [],              //保存收入管理页面一级类别和二级类别信息
22        ramount: '',                              //保存输入的收入金额
23        rdate: ' ',                               //保存输入的收入日期
24        rmemo: '',                                //保存输入的收入备注
25        index: 0,                                 //当前记账类别下标
26    },
27    /* 定义初始化线形图表上点集合的方法 */
28    initData(mamounts){
29        this.points=[]
30        for (var i = 0;i < 12; i++) {
31            var pvalue = mamounts[i]
32            //与实现范例 5-41 的 js 代码的 43~57 行类似,此处略
33        }
34        //与实现范例 5-41 的 js 代码的 59~66 行类似,此处略
35    },
```

线形图表上的点集合(包括数据集合、参数选项)的定义与实现范例 5-41 的定义代码类似,由于线形图表上 x 轴表示 1～12 月,所以 x 轴的最小值为 0、最大值为 12；而线形图表上 y 轴表示 1～12 月的收入总额或支出总额,所以 y 轴的最小值为 0、最大值为 10000。

根据随手账本的功能需求分析,本案例的数据库中包含收入类别表(rtable)、支出类别表(ztable)、收入明细表(rdetail)和支出明细表(zdetail),收入类别表和支出类别表的表结构及功能说明如表 5.73 所示,收入明细表和支出明细表的表结构及功能说明如表 5.74 所示。由于在数据库创建完成后需要创建 4 个表的表结构,同时为了减少代码冗余,本案例实现时定义了一个 createTB()方法用于创建表结构。

表 5.73　收入类别表和支出类别表的表结构及功能说明

字段名	类型	功能说明	样例
id	integer	类别编号(自增)	1,职业收入,工资收入 1,居家物业,房租水电
mainName	text	一级类别名称	
subName	text	二级类别名称	

表 5.74 收入明细表和支出明细表的表结构及功能说明

字段名	类型	功能说明	样例
id	integer	明细编号(自增)	1,职业收入,工资收入,3412.12,2022-4-12,张三的工资
mainName	text	一级类别名称	
subName	text	二级类别名称	
amount	float	金额	
rq	text	记账日期	
memo	text	备注	

createTB()方法的代码如下。

```
1   createTB(rdbStore, SQL_CREATE_TABLE) {
2           rdbStore.executeSql(SQL_CREATE_TABLE, null).then(() => {
3               console.info("创建表成功")
4           }).catch((err) => {
5               console.info("创建表失败" + err)
6           })
7   },
```

上述第1行代码的 rdbStore 参数表示新表所在的数据库,SQL_CREATE_TABLE 参数表示要创建新表的 SQL 语句。

onInit()方法的代码如下。

```
1   async onInit() {
2           this.initData(this.ramounts)
3           var date = new Date()                                   //获取当前系统日期
4           this.rdate = date.getFullYear() + "-" + (date.getMonth() + 1) + "-"
+ date.getDate()
5           var that = this
6           const MALES_CONFIG = {
7               name: "notepad.db"                                  //数据库名称
8           }
9           await  dataRdb.getRdbStore(MALES_CONFIG, 1).then((rdbStore) => {
10              console.info("创建数据库成功")
11              var SQL_CREATE_TABLE = "create table if not exists rtable(id
integer primary key autoincrement,mainName text not null,subName text not null)"
12              that.createTB(rdbStore, SQL_CREATE_TABLE) //创建收入类别表
13              SQL_CREATE_TABLE = "create table if not exists ztable(id integer
primary key autoincrement,mainName text not null,subName text not null)"
14              that.createTB(rdbStore, SQL_CREATE_TABLE) //创建支出类别表
15              SQL_CREATE_TABLE = "create table if not exists rdetail(id integer
primary key autoincrement, mainName text not null, subName text not null, amount
float,rq text,memo text)"
```

```
16            that.createTB(rdbStore, SQL_CREATE_TABLE) //创建收入明细表
17            SQL_CREATE_TABLE = "create table if not exists zdetail(id integer
primary key autoincrement, mainName text not null, subName text not null, amount
float, rq text, memo text)"
18            that.createTB(rdbStore, SQL_CREATE_TABLE) //创建支出明细表
19            that.notepadDB = rdbStore                  //保存打开的数据库实例
20        }).catch((err) => {
21            console.info("创建数据库失败" + err)
22        });
23    },
```

上述第 2 行代码表示用 ramounts 数组值初始化线形图表上的点集合；第 3、4 行代码用于获取当前系统日期，并将系统日期转换为“年-月-日”格式；第 19 行代码的 notepadDB 作为主页页面变量，用于存放打开的数据库实例对象。

2）主页面的页面底部工具栏

主页面的页面底部工具栏包含“月账汇总”“收入管理”“支出管理”和“记账设置”4 个操作选项，单击操作选项，页面上显示的内容会随之改变。

css 的代码如下。

```
1   .area-css {
2       height: 100%;
3       width: 100%;
4       flex-direction: column;
5       background-color: beige;
6   }
```

hml 的代码如下。

```
1   <div class="container">
2       <text>{{ info }}</text>
3       <div class="area-css" if="{{ cIndex == 0 }}">
4           <!-- 月账汇总页面内容-->
5       </div>
6       <div class="area-css" elif="{{ cIndex == 1 }}">
7           <!-- 收入管理页面内容-->
8       </div>
9       <div class="area-css" elif="{{ cIndex == 2 }}">
10          <!-- 支出管理页面内容-->
11      </div>
12      <div class="area-css" elif="{{ cIndex == 3 }}">
13          <!-- 记账设置页面内容-->
14      </div>
15      <toolbar style="position : fixed; bottom : 0px; ">
16          <toolbar-item style="font-size : 20fp;" value='月账汇总' @click="
changeTab(0)"></toolbar-item>
```

```
17         <toolbar-item style="font-size : 20fp;" value='收入管理' @click="
changeTab(1)"></toolbar-item>
18         <toolbar-item style="font-size : 20fp;" value='支出管理' @click="
changeTab(2)"></toolbar-item>
19         <toolbar-item style="font-size : 20fp;" value='记账设置' @click="
changeTab(3)"></toolbar-item>
20      </toolbar>
21  </div>
```

上述第3～5行代码表示如果cIndex的值为0,则将月账汇总页面的内容显示在主页面上;上述第6～8行代码表示如果cIndex的值为1,则将收入管理页面的内容显示在主页面上;上述第9～11行代码表示如果cIndex的值为2,则将支出管理页面的内容显示在主页面上;上述第12～14行代码表示如果cIndex的值为3,则将记账设置页面的内容显示在主页面上。上述第15～20行代码表示单击页面底部的操作选项时,触发changeTab()事件并切换页面底部工具栏的tab。changeTab()事件代码如下。

```
1   async changeTab(value) {
2           this.rmanager = []
3           this.rmanagerdetail = []
4           this.info = this.txtTips[value]  //更新主页面顶部的标题信息
5           this.cIndex = value
6            switch (value) {
7               case 0:                          //页面切换至月账汇总内容时的事务处理
8                   var detail = []
9                   var amounts=[0,0,0,0,0,0,0,0,0,0,0,0]    //初始化月汇总数组
10                  await this.viewDetail("rDetail", detail)
11                  for(var i=0;i<detail.length;i++){
12                      var month = new Date(detail[i].rq).getMonth()
                                                 //获得收入明细月份
13                      amounts[month]=amounts[month]+detail[i].amount
                                                 //按月汇总金额
14                  }
15                  this.initData(amounts)     //更新图表上的点集合
16                  break
17              case 1:                          //页面切换至收入管理内容时的事务处理
18                  //从收入类别表中读出一级类别名称
19                  await this.viewMarray('rtable', this.rmanager)
20                  //从收入类别表中读出一级类别、二级类别名称
21                  await this.viewRecord('rtable', this.rmanagerdetail)
22                  break
23              case 2:                          //页面切换至支出管理内容时的事务处理
24                  //代码与页面切换至收入管理内容时的事务处理类似,此处略
25          }
26  },
```

上述第10行代码表示调用viewDetail()方法,从rDetail中读出每一条收入明细记录内容,并按照"{mainName: 一级类别名称,subName: 二级类别名称,amount: 入账金额,rq:

入账日期，memo：备注}”数据格式保存在 detail 数组中。

viewDetail()方法的代码如下。

```
1  async viewDetail(tableName, detailInfo) {
2          let predsInfo = new dataRdb.RdbPredicates(tableName)
3          await this.notepadDB.query(predsInfo, ["*"]).then((resultSet) => {
4              while (resultSet.goToNextRow()) {
5                  detailInfo.push({
6                      mainName: resultSet.getString(1),        //一级类别名称
7                      subName: resultSet.getString(2),         //二级类别名称
8                      amount: resultSet.getDouble(3),          //金额
9                      rq: resultSet.getString(4),              //日期
10                     memo: resultSet.getString(5)             //备注
11                 })
12             }
13         }).catch((err) => {
14             console.info("读表记录错误:" + err)
15         })
16 },
```

上述第 1 行代码的 tableName 参数表示待查询的明细表表名，detailInfo 参数表示查询结果存放的数组名称。

changeTab()事件的第 19 行代码调用 viewMarray()方法，按照 rtable 中的一级类别名称排序后进行分组，过滤掉重复记录，获得入账类别表中的一级类别名称，并保存到 marray 数组中。viewMarray()方法的代码如下所示。

```
1  async viewMarray(tableName, marray) {
2          let preds = new dataRdb.RdbPredicates(tableName)
3          preds.orderByDesc("mainName").groupBy("mainName").distinct()
4          await  this.notepadDB.query(preds, ["mainName"]).then((resultSet) => {
5              while (resultSet.goToNextRow()) {
6                  marray.push(resultSet.getString(0))
                                                 //一级类别名称保存到 marray 数组
7              }
8          }).catch((err) => {
9              console.info("读一级类别名称错误:" + err)
10         })
11 },
```

上述第 1 行代码的 tableName 参数表示待查询的类别表表名，marray 参数表示查询结果存放的数组名称。

changeTab()事件的第 21 行代码调用 viewRecord()方法，从 rtable 中取出每条记录的一级类别名称和二级类别名称，并按照“{mainName：一级类别名称，subName：二级类别名称}”的数据格式保存到 marrayInfo 数组中。viewRecord()方法的代码如下所示。

```
1   async viewRecord(tableName, marrayInfo) {
2           let predsInfo = new dataRdb.RdbPredicates(tableName)
3           await this.notepadDB.query(predsInfo, ["*"]).then((resultSet) => {
4               while (resultSet.goToNextRow()) {
5                   marrayInfo.push({
6                       mainName: resultSet.getString(1),  //一级类别名称
7                       subName: resultSet.getString(2)    //二级类别名称
8                   })
9               }
10          }).catch((err) => {
11              console.info("查询表记录错误" + err)
12          })
13  },
```

3）记账设置页面内容的实现

扫一扫

主页面上的显示内容切换为记账设置页面内容时，用户可以根据实际的需求设置“收入”或“支出”项目的一级类别和二级类别名称，并且在确定类别名称后，可以将记账类别信息保存到相应的表中。

css 的代码如下。

```
1   /*记账类别行样式*/
2   .type-css {
3       background-color: wheat;
4       height: 12%;
5   }
6   /*记账类别行样式*/
7   .typelist-css {
8       width: 50%;
9       text-align: center;
10  }
11  /*记账类别样式*/
12  .typename-css {
13      background-color: steelblue;
14      width: 100%;
15      text-align: center;
16  }
17  text {
18      font-size: 20fp;
19  }
20  input {
21      height: 100%;
22  }
23  /*button 按钮样式*/
24  button {
25      flex-grow: 1;
26      background-color: goldenrod;
27      font-size: 18fp;
```

```
28 }
29 /*列表头标题样式*/
30 .list-head-css {
31     justify-content: center;
32     align-items: center;
33     background-color: goldenrod;
34     height: 10%;
35 }
36 /*列表头文本样式*/
37 .title-head-css {
38     text-align: center;
39     flex-grow: 1;
40 }
41 /*列表行样式*/
42 .listItem-css {
43     height: 40px;
44     border-bottom: 1px solid white;
45 }
46 /*列表行文本样式*/
47 .title-css {
48     width: 35%;
49     margin-left: 20;
50 }
```

hml 的代码如下。

```
1       <div class="type-css">
2           <text class="typelist-css">记账类别</text>
3           <list scrollbar="auto">
4               <list-item for="{{ noteType }}">
5                   <text class="typename-css" @click="getType($idx)">{{ $item
}}</text>
6               </list-item>
7           </list>
8       </div>
9       <div style="height : 10%; background-color : darkgoldenrod;">
10          <input type="text" placeholder="请输入一级类别" value="{{ mainName
}}" @change="getMainName"></input>
11          <input type="text" placeholder="请输入二级类别" value="{{ subName
}}" @change="getSubName"></input>
12      </div>
13      <div style="height : 10%; background-color : darkgoldenrod;">
14          <button type="capsule" value="设置" @click="setup"></button>
15          <button type="capsule" value="重置" @click="reset"></button>
16          <button type="capsule" value="保存" @click="save"></button>
17      </div>
18      <div class="list-head-css">
19          <text class="title-head-css">一级类别</text>
```

```
20            <text class="title-head-css">二级类别</text>
21            <text class="title-head-css">操作</text>
22        </div>
23        <list>
24            <list-item class="listItem-css" for="{{ flag ? rtypes : ztypes }}">
25                <text class="title-css">{{ $item.mainName }}</text>
26                <text class="title-css">{{ $item.subName }}</text>
27                <button value="删除" @click="deleteItem({{ $idx }})"></button>
28            </list-item>
29        </list>
```

上述第 5 行代码绑定获取记账类别的 getType()事件，该事件用于从 noteType 数组中获取记账类别，并根据记账类别给 flag 变量赋值。getType()事件代码如下所示。

```
1   /*定义获取记账类别事件*/
2   getType(value) {
3           this.info = '记账设置——' + this.noteType[value]
                                                //更新页面上的提示信息
4           this.flag = (value == 0) ? true : false
                                                //根据获取的记账类别获得 flag 值
5   },
```

如果获取的记账类别为“收入”，则在页面上显示收入类别数组(rtypes)中的内容，否则在页面上显示支出类别数组(ztypes)中的内容。上述 hml 代码的第 24～28 行用于实现此功能，其中第 27 行代码绑定了 deleteItem()事件，该事件表示从记账类别数组中删除 button 组件所在行对应数组元素，事件代码如下所示。

```
1   /*定义列表行上的删除按钮事件*/
2   deleteItem(value) {
3           if (this.flag) {
4               this.rtypes.splice(value, 1)  //从收入类别数组中删除当前行对应元素
5               return
6           }
7           this.ztypes.splice(value, 1)      //从支出类别数组中删除当前行对应元素
8   },
```

上述 hml 的第 10、11 行代码分别绑定获取一级类别名称的 getMainName()事件和二级类别名称的 getSubName()事件，用于从 input 组件中获取输入内容，代码如下所示。

```
1   /*定义获取一级类别事件*/
2   getMainName(e) {
3           this.mainName = e.value                     //一级类别名称
4   },
5   /*定义获取二级类别事件*/
6   getSubName(e) {
7           this.subName = e.value                      //二级类别名称
8   },
```

扫一扫

上述 hml 的第 14 行代码绑定确定输入的一级类别和二级类别名称的 setup()事件;第 15 行代码绑定重置 input 组件中输入内容的 reset()事件;第 16 行代码绑定将页面上显示的一级类别和二级类别名称列表的行内容保存到收入类别表(rtable)、支出类别表(ztable)中的 save()事件,相应的事件代码如下所示。

```
1   /*定义设置按钮单击事件*/
2   setup() {
3           if (this.info == "记账设置--收入") {
4               this.rtypes.push({
5                   mainName: this.mainName,          //收入类别中的一级类别名称
6                   subName: this.subName             //收入类别中的二级类别名称
7               })
8               return
9           }
10          this.ztypes.push({
11              mainName: this.mainName,              //支出类别中的一级类别名称
12              subName: this.subName                 //支出类别中的二级类别名称
13          })
14  },
15  /*定义保存按钮单击事件*/
16  save() {
17          for (var i = 0;i < this.rtypes.length; i++) {
18              var valueBucket = {
19                  "mainName": this.rtypes[i].mainName,
20                  "subName": this.rtypes[i].subName,
21              }
22              this.insertRecord(this.notepadDB, 'rtable', valueBucket)
                                                      //插入收入类别记录
23          }
24          for (var i = 0;i < this.ztypes.length; i++) {
25              var valueBucket = {
26                  "mainName": this.ztypes[i].mainName,
27                  "subName": this.ztypes[i].subName,
28              }
29              this.insertRecord(this.notepadDB, 'ztable', this.ztypes[i])
                                                      //插入支出类别记录
30          }
31  },
```

上述第 4～7 行代码表示将确认输入的一级类别名称和二级类别名称添加到保存收入类别的 rtypes 数组中;第 10～13 行代码表示将确认输入的一级类别名称和二级类别名称添加到保存支出类别的 ztypes 数组中。上述第 17～23 行代码表示将 rtypes 数组中的内容插到 rtable 中,第 24～30 行代码表示将 ztypes 数组中的内容插到 ztable 中,其中第 22 行和 29 行分别调用自定义的 insertRecord()方法用于向表中插入表,该方法的代码如下。

```
1   /*自定义插入表记录方法*/
```

```
2   insertRecord(db, tbName, valueBucket) {
3           db.insert(tbName, valueBucket).then((ret) => {
4               console.info("当前插入的记录 ID: " + ret)
5           }).catch((err) => {
6               console.info("插入记录失败: " + err)
7           })
8   },
```

insertRecord()方法中参数 db 表示打开的数据库，参数 tbName 表示插入记录的表名，参数 valueBucket 表示插入记录的内容。

4）收入管理页面内容的实现

扫一扫

主页面上的显示内容切换为收入管理页面内容时，自动调用 viewMarray()方法从 rtable 中读出一级类别名称，自动调用 viewRecord()方法从 rtable 中读出一级类别和二级类别名称，然后按照图 5.38 所示的效果分类显示在页面上。用户在该页面可以首先选择“收入”项目的一级类别和二级类别名称，然后在金额、时间及备注的输入框中输入相应内容，最后将收入明细信息保存到 rdetail 中。

css 的代码如下。

```
1   .listItem-head {
2       height: 60fp;
3       background-color: gold;
4       border-bottom: 1px solid white;
5   }
6   .rinput-css {
7       height: 10%;
8       margin-bottom: 5fp;
9   }
```

hml 的代码如下。

```
1       <list scrollbar="auto" style="background-color : greenyellow; height :
50%;">
2           <list-item-group for="{{ rmanager }}">
3               <list-item class="listItem-head">
4                   <text style="margin-left : 20fp;">{{ $item }}</text>
5               </list-item>
6                 <block for="{{ (index, msgitem) in rmanagerdetail }}" if="{{
$item == msgitem.mainName }}">
7                   <list-item class="listItem-css" @click="getrMsgItem
(index)">
8                       <text style="margin-left : 40fp;">{{ msgitem.subName }}
</text>
9                   </list-item>
10              </block>
11          </list-item-group>
12      </list>
```

```
13      <div class="rinput-css">
14          <text style="width : 30%; text-align : center;">金额</text>
15          <input type="number" value="{{ ramount }}" @change="getRamount"></
input>
16      </div>
17      <div class="rinput-css">
18          <text style="width : 30%; text-align : center;">时间</text>
19          <input type="text" value="{{ rdate }}" @change="getRdate"></input>
20      </div>
21      <div style="height : 15%;">
22          <text style="width : 30%; text-align : center;">备注</text>
23          <textarea style="height : 100%;" value="{{ rmemo }}" @change="
getRmemo"></textarea>
24      </div>
25      <div style="height : 5%;">
26          <button style="height : 100%;" value="重置" @click="rReset"></
button>
27          <button style="height : 100%;" value="确定" @click="rSave"></button>
28      </div>
```

上述第7行代码绑定获取当前选中的二级类别名称在rmanagerdetail数组中下标的getrMsgItem()事件，当收入类别表中的二级类别名称确定后，就可以直接获得一级类别名称，同时通过第15、19和23行绑定的getRamount()、getRdate()和getRmemo()事件，可以获得在input组件中输入的金额、时间及在textarea组件中输入的备注信息。最后通过第27行绑定的rSave()事件将当前选中的一级类别名称、二级类别名称、金额、时间和备注等信息保存到rdetail中。实现代码如下所示。

扫一扫

```
1   /*获取二级类别名称在数组中的元素下标事件*/
2   getrMsgItem(value) {
3           this.index = value
4   },
5   /*获取收入金额事件*/
6   getRamount(e) {
7           this.ramount = e.value
8   },
9   /*获取收入时间事件*/
10  getRdate(e) {
11          this.rdate = e.value
12  },
13  /*获取收入备注事件*/
14  getRmemo(e) {
15          this.rmemo = e.text
16  },
17  /*保存收入明细按钮事件*/
18  rSave() {
19          var valueBucket = {
20              "mainName": this.rmanagerdetail[this.index].mainName, //一级类别
```

```
21              "subName": this.rmanagerdetail[this.index].subName,  //二级类别
22              "amount": this.ramount,                              //金额
23              "rq": this.rdate,                                    //时间
24              "memo": this.rmemo                                   //备注
25          }
26          this.insertRecord(this.notepadDB, 'rdetail', valueBucket)
                                                      //插入记录到 rdetail 表中
27  },
```

5）月账汇总页面内容的实现

扫一扫

主页面上的显示内容切换为月账汇总页面内容时，将 rdetail 和 zdetail 中的记录按月进行分类和求和汇总，计算出每个月的收入或支出总额，然后以线形图表的形式显示在页面上。

css 的代码如下。

```
1   .line-area {
2       height: 45%;
3       width: 100%;
4       font-size: 12fp;
5   }
```

hml 的代码如下。

```
1   <div class="line-area" style="flex-direction : column; align-items: center;">
2           <text>收入线形图</text>
3           <chart type="line" options="{{ lineOps }}" datasets="{{ lineData }}"></chart>
4           <button type="capsule" value="收入明细" @click="showRdetail"></button>
5   </div>
6   <!-- 支出线形图代码与收入线形图代码类似，此处略-->
```

上述第 3 行代码的 options 属性用于设置线形图表的参数选项，datasets 属性用于设置线形图表上的数据集合；上述第 4 行代码绑定的 showRdetail()事件，表示单击“收入明细”按钮时，页面切换至账单详情页面，事件代码如下所示。

```
1   async showRdetail() {
2           var detail = []
3           await this.viewDetail("rDetail", detail)
                                //将读出的收入明细表中的内容保存到 detail 数组中
4           await  router.push({
5               uri: 'pages/notetaking/detail/detail',
6               params: {
7                   detail: detail                    //跳转页面时传递 detail 参数
8               }
```

```
9        })
10 },
```

6）账单详情页面的实现

由于账单详情页面仅需要展示单击月账汇总页面上的“收入明细”或“支出明细”按钮传递的收入明细或支出明细信息，因此该页面的 hml 代码如下所示。

```
1  <div class="container">
2      <div class="list-head-css"><text class="title-css">一级类别</text>
3          <text class="title-css">二级类别</text>
4          <text class="title-css">金额</text>
5          <text class="title-css">记账日期</text>
6          <text class="title-css">备注</text>
7      </div>
8      <list>
9          <list-item class="listItem-css" for="{{ detail }}">
10             <text class="title-css">{{ $item.mainName }}</text>
11             <text class="title-css">{{ $item.subName }}</text>
12             <text class="title-css">{{ $item.amount }}</text>
13             <text class="title-css">{{ $item.rq }}</text>
14             <text class="title-css">{{ $item.memo }}</text>
15         </list-item>
16     </list>
17 </div>
```

上述第 2～7 行代码用于在页面上显示标题；第 8～16 行代码用于在页面上以列表方式显示收入明细信息或支出明细信息，其中第 9 行的 detail 是单击月账汇总页面上的“收入明细”或“支出明细”按钮后传递给这个页面的参数。

本章小结

数据存储与访问是开发应用程序时需要解决的最基本的问题，数据必须以某种方式保存，并且能够方便地使用和更新处理。本章结合实际案例项目开发过程介绍了轻量级数据存储与访问接口、文件存储与访问接口、关系型数据接口及相关组件的使用方法和应用场景。通过学习本章知识，读者既能够掌握基本数据存储的相关知识，又能开发一些数据密集型的移动端应用程序。

第6章 多媒体应用开发

现在移动终端设备已经拥有极为强大处理能力的CPU、内存、固态存储介质以及像PC机一样的操作系统，它既可以完成复杂的数值处理任务，也可以对图像、视频、声音等多媒体信息进行快速处理。本章结合具体案例介绍使用方舟开发框架提供的组件及HarmonyOS已开放的接口，实现图形的绘制、图像的编辑及声音与视频的播放。

扫一扫

6.1 概述

不管是图形、图像的处理，还是音频、视频的播放，在HarmonyOS应用程序中都是不可缺少的部分。方舟开发框架既提供了画布组件、媒体组件用于自定义绘制图形、图像业务开发、拍照及视频播放，也提供了一系列多媒体管理接口API用于实现音频播放、音频录制、音视频合成、视频解码等功能。

6.1.1 图像开发

HarmonyOS图像模块既支持图像解码、图像编码、基本的位图操作、图像编辑等图像业务的开发，也支持通过接口组合实现更复杂的图像处理逻辑。为了方便图像在应用程序中进行旋转、缩放、裁剪等相应的处理，通常需要使用图像解码技术将不同的存档格式图片(如JPEG、PNG、GIF、HEIF、WebP、BMP等)解码为无压缩的位图格式图像(PixelMap)；为了方便图像在应用程序中进行保存、传输等相应的处理，通常需要使用图像编码技术将无压缩的位图格式编码成不同格式的存档格式图片(目前仅支持JPEG)。JS API提供的@ohos.multimedia.image接口中包含了图像开发所需的相关类及方法。

6.1.2 相机开发

HarmonyOS相机模块支持相机业务的开发，开发者既可以通过已开放的接口实现相机硬件的访问、预览、拍照、连拍和录像等操作及新功能开发，也可以通过合适的接口或者接口组合实现闪光灯控制、曝光时间控制、手动对焦、自动对焦控制、变焦控制、人脸识别以及更多的功能。但是，同一时刻只能有一个相机应用程序运行。开发者必须按照相机权限申请、相机设备创建、相机设备配置、相机帧捕获及相机设备释放的开发流程进行接口的顺序调用，否则可能出现调用失败等问题。为了开发包含相机模块的应用程序，拥有更好的兼容性，在创建相机对象或者设置相关参数前需要开发者进行能力查询。方舟开发框架中的Camera（照相机）组件用于实现照相机的预览和拍照功能。

6.1.3　音频开发

HarmonyOS 音频模块支持音频业务的开发，提供包括音频播放、音频采集、音量管理和短音播放等音频相关的功能。音频播放主要是将音频数据转码为可听见的音频模拟信号并通过输出设备进行播放，同时对播放任务进行管理。音频采集主要是通过输入设备将声音采集并转码为音频数据，同时对采集任务进行管理。音量管理主要包括音量调节、输入/输出设备管理、注册音频中断和音频采集中断的回调等。短音播放主要负责管理音频资源的加载与播放、tone 音的生成与播放以及系统音播放。JS API 提供的@ohos.multimedia.audio 接口中包含了音频开发所需的相关类及方法。

6.1.4　视频开发

HarmonyOS 视频模块支持视频业务的开发和生态开放，开发者可以通过已开放的接口实现视频编解码、视频提取、视频播放和视频录制等操作及新功能开发。视频编解码主要是将视频进行编码和解码。视频提取主要是将多媒体文件中的音视频数据进行分离，提取出音频、视频数据源。视频播放包括播放控制、播放设置和播放查询，如播放的开始/停止、播放速度设置和是否循环播放等。视频录制主要是在选择视频/音频来源后，可以录制并生成视频/音频文件。方舟开发框架中的 Video 组件（视频）用来实现视频播放功能。JS API 提供的@ohos.multimedia.media 接口中包含了视频开发所需的相关类及方法。

6.2　图片编辑器的设计与实现

扫一扫

图片作为人类感知世界的视觉基础，是人类获取信息、表达信息和传递信息的重要手段。本节结合 canvas 组件、CanvasRendering2dContext 对象、Image 对象和 ImageData 对象设计并实现一个具有裁剪、调节透明度等功能的图片编辑器。

6.2.1　canvas 组件

canvas 组件（画布组件）用于自定义绘制图形，该组件除支持通用属性和通用事件外，还支持以下方法。

1. 获取 canvas 绘图上下文

- getContext(type：'2d'，options?：ContextAttrOptions)：CanvasRendering2dContext，基于 canvas 组件获取 canvas 绘图上下文对象，不支持在 onInit()和 onReady()中进行调用。参数及功能说明如表 6.1 所示，返回值类型为 CanvasRendering2dContext。

表 6.1 参数及功能说明

参数名	类　型	必填	功能说明
type	string	是	设置为 2d，返回值为 2D 绘制对象
options	ContextAttrOptions	否	设置是否开启抗锯齿功能，默认值为{antialias: false}，表示关闭抗锯齿功能

例如，下述第 1 行代码表示获得页面上的 canvas 组件对象，该组件对象的 id 为 canvasid，第 2 行代码表示基于 canvas 组件获得 canvas 绘图上下文对象，该上下文对象的类型为 CanvasRendering2dContext。

```
1  var el = this.$element('canvasid');
2  var ctx = el.getContext('2d');
```

2. 生成包含图片展示的 URL

- toDataURL(type?: string, quality?: number): string，生成包含图片展示的 URL。参数及功能说明如表 6.2 所示，返回值为 string 类型，返回值中包含图片格式等信息。

表 6.2 参数及功能说明

参数名	类　型	必填	功能说明
type	string	否	设置图像格式，默认格式为 image/png
quality	number	否	设置图片的质量，图片格式为 image/jpeg 或 image/webp 时取值范围为 0～1，默认值为 0.92

扫一扫

6.2.2 CanvasRendering2dContext 对象

CanvasRendering2dContext 对象可以在 canvas 组件上绘制指定特征的矩形、文本、图片等二维图形。CanvasRendering2dContext 属性及功能说明如表 6.3 所示。

表 6.3 CanvasRendering2dContext 属性及功能说明

属性名	类　型	功能说明
fillStyle	<color> | CanvasGradient | CanvasPattern	设置绘制图形的填充色，其中，<color>类型表示设置填充区域的颜色；CanvasGradient 类型表示渐变对象，使用 createLinearGradient()方法创建；CanvasPattern 类型，使用 createPattern()方法创建
lineWidth	number	设置绘制线条的宽度
strokeStyle	<color> | CanvasGradient | CanvasPattern	设置描边的颜色，其中，<color>类型表示设置描边使用的颜色；CanvasGradient 类型表示渐变对象，使用 createLinearGradient()方法创建；CanvasPattern 类型，使用 createPattern()方法创建

续表

属性名	类型	功能说明
lineCap	string	设置线端点的样式，属性值包括 butt(默认值，线端点以方形结束)、round(线端点以圆形结束)、square(线端点以方形结束，该样式下会增加一个长度和线段厚度相同，宽度是线段厚度一半的矩形)
lineJoin	string	设置线段间相交的交点样式，属性值包括 miter(默认值，在相连部分的外边缘处进行延伸，使其相交于一点，形成一个菱形区域，该属性可以通过设置 miterLimit 属性展现效果)、round(在线段相连处绘制一个扇形，扇形的圆角半径是线段的宽度)、bevel(在线段相连处使用三角形为底填充，每个部分矩形拐角独立)
miterLimit	number	设置斜接面限制值，该值指定了线条相交处内角和外角的距离，默认值为 10
font	string	设置文本绘制中的字体样式，语法格式为 ctx.font="font-style font-weight font-size font-family"(默认值为 normal normal 14px sans-serif)。其中，font-style：可选，用于指定字体样式，包括 normal、italic 值；font-weight：可选，用于指定字体的粗细，包括 normal、bold、bolder、lighter、100、200、300、400、500、600、700、800、900 等属性值；font-size：可选，用于指定字号和行高(单位：px)；font-family：可选，用于指定字体系列，包括 sans-serif、serif、monospace 等属性值
textAlign	string	设置文本绘制中的文本对齐方式，属性值包括 left(默认值，文本左对齐)、right(文本右对齐)、center(文本居中对齐)、start(文本对齐界线开始的地方)、end(文本对齐界线结束的地方)
textBaseline	string	设置文本绘制中的水平对齐方式，属性值包括 alphabetic(默认值，文本基线是标准的字母基线)、top(文本基线在文本块的顶部)、hanging(文本基线是悬挂基线)、middle(文本基线在文本块的中间)、ideographic(文字基线是表意字基线，如果字符本身超出了 alphabetic 基线，那么 ideographic 基线位置在字符本身的底部)、bottom(文本基线在文本块的底部，与 ideographic 基线的区别在于 ideographic 基线不需要考虑下行字母)
globalAlpha	number	设置透明度(0.0 为完全透明；1.0 为完全不透明)
lineDashOffset	number(float)	设置画布的虚线偏移量，默认值为 0.0
globalComposite-Operation	string	设置合成操作的方式，属性值如表 6.4 所示
shadowBlur	number(float)	设置绘制阴影时的模糊级别，值越大越模糊，默认值为 0.0
shadowColor	<color>	设置绘制阴影时的阴影颜色
shadowOffsetX	number	设置绘制阴影时和原有对象的水平偏移值
shadowOffsetY	number	设置绘制阴影时和原有对象的垂直偏移值
imageSmoothing-Enabled	boolean	设置绘制图片时是否进行图像平滑度调整，属性值包括 true(默认值，启用)和 false

表 6.4 globalCompositeOperation 属性值及功能说明

类　型	功　能	类　型	功　能
source-over	在现有绘制内容上显示新内容（默认值）	source-atop	在现有绘制内容顶部显示新内容
source-in	在现有绘制内容中显示新内容	source-out	在现有绘制内容之外显示新内容
destination-over	在新绘制内容上方显示现有内容	destination-atop	在新绘制内容顶部显示现有内容
destination-in	在新绘制内容中显示现有内容	destination-out	在新绘制内容外显示现有内容
lighter	显示新绘制内容和现有内容	copy	显示新绘制内容而忽略现有内容
xor	使用异或操作对新绘制内容与现有绘制内容进行融合		

为了在 canvas 组件上绘制矩形、文本、图片等二维图形，CanvasRendering2dContext 类型的对象提供了绘制、清除不同类型的矩形、文本及图片的方法。

1. 填充矩形

- fillRect(x: number, y: number, width: number, height: number): void，用于在 canvas 组件上填充一个矩形。参数及功能说明如表 6.5 所示。

表 6.5 参数及功能说明

参数名	类型	功能说明	参数名	类型	功能说明
x	number	指定矩形左上角点的 x 坐标	y	number	指定矩形左上角点的 y 坐标
width	number	指定矩形的宽度	height	number	指定矩形的高度

【范例 6-1】 设计一个如图 6.1 所示的画图工具，单击“画矩形”按钮，在画布上画一个选定颜色的矩形。

图 6.1 画矩形效果

css 的代码如下。

```
1  .canvas-css{
2      width: 100%;
3      height: 50%;
4  }
```

hml 的代码如下。

```
1  <div class="container">
2      <canvas id="canvas" class="canvas-css"></canvas>
3      <div>
4          <div>
5              <input type="radio" name="colorType" checked="true" value="0"
@change="onRadioChange('0')"></input>
6              <label>红色</label>
7          </div>
8          //绿色、蓝色单选按钮与红色单选按钮布局代码类似,此处略
9      </div>
10     <input type="button" style="width : 180px; height : 60px;" value="画矩形"
onclick="drawRect"/>
11 </div>
```

上述第 2 行代码表示在页面上添加一个 canvas 画布组件,并用 canvas-css 样式类指定该画布的宽度和高度。

js 的代码如下。

```
1  export default {
2      data: {
3          colorValue: ["#ff0000", "#00ff00", "#0000ff"],   //颜色值数组
4          currentColor: "#ff0000"                          //当前颜色值
5      },
6      /*定义选中单选按钮事件*/
7      onRadioChange(value, e) {
8          if (value == e.value) {
9              this.currentColor = this.colorValue[value]
10         }
11     },
12     /*定义画矩形按钮事件*/
13     drawRect() {
14         var el = this.$element('canvas');
15         var ctx = el.getContext('2d');
16         ctx.fillStyle = this.currentColor                    //指定填充颜色
17         ctx.fillRect(50, 50, 300, 200);                      //绘制矩形
18     }
19 }
```

上述第 14 行代码表示从页面上获取 canvas 画布组件对象;第 15 行代码表示基于

canvas组件获取绘图上下文对象;第17行代码表示从画布的左上角(50,50)坐标位置开始绘制一个宽度为300、高度为200的矩形。

扫一扫

2. 删除绘制内容

- clearRect(x: number, y: number, width: number, height: number): void,用于删除指定区域绘制的内容。参数及功能说明如表6.5所示。

【范例6-2】 在范例6-1画图工具的基础上添加一个"擦除"按钮,可以在已绘制的矩形框内删除一块区域。擦除效果如图6.2所示。

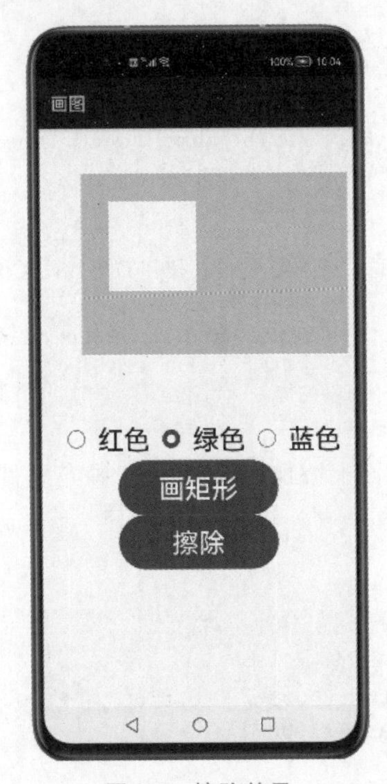

图6.2 擦除效果

在实现范例6-1的hml代码第10行下面添加如下代码。

```
1   <input type="button" style="width : 180px; height : 60px; font-size: 30fp;" value="擦除" onclick="clearRect"/>
```

js的代码如下。

```
1   /*定义擦除按钮事件*/
2   clearRect(){
3           var el = this.$element('canvas');
4           var ctx = el.getContext('2d');
5           ctx.clearRect(80, 80, 100, 100);
6   }
```

3. 绘制矩形框

- strokeRect(x: number, y: number, width: number, height: number): void,绘制具有边框的矩形,矩形内部不填充。参数及功能说明如表 6.5 所示。

例如,将范例 6-1 画填充矩形的功能修改为画矩形框,可以将实现其功能的第 16、17 行 js 代码用如下代码替换。

```
1   ctx.strokeStyle= this.currentColor                //指定边框颜色
2   ctx.strokeRect(50, 50, 300, 200);                 //绘制矩形框
```

4. 绘制填充类文本

- fillText(text: string, x: number, y: number): void,绘制填充类文本。参数及功能说明如表 6.6 所示。

表 6.6　参数及功能说明

参数名	类型	功能说明	参数名	类型	功能说明
text	string	指定需要绘制的文本内容	x	number	指定绘制文本的左下角 x 坐标
y	number	指定绘制文本的左下角 y 坐标			

【范例 6-3】　在范例 6-1 画图工具的基础上,添加一个"画文本"按钮,可以在画布上绘制"欢迎鸿蒙开发者"的内容。画填充类文本效果如图 6.3 所示。

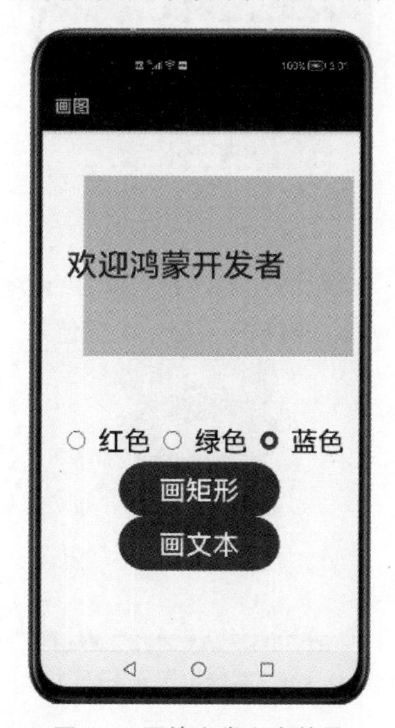

图 6.3　画填充类文本效果

在实现范例 6-1 的 hml 代码第 10 行下面添加如下代码。

```
1   <input type="button" style="width : 180px; height : 60px;font-size: 30fp;" value="画文本" onclick="drawText"/>
```

js 的代码如下。

```
1   drawText() {
2           var el = this.$element('canvas');
3           var ctx = el.getContext('2d');
4           ctx.fillStyle = this.currentColor       //指定填充颜色
5           ctx.font = '35px sans-serif';           //指定字体样式
6           ctx.fillText("欢迎鸿蒙开发者", 30, 160); //绘制文本
7   },
```

5. 绘制描边类文本

- strokeText(text: string, x: number, y: number): void,绘制描边类文本。参数及功能说明如表 6.6 所示。

例如,将实现范例 6-3 的第 6 行 js 代码修改为如下代码,运行效果如图 6.4 所示。

```
1   ctx.strokeText("欢迎鸿蒙开发者", 30, 160);
```

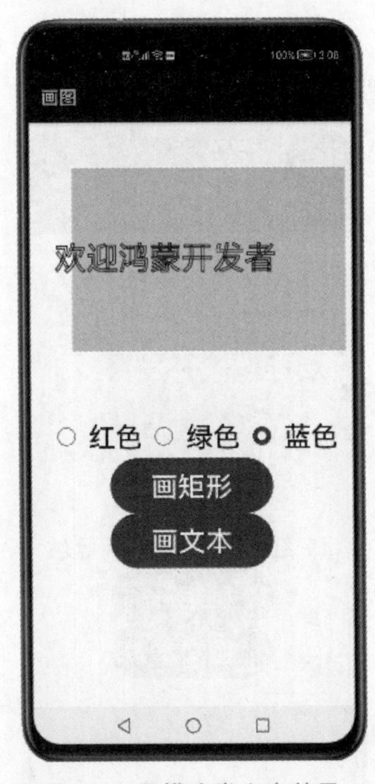

图 6.4　画描边类文本效果

6. 获取文本测算对象

- measureText(text: string): TextMetrics,获取一个文本测算的对象,通过该对象可以获取指定文本的宽度值。text 参数表示需要进行测量的文本,返回值类型为 TextMetrics,该类型的 width 属性用于获取指定字体的宽度。

例如,用日志输出范例 6-3 绘制的"欢迎鸿蒙开发者"文本宽度,可以在实现范例 6-3 的 js 代码第 6 行下面添加如下代码。

```
1  console.info("width:" + ctx.measureText("欢迎鸿蒙开发者").width)
```

7. 绘制路径

- beginPath(): void,创建一个新的绘制路径。
- moveTo(x: number, y: number): void,路径从当前点移动到指定点,参数(x,y)表示指定点坐标。
- lineTo(x: number, y: number): void,从当前点到指定点进行路径连接,参数(x,y)表示指定点坐标。
- stroke(): void,进行边框绘制操作。
- fill(): void,对封闭路径进行填充。
- closePath(): void,结束当前路径形成一个封闭路径。

【范例 6-4】 设计如图 6.5 所示的页面,单击"五角星"按钮,可以在页面上绘制一个红色五角星。

图 6.5 画五角星(1)

css 的代码如下。

```
1   .canvas-css{
2       height: 50%;
3       width: 100%;
4   }
```

hml 的代码如下。

```
1   <div class="container">
2       <canvas id="canvas" class="canvas-css"></canvas>
3       <button type="capsule" style="width : 180px; height : 60px; font-size:
30fp;" value="五角星" @click="draw"></button>
4   </div>
```

js 的代码如下。

```
1   export default {
2       /*定义绘制五角星的方法*/
3       drawStar(ctx, starCenterX, starCenterY, starRadius) {
4           var aX = starCenterX;
5           var aY = starCenterY - starRadius;
6           var bX = starCenterX - Math.cos(18 * Math.PI / 180) * starRadius;
7           var bY = starCenterY - Math.sin(18 * Math.PI / 180) * starRadius;
8           var cX = starCenterX - Math.cos(54 * Math.PI / 180) * starRadius;
9           var cY = starCenterY + Math.sin(54 * Math.PI / 180) * starRadius;
10          var dX = starCenterX + Math.cos(54 * Math.PI / 180) * starRadius;
11          var dY = starCenterY + Math.sin(54 * Math.PI / 180) * starRadius;
12          var eX = starCenterX + Math.cos(18 * Math.PI / 180) * starRadius;
13          var eY = starCenterY - Math.sin(18 * Math.PI / 180) * starRadius;
14          ctx.lineWidth = 1;                          //指定线框粗细值
15          ctx.fillStyle = "rgb(255,0,0)";             //指定五角星的填充颜色
16          ctx.beginPath();
17          ctx.moveTo(aX, aY);                         //五角星起点位置
18          ctx.lineTo(cX, cY);                         //边 1
19          ctx.lineTo(eX, eY);                         //边 2
20          ctx.lineTo(bX, bY);                         //边 3
21          ctx.lineTo(dX, dY);                         //边 4
22          ctx.lineTo(aX, aY);                         //边 5
23          ctx.fill();                                 //填充颜色
24          ctx.closePath();
25      },
26      /*定义五角星按钮的单击事件*/
27      draw() {
28          var el = this.$element('canvas');
29          var ctx = el.getContext('2d');
30          var sX = 150;
31          var sY = 100;
32          var sRadius =50;                            //五角星所在圆的半径
```

```
33          this.drawStar(ctx, sX, sY, sRadius);
34      }
35  }
```

上述第 4～13 行表示分别计算出五角星 5 个顶点的坐标；第 18～22 行代码表示分别画出五角星的五条边。如果将上述第 23 行代码修改为如下代码，则画出的五角星的效果图如图 6.6 所示。

```
23        ctx.stroke()            //绘制边框线
```

图 6.6　画五角星(2)

- bezierCurveTo(cp1x: number, cp1y: number, cp2x: number, cp2y: number, x: number, y: number): void，创建三次贝塞尔曲线的路径，参数(cp1x,cp1y)表示第一个贝塞尔曲线参数坐标，参数(cp2x,cp2y)表示第二个贝塞尔曲线参数坐标，参数(x,y)表示路径结束时的坐标。

扫一扫

例如，下列代码可以在画布上绘制一个三次贝塞尔曲线。

```
1        ctx.beginPath();
2        ctx.bezierCurveTo(20, 100, 200, 100, 200, 20);
3        ctx.stroke();
```

- quadraticCurveTo(cpx: number, cpy: number, x: number, y: number): void，创

建二次贝塞尔曲线的路径，参数(cpx,cpy)表示贝塞尔曲线参数坐标，参数(x,y)表示路径结束时的坐标。

例如，下列代码可以在画布上绘制一个二次贝塞尔曲线。

```
1        ctx.beginPath();
2        ctx.moveTo(20, 20);
3        ctx.quadraticCurveTo(100, 100, 200, 20);
4        ctx.stroke();
```

- arc(x: number, y: number, radius: number, startAngle: number, endAngle: number, anticlockwise: boolean): void，绘制弧线路径，参数(x,y)表示弧线圆心点坐标，参数 radius 表示弧线圆半径，参数 startAngle 表示弧线的起始弧度，参数 endAngle 表示弧线的终止弧度，参数 anticlockwise 表示是否逆时针绘制圆弧。

例如，下列代码可以在画布上绘制一条弧线。

```
1        ctx.beginPath();
2        ctx.arc(100, 75, 50, 0, 6.28);
3        ctx.stroke();
```

- arcTo(x1: number, y1: number, x2: number, y2: number, radius: number): void，依据圆弧经过的点和圆弧半径创建圆弧路径，参数(x1,y1)表示经过的第一个点的坐标，参数(x2,y2)表示经过的第二个点的坐标，参数 radius 表示圆弧的半径。

例如，下列代码可以在画布上绘制一个圆弧。

```
1        ctx.beginPath();
2        ctx.moveTo(100, 20);
3        ctx.arcTo(150, 20, 150, 70, 50);
4        ctx.stroke();
```

- ellipse(x: number, y: number, radiusX: number, radiusY: number, rotation: number, startAngle: number, endAngle: number, anticlockwise: number): void，在规定的矩形区域绘制椭圆路径。参数及功能说明如表 6.7 所示。

表 6.7　参数及功能说明

参数名	类型	功能说明	参数名	类型	功能说明
x	number	椭圆中心的 x 轴坐标	y	number	椭圆中心的 y 轴坐标
radiusX	number	椭圆 x 轴的半径长度	radiusY	number	椭圆 y 轴的半径长度
rotation	number	椭圆的旋转角度(弧度)	startAngle	number	椭圆绘制的起始点角度(弧度)
endAngle	number	椭圆绘制的结束点角度(弧度)	anticlockwise	number	是否以逆时针方向绘制椭圆，值包括 0(默认值，顺时针)、1(逆时针)

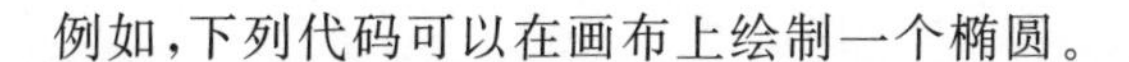

例如，下列代码可以在画布上绘制一个椭圆。

```
1        ctx.beginPath();
2        ctx.ellipse(200, 200, 50, 100, 0, Math.PI * 0, 2 * Math.PI, 0);
3        ctx.stroke();
```

- rect(x: number, y: number, width: number, height: number): void，绘制一个矩形路径，参数(x,y)表示矩形左上角坐标，参数 width 表示矩形的宽度，参数 height 表示矩形的高度。

例如，下列代码可以在画布上绘制一个矩形。

```
1        ctx.beginPath();
2        ctx.rect(20, 20, 100, 100);
3        ctx.stroke();
```

- clip(): void，设置当前路径为剪切路径。

例如，下列代码可以在画布上绘制一个矩形，并通过剪切路径绘制填充矩形。

```
1        ctx.rect(0, 0, 200, 200);
2        ctx.stroke();
3        ctx.clip();
4        ctx.fillStyle = "rgb(255,0,0)";
5        ctx.fillRect(0, 0, 150, 150);
```

8. 修饰图形

扫一扫

- rotate(rotate: number): void，针对当前坐标轴顺时针旋转，参数 rotate 表示顺时针旋转的弧度值。

例如，下列代码表示将绘制的填充矩形和填充文本图形沿顺时针方向旋转 45°，显示效果如图 6.7 所示。

图 6.7　旋转效果(1)

```
1    ctx.rotate(45 * Math.PI / 180)
2    ctx.fillRect(100, 20, 50, 50)
3    ctx.fillText("angular",200,34)
```

- save()：void，对当前的绘图上下文进行保存。
- restore()：void，对保存的绘图上下文进行恢复。

从实现图 6.7 所示效果的代码可以看出，使用 rotate()方法针对当前坐标旋转后，后面绘制的图形都是旋转后的图形，如果要让后面绘制的图形不再旋转，则首先需要用 save()方法保存当前绘图上下文，然后在不需要旋转的绘制图形语句上方用 restore()方法将保存的绘图上下文恢复。例如，要实现图 6.8 所示效果，可以使用如下代码。

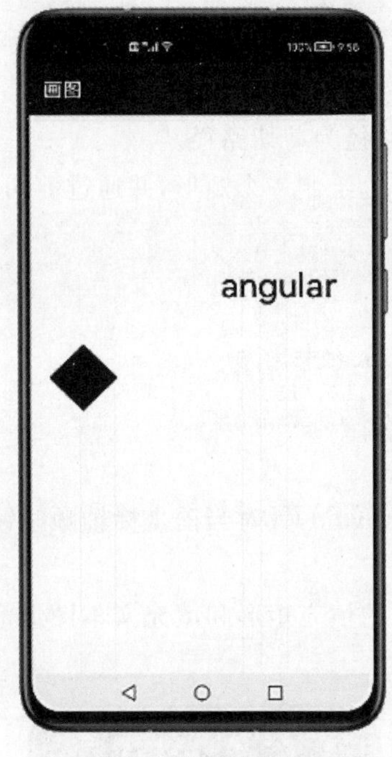

图 6.8　旋转效果(2)

```
1    ctx.save()                              //保存没有旋转的绘图上下文
2    ctx.rotate(45 * Math.PI / 180)          //顺时针旋转 45°
3    ctx.fillRect(100, 20, 50, 50)
4    ctx.restore()                           //恢复保存过的没有旋转的绘图上下文
5    ctx.font='35px'
6    ctx.fillText("angular",200,34)
```

- scale(x：number，y：number)：void，设置 canvas 画布的缩放变换值，参数 x 表示水平方向的缩放值，参数 y 表示垂直方向的缩放值。

例如，下列代码表示将绘制的描边类矩形水平方向放大至 2 倍，垂直方向缩小至 1/2。

```
1        ctx.strokeRect(10, 10, 25, 25)
2        ctx.scale(2, 0.5);
3        ctx.strokeRect(10, 10, 25, 25)
```

- transform(scaleX: number, skewX: number, skewY: number, scaleY: number, translateX: number, translateY: number): void,设置图形的变换矩阵,原图形各个顶点的坐标分别乘以这个矩阵,就能得到新顶点的坐标,矩阵变换效果可叠加。参数及功能说明如表 6.8 所示。新的顶点坐标(x',y')与原图形顶点的坐标(x,y)对应的计算公式如下。

$$x' = scaleX * x + skewY * y + translateX$$
$$y' = skewX * x + scaleY * y + translateY$$

表 6.8　参数及功能说明

参数名	类型	功能说明	参数名	类型	功能说明
scaleX	number	水平缩放值	skewX	number	水平倾斜值
skewY	number	垂直倾斜值	scaleY	number	垂直缩放值
translateX	number	水平移动值	translateY	number	垂直移动值

例如,下列代码运行后的效果如图 6.9 所示。

图 6.9　图形变换矩阵效果(1)

```
1       ctx.fillStyle = 'rgb(0,0,0)'
2       ctx.fillRect(20, 20, 100, 100)                    //原图
3       ctx.transform(1, 0.5, -0.5, 1, 10, 10)            //变换矩阵
4       ctx.fillStyle = 'rgb(255,0,0)'
5       ctx.fillRect(20, 20, 100, 100)
6       ctx.transform(1, 0.5, -0.5, 1, 10, 10)            //变换矩阵
7       ctx.fillStyle = 'rgb(0,0,255)'
8       ctx.fillRect(20, 20, 100, 100)
```

- setTransform(scaleX: number, skewX: number, skewY: number, scaleY: number, translateX: number, translateY: number): void,该方法使用的参数和transform()方法使用的参数相同,但setTransform()方法会重置现有的变换矩阵并创建新的变换矩阵,即矩阵变换效果不再叠加。参数及功能说明如表6.8所示。
- translate(x: number, y: number): void,移动当前坐标系的原点,参数(x,y)表示当前坐标系的原点。

例如,将实现图6.9所示效果代码的第6行修改为如下代码,运行效果如图6.10所示。

```
1       ctx.setTransform(1, 0.5, -0.5, 1, 10, 10);  //重置变换矩阵
2       ctx.translate(20,20)                          //将当前坐标原点移动(20,20)
```

图6.10　图形变换矩阵效果(2)

9. 绘制图像

扫一扫

- drawImage(image: Image, sx: number, sy: number, sWidth: number, sHeight: number): void,把整个图像复制到画布。参数 image 为 Image 类型,表示要复制的图片资源,其属性及功能说明如表 6.9 所示;参数(sx,sy)表示复制到画布上的左上角坐标;参数 sWidth 表示按画布单位指定的图像宽度;参数 sHeight 表示按画布单位指定的图像高度。

表 6.9　Image 类型属性及功能说明

属性名	类型	功能说明	属性名	类型	功能说明
src	string	图片资源的路径	width	length	图片的宽度,默认值为 0px
height	length	图片的高度,默认值为 0px	onload	Function	图片加载成功后触发该事件
onerror	Function	图片加载失败后触发该事件			

- drawImage(image: Image, sx: number, sy: number, sWidth: number, sHeight: number, dx: number, dy: number, dWidth: number, dHeight: number): void,裁剪指定矩形区域的图像复制到画布,并且对画布中的内容按绘制区域的大小进行缩放。参数 image 为 Image 类型,表示要裁剪的图片资源,其他参数及功能说明如表 6.10 所示。

表 6.10　参数及功能说明

参数名	类型	功能说明	参数名	类型	功能说明
sx	number	裁切区域左上角的 x 坐标值	sy	number	裁切区域左上角的 y 坐标值
sWidth	number	裁切区域的宽度	sHeight	number	裁切区域的高度
dx	number	绘制区域左上角的 x 坐标值	dy	number	绘制区域左上角的 y 坐标值
dWidth	number	绘制区域的宽度	dHeight	number	绘制区域的高度

【范例 6-5】　设计如图 6.11 所示的页面,单击“缩放图像”按钮,可以在页面上显示图像缩放效果,单击“裁剪图像”按钮,可以在页面上显示如图 6.12 所示的图像裁剪效果。

css 的代码如下。

```
1   .img-css {
2       width: 100%;
3       height: 30%;
4       object-fit: fill;
5   }
6   .canvas-css{
7       width: 100%;
8       height: 30%;
9   }
```

图 6.11　图像缩放效果

图 6.12　图像裁剪效果

hml 的代码如下。

```
1  <div class="container">
2      <image class="img-css" src="{{ img_src }}"></image>
3      <canvas class="canvas-css" id="mycanvas"></canvas>
4      <div>
5          <button type="capsule" value="缩放图像" @click="scaleImg"></button>
6          <button type="capsule" value="裁剪图像" @click="clipImg"></button>
7      </div>
8  </div>
```

js 的代码如下。

```
1  export default {
2      data: {
3          img_src: ''
4      },
5      /*定义缩放图像按钮事件*/
6      scaleImg() {
7          const el =this.$element("mycanvas");
8          var ctx =el.getContext('2d');
```

```
9          var img = new Image();
10         img.src = '/common/images/sport3.jpeg';    //指定图像源路径
11         img.width=400;
12         img.height=260;
13         this.img_src = img.src                     //在 image 组件中显示图像
14         img.onload = function() {
15             //加载成功
16             ctx.drawImage(img, 100, 0, 120,120);
17         };
18         img.onerror = function() {
19             //加载失败
20         };
21     },
22     /*定义裁剪图像按钮事件*/
23     clipImg(){
24         //与第 7~13 行代码一样,此处略
25         img.onload = function() {
26             ctx.drawImage(img, 100, 0, 120,120,80,80,200,200);
27         };
28         img.onerror = function() {
29             console.log('加载失败');
30         };
31
32     }
33 }
```

上述第 14～17 行代码表示图像加载成功后,将源图片复制到画布左上角(100,0)坐标处,并将图像的宽和高都缩小为 120px;第 25～27 行代码表示从源图片左上角(100,0)坐标处裁剪图像(宽度和高度都为 120px),并将裁剪图像的左上角放置到画布的(80,80)坐标处及宽度和高度都为 200 的区域中。

10. 创建 ImageData 对象

扫一扫

- createImageData(width: number, height: number): Object,以指定尺寸创建新的 ImageData 对象,参数 width 表示 ImageData 对象的宽度,参数 height 表示 ImageData 对象的高度。ImageData 对象用于存储 canvas 渲染的像素数据,其属性及功能说明如表 6.11 所示。

表 6.11　ImageData 对象属性及功能说明

属性名	类型	功能说明	属性名	类型	功能说明
width	number	矩形区域实际像素宽度	height	number	矩形区域实际像素高度
data	Uint8ClampedArray	一维数组,保存了相应的颜色数据,数据值范围为 0～255			

ImageData 对象中的每个像素都存放着 R 值(红色,0～255)、G 值(绿色,0～255)、B 值

(蓝色,0～255)、A 值(alpha 通道,0～255,0 表示透明,255 表示完全看不见)。颜色值和通道以数组形式存在,由于数组包含了每个像素的 R、G、B、A 四个信息,因此数组的大小是 ImageData 对象的 4 倍。

```
1         const el =this.$element('mycanvas');
2         const ctx = el.getContext('2d');
3         var imgData=ctx.createImageData(100,100);
                                  //创建宽度、高度为 100px 的 ImageData 对象
4         for (var i=0;i<imgData.data.length;i+=4)
5         {
6             imgData.data[i+0]=255;    //R 值
7             imgData.data[i+1]=0;      //G 值
8             imgData.data[i+2]=0;      //B 值
9             imgData.data[i+3]=255;    //A 值
10
11        }
```

- createImageData(imageData: Object): Object,创建与指定的另一个 ImageData 对象尺寸相同的新 ImageData 对象,但不会复制图像数据。参数 imageData 为 ImageData 类型的对象。

11. 将 ImageData 对象放到画布上

- putImageData(imageData: Object, dx: number, dy: number): void,将指定的 ImageData 对象放到画布的指定坐标处,参数 imageData 表示要放到画布上的 ImageData 对象,参数(dx,dx)表示 ImageData 对象左上角的坐标。
- putImageData(imageData: Object, dx: number, dy: number, dirtyX: number, dirtyY: number, dWidth: number, dHeight: number) : void,将指定的 ImageData 对象放到画布的指定矩形区域。参数及功能说明如表 6.12 所示。

表 6.12　参数及功能说明

参数名	类型	功能说明	参数名	类型	功能说明
imageData	Object	ImageData 对象	dx	number	填充区域在 x 轴方向的偏移量
dy	number	填充区域在 y 轴方向的偏移量	dirtyX	number	源图像数据矩形裁切范围左上角距离源图像左上角的 x 轴偏移量
dirtyY	number	源图像数据矩形裁切范围左上角距离源图像左上角的 y 轴偏移量	dWidth	number	源图像数据矩形裁切范围的宽度
dHeight	number	源图像数据矩形裁切范围的高度			

【范例 6-6】　设计如图 6.13 所示的页面,单击"创建指定尺寸图像"按钮,可以在页面上

创建一个宽度、高度都为100px的红色正方形，单击“根据图像创建图像”按钮，可以在页面上显示如图6.14所示的图像创建效果。

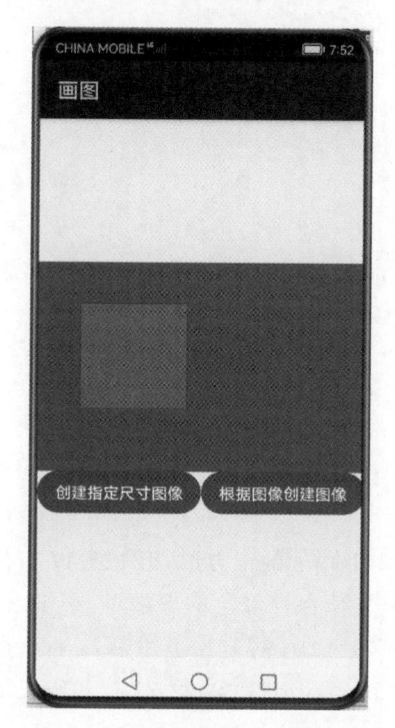

图6.13　创建指定尺寸图像效果

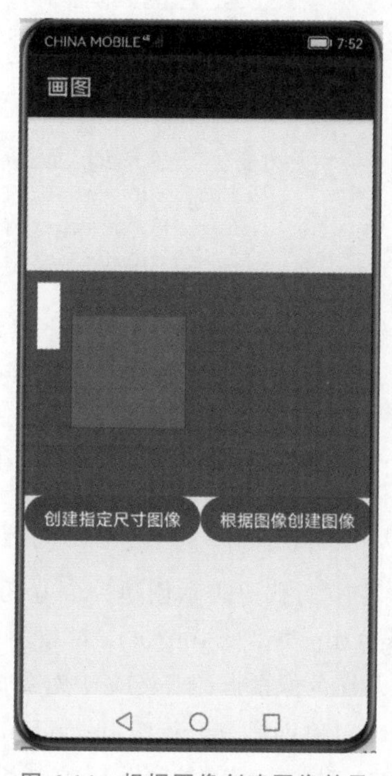

图6.14　根据图像创建图像效果

hml的代码如下。

```
1  <div class="container">
2      <canvas id="mycanvas" style="width: 400px; height: 200px; background-color: green;"></canvas>
3      <div>
4          <button type="capsule" value="创建指定尺寸图像" @click="createImage"></button>
5          <button type="capsule" value="根据图像创建图像" @click="fromImage"></button>
6      </div>
7  </div>
```

js的代码如下。

```
1  export default {
2      data: {
3          el:'',
4          ctx:'',
5          imageData:'',
```

```
6        },
7        createImage(){
8            this.el =this.$element('mycanvas');
9            this.ctx = this.el.getContext('2d');
10           this.imgData=this.ctx.createImageData(100,100);
11           for (var i=0;i<this.imgData.data.length;i+=4)
12           {
13               this.imgData.data[i+0]=255;
14               this.imgData.data[i+1]=0;
15               this.imgData.data[i+2]=0;
16               this.imgData.data[i+3]=255;
17           }
18           this.ctx.putImageData(this.imgData,40,40);
19       },
20       fromImage(){
21           var imgData1 = this.ctx.createImageData(this.imgData)
22           this.ctx.putImageData(imgData1,10,10,80,25,20,60);
23       }
24   }
```

上述第 10 行代码表示创建一个宽度、高度都为 100px 的正方形；第 11～17 行代码表示设置 ImageData 类型的 imgData 对象中的 data 属性值保存红色的像素点；第 18 行代码表示将保存的红色像素点的 imgData 对象放到画布(40,40)坐标处。上述第 21 行代码表示根据 imgData 对象创建一个新的 ImageData 类型的 imgData1 对象；第 22 行代码表示将创建的 imgData1 按照指定的参数裁切后放到画布上。

扫一扫

12. 根据画布内容创建 ImageData 对象

- getImageData(sx: number, sy: number, sw: number, sh: number): Object，以当前 canvas 指定区域内的像素创建 ImageData 对象。参数(sx,sy)表示 canvas 指定区域内的左上角 x、y 坐标；sw 表示 canvas 指定区域内的宽度；sh 表示 canvas 指定区域内的高度。

【范例 6-7】 设计如图 6.15 所示的页面，单击“设置图像”按钮，可以在页面上部的画布中创建一个宽度为 400px、高度为 300px 的图像，单击“裁剪图像”按钮，可以将页面上部画布中的图像裁剪并复制到页面下部的画布中，效果如图 6.16 所示。

hml 的代码如下。

```
1  <div class="container">
2      <canvas id="mycanvas1" style="width : 400px; height : 40%; background-
color : green;"></canvas>
3      <button type="capsule" value="设置图像" @click="setImg"></button>
4      <canvas id="mycanvas2" style="width : 400px; height : 40%; background-
color : green;"></canvas>
5      <button type="capsule" value="裁剪图像" @click="cutImg"></button>
6  </div>
```

图 6.15　画布创建图像对象效果(1)

图 6.16　画布创建图像对象效果(2)

js 的代码如下。

```
1      /*设置图像按钮事件*/
2      setImg() {
3          var el1 = this.$element("mycanvas1");    //页面上部的 canvas 画布
4          var ctx1 = el1.getContext('2d');
5          var img = new Image();
6          img.src = '/common/images/bg-tv.jpg';
7          img.width = 400;
8          img.height = 300;
9          img.onload = function () {
10             ctx1.drawImage(img, 0, 0, 400, 300); //将图像画到画布的(0,0)坐标处
11         };
12         img.onerror = function () {
13             console.log('加载失败');
14         };
15     },
16     /*裁剪图像按钮事件*/
17     cutImg() {
18         var el1 = this.$element("mycanvas1");    //页面上部的 canvas 画布
19         var ctx1 = el1.getContext('2d');
20         var imagedata = ctx1.getImageData(0, 0, 200, 200);
```

```
21          var el2 = this.$element("mycanvas2");    //页面下部的 canvas 画布
22          var ctx2 = el2.getContext('2d');
23          ctx2.putImageData(imagedata, 10, 10);
24      }
```

上述第18～20行代码表示从页面上部canvas画布的(0,0)坐标处开始获得宽度为200px、高度为200px的ImageData类型的imagedata对象；第21～23行代码表示将获得的imagedata对象放到页面下部canvas画布的(10,10)坐标处。

扫一扫

6.2.3 案例：图片编辑器

1. 需求描述

图片编辑器应用程序可以对导入的图片进行裁剪和调节透明度。图片编辑器运行时显示如图6.17所示的页面，单击“加载图片”按钮，可以在页面的上部加载一张图片；单击“裁剪图片”按钮，在加载的图片位置显示如图6.18所示的裁剪框；拖动裁剪框可以改变裁剪框的大小和位置；单击“保存图片”按钮，将裁剪框所在位置和大小区域内的图片裁剪下来，复制到页面下部，显示效果如图6.19所示；拖动调节图片上方的滑动条可以改变裁剪图片的透明度，显示效果如图6.20所示。

图6.17 加载图片效果

图6.18 裁剪框效果

图 6.19 保存图片效果

图 6.20 调节透明度效果

2. 设计思路

根据图片编辑器的需求描述和页面显示效果，该应用程序开发时需要设计一个页面，整个页面从上至下分为图片显示裁剪区、图片操作按钮区、裁剪图片显示区和调节滑动区。图片显示裁剪区包含显示加载图片和显示裁剪框两部分，显示加载图片用 canvas 画布组件实现，显示裁剪框用 div 组件及相应的样式实现；图片操作按钮区用 3 个 type 属性值为 text 的 button 组件实现；裁剪图片显示区用 canvas 画布组件实现；调节滑动区用 slider 组件实现。

3. 实现流程

打开项目的 entry/src/main/js/default 文件夹，右击 pages 文件夹，选择 New→JS Page 选项创建名为 photoEditor 的页面。

1) 图片显示裁剪区的实现

css 的代码如下。

```
1   /* 裁剪框 */
2   .mainBox {
3       border: 3px solid white;
4       position: absolute;
5       top: 0;
6       left: 0;
```

```
7   }
8   /* 裁剪框四角的红色线 */
9   .minBox {
10      position: absolute;
11      height: 15px;
12      width: 3px;
13      background-color: #FF0000;
14  }
15  /*左上角—线*/
16  .left-up-top {
17      top: -3px;
18      left: -3px;
19      height: 3px;
20      width: 15px;
21  }
22  /*左上角|线*/
23  .left-up {
24      top: -3px;
25      left: -3px;
26  }
27  /*右上角—线*/
28  .right-up-top {
29      right: -3px;
30      top: -3px;
31      height: 3px;
32      width: 15px;
33  }
34  /*右上角|线*/
35
36  .right-up {
37      right: -3px;
38      top: -3px;
39  }
40  /*左下角—线*/
41  .left-down-bot {
42      bottom: -3px;
43      left: -3px;
44      height: 3px;
45      width: 15px;
46  }
47  /*左下角|线*/
48  .left-down {
49      bottom: -3px;
50      left: -3px;
51  }
52  /*右下角—线*/
53  .right-down-bot {
54      right: -3px;
55      bottom: -3px;
```

```
56      height: 3px;
57      width: 15px;
58  }
59  /*右下角|线*/
60  .right-down {
61      bottom: -3px;
62      right: -3px;
63  }
```

hml的代码如下。

```
1   <div>
2           <canvas  style="width: {{dWidth}};height: {{dHeight}};" id=
"mycanvas1" @touchstart="tStart" @touchend="tEnd" @touchmove="tMove"></canvas>
3           <div class="mainBox" style="width : {{ cWidth }}; height : {{ cHeight
}}; top : {{ cTop }}; left : {{ cLeft }}"  show="{{ isCut }}">
4               <div id="left-up-top" class="minBox left-up-top"></div>
5               <div id="left-up" class="minBox left-up"></div>
6               <div id="right-up-top" class="minBox right-up-top"></div>
7               <div id="right-up" class="minBox right-up"></div>
8               <div id="left-down-bot" class="minBox left-down-bot"></div>
9               <div id="left-down" class="minBox left-down"></div>
10              <div id="right-down-bot" class="minBox right-down-bot"></div>
11              <div id="right-down" class="minBox right-down"></div>
12          </div>
13      </div>
```

上述第2行代码分别用@touchstart、@touchmove和@touchend绑定手指刚触摸屏幕时触发的事件、手指触摸屏幕后移动时触发的事件和手指触摸结束离开屏幕时触发的事件，这些事件可以用于返回裁剪框在canvas画布上的坐标，并根据坐标计算出裁剪框的宽度和高度。

js的代码如下。

```
1   data: {
2           dWidth: 400,                            //画布宽度
3           dHeight: 300,                           //画布高度
4           isCut: false,                           //裁剪框是否显示
5           sx: 0,                                  //触摸开始x坐标
6           sy: 0,                                  //触摸开始y坐标
7           ex: 0,                                  //触摸移动或结束x坐标
8           ey: 0,                                  //触摸移动或结束y坐标
9           cWidth: 100,                            //裁剪框默认宽度
10          cHeight: 150,                           //裁剪框默认高度
11          cTop: 10,                               //裁剪框默认离top距离
12          cLeft: 100,                             //裁剪框默认离left距离
13          alfa:255                                //透明度初始值
14  },
```

```
15  tStart(e) {
16          this.sx = e.touches[0].globalX          //开始拖动 x 坐标
17          this.sy = e.touches[0].globalY          //开始拖动 y 坐标
18          this.cTop = this.sy                     //裁剪框位置在触摸点开始位置
19          this.cLeft = this.sx
20  },
21  tMove(e) {
22          this.ex = e.changedTouches[0].globalX  //正在拖动 x 坐标
23          this.ey = e.changedTouches[0].globalY  //正在拖动 y 坐标
24          this.cWidth = this.ex - this.sx         //裁剪框宽度
25          this.cHeight = this.ey - this.sy        //裁剪框高度
26  },
27  //tEnd(e)事件代码与 tMove(e)事件代码一样,此处略
```

扫一扫

2）图片操作按钮区的实现

hml 的代码如下。

```
1   <div>
2           <button type="text" value="加载图片" @click="loadImg"></button>
3           <button type="text" value="裁剪图片" @click="cutImg"></button>
4           <button type="text" value="保存图片" @click="saveImg"></button>
5   </div>
```

js 的代码如下。

```
1   /*加载图片按钮事件*/
2   loadImg() {
3           var el1 = this.$element("mycanvas1");
4           var ctx1 = el1.getContext('2d');
5           var img = new Image();
6           img.src = '/common/images/bg-tv.jpg';
7           img.width = this.dWidth;
8           img.height = this.dHeight;
9           img.onload = function () {
10              ctx1.drawImage(img, 0, 0, 400, 300); //在画布上绘制 img 对象
11          };
12          img.onerror = function () {
13              console.log('加载失败');
14          };
15  },
16  /*裁剪图片按钮事件*/
17  cutImg() {
18          this.isCut = true                               //显示裁剪框
19  },
20  /*保存图片按钮事件*/
21  saveImg() {
22          this.isCut = false
23          var el1 = this.$element("mycanvas1");
```

```
24          var ctx1 = el1.getContext('2d');
25          var width = this.ex - this.sx
26          var height = this.ey - this.sy
27          var imagedata = ctx1.getImageData(this.sx, this.sy, width, height);
28          var el2 = this.$element("mycanvas2");
29          var ctx2 = el2.getContext('2d');
30          ctx2.putImageData(imagedata, 0, 0);
31  },
```

上述第 5～8 行代码表示创建一个 Image 类型的 img 对象，第 10 行代码表示将创建的 img 对象绘制在页面上部的 canvas 画布组件上；上述第 25～27 行代码表示获取裁剪区域的 ImageData 类型的 imagedata 对象，第 30 行代码表示将 imagedata 对象绘制到页面下部的 canvas 画布组件上。

3）裁剪图片显示区的实现

hml 的代码如下。

扫一扫

```
1  <canvas  id="mycanvas2" style="width: {{dWidth}};height: {{dHeight}};"></
canvas>
```

4）调节滑动区的实现

hml 的代码如下。

```
1  <slider value="{{cAlfa}}" min="0" max="255"  @change="changeAlfa"></
slider>
2  <text>调节图片</text>
```

js 的代码如下。

```
1  changeAlfa(e){
2          this.alfa =e.value                        //获得滑动条当前值
3          var el2 = this.$element("mycanvas2");
4          var ctx2 = el2.getContext('2d');
5          var width = this.ex - this.sx             //页面下部图片的宽度
6          var height = this.ey - this.sy            //页面下部图片的高度
7          var imagedata = ctx2.getImageData(0, 0, width, height);
8          for (var i = 0; i < imagedata.data.length; i += 4) {
9              imagedata.data[i + 3] = this.alfa;  //A 值对应透明度
10         }
11         ctx2.putImageData(imagedata, 0, 0);
12  }
```

上述第 8～10 行代码表示将滑动条当前值作为 ImageData 类型对象中每个像素的 A 值(alpha 通道)，即图片的透明度值。如果将 imagedata.data[i + 3]修改为 imagedata.data[i + 2]，则表示修改 ImageData 类型对象中每个像素的 B 值(蓝色通道)，即图片的蓝色分量值。

扫一扫

6.3 仿今日头条展示页面的设计与实现

近年来，流媒体技术向移动终端设备的延伸和移动应用开发技术的发展，既促进了移动终端设备的音频、视频应用程序用户人数快速增加，又让开发设计一个使用方便，占用系统资源不多，将文本、图片及视频展现于一体的应用程序成为开发者追求的目标。本节参照今日头条展示页面的显示效果，用媒体管理接口和 video 组件实现文本、图片和视频的列表展示及视频的播放控制效果。

6.3.1 AudioPlayer

AudioPlayer（音频播放管理类）用于管理和播放音频媒体。AudioPlayer 类既提供了如表 6.13 所示的属性用于设置当前音频对象的特征，也提供了如表 6.14 所示的方法用于管理音频资源。

表 6.13 AudioPlayer 类的属性及功能说明

属性名	类型	可读	可写	功能说明
src	string	是	是	音频媒体 URI，仅支持本地绝对路径（file://）和网络路径（https://）表示的 URI
loop	boolean	是	是	音频是否循环播放，属性值包括 true（循环播放）和 false
currentTime	number	是	否	音频的当前播放时间
duration	number	是	否	音频播放的时长
state	AudioState	是	否	音频播放的状态，属性值包括 idle（闲置状态，已完成 AudioPlayer 实例构造）、playing（正在播放）、paused（暂停播放）和 stopped（停止播放）

表 6.14 AudioPlayer 类的方法及功能说明

方法名	返回值	功能说明
play()	void	开始播放音频资源
pause()	void	暂停播放音频资源
stop()	void	停止播放音频资源
reset()	void	重置 AudioPlayer 实例对象
seek(t: number)	void	跳转到指定播放位置（单位：毫秒），参数 t 为指定播放位置
setVolume(v: number)	void	设置音量值，音量值在 0～1，精度为 float，参数 v 为指定音量
release()	void	释放音频资源

扫一扫

【范例 6-8】 设计如图 6.21 所示的音乐播放器页面，单击“播放”按钮，开始播放音乐，页面上的当前时间和滑动条的滑块都会随着音乐的播放进度而改变;单击“暂停”按钮,暂停当前正在播放的音乐,页面上的当前时间和滑动条也停止变化;暂停状态下单击“播放”按钮,音乐从暂停位置处继续播放;单击“停止”按钮,停止正在播放的音乐,页面上的当前时间显示为“00:00”,滑动条的滑块移至最左端起始位置;单击“重放”按钮,正在播放的音乐从开头处重新播放,页面上的当前时间显示为“00:00”,滑动条的滑块也移至最左端起始位置。

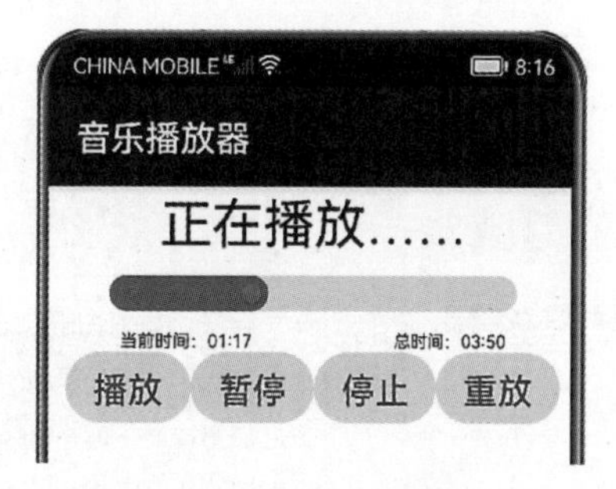

图 6.21　音乐播放器

由于本范例实现时使用的音频媒体来自网络,其 URI 为 https://img-cdn2.yespik.com/sound/00/31/31/45/313145_60306d4d1114cc554dcfe44ea5cab8a8.mp3,因此应用程序必须具有网络访问权限(ohos.permission.INTERNET)和媒体文件读取权限(ohos.permission.READ_MEDIA)。打开项目文件夹中的 config.json 文件,在 modules 配置项中用 reqPermissions 属性配置项添加应用程序的权限,代码如下。

```
1  "module": {
2      //其他内容不变
3      "reqPermissions": [
4        {"name": "ohos.permission.INTERNET"},
5        {"name": "ohos.permission.READ_MEDIA"}
6      ]
7    }
```

css 的代码如下。

```
1  .txt-css{
2      font-size: 10fp;
3      text-align: center;
4  }
5  .slider-css{
6      color: wheat;
7      selected-color: steelblue;
8      block-color: orangered;
9  }
10 button{
11     background-color: wheat;
12     font-size: 20fp;
13 }
```

hml 的代码如下。

```
1  <div class="container">
2      <text>正在播放……</text>
```

```
3      <slider class="slider-css" showtips="true" mode="inset" min="0" step="
1" max="100" value="{{ pvalue }}" @change="slideChange"></slider>
4      <div style="justify-content: space-around;width: 100%;">
5          <text class="txt-css">当前时间:{{currentTime}}</text>
6          <text class="txt-css">总时间:{{totalTime}}</text>
7      </div>
8      <div style="justify-content: space-between;">
9          <button type="text" value="播放" @click="play"></button>
10         <button type="text" value="暂停" @click="pause"></button>
11         <button type="text" value="停止" @click="stop"></button>
12         <button type="text" value="重放" @click="replay"></button>
13     </div>
14 </div>
```

上述第3行代码分别用min属性和max属性设定slider滑动条的最小值为0、最大值为100,用@change绑定slideChange()事件表示滑动条选择值发生变化时触发回调。

js的代码如下。

```
1   import media from '@ohos.multimedia.media';
2   export default {
3       data: {
4           audioplayer: null,                        //音频播放实例
5           currentTime: '00:00',                     //当前时间
6           totalTime: '00:00',                       //总时间
7           pvalue:0,                                 //slider 当前值
8           durtaion:0,                               //音频总时长(ms)
9       },
10      onInit() {
11          this.audioplayer = media.createAudioPlayer();
12          this.audioplayer.src = "https://img-cdn2.yespik.com/sound/00/31/
31/45/313145_60306d4d1114cc554dcfe44ea5cab8a8.mp3"
13      },
14      /* 按 00:00 格式显示时间 */
15      showTime(time){
16          var tminute="0"+parseInt(time/60)         //分钟数
17          var tsecond = parseInt(time%60)           //秒数
18          if(tsecond <10){
19              tsecond ="0"+tsecond                  //用两位表示秒数
20          }
21          return tminute +":"+tsecond               //00:00 格式
22      },
23      /*播放按钮事件*/
24      play() {
25          if (this.audioplayer.state == 'playing') {
26              return
27          }
28          this.audioplayer.play();
```

```
29          var tduration = parseInt(this.audioplayer.duration/1000)
                                                    //音频总时长(s)
30          this.totalTime = this.showTime(tduration)    //用 00:00 显示总时间
31          this.durtaion = tduration
32          setInterval(()=>{
33              var cduration = parseInt(this.audioplayer.currentTime/1000)
34              this.currentTime = this.showTime(cduration)   //用 00:00 显示当前时间
35              this.pvalue = parseInt(cduration * 100/this.durtaion)
36          },1000)
37      },
38      /* 暂停按钮事件 */
39      pause() {
40          if (this.audioplayer.state == 'playing') {
41              this.audioplayer.pause()
42          }
43      },
44      /* 停止按钮事件 */
45      stop() {
46          this.currentTime = "00:00"                      //当前时间 00:00
47          this.pvalue = 0                                 //slider 滑块回到 0 位置
48          if (this.audioplayer.state == 'playing') {
49              this.audioplayer.stop()
50          }
51      },
52      /* 重放按钮事件 */
53      replay() {
54          this.audioplayer.seek(0)
55          this.audioplayer.play()
56      },
57      /* 拖动滑动条事件 */
58      slideChange(e){
59          this.audioplayer.seek(e.value * 1000)
60      }
61  }
```

上述第 11 行代码表示首先使用 media.createAudioPlayer()方法构建一个 AudioPlayer 类型的实例对象，然后才能由 AudioPlayer 类型的实例对象调用表 6.14 的方法管理音频媒体。media.createAudioPlayer()方法用于创建音频媒体的实例对象，如果创建成功，则返回 AudioPlayer 类型的实例对象，否则返回 null。

另外，为了监听音频播放的状态及进行相应的事务处理，AudioPlayer 类还提供了下列 3 类监听事件。

1. 开始监听音频播放事件

- on(type: 'play' | 'pause' | 'stop' | 'reset' | 'dataLoad' | 'finish' | 'volumeChange', callback: () => void): void，用于开始监听与音频播放相关的事件，并可以进行相应的事务处理。参数及功能说明如表 6.15 所示。

扫一扫

表 6.15　参数及功能说明

参数名	类型	值	功能说明
type	string	play	完成 play()方法调用，音频开始播放时触发该事件
		pause	完成 pause()方法调用，音频暂停播放时触发该事件
		stop	完成 stop()方法调用，音频停止播放时触发该事件
		reset	完成 reset()方法调用，播放器重置时触发该事件
		dataLoad	完成音频数据加载后触发该事件
		finish	音频播放完成后触发该事件
		volumeChange	播放音量改变后触发该事件
callback	function	—	播放事件回调方法

2. 开始监听音频播放时间戳更新事件

- on(type：'timeUpdate'，callback：Callback＜number＞)：void，用于开始监听音频播放时间戳更新事件，并可以进行相应的事务处理。type 参数值为 timeUpdate，表示音频播放时间戳一旦更新，就触发 callback 参数指定的回调方法，包括调用 seek()方法跳转播放位置也会触发该事件。

3. 开始监听音频播放错误事件

- on(type：'error'，callback：ErrorCallback)：void，用于开始监听音频播放错误事件，并可以进行相应的事务处理。type 参数值为 error，表示音频播放出现错误时就触发 callback 参数指定的回调方法。

例如，用监听音频相关事件实现范例 6-8 功能的 js 代码如下。

```
1     onInit() {
2         this.audioplayer = media.createAudioPlayer();
3         this.audioplayer.src = "https://img-cdn2.yespik.com/sound/00/31/
31/45/313145_60306d4d1114cc554dcfe44ea5cab8a8.mp3"
4         var that = this
5         this.audioplayer.on('play', () => {
6             var tduration = parseInt(that.audioplayer.duration/1000)
                                                          //音频总时长(s)
7             that.totalTime = that.showTime(tduration)//用 00:00 显示总时间
8             that.durtaion = tduration
9         })
10        this.audioplayer.on('timeUpdate', () => {
11            var cduration = parseInt(that.audioplayer.currentTime/1000)
12            that.currentTime = that.showTime(cduration) //用 00:00 显示当前时间
13            that.pvalue = parseInt(cduration * 100/that.durtaion)
14        });
15        this.audioplayer.on('stop', () => {
```

```
16              that.currentTime = "00:00"                              //当前时间 00:00
17              that.pvalue = 0                                         //slider 滑块回到 0 位置
18          });
19      },
20      play() {
21          if (this.audioplayer.state == 'playing') {
22              return
23          }
24          this.audioplayer.play();
25      },
26      pause() {
27          if (this.audioplayer.state == 'playing') {
28              this.audioplayer.pause()
29          }
30      },
31      stop() {
32          if (this.audioplayer.state == 'playing') {
33              this.audioplayer.stop()
34          }
35      },
36      /* replay() 和 slideChange(e) * 的代码与上述一样,此处略/
```

上述第5～9行代码表示当监听到音频正在播放时,获取音频文件的播放总时长;第10～14行代码表示音频播放时间戳更新时,获取音频播放的当前时间;第15～18行代码表示音频播放停止时,将页面上显示的当前时间改为"00:00"及滑动条的滑块移到最左端(即滑动条的value属性值为0)。

6.3.2　video 组件

扫一扫

video组件(视频播放组件)用于播放视频媒体,除支持通用属性和通用事件外,还支持如表6.16所示的属性和如表6.17所示的事件。

表6.16　video 组件属性及功能说明

属性名	类型	功能说明
muted	boolean	设置视频是否静音播放,属性值包括false(默认值,不静音)和true
src	string	设置播放视频内容的路径
autoplay	boolean	设置视频是否自动播放,属性值包括false(默认值,不自动)和true
poster	string	设置视频预览的海报路径
controls	boolean	设置视频播放的控制栏是否显示,属性值包括true(默认值,由系统决定显示或隐藏控制栏)和false(不显示)
loop	boolean	设置视频是否循环播放,属性值包括false(默认值,不循环)和true
starttime	number	设置视频播放的起始时间(单位:秒)

续表

属性名	类型	功能说明
direction	string	设置 video 组件全屏模式下的布局方式，属性值包括 auto（默认值，根据视频源的宽高比进行横屏或者竖屏显示）、vertical（按照竖屏显示）、horizontal（按照横屏显示）和 adapt（根据设备方向进行横屏或竖屏显示）
speed	number	设置视频播放速度，该值越大，视频播放速度越快，范围为[0.1, 20.0]，默认值为 1.0，精度为 float

表 6.17　video 组件事件及功能说明

事件名	返回值	功能说明
prepared	{ duration: value }	视频准备完成时触发该事件，返回值 duration 为视频时长（单位：秒）
start	—	播放时触发该事件
pause	—	暂停时触发该事件
finish	—	播放结束时触发该事件
error	—	播放失败时触发该事件
seeking	{ currenttime: value }	操作进度条过程时触发该事件，返回值 currenttime 为当前进度时间（单位：秒）
seeked	{ currenttime: value }	操作进度条完成后触发该事件，返回值 currenttime 为当前播放时间（单位：秒）
timeupdate	{ currenttime: value }	播放进度变化时触发该事件，返回值 currenttime 为当前播放时间（单位：秒），更新时间间隔为 0.25s
fullscreenchange	{ fullscreen: fullscreenValue }	视频进入和退出全屏时触发该事件
stop	—	请求停止播放视频时触发该事件，finish 事件触发时不会触发 stop 事件

默认状态下，video 组件会自带一个控制视频播放的控制栏，通过该控制栏上的控制按钮可以实现视频的播放、暂停、全屏及退出全屏等效果。由于实际应用开发中往往需要根据不同的应用场景对视频播放效果进行控制，因此 video 组件也提供了如表 6.18 所示的方法实现这些功能。

表 6.18　video 组件方法及功能

方法名	功能说明
start()	请求播放视频
pause()	请求暂停播放视频
setCurrentTime({ currenttime: value })	指定视频播放的进度位置（单位：秒），参数 currenttime 为指定进度位置

续表

方 法 名	功 能 说 明
requestFullscreen({ screenOrientation : "default" })	请求全屏播放
exitFullscreen ()	请求退出全屏
stop()	请求停止播放视频

【范例 6-9】 设计如图 6.22 所示的视频播放器页面，用视频播放控制栏按钮控制视频的播放、暂停、全屏或退出全屏效果。

图 6.22 视频播放器效果(1)

hml 的代码如下。

```
1  <div style="justify-content : center; align-items : center; width: 100%; height:100%">
2      <video id='videoId' src='{{ videoSrc }}' muted='false' autoplay='false' poster='{{ posterSrc }}' controls="true"  loop='false' starttime='0'></video>
3  </div>
```

上述第 2 行代码中的 src 属性用来指定要播放音频/视频的地址，该地址可以是网络资源地址，也可以是本地资源地址。如果是网络资源地址，则必须具有网络访问权限(ohos.

permission.INTERNET)和媒体文件读取权限(ohos.permission.READ_MEDIA)。poster属性用来指定播放内容预览的海报地址，该地址同样可以是网络资源地址或本地资源地址。

js的代码如下。

```
1   export default {
2       data: {
3           videoSrc: "https://news.nnutc.edu.cn/__local/4/E3/18/
CE2EDE9C41F616494605C3B6888_6ED27270_822177.mp4?e=.mp4",  //播放内容地址
4           posterSrc: "/common/images/example.png"      //播放内容预览的海报地址
5       },
6   }
```

【范例6-10】 设计如图6.23所示的视频播放器页面，用视频播放控制栏按钮控制视频的播放、暂停、全屏或退出全屏效果。如果非全屏播放视频时，页面的左上方会显示当前视频的播放状态。如果全屏播放视频时，页面的左上方会显示"<"和当前视频的播放状态，单击左上方显示的内容，会退出全屏。

图6.23 视频播放器效果(2)

css的代码如下。

```
1   .info-css{
2       position: fixed;
3       left: 5fp;
4       top: 5fp;
5       width: 100%;
6       z-index: 100;
7   }
```

hml的代码如下。

```
1   <div class="container">
2       <div class="info-css">
3           <text style="font-size : 20fp; color : white;" show="{{ flag }}"> <
</text>
```

```
4           <text style="font-size : 20fp; color : white;" @click="quitFullScreen"
>{{ info }} </text>
5       </div>
6       <stack>
7           <video id='videoId' src='{{ videoSrc }}' muted='false' autoplay=
'false' poster='{{ posterSrc }}' controls="true" loop='false' starttime='0' @
error="errorEvent" @finish="finishEvent" @pause="pauseEvent" @start=
"startEvent" @seeking="seekingEvent" @timeupdate="timeupdateEvent"  @
fullscreenchange="fullscreenEvent"  @click="quitFullScreen"  >
8           </video>
9           <div style="height : 80%; width : 100%;"></div>
10      </stack>
11  </div>
```

上述第 2～5 行代码用 info-css 自定义样式类控制播放状态信息显示在页面的左上方；由于当 video 组件播放视频处于全屏状态时，只有 video 组件本身绑定的事件生效，其他组件绑定的事件一概不生效，如上述第 4 行代码绑定的 quitFullScreen()单击事件在视频播放全屏状态时是无效的，因此该案例用第 6～10 行的变通代码实现，即将 video 组件和 div 组件放在 stack 堆叠容器组件中，单击事件绑定在 video 组件上，并用 div 组件遮挡住页面左上方显示内容下方的区域。由于 div 组件遮挡了 video 组件下方，因此此时单击 video 组件被遮挡的区域其实是单击 div 组件，而没有被 div 组件遮挡的 video 组件区域仍然可以单击。

js 的代码如下。

```
1   export default {
2       data: {
3           flag: false,                                //页面上方是否显示"<"的逻辑值
4           info: '',                                   //页面上方显示的内容
5           videoSrc:
"https://news.nnutc.edu.cn/__local/4/E3/18/CE2EDE9C41F616494605C3B6888_
6ED27270_822177.mp4? e=.mp4",
6           posterSrc: "https://dean.nnutc.edu.cn/images/banner.jpg"
7       },
8       /* 定义播放视频出错事件 */
9       errorEvent() {
10          this.info = "你要看的视频已经被删除!"
11      },
12      /* 定义播放视频结束事件 */
13      finishEvent() {
14          this.info = "视频播放结束!"
15      },
16      /* 定义播放视频暂停事件 */
17      pauseEvent() {
18          this.info = "暂停播放!"
19      },
20      /* 定义播放视频播放事件 */
21      startEvent() {
```

```
22            this.info = "正在播放!"
23        },
24        /*定义拖动播放进度事件*/
25        seekingEvent(e) {
26            this.info = "你拖动的进度:" + e.currenttime + "秒!"
27        },
28        /*定义播放进度更新事件*/
29        timeupdateEvent(e) {
30            this.info = "当前播放到:" + e.currenttime + "秒!"
31        },
32        /*定义播放进入全屏事件*/
33        fullscreenEvent(e) {
34            if (e.fullscreen == 1) {
35                this.flag = true
36                return
37            }
38            this.flag = false
39        },
40        /*定义播放退出全屏事件*/
41        quitFullScreen() {
42            this.$element("videoId").exitFullscreen()
43        }
44    }
```

上述第41～43行代码定义了一个播放退出全屏事件，其中第42行代码表示从页面上获取video组件，并调用video组件的exitFullscreen()方法请求退出全屏。

扫一扫

6.3.3 panel组件

panel组件（可滑动面板组件）用于从页面底部弹出一个轻量的内容展示窗口，该展示窗口可以根据需要在不同尺寸间切换。panel组件除支持通用属性和通用事件外，还支持如表6.19所示的属性和如表6.20所示的事件。

表6.19 panel组件属性及功能说明

属性名	类　型	功能说明
type	string	设置可滑动面板类型，属性值包括foldable（默认值，内容永久展示类，提供大、中、小三种尺寸展示切换效果）、minibar（提供minibar和类全屏展示切换效果）和temporary（内容临时展示区，提供大、中两种尺寸展示切换效果）
mode	string	设置初始状态，属性值包括full（默认值，类全屏状态）、mini（类型为minibar和foldable时，为最小状态；类型为temporary时，则不生效）和half（类型为foldable和temporary时，为类半屏状态；类型为minibar时，则不生效）
dragbar	boolean	设置是否存在dragbar，属性值包括true（默认值，存在）和false
fullheight	<length>	设置full状态下的高度，默认值为屏幕尺寸-8px
halfheight	<length>	设置half状态下的高度，默认值为屏幕尺寸/2
miniheight	<length>	设置mini状态下的高度，默认值为48px

表 6.20　panel 组件事件及功能说明

事件名	返　回　值	功能说明
sizechange	{ size：{ height：heightLength，width：widthLength }，mode：modeStr }	当可滑动面板发生状态变化时触发，返回值 size 包括可滑动页面的 height（高度）和 width（宽度），返回值 mode 表示可滑动页面的初始状态

实际应用开发中，通常需要控制可滑动面板的弹出和关闭，panel 组件也提供了如表 6.21 所示的方法实现这些功能。

表 6.21　panel 组件方法及功能

方　法　名	功能说明
show()	弹出 panel 可滑动面板
close()	关闭 panel 可滑动面板

【范例 6-11】　设计如图 6.24 所示的页面，单击"分享"图标，弹出如图 6.24 所示页面下方的可滑动面板，该面板内容可永久展示，初始状态为 mini 模式，拖动的最小高度为 130fp，单击面板上的"取消"按钮，关闭可滑动面板；单击页面上的"下载"图标，弹出如图 6.25 所示页面下方的可滑动面板，该面板内容可永久展示，初始状态为 half 模式，没有拖动栏，单击面板上的"×"按钮，关闭可滑动面板。

扫一扫

图 6.24　panel 效果（1）

图 6.25　panel 效果（2）

hml 的代码如下。

```
1  <div class="container">
2      <div style="width : 100%; flex-direction : row; justify-content : space
-around;">
3          <block for="{{ icons }}">
4              <div style="flex-direction : column;" @click="showPanel($idx)">
5                  <image style="width : 25fp; height : 25fp;" src="{{ $item }}"
></image>
6                  <text style="font-size : 10fp;">{{ memos[$idx] }}</text>
7              </div>
8          </block>
9      </div>
10     <panel id="sharepanel" type="foldable" mode="mini" miniheight="130fp">
11         <div style="width : 100%; flex-direction : column; align-items :
center;">
12             <div style="width : 100%; flex-direction : row; justify-content
: space-around;">
13                 <block for="{{ sharepngs }}">
14                     <div style="flex-direction : column;">
15                         <image style="width : 35fp; height : 25fp;" src="{{
$item }}"></image>
16                         <text style="width : 35fp; text-align : center; font-
size : 10fp; margin-top : 10fp;">{{ sharetips[$idx] }}</text>
17                     </div>
18                 </block>
19             </div>
20                 < button  style =" radius: 0; width: 100%; background - color:
gainsboro;margin-top: 10fp;" type="text" value="取消" @click="closeSharePanel"
></button>
21         </div>
22     </panel>
23      <panel id="downpanel" type="foldable" mode="half" dragbar="false"
fullheight="350fp">
24         <div style="flex-direction: column;">
25             <div>
26                 <button type="text" style="width: 20%;font-size: 20fp;text-
color: grey;" value="×" @click="closeDownPanel"></button>
27                 <text style="width: 50%;text-align: center;font-size: 20fp;"
>选择清晰度</text>
28             </div>
29             <list style="width : 100%;height: 75%; align-items : center;">
30                 <list-item for="{{ downtips }}">
31                     <text style="width : 100%; text-align : center; font-size
: 20fp; margin : 20fp;">{{downtips[$idx] }}</text>
32                 </list-item >
33             </list>
34             <button style="radius:0;width:100%;text-color:grey;margin-top:
10fp;" type="text" value="查看下载" ></button>
```

```
35            </div>
36        </panel>
37    </div>
```

上述第 2～9 行代码用于定义“分享、收藏、留言、点赞、下载”图标，其中第 4 行代码的@click 绑定相应图标的单击事件，用于显示对应的可滑动面板；第 10～22 行代码用于定义图 6.24 所示页面下方的分享可滑动面板，其中第 20 行代码的@click 绑定 closeSharePanel()关闭该面板事件；第 23～36 行代码用于定义图 6.25 所示页面下方的下载可滑动面板，其中第 26 行代码的@click 绑定 closeDownPanel()关闭该面板事件。

js 的代码如下。

```
1    export default {
2        data: {
3            icons: ["/common/images/share.png", "/common/images/collect.png",
"/common/images/talk. png ", "/common/images/zan. png ", "/common/images/down.
png"],
4            memos: ["分享", "收藏", "留言", "点赞", "下载"],
5            sharepngs: ["/common/images/toutiao.png", "/common/images/wechat.
png", "/common/images/friend.png", "/common/images/qq.png", "/common/images/
douyin.png"],
6            sharetips: ["头条", "微信", "朋友圈", "QQ", "抖音"],
7            downtips: ["超清 4K", "蓝光 1080P", "超清 720P", "高清 480P", "省流 360P"],
8        },
9        /* 定义显示可滑动面板单击事件 */
10       showPanel(value) {
11           switch (value) {
12               case 0:
13                   this.$element("sharepanel").show()      //显示分享可滑动面板
14                   break
15               case 4:
16                   this.$element("downpanel").show()       //显示下载可滑动面板
17                   break
18           }
19       },
20       /* 定义关闭分享可滑动面板单击事件 */
21       closeSharePanel() {
22           this.$element("sharepanel").close()
23       },
24       /* 定义关闭下载可滑动面板单击事件 */
25       closeDownPanel() {
26           this.$element("downpanel").close()
27       }
28   }
```

扫一扫

6.3.4 案例：仿今日头条展示页面

1. 需求描述

在今日头条关注页面中单击关注用户的头像后，页面会切换到如图 6.26 所示的关注对象展示页面。关注对象展示页面从上至下分别是视频播放区、关注用户信息区和关注用户视频列表区。

（1）视频播放区默认加载当前关注用户的最新视频，单击视频列表区的视频，可以将该视频加载到视频播放区，并在视频播放区用滚动字幕的方式显示视频信息，通过视频播放区的控制栏可以实现视频的播放、暂停、停止及全屏等功能。

（2）关注用户信息区包含头像、名称、关注状态切换按钮及具有分享、收藏、留言、点赞和下载功能的图标区域，单击“分享”图标，页面底部会弹出如图 6.27 所示的可滑动面板；单击“下载”图标，页面底部会弹出如图 6.28 所示的可滑动面板。

图 6.26 关注对象展示页面效果

图 6.27 分享功能效果

（3）关注用户视频列表区以列表方式展示该用户发布的所有视频及对应的视频介绍信息，如图 6.29 所示。单击“▶”按钮，该按钮切换为“||”按钮，视频开始播放，并且播放进度和滑动条自动更新；单击“||”按钮，该按钮切换为“▶”按钮，视频播放暂停，播放进度和滑动条暂停更新；单击“□”按钮，切换为全屏状态。

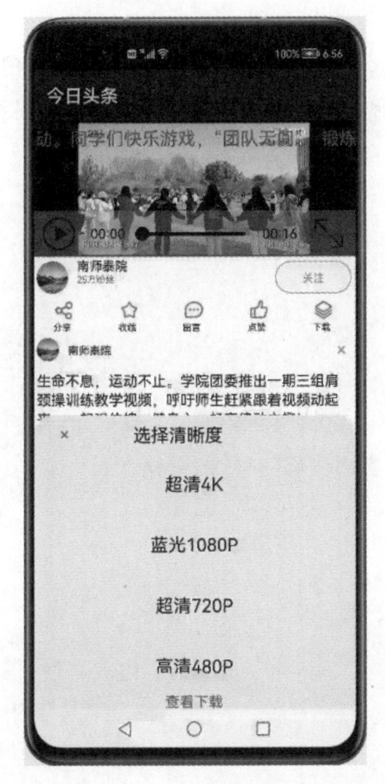

图 6.28 下载功能效果

图 6.29 播放功能效果

2. 设计思路

根据展示页面的需求描述和页面显示效果，该应用程序开发时需要设计一个页面，整个页面从上至下分为视频播放区、关注用户信息区和关注用户视频列表区三部分。

视频播放区用 video 组件实现，通过该组件自带的控制栏按钮控件视频的播放、暂停、停止及全屏效果，视频上的滚动字幕由 marquee 组件实现。关注用户信息区的头像、图标用 image 组件实现，文本信息用 text 组件实现，“关注”按钮用 button 组件实现，该区域的“分享”图标和“下载”图标的设计思路与范例 6-11 完全一样，限于篇幅，这里不再赘述。

关注用户视频列表区用 list、list-item 组件实现，每个 list-item 中的头像图标用 image 组件实现、“×”和视频介绍信息用 text 组件实现、视频播放窗口用 video 组件实现。视频播放窗口右上角的播放量用 text 组件实现，视频窗口下方的“▶”按钮、“||”按钮和“□”按钮用 button 组件实现，滑动条用 slider 组件实现。

由于关注用户信息区可以与关注用户视频列表区在页面上一起垂直滑动，因此将关注用户信息区的内容也作为 list 组件的一个 list-item。

3. 实现流程

打开项目的 entry/src/main/js/default 文件夹，右击 pages 文件夹，选择 New→JS Page 选项创建名为 toutiaoShow 的页面。

扫一扫

1）视频播放区的实现

页面启动时首先在视频播放区加载关注用户上传的最新视频；单击关注用户视频列表区的列表项后，会将当前列表项的视频加载到视频播放区；单击视频播放区控制栏的播放、暂停及全屏按钮，可以实现视频区加载视频的播放、暂停及全屏效果。

css 的代码如下。

```
1   .videoarea-css {
2       flex-direction: column;
3       height: 30%;
4       width: 100%;
5       background-color: wheat;
6   }
7   /* info-css 样式类的定义与范例 6-10 样式类实现代码一样,此处略 */
```

hml 的代码如下。

```
1   <div class="videoarea-css">
2       <div class="info-css">
3         <text style="font-size : 20fp; color : red;" show="{{ flag }}"> < </text>
4           < marquee style =" font - size : 20fp; color : red;" @ click ="
quitFullScreen">{{ info }} </marquee>
5       </div>
6       <stack>
7           <video id='video1' src='{{ details[index].src }}' muted='false'
autoplay= 'false' controls =" true" loop = 'false' starttime = '0' @click ="
quitFullScreen" >
8           </video>
9           <div style="height : 80%; width : 100%;"></div>
10      </stack>
11  </div>
```

js 的代码如下。

```
1   data{
2           flag: false,                                    //<是否显示
3           info: '',                                       //视频介绍信息
4           details: [
5               {
6                   id: 'v1',                               //视频编号
7                   isplay: true,                           //是否正在播放
8                   name: '南师泰院',
9                   logo: '/common/images/title.png',  //用户头像
10                  title: '生命不息,运动不止。学院团委推出一期三组肩颈操训练教学视
频,呼吁师生赶紧跟着视频动起来,一起强体魄、健身心,畅享律动之趣!',    //视频介绍
11                  src:
'https://news.nnutc.edu.cn/__local/4/E3/18/CE2EDE9C41F616494605C3B6888_
6ED27270_822177.mp4?e=.mp4',                                   //视频 uri
```

```
12                counts: 6.6,                         //播放量
13                ptime: 0,                            //总时间单位 s
14                times: "00:00",                      //总时间文本表示
15                pvalue: 0,                           //当前进度百分数表示
16                ctime: "00:00"                       //当前时间
17            },
18            //其他视频相关信息
19        ],
20        index: 0,                                    //视频播放区的视频信息下标
21    },
22    /* 定义退出全屏事件 */
23    quitFullScreen() {
24        this.$element("videoId").exitFullscreen()
25    },
```

上述第23～25行代码定义的quitFullScreen()事件为退出全屏事件，表示在视频播放区的视频全屏播放时，单击video组件即可退出全屏效果。

2) 关注用户信息区的实现

关注用户信息区用来显示用户相关信息及实现分享、收藏、留言、点赞和下载等功能，通过单击关注用户信息区右侧的按钮，可以实现"关注"与"已关注"按钮的切换；通过单击"分享""下载"图标，可以分别从页面底部弹出与分享、下载功能相关的可滑动控制面板。

css的代码如下。

```
1   .item-content-css {
2       flex-direction: column;
3   }
4   .item-content-css-one {
5       width: 100%;/*    background-color: red; */
6       flex-direction: row;
7       justify-content: space-between;
8   }
9   .images-head {
10      margin: 5px 0 5px 5px;
11      width: 35px;
12      height: 35px;
13      border-radius: 100px;
14  }
15  .btn-guanzhu-css {
16      width: 85fp;
17      height: 35fp;
18      margin :5fp;
19      font-size: 12fp;
20      text-color: darkgray;
21      border-color: darkgray;
22      border: 1fp;
23  }
```

hml 的代码如下。

```
1  <list-item class="item-content-css">
2        <div class="item-content-css-one">
3            <div @click="toMain({{ $idx }})">
4                <image class="images-head" src="common/images/bg-tv.jpg"
></image>
5                <div style="flex-direction : column;">
6                    <text style="margin-left : 10fp; font-size : 14fp;">南师
泰院</text>
7                    <text style="margin-left : 10fp; font-size : 10fp; color
: grey;">25 万粉丝</text>
8                </div>
9            </div>
10           <button type="text" class="btn-guanzhu-css" value="{{ tips }}"
@click="set"></button>
11       </div>
12       <div style="width : 100%; flex-direction : row; justify-content :
space-around;">
13           <block for="{{ icons }}">
14               <div style="flex-direction : column;" @click="showPanel
($idx)">
15                   <image style="width : 25fp; height : 25fp;" src="{{
$item }}"></image>
16                   <text style="font-size : 10fp;">{{ memos[$idx] }}</
text>
17               </div>
18           </block>
19       </div>
20  </list-item>
```

上述第 2～11 行代码用于定义关注用户的头像、名称、粉丝数信息及“关注”切换按钮，其中第 3 行用@click 绑定单击该区域的 toMain()事件，在该事件中可以定义与之相关的操作。上述第 12～19 行代码用于定义“分享、收藏、留言、点赞、下载”等图标区域，其中第 14 行用@click 绑定单击图标区域的 showPanel()事件，该事件用于在页面底部弹出可滑动面板。

js 的代码如下。

```
1  data{
2        //icons、memos、sharepngs、sharetips 及 downtips 的定义与范例 6-11 一样，
此处略
3        tips: '关注',                              //关注切换按钮显示的内容
4  },
5  /* 定义图标区域单击事件 */
6  toMain(e) {
7        prompt.showToast({
8            message: "要执行的操作"
```

```
9           })
10  },
11  /* 定义"关注"按钮切换单击事件 */
12  set() {
13        this.tips == "关注" ? this.tips = "已关注" : this.tips = "关注"
14  },
15  /* showPanel(value)代码与范例 6-11 中的代码一样,此处略 */
```

上述第 13 行表示单击“关注”按钮后，该按钮切换为“已关注”按钮，单击“已关注”按钮，该按钮切换为“关注”按钮。

3）关注用户视频列表区的实现

扫一扫

关注用户视频列表区的每一个列表项从上至下都由用户信息部分、视频介绍部分和视频播放部分组成。用户信息部分包括用户头像、用户名及“×”按钮，单击“×”按钮，可以在页面上移除当前列表项信息。视频介绍部分直接显示与该视频有关的介绍信息。视频播放部分包括视频加载区、播放次数信息及视频控制区；视频控制区包括“▶”“||”和“□”按钮，分别用来实现播放、暂停和全屏显示播放窗口操作效果，还有当前播放时间、总时间信息及播放进度的滑动条。

css 的代码如下。

```
1   .images-content {
2       margin: 5px 0 5px 5px;
3       width: 25px;
4       height: 25px;
5       border-radius: 100px;
6   }
7   .control-css {
8       position: relative;
9       top: 35%;
10      align-content: center;
11      width: 100%;
12  }
13  .right-top-css {
14      position: relative;
15      top: -40%;
16      left: 35%;
17  }
18  .right-top-txt {
19      color: lightgrey;
20      font-size: 15fp;
21  }
```

上述第 1～6 行代码用于定义关注用户头像的样式，第 7～12 行代码用于定义自定义视频播放控制栏的样式，第 13～21 行代码用于定义 video 组件右上角显示播放量的样式。

hml 的代码如下。

```
1   <list>
2           <!-- 与关注用户信息区的实现 hml 代码一样,此处略-->
3           <list-item class="item-content-css" for="{{ details }}">
4               <div class="item-content-css-one">
5                   <div @click="toMain({{ $idx }})">
6                       <image class="images-content" src="common/images/bg-
tv.jpg"></image>
7                       <text style="margin-left : 10fp; font-size : 12fp;">{{
$item.name }}</text>
8                   </div>
9                   <text style="margin-right : 10fp; font-size : 20fp; color :
darkgray;" @click="deleteItem({{ $idx }})"> ×</text>
10              </div>
11              <text style="font-size : 16fp; width : 100%; margin : 5fp;">{{
$item.title }}</text>
12              <div class="videoarea-css">
13                  <stack style="justify-content : center; align-items : center;">
14                      <video id='{{ $item.id }}' src='{{ $item.src }}' muted=
'false' autoplay='false' controls="false" loop='false' @prepared="getTimes
($idx)" @timeupdate="getProgress($idx)" starttime='0'  @click="getSrc($idx)"
> </video>
15                      <div class="right-top-css">
16                          <text class="right-top-txt">{{ $item.counts }}万次播
放</text>
17                      </div>
18                      <div class="control-css">
19                          <button style="text-color : white;" type="text"
value="▶" @click="play($item.id,$idx)" show="{{ $item.isplay }}"></button>
20                          <button style="text-color : white;" type="text"
value="||" @click="pause($item.id,$idx)" show="{{ ! $item.isplay }}"></button>
21                          <text style="color : white; font-size : 10px;">{{
$item.ctime }}</text>
22                          <slider style="width : 50%; margin-left : 0fp; font-
size : 10fp;" min="0" max="100"  value="{{ $item.pvalue }}"></slider>
23                          <text style="color : white; font-size : 10px;">{{
$item.times }}</text>
24                          <button style="text-color : white;" type="text"
value="□" @click="toFullScreen($item.id)"></button>
25                      </div>
26                  </stack>
27              </div>
28          </list-item>
29  </list>
```

扫一扫

上述第 14 行代码定义 1 个 video 组件,设置 controls 属性值为 false 表示不显示控制栏;用@prepared 绑定 getTimes()事件,表示获取当前加载视频的总时间;用 @timeupdate 绑定 getProgress()表示获取当前视频的播放时间;用@click 绑定 getSrc()事件表示获取当前视频在数组中元素的下标,以便在视频播放区加载该视频。第 18~25 行代码用来定义视

频播放的控制按钮、播放进度滑动条及显示当前播放时间和总时间信息，其中第19行和第20行代码用isplay的值控制播放(▶)和暂停(||)按钮的显示，第21行代码用于显示当前播放时间，第22行代码用于显示播放进度，第23行代码用于显示播放总时间，第24行代码用于显示全屏(□)按钮。

js的代码如下。

扫一扫

```
1   /* 定义×按钮删除元素事件 */
2   deleteItem(value) {
3           this.details.splice(value, 1)    //删除 details 数组中的 value 下标元素
4   },
5   /* 定义视频准备完成获取播放总时间事件 */
6   getTimes(value, e) {
7           var t = e.duration                          //获取视频播放总时间
8           var m = parseInt(t / 60)
9           var s = t % 60
10          if (s < 10) s = "0" + s
11          if (m < 10) m = "0" + m
12          this.details[value].times = m + ":" + s //按 00:00 格式存储总时间
13          this.details[value].ptime = t           //以秒为单位存储总时间
14  },
15  /* 定义视频播放进度获取播放时间事件 */
16  getProgress(value, e) {
17          var t = e.currenttime
18          var m = parseInt(t / 60)
19          var s = t % 60
20          if (s < 10) s = "0" + s
21          if (m < 10) m = "0" + m
22          this.details[value].ctime = m + ":" + s
23          this.details[value].pvalue = parseInt(t / this.details[value].ptime
* 100)
24  },
25  /* 定义单击 video 组件获取当前视频元素下标事件 */
26  getSrc(value) {
27          this.videoSrc = this.details[value].src
28          this.info = this.details[value].title
29          this.index = value
30  },
31  /* 定义单击▶按钮播放视频事件 */
32  play(id, idx) {
33          this.$element(id).start()
34          this.details[idx].isplay = false
35  },
36  /* 定义单击||按钮播放视频暂停事件 */
37  pause(id, idx) {
38          this.$element(id).pause()
39          this.details[idx].isplay = true
40  },
```

```
41 /*定义单击□按钮全屏显示事件*/
42 toFullScreen(id) {
43         this.$element(id).requestFullscreen({
44             screenOrientation: 'default'
45         });
46 },
```

上述第 26～30 行代码定义单击视频列表区的 video 组件事件，单击 video 组件后更新视频播放区的视频源及滚动字幕内容；上述 play(id,idx)及 pause(id,idx)中的参数 id 表示视频列表中 video 组件的 id，参数 idx 表示当前视频在 details 数组中的元素下标。

本章小结

方舟开发框架既提供了 canvas、video 等组件让开发者进行应用程序 UI 的开发和设计，也提供了 CanvasRendering2dContext 对象和 AudioPlayer 接口供开发者绘制图形及开发音乐播放器。本章结合实际案例项目开发过程介绍了 canvas、video、panel 等组件及 CanvasRendering2dContext 对象和 AudioPlayer 接口的使用方法和应用场景，让读者既明白方舟开发框架下 HarmonyOS 平台多媒体应用开发的流程，又可掌握相关开发技术。

第7章 网络应用开发

移动终端设备已经成为人们日常生活中随身携带、必不可少的电子产品，它既是网络与人们相连的媒介，也是网络进入人们生活的载体。随着移动终端设备功能的不断强大，人们借助这些设备上网聊天、浏览网页、查阅信息及传送文件等越来越方便，随之从网络上获得的信息也可能改变人们的生活态度和处事方式。那么，基于 HarmonyOS 平台的移动终端设备上运行的应用程序是如何开发的？本章结合具体案例介绍 HarmonyOS 平台的移动终端设备与网络进行数据交换的技术和实现方法。

7.1 概述

基于 HarmonyOS 平台的应用程序开发中，加载网络图片、访问网络后台接口等网络请求是很常见的场景。华为官方也提供了上传、下载、数据请求、Socket 连接等网络管理接口 API，用于实现 http 访问网络、与网络实现数据交换及浏览网页等功能。

7.1.1 http 访问网络

http(hyper text transfer protocol，超文本传输协议)是 TCP/IP 体系中的一个应用层协议，用于定义客户端(Web 浏览器)与服务器(Web 服务器)之间交换数据的过程，即客户端连上服务器后，若想获得服务器中的某个 Web 资源，就需要遵守一定的通信格式，http 协议就是这样的通信格式。典型的 http 事务处理包括如下 4 个过程。

(1) 客户端与服务器建立连接；

(2) 客户端向服务器提出请求；

(3) 服务器接受请求，并根据请求返回相应的内容作为应答；

(4) 客户端与服务器关闭连接。

1991 年 http 正式诞生，万维网(World Wide Web Consortium，W3C)协会和互联网工程任务组(IETF)制定并发布了 http 0.9 版本标准。该版本很简单，它的作用就是传输 html (超文本标记语言)格式的字符串，并且仅支持 GET 请求方式。

随着互联网的发展，http 0.9 已经无法满足用户需求，客户端希望通过 http 传输包括文字、图像、视频、二进制文件等格式的内容,所以在 1996 年 5 月发布了 http 1.0 版本。该版本不仅增加了 POST 和 HEAD 两种请求方式和用于标记可能错误原因的响应状态码,还引入了让 http 处理请求和响应更灵活的 http header,同时也可以传输任何格式的内容。通常情况下,使用 http 0.9 和 http 1.0 版本进行通信时,每个 TCP 连接只能发送一个请求,一旦发送数据完毕,连接就会关闭,如果还要请求其他资源,就必须再重新建立一个新的连接,从而导致 TCP 连接的建立成本很高。也就是说,每进行一次通信,都需要经历建立连接、传输数据和断开连接三个阶段,当一个页面引用了较多的外部文件时,这个建立连接和断开连接的过程就会增加大量网络开销。

为了解决 http 0.9 和 http 1.0 版本的问题,1999 年推出的 http 1.1 版本在支持长连接、并发连接、断点续传等性能方面的能力有很大提升,同时也增加了 OPTIONS、PUT、DELETE、TRACE 和 CONNECT 等请求方式。在此期间出现了 https 协议(hyper text transfer protocol over securesocket layer,超文本传输安全协议),它是使用 SSL/TLS 进行安全加密通信的 http 安全版本,是以安全为目标的 http 通道,在 http 的基础上通过传输加密和身份认证信息保证传输过程安全。

JS API 提供的@ohos.net.http 接口中包含了 http 访问网络开发所需的相关类及方法。每个 HttpRequest 对象对应一个 http 请求,但是发起 http 网络请求限定并发个数为 100,超过这一限制的后续请求会失败。目前默认支持 https,如果要支持 http,需要在项目文件夹的 config.json 文件中增加 network 标签,代码如下。

```
1  {
2    "deviceConfig": {
3      "default": {
4        "network": {
5          "cleartextTraffic": true
6        }
7        ...
8      }
9    }
10   ...
11 }
```

扫一扫

7.1.2 Web 组件

Web 组件用于全屏显示指定网址域名的网页,并且网址的域名必须为 https 协议且经过 ICP 备案。一个页面只支持一个 Web 组件,若页面中还有其他组件,则会被 Web 组件覆盖。该组件不支持通用属性和通用样式,仅支持如表 7.1 所示的属性和如表 7.2 所示的事件。

表 7.1　Web 组件属性及功能

属性名	类型	功能说明
src	string	设置需要显示网页的地址，网址的域名必须为 https 协议且经过 ICP 备案
id	string	设置组件的唯一标识

表 7.2　Web 组件事件及功能

事件名	返回值	功能说明
pagestart	{url：string}	加载网页时触发该事件
pagefinish	{url：string}	网页加载结束时触发该事件
error	{url：string， errorCode：number， description：string}	加载网页出现错误时触发该事件，或打开网页出错时触发该事件

【范例 7-1】　设计一个如图 7.1 所示的网站收藏页面，在输入框中输入网址后，单击“确定”按钮可以打开指定网址的页面；单击页面上的网站域名，也可以打开指定网站的页面，效果如图 7.2 所示。

图 7.1　网站收藏页面效果

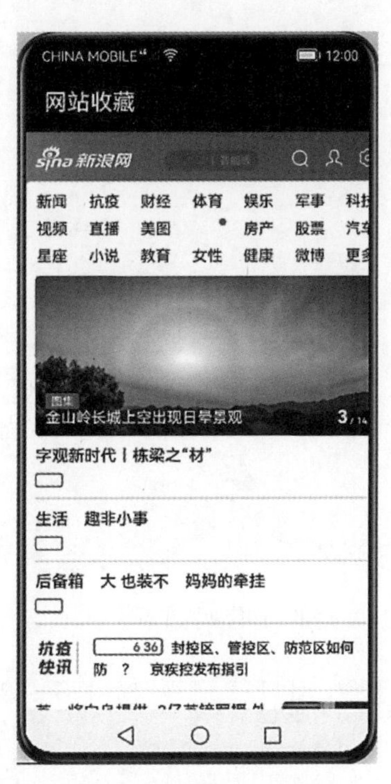

图 7.2　浏览网站页面效果

由于一个页面只支持一个 Web 组件，若页面中还有其他组件，则会被 Web 组件覆盖，因此本案例实现时需要创建两个页面,一个页面用于输入网址和显示收藏网站列表,另一个页面用于展现打开网站的页面内容。具体可按照下列步骤创建两个页面。

打开项目的 entry/src/main/js/default 文件夹,右击 pages 文件夹,从弹出的快捷菜单中选择 New→JS Page 选项创建名为 p_7_1 的页面,该页面用于输入网址和显示收藏网站列表;右击 p_7_1 文件夹,从弹出的快捷菜单中选择 New→JS Page 选项创建名为 webview 的页面,该页面用于展示打开网站的页面内容。

p_7_1 页面的 css 代码如下。

```
1   .listItem{
2       width: 100%;
3       height: 60px;
4       line-height: 60px;
5       border-bottom: 1px solid #DEDEDE;
6       align-items: center;
7       font-size: 20px;
8   }
9   .text{
10      font-size: 20px;
11      font-weight:500;
12      margin-left: 12px;
13  }
```

p_7_1 页面的 hml 代码如下。

```
1   <div class="container">
2       <div>
3           <input type="text" placeholder="请输入网址" value="{{ myUrl }}" @
change="getUrl"></input>
4           <button type="text" value="确定" @click="toWeb"></button>
5       </div>
6       <list class="list">
7           <list-item for="{{ webUrls }}" class="listItem" @click="goWeb
($idx)">
8               <text class="text">{{ $item.name }}</text>
9           </list-item>
10      </list>
11  </div>
```

p_7_1 页面的 js 代码如下。

```
1   import router from '@system.router';
2   export default {
3       data: {
4           myUrl:"",                                   //保存输入的网址
5           webUrls:[
6               {name:'百度',url:'https://www.baidu.com' },
```

```
7               //其他收藏网站地址定义类似,此处略
8           ]
9       },
10      /*定义获取网址输入框内容事件*/
11      getUrl(e){
12          this.myUrl = e.value
13      },
14      /*定义单击"确定"按钮事件*/
15      toWeb(){
16          router.push({
17              uri:"pages/p_7_1/webview/webview",
18              params:{
19                  myUrl:this.myUrl
20              }
21          })
22      },
23      /*定义单击网址列表项事件*/
24      goWeb(value){
25          router.push({
26              uri:"pages/p_7_1/webview/webview",
27              params:{
28                  myUrl:this.webUrls[value].url
29              }
30          })
31      },
32  }
```

webview 页面的 hml 代码如下。

```
1   <div class="container">
2       <web src="{{myUrl}}"></web>
3   </div>
```

上述第 2 行代码中的 myUrl 值为 p_7_1 页面上传递过来的网址。因为应用程序必须具有网络访问权限(ohos.permission.INTERNET),所以需要打开项目文件夹中的 config.json 文件,在 modules 配置项中用 reqPermissions 属性配置项添加应用程序访问网络的权限。

7.2　股票即时查询工具的设计与实现

扫一扫

近年来,随着股票市场日益壮大,越来越多的人将买卖股票作为投资理财的一种方式。为了及时了解股票的涨跌趋势,人们对随时随地获取股市信息的需求非常强烈,所以使用随身携带的移动终端设备查阅股票信息已经成为一种常态。本节利用网络数据请求接口设计并实现一个能够查询上证指数、深圳成指、创业板指及指定股票最新报价、涨幅、涨跌等数据的股票即时查询工具。

7.2.1 数据请求接口

JS API 提供的@ohos.net.http 接口可以实现 http 访问网络，在导入该接口的 http 包，并创建 HttpRequest 对象后，就可以发出 http 数据请求。HttpRequest 对象中包含了发起请求、中断请求、订阅/取消订阅 http 响应头（http Response Header）事件。每个 HttpRequest 对象只能对应一个 http 请求，如果需要发起多个 http 请求，则必须为每个 http 请求创建对应的 HttpRequest 对象。在调用 HttpRequest 对象方法发起请求、中断请求、订阅/取消订阅 http 响应头事件前，需要先用 createHttp()方法创建一个 HttpRequest 对象。创建 HttpRequest 对象的代码如下。

```
1  import http from '@ohos.net.http';                //导入 http 包
2  var httpRequest = http.createHttp();              //返回 HttpRequest 对象
```

- request(url：string，callback：AsyncCallback＜HttpResponse＞)：void，根据 url (uniform resource locator，统一资源定位)系统地址发起 http 网络请求。url 参数为 string 类型，表示要发起 http 网络请求的 url 地址；callback 参数为 AsyncCallback＜HttpResponse＞类型，表示执行网络请求后的回调函数，用于返回 HttpResponse 类型的请求结果。HttpResponse 类型返回值参数及功能说明如表 7.3 所示。

表 7.3 HttpResponse 类型返回值参数及功能说明

参数名	类型	功能说明
result	string | Object	返回 http 请求的响应内容，响应内容为 string 类型，具体内容需要开发者根据情况自行解析
responseCode	ResponseCode | number	返回 http 请求的响应码。若执行成功，则此值为 responseCode；若执行失败，则此值由 err 字段返回错误码。常见的 responseCode 响应码包括 200(请求成功)、201(成功请求并创建了新的资源)、202(已经接受请求，但未处理完成)、204(成功处理请求，但未返回内容)、400(客户端请求的语法错误)、401(请求要求用户的身份认证)、403(理解请求，但拒绝执行此请求)、404(无法根据客户端的请求找到资源)、405(客户端请求中的方法被禁止)、408(请求时间过长超时)、410(客户端请求的资源已经不存在)
header	Object	返回 http 请求响应头，响应头为 JSON 格式的字符串，具体内容需要开发者根据情况自行解析

扫一扫

【范例 7-2】 设计一个如图 7.3 所示的页面，在输入框中输入网址后，单击“连接”按钮，将网络连接返回的内容更新到页面上。

hml 的代码如下。

图 7.3　http 访问网络返回效果(1)

```
1  <div class="container">
2      <div>
3          <input style="width: 80%;" type="text" placeholder="请输入网址"
value="{{ myUrl }}" @change="getUrl"></input>
4          <button style="font-size: 15fp;" type="text" value="连接" @click="
getInfo"></button>
5      </div>
6      <textarea extend="true" style="width: 100%; height: 100%;" value="
{{info}}"></textarea>
7  </div>
```

js 的代码如下。

```
1  import http from '@ohos.net.http';
2  export default {
3      data: {
4          info: '',                                    //保存网络请求返回结果
5          myUrl:''                                     //保存输入网址
6      },
7      /* 定义获取网址输入框内容事件,与范例 7-1 类似,此处略 */
8      /* 定义连接按钮事件 */
9      getInfo(){
10         var httpRequest = http.createHttp();
```

```
11          var that = this
12          httpRequest.request(this.myUrl,(err,data)=>{
13              if(err){
14                  console.info("错误:"+err.data)  //返回 http 请求返回的错误信息
15                  return
16              }
17              that.info = data.result              //返回 http 请求的响应内容
18          })
19      }
20  }
```

上述第12～18行代码表示向输入框中输入的网址发出http请求，并执行回调函数，如果请求成功，则将返回http请求的响应内容赋值给页面变量info；如果请求失败，则直接在控制台输出http请求返回的错误信息。例如，在页面的输入框中输入https://www.nnutc.edu.cn，则显示如图7.3所示的HTML格式数据，这种格式的数据在移动端应用开发的http请求中很少使用。但是，如果在页面的输入框中输入https://qianming.sinaapp.com/index.php/AndroidApi10/index/cid/qutu/lastId/，则显示如图7.4所示的JSON格式数据，这种格式的数据在移动端应用开发的http请求中经常使用，并且通常需要对JSON格式数据进行解析后显示在移动端页面上。

图7.4　http访问网络返回效果(2)

JSON格式数据通常由多个属性域组成。图7.4所示的http请求返回的JSON格式数据包含 totalRow 和 rows 两个 Key(键名),rows 键对应多个数组元素值,每个数组元素又由多个属性域组成,如表 7.4 所示。

表 7.4　JSON 格式数据属性域的组成

属 性 名	说　明	属 性 名	说　明
id	编号	title	标题
pic	配图 url	cate_id	类别代码
pic_h	图片高度	pic_w	图片宽度
uname	用户名	uid	用户编号

【范例 7-3】　解析图 7.4 所示的 JSON 格式数据,并将 title 属性值用 list 和 list-item 组件封装后在页面上显示,显示效果如图 7.5 所示,单击图 7.5 所示页面上的每个列表项,将该列表项对应的配图、标题、用户名及用户编号等信息显示在如图 7.6 所示的页面上。

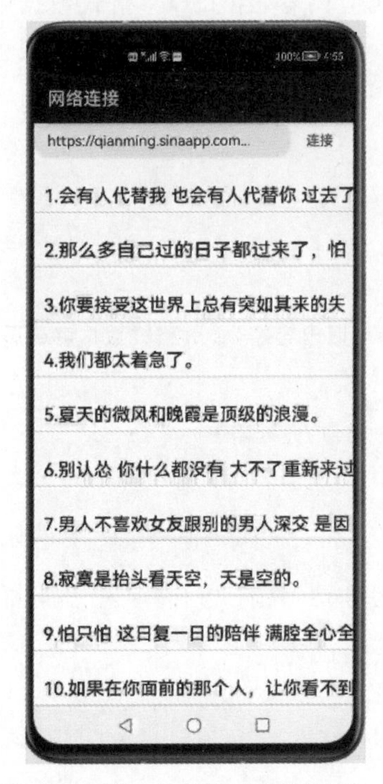

图 7.5　解析 JSON 格式数据效果(1)

图 7.6　解析 JSON 格式数据效果(2)

从范例 7-3 的需求可以看出,应用程序运行后首先显示如图 7.5 所示的页面效果,单击图 7.5 所示页面上的每一个列表项时,会切换至如图 7.6 所示的页面,所以本案例实现时需要创建两个页面,一个页面用于输入网址和显示网络请求返回的数据列表,另一个页面用于展现对应数据列表项的详细内容,具体需要按照下列步骤创建两个页面。

打开项目的 entry/src/main/js/default 文件夹，右击 pages 文件夹，从弹出的快捷菜单中选择 New→JS Page 选项创建名为 p_7_3 的页面，该页面用于输入网址和显示网络请求返回的数据列表；右击 p_7_3 文件夹，从弹出的快捷菜单中选择 New→JS Page 选项创建名为 detail 的页面，该页面用于展现对应数据列表项的详细内容。

p_7_3 页面的 hml 代码如下。

```
1   <div class="container">
2       //网址输入框、连接按钮页面代码与范例 7-2 一样,此处略
3       <list class="list">
4           <list-item for="{{ infos.rows }}" class="listItem" @click="goDetail
($idx)">
5               <text class="text">{{$idx+1}}.{{ $item.title}}</text>
6           </list-item>
7       </list>
8   </div>
```

上述第 4 行代码中的 infos.rows 表示网络请求响应内容，经 JSON 格式数据解析后存储为如表 7.4 所示数据格式的数组，用@click 绑定 goDetail()事件表示单击列表项时执行该事件。

p_7_3 页面的 js 代码如下。

```
1   import http from '@ohos.net.http';
2   import router from '@system.router';
3   export default {
4       data: {
5           infos: '',              //保存网络请求返回内容经 JSON 格式数据解析后的结果
6           myUrl: '                //保存网址
7       },
21      /* 定义获取网址输入框内容事件,与范例 7-1 类似,此处略 */
22      /* 定义连接按钮事件 */
8       getInfo() {
9                                   //与范例 7-2 的第 10、11 行 js 代码一样,此处略
10          httpRequest.request(this.myUrl, (err, data) => {
11                                  //与范例 7-2 的第 13~16 行 js 代码一样,此处略
12              var info = data.result
13              this.infos = JSON.parse(data.result);
14          })
15      },
16     /* 定义单击列表项事件 */
17      goDetail(value){
18          router.push({
19              uri:'pages/p_7_3/detail/detail',        //切换至 detail 页面
20              params:{
21                  detail:this.infos.rows[value]
                                    //将单击列表项对应的数组元素作为参数传递
22              }
```

```
23          })
24      }
25  }
```

detail 页面的 hml 代码如下。

```
1   <div class="container">
2       <image style="width: {{detail.pic_w}};height: {{detail.pic_h}};" src="
{{ detail.pic }}"></image>
3       <text>{{detail.title}}</text>
4       <text>by{{detail.uname}}@{{detail.uid}}</text>
5   </div>
```

上述第 2～4 行代码的 detail 是由 p_7_3 页面传递过来的实参，其中第 2 行代码表示用 detail 参数的 pic_w 值和 pic_h 值作为 image 组件的宽度和高度，用 detail 参数的 pic 值作为图片源的地址，由于 detail 参数的 pic 值由 http 开头，因此需要在 config.json 里增加 network 标签，并指定 cleartextTraffic 属性标识值为 true。

- request（url：string，options：HttpRequestOptions，callback：AsyncCallback <HttpResponse>）：void，根据 url 地址和相关配置项发起 http 网络请求。url 参数和 callback 参数的功能说明与上述 request()的参数一样，限于篇幅，这里不再赘述。options 参数为 HttpRequestOptions 类型。HttpRequestOptions 类型数据包含的参数及功能说明如表 7.5 所示。

表 7.5　HttpRequestOptions 类型数据包含的参数及功能说明

参 数 名	类　型	功 能 说 明
method	RequestMethod	设置请求方式
extraData	string | Object	设置发送请求的额外数据
header	Object	设置 http 请求头字段，默认{"Content-Type"："application/json"}
readTimeout	number	设置读取超时时间，单位为毫秒(ms)，默认为 60000ms
connectTimeout	number	设置连接超时时间，单位为毫秒(ms)，默认为 60000ms

【范例 7-4】　设计如图 7.7 所示的天气预报页面，在城市输入框中输入城市名称，单击"查天气"按钮，将当天的天气信息显示在页面对应位置，而且保证页面的背景图片能够每天更新。

本范例实现时使用聚合网站提供的免费天气预报 API 数据接口，该接口使用 POST 方式，请求数据时的接口为 http://apis.juhe.cn/simpleWeather/query，参数包括 key 和 city，key 为开发者在聚合网站注册并实名认证后获得的唯一应用程序标识，city 为用户要查询天气的城市名称，查询返回值为 JSON 格式数据。例如，查询北京 2022 年 5 月 14 日的天气信息返回值如下。

图 7.7　天气预报页面

```
1   {"reason":"查询成功!",
2   "result":{"city":"北京",
3           "realtime":{"temperature":"25","humidity":"16","info":"晴","wid":
"00","direct":"北风","power":"3级","aqi":"26"},
4           "future":[
5               {"date":"2022-05-15","temperature":"11\/27℃","weather":"晴",
"wid":{"day":"00","night":"00"},"direct":"南风转西南风"},
6               {"date":"2022-05-16","temperature":"13\/29℃","weather":"晴",
"wid":{"day":"00","night":"00"},"direct":"南风转西南风"},
7               {"date":"2022-05-17","temperature":"14\/30℃","weather":"晴",
"wid":{"day":"00","night":"00"},"direct":"西南风转东北风"},
8               {"date":"2022-05-18","temperature":"15\/30℃","weather":"多
云","wid":{"day":"01","night":"01"},"direct":"南风"},
9               {"date":"2022-05-19","temperature":"16\/30℃","weather":"晴",
"wid":{"day":"00","night":"00"},"direct":"西南风"}]},
10  "error_code":0}
```

上述的 reason 表示 http 请求成功的返回码信息，result 表示 http 请求成功的返回结果，该结果中的 city 表示查询的城市名称、realtime 表示当前查询时间的天气信息、future 表示未来 5 天的天气预报信息。其中第 3 行返回值的 temperature 表示当前气温、humidity 表示当前湿度、info 表示当前天气状况、direct 表示风向、power 表示风力、aqi 表示空气质量。

css 的代码如下。

```
1   .container {
2       display: flex;
3       flex-direction: column;
4       align-items: center;
5       width: 100%;
6       height: 100%;
7       background-image: url(https://api.xygeng.cn/Bing/);
8   }
9   .txt-css{
10      font-size: 16fp;
11      text-align: center;
12      color: orange;
13  }
```

上述第 7 行代码由必应网站的每日一图 Uri(https://api.xygeng.cn/Bing/)设置天气预报页面的背景图片,用于实现每日更新背景图片的功能。

hml 的代码如下。

```
1   <div class="container">
2       <div>
3           <input style="margin-left:15fp;width : 70%;border-radius: 0fp;
background-color: white;" type="text" placeholder="请输入城市名称" value="{{
myCity }}" @change="getCity"></input>
4           <button style="font-size : 15fp;text-color: white;" type="text"
value="查天气" @click="getInfo"></button>
5       </div>
6       <text style="height : 30%; text-align : center; color : darkseagreen;">
今天\n{{ infos.result.realtime.temperature }}°C </text>
7       <div style="justify-content : space-around;">
8           <text class="txt-css">湿度\n{{ infos.result.realtime.humidity }}%
</text>
9           <text class="txt-css">天气\n{{ infos.result.realtime.info }}</text
>
10          <text class="txt-css">风力\n{{ infos.result.realtime.direct }}{{
infos.result.realtime.power }}</text>
11          <text class="txt-css">空气质量\n{{ infos.result.realtime.aqi }}</
text>
12      </div>
13  </div>
```

上述第 6 行代码引用聚合网站免费天气预报 API 数据接口返回结果中当日天气信息的气温(temperature)值,第 8～11 行代码分别引用返回结果中当日天气信息的湿度(humidity)、天气状况(info)、风向(direct)、风力(power)和空气质量(aqi)值。

js 的代码如下。

```
1   import http from '@ohos.net.http';
2   export default {
3       data: {
4           myCity: '',                                         //保存城市
5           infos:''                                            //保存返回结果
6       },
7       /* 定义获取城市输入框内容事件,与范例 7-1 类似,此处略 */
8       /* 定义查天气按钮事件 */
9       getInfo() {
10          var httpRequest = http.createHttp();
11          var that = this
12          var url = "http://apis.juhe.cn/simpleWeather/query"
                                                      //聚合天气预报 API 数据接口
13          var options = {
14              method: http.POST,
15              extraData: {
16                  key: '3*****db4cb0621ad0313123dab416668', //由开发者注册申请
17                  city: this.myCity                      //城市名称
18              }
19          }
20          httpRequest.request(url, options, (err, data) => {
21              if (err) {
22                  console.info("错误:" + err.data)
23                  return
24              }
25              that.infos = JSON.parse(data.result);
26          })
27      }
28  }
```

上述第 13～19 行定义一个发起 http 网络请求的相关配置项，其中 method 指定访问方式为 POST，extraData 指定访问时需要传递的参数值，但是目前带参数的 http 网络请求只支持 API version 7 及以上版本的 HarmonyOS 终端设备。

- request(url: string, options?: HttpRequestOptions): Promise<HttpResponse>，根据 url 地址和相关配置项发起 http 网络请求，结果以 Promise 形式返回。url 参数和 options 参数的功能说明与上述 request()的参数一样，限于篇幅，这里不再赘述。

例如，实现范例 7-4 功能的第 20～26 行代码可用下列代码替换。

```
1   httpRequest.request(url, options).then((data)=>{
2               that.infos = JSON.parse(data.result);
3           }).catch(err=>{
4               console.info("错误:" + err.data)
5   })
```

- destroy()：中断请求任务。

- on(type: 'headerReceive', callback: AsyncCallback＜Object＞): void,订阅 HTTP Response Header 事件。type 参数表示订阅的事件类型,当前仅支持 headerReceive; callback 参数为 AsyncCallback＜Object＞类型,表示订阅 HTTP Response Header 事件后的回调函数。
- off(type: 'headerReceive', callback?: AsyncCallback＜Object＞): void,取消订阅 HTTP Response Header 事件。type 参数表示取消订阅的事件类型,当前仅支持 headerReceive;callback 参数为 AsyncCallback＜Object＞类型,表示取消订阅事件后的回调函数。

7.2.2　toggle 组件

扫一扫

toggle 组件(状态按钮组件)用于从一组选项中选择,并在界面上实时显示选择后的结果。该组件除支持通用属性和通用事件外,还支持如表 7.6 所示的属性和如表 7.7 所示的事件。

表 7.6　toggle 组件属性及功能

属性名	类　型	功能说明
value	string	设置状态按钮的文本值
checked	boolean	设置状态按钮是否被选中,属性值包括 false(默认值,未选中)和 true

表 7.7　toggle 组件事件及功能

事件名	返回值	功能说明
change	{ checked: isChecked }	组件选中状态发生变化时触发

【范例 7-5】　设计如图 7.8 所示的就业意向调查页面,"你在就业过程中最注重什么?"的答案选项由 5 个状态按钮组件组成,但用户只能选其中一项;"你希望从哪些渠道获得企业的招聘信息?"的答案选项由 5 个状态按钮组件组成,用户可以选多项。单击"提交"按钮后,将用户选项结果显示在页面下方。

hml 的代码如下。

```
1  <div style="flex-direction : column;">
2      <text>你在就业过程中最注重什么?(单选)</text>
3      <div style="flex-wrap : wrap">
4          <toggle style="font-size : 20fp;" for="{{ satifys }}" checked="{{
$item.checked }}" value="{{ $item.name }}" @change="satifyChange($idx)" ></
toggle>
5      </div>
6      <text>你希望从哪些渠道获得企业的招聘信息?(多选)</text>
7      <div style="flex-wrap : wrap">
```

```
8         <toggle style="font-size : 20fp;"  for="{{ likes }}" checked="{{ $item.checked }}"  value="{{ $item.name }}" @change="likeChange({{ $idx }})"></toggle>
9       </div>
10      <button type="text" @click="submit" value="提交"></button>
11      <text>{{ result }}</text>
12  </div>
```

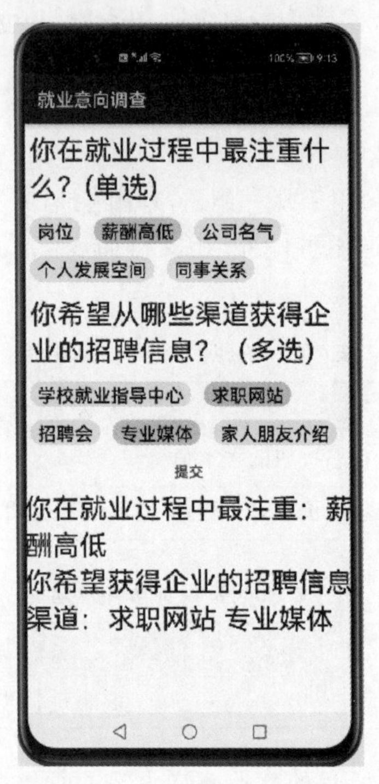

图 7.8　就业意向调查页面

js 的代码如下。

```
1  export default {
2      data: {
3          satifys: [{"name": "岗位", "checked": true},
4                  {"name": "薪酬高低", "checked": false},
5                  //其他代码类似,此处略
6          ],                                        //保存就业过程中的注重点
7          likes: [{ "name": "学校就业指导中心", "checked": false},
8              { "name": "求职网站", "checked": true },
9                //其他代码类似,此处略
10         ],                                        //保存获取招聘信息的渠道
11         result:''                                 //保存结果
12     },
```

```
13      /*定义就业过程中注重点状态按钮的状态改变事件*/
14      satifyChange(value, e) {
15          this.satifys[value].checked = e.checked
16          for (var i = 0;i < this.satifys.length; i++) {
17              if (value != i) {
18                  this.satifys[i].checked = !e.checked
19              }
20          }
21      },
22      /*定义招聘信息渠道状态按钮的状态改变事件*/
23      likeChange(value, e) {
24          this.likes[value].checked = e.checked
25      },
26      /*定义单击"提交"按钮事件*/
27      submit(){
28        var satisfys ='你在就业过程中最注重:'
29        for (var i = 0;i < this.satifys.length; i++) {
30            if (this.satifys[i].checked) {
31                satisfys = satisfys + this.satifys[i].name+"  "
32            }
33        }
34        var likes ='\n你希望获得企业的招聘信息渠道:'
35        for (var i = 0;i < this.likes.length; i++) {
36            if (this.likes[i].checked) {
37                likes = likes + this.likes[i].name+" "
38            }
39        }
40          this.result = satisfys+likes
41      }
42  }
```

上述第16～20行代码表示如果就业过程中注重点的某个状态按钮变为选中状态,则其他状态按钮变为未选中状态;第29～33行代码表示如果就业过程中注重点选项的某个状态按钮为选中状态,则取出状态按钮对应数组元素的name值;第35～39行代码表示如果获得企业招聘信息渠道的某个状态按钮为选中状态,则取出状态按钮对应数组元素的name值;第40行表示将用户选择的"就业过程中最注重点选项"和"希望获得企业招聘信息的渠道"显示在页面下方的text组件上。

7.2.3 案例:股票即时查询工具

扫一扫

1. 需求描述

股票即时查询工具应用程序一旦启动加载,就会显示如图7.9所示的自选股页面,在该页面上可以添加指定的股指及股票,并将其作为自选股;在自选股页面上选择要查询报价信息的股指及股票后,可以在如图7.10所示页面显示相关股指及股票的即时报价信息。

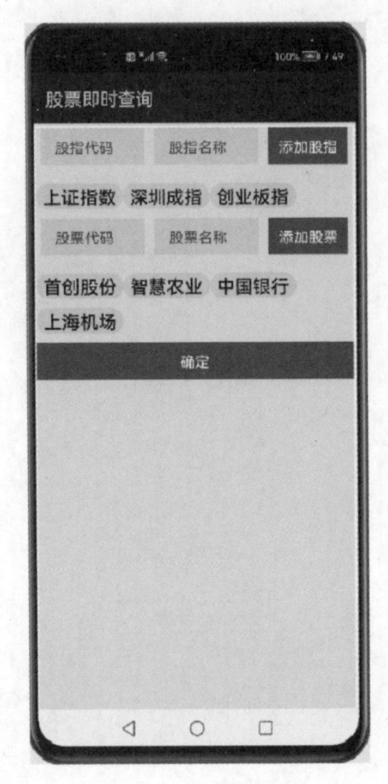

图 7.9 自选股页面

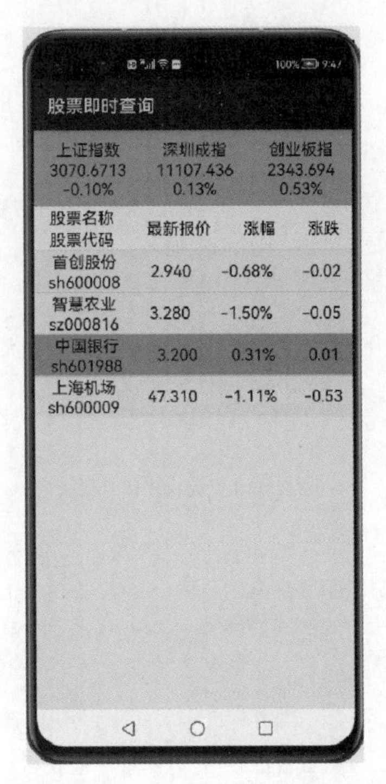

图 7.10 股票即时信息页面

(1) 自选股页面从上至下分为添加股指区、自选股指显示区、添加股票区、自选股票显示区及确定按钮区。在添加股指区的输入框中输入要查询的股指代码和股指名称后，单击“添加股指”按钮，会将输入的股指名称显示在自选股指显示区；在添加股票区的输入框中输入要查询的股票代码和股票名称后，单击“添加股票”按钮，会将输入的股票名称显示在自选股票显示区；单击“确定”按钮，切换至股票即时信息页面。

(2) 股票即时信息页面从上至下分为股指信息显示区和股票信息显示区。股指信息显示区显示股指名称、股指指数及涨幅；股票信息显示区显示股票名称、最新报价、涨幅及涨跌值，如果涨幅小于零，则以绿色背景色显示，否则以红色背景色显示。

2. 设计思路

根据股票即时查询工具的需求描述和页面显示效果，该应用程序开发时需要设计两个页面，一个为添加自选股页面，用户在该页面添加用户需要查询即时信息的股指和股票；另一个为股票即时信息页面，用于显示用户需要查询的股指和股票的即时信息。

自选股页面的添加股指区用 2 个 type 值为 text 的 input 组件实现股指代码和股指名称的输入，用 1 个 type 值为 button 的 input 组件实现“添加股指”按钮；自选股指显示区用 toggle 组件实现；添加股票区用 2 个 type 值为 text 的 input 组件实现股票代码和股票名称的输入，用 1 个 type 值为 button 的 input 组件实现“添加股票”按钮；自选股票显示区用 toggle 组件实现；确定按钮区用 1 个 type 值为 button 的 input 组件实现“确定”按钮。

股票即时信息页面的股指信息显示区用 text 组件分行显示股指名称、股指指数及涨幅；股票信息显示区用 list、list-item 和 text 组件组合实现股票名称、股票代码、最新报价、涨幅和涨跌值。

为了获取股指和股票的实时信息，本案例使用新浪网提供的 url（https://hq.sinajs.cn/list=代码），其中代码由传递的参数值决定。例如，https://hq.sinajs.cn/list=sz399001 表示要访问的是深圳成指的信息；https://hq.sinajs.cn/list=sh601988 表示要访问的是上海601988（中国银行）的股票信息。例如，访问 https://hq.sinajs.cn/list=sz002142 网络资源时返回的数据格式如下。

```
1   var hq_str_sz002142="宁波银行,22.19,22.18,22.39,22.46,21.91,22.38,22.39,
68778438,1527185943.73,674547,22.38,14600,22.37,3600,22.36,12700,22.35,2000,
22.34,109847,22.39,255400,22.40,13100,22.41,35200,22.42,39200,22.43,2022-05-
12,15:05:37,00";
```

从返回的数据格式可以看出，返回值字符串由许多数据拼接在一起，不同含义的数据用逗号隔开，使用 split(',') 函数将字符串分隔成数组，每个数组元素对应的含义如表 7.8 所示。

表 7.8　数组元素下标及含义说明

下标	含　义	下标	含　义	下标	含　义
0	股票名称	7	竞卖价，即卖一报价	18,19	买五申请股数、报价
1	今日开盘价	8	成交股票数(100 单位)	20,21	卖一股数、报价
2	昨日收盘价	9	成交金额(万元单位)	22,23	卖二股数、报价
3	当前价格	10,11	买一申请股数、报价	24,25	卖三股数、报价
4	今日最高价	12,13	买二申请股数、报价	26,27	卖四股数、报价
5	今日最低价	14,15	买三申请股数，报价	28,29	卖五股数、报价
6	竞买价，即买一报价	16,17	买四申请股数、报价	30,31	日期、时间

3. 实现流程

1）自选股页面

扫一扫

打开项目的 entry/src/main/js/default 文件夹，右击 pages 文件夹，从弹出的快捷菜单中选择 New→JS Page 选项创建名为 stockApp 的页面。

① 初始化页面数据。

当应用程序启动后，在自选股页面的股指区默认显示常用的上证指数、深圳成指及创业板指三大股指作为自选股指；在添加自选股页面的股票区默认显示常用的首创股份、智慧农业、中国银行及上海机场等股票作为自选股票。初始化页面数据代码如下。

```
1   data: {
2       guzhis: [
3           { "code": 'sh000001', 'name': '上证指数', 'checked': false },
4           { "code": 'sz399001', 'name': '深圳成指', 'checked': false },
5           { "code": 'sz399006', 'name': '创业板指', 'checked': false }
6       ],                                          //默认股指
7       gzname: "",                                 //保存添加的股指名称
8       gzcode: "",                                 //保存添加的股票代码
9       gupiaos: [
10          { "code": 'sh600008', 'name': '首创股份', 'checked': false },
11          { "code": 'sz000816', 'name': '智慧农业', 'checked': false },
12          { "code": 'sh601988', 'name': '中国银行', 'checked': false },
13          { "code": 'sh600009', 'name': '上海机场', 'checked': false }
14      ],                                          //默认股票
15      gpname: "",                                 //保存添加的股票名称
16      gpcode: "",                                 //保存添加的股票代码
17  },
```

上述用于存放股指的 guzhis 和存放股票的 gupiaos 数组中，每个数组元素的 code 为股指或股票的代码、name 为股指或股票的名称、checked 为股指或股票的状态(false 表示未选中状态，true 表示选中状态)。

② 添加股指区和股指显示区的实现。

css 的代码如下。

```
1   .row-css {
2       justify-content: space-around;
3       margin-top: 10fp;
4   }
5   .row-content-css {
6       width: 33%;
7       border-radius: 0fp;
8   }
9   .toggle-css {
10      font-size: 20fp;
11      margin-top: 10fp;
12  }
```

hml 的代码如下。

```
1   <div class="row-css">
2           <input class="row-content-css" type="text" placeholder="股指代码"
value="{{ gzcode }}" @change="getgzCode"></input>
3           <input class="row-content-css" type="text" placeholder="股指名称"
value="{{ gzname }}" @change="getgzName"></input>
4           <input class="row-content-css" type="button" value="添加股指" @
click="addgzInfo"></input>
5   </div>
```

```
6   <div style="flex-wrap : wrap; margin-top : 10fp;">
7           <toggle class="toggle-css" for="{{ guzhis }}"  checked="{{ $item.
checked }}"  value="{{ $item.name }}" @change="guzhiChange($idx)"></toggle>
8   </div>
```

上述第1～5行代码定义了输入股指代码、股指名称的输入框及“添加股指”的按钮；第6～8行代码表示将自选股指名称用toggle组件显示在页面上，并且用flex-wrap样式指定自选股指名称显示时可以自动换行。

js的代码如下。

```
1   /*定义获取股指代码事件*/
2   getgzCode(e) {
3           this.gzcode = e.value
4   },
5   /*定义获取股指名称事件*/
6   getgzName(e) {
7           this.gzname = e.value
8   },
9   /*定义"添加股指"按钮事件*/
10  addgzInfo() {
11          this.guzhis.push({
12              "code": this.gzcode, "name": this.gzname, "checked": true
13          })
14  },
15  /*定义"股指状态"按钮改变事件*/
16  guzhiChange(value, e) {
17          this.guzhis[value].checked = e.checked
18  },
```

上述第12行代码表示将在股指代码、股指名称输入框中输入的股指以选中状态(checked值为true)添加到保存股指信息的数组中。添加股票区和股票显示区的实现方法与添加股指区和股指显示区的实现方法类似，限于篇幅，这里不再赘述。

③ 确定按钮区的实现。

hml的代码如下。

```
1   <input type="button" style="margin-top : 10fp; width : 100%; border-radius :
0fp;" value="确定" @click="btnOk"></input>
```

js的代码如下。

```
1   /*定义单击"确定"按钮事件*/
2   btnOk() {
3           var zcodes = []                                 //保存选中的股指
4           for (var i = 0;i < this.guzhis.length; i++) {
5               if (this.guzhis[i].checked)   zcodes.push(this.guzhis[i])
```

```
6           }
7           var pcodes = []                                     //保存选中的股票
8           for (var i = 0;i < this.gupiaos.length; i++) {
9               if (this.gupiaos[i].checked)   pcodes.push(this.gupiaos[i])
10          }
11          router.push({
12              uri: 'pages/stockApp/detail/detail',    //切换至股票即时信息页面
13              params: {
14                  zcodes: zcodes,
15                  pcodes: pcodes
16              }
17          })
18  }
```

上述第4～6行代码表示将股指数组中股指元素checked值为true（股指状态按钮选中）的股指保存到zcodes数组中；第8～10行代码表示将股票数组中股票元素checked值为true（股票状态按钮选中）的股票保存到pcodes数组中；第11～17行代码表示在切换至股票即时信息页面时，将zcodes和pcodes作为参数传递给该页面，以便在该页面上显示自选股页面选中的股指和股票的即时信息。

2）股票即时信息页面

扫一扫

打开项目的entry/src/main/js/default/pages文件夹，右击stockApp文件夹，从弹出的快捷菜单中选择New→JS Page选项创建名为detail的页面。

① 初始化页面数据。

```
1   data: {
2           options: {
3               method: http.POST,                      //http访问方式
4               connectTimeout: 120000,                 //连接超时时间(ms)
5               readTimeout: 120000,                    //读取超时时间(ms)
6               header: {                               //http请求头
7                   "referer": "http://finance.sina.com.cn",
8               }
9           },
10          zdetails: [],                               //保存股指请求返回的详细信息
11          pdetails: []                                //保存股票请求返回的详细信息
12  },
```

上述第7行代码用referer指定当前http请求页面的来源页面地址，即表示当前页面是通过此来源页面里的链接进入的。因为使用新浪网提供的url（https://hq.sinajs.cn/list=代码）获取股票即时信息的来源页面地址为https://finance.sina.com.cn，所以此处指定referer字段值为https://finance.sina.com.cn。

扫一扫

② 股指信息显示区的实现。

hml的代码如下。

```
1  <div style="height : 15%; background-color : darkseagreen;justify-content:
center;">
2          <block for="{{ zdetails }}">
3              <text style="width : 33%;">{{ $item.name }}\n{{ $item.current }}\
n{{ $item.fd }}%</text>
4          </block>
5  </div>
```

上述代码表示将选中的所有股指按列方向放置在页面上，每个股指信息包括股指名称($item.name)、股指指数($item.current)和股指涨跌幅($item.fd)。

js 的代码如下。

```
1  async onInit() {
2          var zcodes = this.zcodes
3          var zdetails = []
4          for (var i = 0;i < zcodes.length; i++) {
5              let httpRequest = http.createHttp();
6              var url = "https://hq.sinajs.cn/list=" + zcodes[i].code
7              await  httpRequest.request(url, this.options, (err, data) => {
8                  if (!err) {
9                      var detail = data.result.split(',')
10                     zdetails.push({
11                         "code": zcodes[i].code,            //股指代码
12                         "name": zcodes[i].name,            //股指名称
13                         "current": detail[3],              //当前股指指数
14                         "yesterday": detail[2],            //昨日收盘指数
15                             "fd": ((parseFloat(detail[3]) - parseFloat(detail
[2]))/parseFloat(detail[2]) * 100).toFixed(2),             //涨跌幅
16                            "zf": (parseFloat(detail[3]) - parseFloat(detail
[2])).toFixed(2)                                           //涨跌值
17                     })
18                     return
19                 }
20                 console.info('error:' + err.data);
21             });
22         }
23         this.zdetails = zdetails
24 },
```

上述第 4～21 行代码表示根据自选股页面传递来的股指代码向 https://hq.sinajs.cn 网址发起 http 访问请求，并将请求返回的信息解析后按照股指代码、股指名称、当前股指指数、昨日收盘指数、涨跌幅及涨跌值的格式保存到 zdetails 数组中，以便页面加载时在页面的股指信息显示区以列表渲染的方式显示出来。

③ 股票信息显示区的实现。

hml 的代码如下。

```
1   <list style="background-color: antiquewhite;">
2           <list-item>
3               <div class="item-css" >
4                   <text>股票名称\n 股票代码</text>
5                   <text>最新报价</text>
6                   <text>涨幅</text>
7                   <text>涨跌</text>
8               </div>
9           </list-item>
10          <list-item for="{{ pdetails }}">
11              <block if="{{$item.fd>=0}}">
12                  <div class="item-css" style="background-color: red;">
13                     <text>{{ $item.name }}\n{{ $item.code }}</text>
                                                              //股票名称/股票代码
14                     <text>{{ $item.current }}</text>       //当前报价
15                     <text>{{ $item.fd }}%</text>           //涨跌幅
16                     <text>{{ $item.zf }}</text>            //涨幅值
17                  </div>
18              </block>
19              <block else>
20                  <div class="item-css" style=" background-color: green;">
21                      <text>{{ $item.name }}\n{{ $item.code }}</text>
22                      <text>{{ $item.current }}</text>
23                      <text>{{ $item.fd }}%</text>
24                      <text>{{ $item.zf }}</text>
25                  </div>
26              </block>
27          </list-item>
28      </list>
```

上述第 2～9 行代码用于定义列表项第一行表头显示的信息；第 10～27 行代码根据股票的涨跌幅确定列表行的背景色，如果涨跌幅不为负数，则用第 12～17 行代码设置背景色为红色，否则用第 20～25 行代码设置背景色为绿色。

js 的代码如下。

```
1   async onInit() {
2           var pcodes = this.pcodes
3           var pdetails = []
4           for (var i = 0;i < pcodes.length; i++) {
5               let httpRequest = http.createHttp();
6               var url = "https://hq.sinajs.cn/list=" + pcodes[i].code
7               await  httpRequest.request(url, this.options, (err, data) => {
8                   if (!err) {
9                       var detail = data.result.split(',')
10                      pdetails.push({
11                          "code": pcodes[i].code,          //股票代码
12                          "name": pcodes[i].name,          //股票名称
```

```
13                          "current": detail[3],           //当前报价
14                          "yesterday": detail[2],         //昨日收盘价
15                            "fd": ((parseFloat(detail[3]) - parseFloat(detail
[2])) / parseFloat(detail[2]) * 100).toFixed(2),            //涨跌幅
16                             "zf": (parseFloat(detail[3]) - parseFloat(detail
[2])).toFixed(2)                                            //涨跌值
17                      })
18                      return
19                  }
20                  console.info('error:' + err.data);
21              });
22          }
23          this.pdetails = pdetails
24      },
```

上述第4～22行代码表示根据自选股页面传递的股票代码向 https://hq.sinajs.cn 网址发起 http 访问请求,并将请求返回的信息解析后按照股票代码、股票名称、当前报价、昨日收盘价、涨跌幅及涨跌值的格式保存到 pdetails 数组中,以便页面加载时在页面的股票信息显示区以列表渲染的方式显示出来。

至此,股票即时查询工具已经完成。如果在正常股票交易时间需要自动更新自选股指和股票的即时信息,可以使用周期执行函数每隔一段时间向 https://hq.sinajs.cn 网址发出 http 请求获取实时数据,然后对获得的数据按照前面介绍的方法进行解析并处理,就可以实时显示在股指信息区和股票信息区,读者可以根据实际需要自行完成此功能。

本章小结

随着移动终端设备在人们日常生活中所扮演的角色越来越重要,以智能终端设备为平台的移动网络应用程序也变得非常火爆。本章结合实际案例项目开发过程介绍了 http 访问网络、Web 组件、网络数据请求接口及相关组件的使用方法,详细阐述了它们实现网络访问的工作机制和基本原理,让读者既明白了 HarmonyOS 平台网络应用开发的流程,也掌握了相关开发技术。

第 8 章

传感器与位置服务应用开发

现在几乎所有的移动终端设备都配有不同类型的传感器。开发者可以利用不同类型的传感器进行一些摇一摇抽红包、摇一摇切歌等耳目一新的功能开发，也可以把传感器的应用与地图结合起来实现定位、导航等功能。本章结合传感器和定位技术介绍 HarmonyOS 平台下的传感器与位置服务的应用程序开发方法。

8.1 概述

HarmonyOS 平台具有强大的应用程序编程接口和丰富的传感器功能，其开发平台有利于开发出适合在移动终端设备上运行的各类应用软件。

扫一扫

8.1.1 传感器

传感器能够探测、感受外界信号，并且可以探知外界信息传递给其他设备或器官，如光、热、湿度等物理信号，烟雾、毒气等化学信号。HarmonyOS 提供了丰富的传感器 JS API 接口，用于识别设备上的传感器、订阅传感器的数据，并可以根据传感器数据定制相应的算法，开发指南针、运动健康、游戏等不同类别的应用程序。根据传感器的用途，HarmonyOS 平台支持的传感器分为运动类传感器、环境类传感器、方向类传感器、光线类传感器、健康类传感器和其他类传感器六大类别，每个类别中又包含了多种不同功能的传感器，不同功能的传感器可能是单一的物理传感器，也可能是由多个物理传感器复合而成。HarmonyOS 平台支持的常用传感器及功能说明如表 8.1 所示。

表 8.1 HarmonyOS 平台支持的常用传感器及功能说明

类别	类型(名称)	功能说明
运动类	SENSOR_TYPE_ACCELEROMETER(加速度传感器)	用于检测运动状态。以 m/s^2 为单位测量施加在设备三个物理轴线方向(x、y、z)上的加速度(包括重力加速度)
	SENSOR_TYPE_LINEAR_ACCELERATION(线性加速度传感器)	用于检测每个单轴方向的线性加速度。以 m/s^2 为单位测量施加在设备三个物理轴线方向(x、y、z)上的加速度(不包括重力加速度)

续表

类别	类型(名称)	功能说明
运动类	SENSOR_TYPE_GRAVITY(重力传感器)	用于测量重力大小。以 m/s^2 为单位测量施加在设备三个物理轴方向(x、y、z)上的重力加速度
	SENSOR_TYPE_GYROSCOPE(陀螺仪传感器)	用于测量旋转的角速度,以 rad/s 为单位测量施加在设备三个物理轴方向(x、y、z)上的旋转角加速度
	SENSOR_TYPE_SIGNIFICANT_MOTION(大幅度动作传感器)	用于检测设备是否存在大幅度运动。测量三个物理轴方向(x、y、z)上设备是否存在大幅度运动;若取值为1,则代表存在大幅度运动;若取值为0,则代表没有大幅度运动
	SENSOR_TYPE_DROP_DETECTION(跌落检测传感器)	用于检测设备是否发生了跌落。如果取值为1,则代表发生了跌落;若取值为0,则代表没有发生跌落
	SENSOR_TYPE_PEDOMETER_DETECTION(计步器检测传感器)	用于检测用户是否有计步的动作。若取值为1,则代表用户产生了计步行走的动作;若取值为0,则代表用户没有发生运动
	SENSOR_TYPE_PEDOMETER(计步器传感器)	用于提供用户行走的步数数据,统计用户的行走步数
环境类	SENSOR_TYPE_AMBIENT_TEMPERATURE(环境温度传感器)	用于检测环境温度(单位:℃)
	SENSOR_TYPE_MAGNETIC_FIELD(磁场传感器)	用于检测三个物理轴方向(x、y、z)上环境的磁场(单位:μT)
	SENSOR_TYPE_HUMIDITY(湿度传感器)	用于检测环境的相对湿度,用百分比(%)表示
	SENSOR_TYPE_BAROMETER(气压计传感器)	用于测量环境气压(单位:hPa 或 mbar)
方向类	SENSOR_TYPE_SCREEN_ROTATION(屏幕旋转传感器)	用于检测设备屏幕是否发生了旋转
	SENSOR_TYPE_DEVICE_ORIENTATION(设备方向传感器)	用于检测设备旋转方向的角度值(单位:rad)
	SENSOR_TYPE_ORIENTATION(方向传感器)	用于提供屏幕旋转的3个角度值,测量设备围绕所有三个物理轴方向(x、y、z)旋转的角度值(单位:rad)
光线类	SENSOR_TYPE_PROXIMITY(接近光传感器)	用于检测可见物体相对于设备显示屏的接近或远离状态
	SENSOR_TYPE_TOF(ToF 传感器)	用于检测光在介质中行进一段距离所需的时间
	SENSOR_TYPE_AMBIENT_LIGHT(环境光传感器)	用于检测设备周围的光线强度(单位:lux)

续表

类别	类型(名称)	功能说明
健康类	SENSOR_TYPE_HEART_RATE(心率传感器)	用于检测用户的心率数值
	SENSOR_TYPE_WEAR_DETECTION(佩戴检测传感器)	用于检测用户是否佩戴有智能穿戴设备
其他类	SENSOR_TYPE_HALL(霍尔传感器)	用于检测设备周围是否存在磁力吸引
	SENSOR_TYPE_GRIP_DETECTOR(手握检测传感器)	用于检测设备是否有抓力施加
	SENSOR_TYPE_MAGNET_BRACKET(磁铁支架传感器)	用于检测设备是否被磁吸
	SENSOR_TYPE_PRESSURE_DETECTOR(按压检测传感器)	用于检测设备是否有压力施加

8.1.2 位置服务

位置服务(Location Based Services,LBS)又称定位服务,是指通过GNSS(Global Navigation Satellite System,全球导航卫星系统)、基站、WLAN和蓝牙等多种定位技术,获取各种终端设备的位置坐标(经度和纬度),在电子地图平台的支持下为用户提供基于位置导航和查询的一种信息业务。

1. 坐标

卫星导航系统赖以导航定位的大地基准是其使用的坐标系,坐标系很大程度上决定了导航系统的性能。HarmonyOS以1984年世界大地坐标系统为参考,使用经度、纬度数据描述地球上的一个位置。

2. GNSS定位

GNSS包含GPS(在美国海军导航卫星系统的基础上发展起来的无线电导航定位系统)、GLONASS(原苏联国防部独立研制和控制的第二代军用卫星导航系统)、北斗(中国自主研发并独立运行的全球卫星导航系统)和Galileo(由欧盟研制和建立的全球卫星导航定位系统)等,通过导航卫星、设备芯片提供的定位算法确定设备的准确位置。定位过程具体使用哪些定位系统,取决于用户设备的硬件能力。

3. 基站定位

根据设备当前驻网基站和相邻基站的位置,估算设备的当前位置。此定位方式的定位精度相对较低,并且需要设备可以访问蜂窝网络。

4. WLAN、蓝牙定位

根据设备可搜索到的周围WLAN、蓝牙设备位置,估算设备当前位置。此定位方式的定位精度依赖设备周围可见的固定WLAN、蓝牙设备的分布,密度较高时,精度也较基站定位方式更高,同时也需要设备可以访问网络。

8.2　传感器的应用

扫一扫

智能终端设备之所以智能，离不开各种各样的智能传感器，现在比较常见的智能传感器有距离传感器、光线传感器、重力传感器、指纹识别传感器、环境光传感器、陀螺仪传感器等。比如环境光传感器可以采集当前环境的光强度数据，然后进行快速分析，以便调整移动终端设备显示屏的亮度等。

8.2.1　振动

JS API 提供的@system.vibrator 接口可以实现振动，在导入该接口中的 vibrator 包，并在项目文件夹下的 config.json 文件中添加下列代码开启振动权限后，就可以触发设备振动。

```
1       "reqPermissions": [
2         {
3           "name": "ohos.permission.VIBRATE"
4         },
```

- vibrate(object: Object): void，触发设备振动。object 参数为 Object 类型，用于配置振动参数，其数据格式为{mode: 振动模式，success: 回调方法，fail: 回调方法，complete: 回调方法}。振动 object 参数的组成及功能说明如表 8.2 所示。

表 8.2　振动 object 参数的组成及功能说明

名称	类型	必填	功 能 说 明
mode	string	否	设置振动的模式，值包括 long(长振动，默认值)、short(短振动)
success	Function	否	设置触发成功的回调方法
fail	Function	否	设置触发失败的回调方法
complete	Function	否	设置触发完成的回调方法

【范例 8-1】　设计一个如图 8.1 所示的倒计时振动页面，在“请输入时间”输入框中输入倒计时时间(以秒为单位)，单击“开始”按钮，开始倒计时；倒计时时间到，显示如图 8.2 所示的页面；单击“复位”按钮，倒计时停止。

图 8.1　倒计时振动页面(1)

图 8.2　倒计时振动页面(2)

css 的代码如下。

```
1   .title {
2       font-size: 10px;
3       text-align: center;
4   }
5   .input-css{
6       width: 60%;
7       border-radius: 0fp;
8       font-size: 10fp;
9       padding-left: 20fp;
10  }
```

hml 的代码如下。

```
1   <div class="container">
2       <text show="{{flag}}">倒计时时间到!</text>
3       <div>
4           <text class="title">倒计时</text>
5           <input type="number" class="input-css" placeholder="请输入时间"
value="{{ tcount }}" @change="getValue"></input>
6           <text  class="title">秒</text>
7       </div>
8       <div>
9           <button type="capsule" value="开始" @click="start"></button>
10          <button type="capsule" value="复位" @click="reset"></button>
11      </div>
12  </div>
```

上述第 2 行代码表示用 flag 值控制“倒计时时间到!”文本是否显示在页面上。

js 的代码如下。

```
1   import vibrator from '@system.vibrator';
2   export default {
3       data: {
4           tcount: '',                                  //倒计时时间
5           intervalId: 0,                               //周期函数 ID
6           flag: false
7       },
8       /*定义 change 事件*/
9       getValue(e) {
10          this.tcount = e.value
11      },
12      /*定义单击"开始"按钮事件*/
13      start() {
14          var that = this
15          this.intervalId = setInterval(function () {
16              if (that.tcount > 0) {
```

```
17                  that.tcount = that.tcount - 1
18              } else {
19                  clearInterval(that.intervalId)
20                  that.causeVirbate()                 //调用振动方法
21              }
22          }, 1000)
23
24      },
25     /*定义振动方法*/
26      causeVirbate() {
27          var that = this
28          vibrator.vibrate({
29              mode: 'short',
30              success(ret) {                          //振动成功回调方法
31                  console.info('振动成功');
32                  that.flag = true                    //显示"倒计时时间到!"信息
33              },
34              fail(ret) {                             //振动失败回调方法
35                  console.info('振动失败');
36              },
37              complete(ret) {                         //振动完成回调方法
38                  console.info('振动完成');
39              }
40          });
41      },
42     /*定义单击"复位"按钮事件*/
43      reset() {
44          this.tcount = ''
45          this.flag = false                           //不显示"倒计时时间到!"信息
46          clearInterval(this.intervalId)
47      }
48  }
```

上述第30～33行代码表示当振动调用成功后要执行的操作；第34～36行代码表示当振动调用失败后要执行的操作；第37～39行代表当振动调用完成后要执行的操作。

8.2.2　加速度传感器

扫一扫

导入@system.sensor接口中的sensor包，并在config.json文件中添加如下代码，允许访问加速传感器权限，就可以观察加速度传感器返回的内容。

```
1      "reqPermissions": [
2        {
3          "name": "ohos.permission.ACCELEROMETER"
4        },
```

- subscribeAccelerometer(object: Object): void，订阅加速度数据变化。object参数为Object类型，用于配置加速度传感器参数，其数据格式为{interval: 频率参数，

success：回调方法，fail：回调方法}。加速度传感器 object 参数的组成及功能说明如表 8.3 所示。

表 8.3 加速度传感器 object 参数的组成及功能说明

名称	类型	必填	功能说明
interval	string	是	设置加速度的回调方法执行频率。值包括 normal(200ms/次的低功耗，默认值)、ui(60ms/次的较高的频率，适用于 UI 更新)、game(20ms/次的极高频率，适用于游戏)
success	Function	否	设置感应到数据变化的回调方法
fail	Function	否	设置感应失败的回调方法

- unsubscribeAccelerometer()：void，取消订阅加速度数据。

【范例 8-2】 设计一个如图 8.3 所示的记录加速度数据变化页面，单击“监测”按钮，按页面格式显示三个物理轴方向(x、y、z)上的加速度值；单击“取消”按钮，取消加速度数据变化监测。

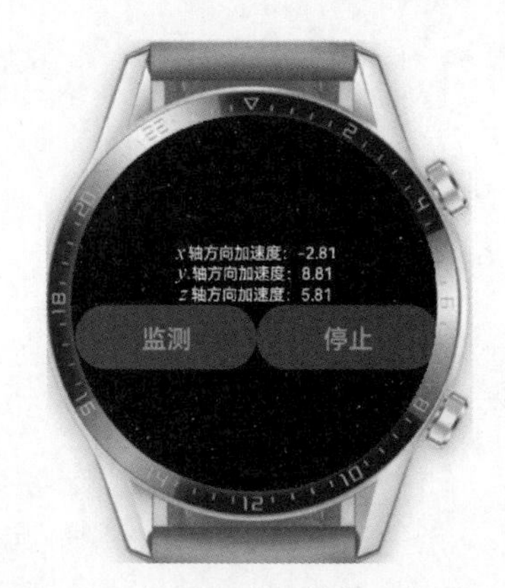

图 8.3 记录加速度数据变化页面

hml 的代码如下。

```
1  <div class="container">
2      <text class="title">x 轴方向加速度:{{x}}</text>
3      <text class="title">y 轴方向加速度:{{y}}</text>
4      <text class="title">z 轴方向加速度:{{z}}</text>
5      <div>
6          <button type="capsule" value="监测" @click="startTest"></button>
7          <button type="capsule" value="停止" @click="stopTest"></button>
8      </div>
9  </div>
```

js 的代码如下。

```
1  import sensor from '@system.sensor';
2  export default {
3      data: {
4          x: '', y: '', z: ''
5      },
6      /* 定义单击"监测"按钮事件 */
7      startTest() {
8          var that = this
9          sensor.subscribeAccelerometer({
10             interval: 'normal',
11             success(ret) {
12                 that.x = ret.x                    //x 轴方向加速度,单位:m/s²
13                 that.y = ret.y                    //y 轴方向加速度,单位:m/s²
14                 that.z = ret.z                    //z 轴方向加速度,单位:m/s²
15             },
16             fail(data, code) {
17                 console.info('错误码: ' + code + '; 错误信息: ' + data);
18             },
19         });
20     },
21     /* 定义单击"停止"按钮事件 */
22     stopTest() {
23         sensor.unsubscribeAccelerometer();     //取消订阅加速度感应
24     }
25 }
```

上述第11～15行代码表示加速度传感器正常返回数据执行的操作；第16～18行代码表示当加速度返回数据失败执行的操作，其中code表示返回的错误码，data表示返回的错误信息，如果当前设备不支持相应的传感器，则code值为900。

8.2.3　环境光传感器

扫一扫

导入@system.sensor接口中的sensor包，并调用订阅环境光数据变化方法后，就可以观察环境光传感器返回的内容。

- subscribeLight(object: Object): void，订阅环境光线感应数据变化。object参数为Object类型，用于配置环境光传感器参数，其数据格式为{success: 回调方法，fail: 回调方法}。环境光传感器object参数的组成及功能说明如表8.4所示。

表8.4　环境光传感器object参数的组成及功能说明

名称	类型	必填	功能说明
success	Function	是	设置感应到数据变化的回调方法
fail	Function	否	设置感应失败的回调方法

- unsubscribeLight(): void，取消订阅环境光线感应。

【范例 8-3】 设计一个如图 8.4 所示的记录光线强度数据变化的页面，单击“监测”按钮，按页面格式显示当前光线强度值，如果光线强度值达到 20000，则页面背景色为黑色，否则页面背景色为灰色；单击“取消”按钮，取消光线强度监测。

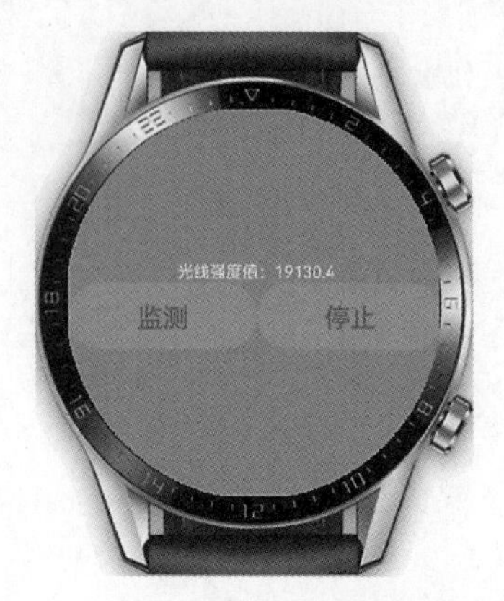

图 8.4 记录光线强度数据变化的页面

hml 的代码如下。

```
1   <div class="container" style="background-color: {{color}};">
2       <text class="title">光线强度值:{{value}}</text>
3       <div>
4           <button type="capsule" value="监测" @click="startTest"></button>
5           <button type="capsule" value="停止" @click="stopTest"></button>
6       </div>
7   </div>
```

js 的代码如下。

```
1   import sensor from '@system.sensor';
2   export default {
3       data: {
4           color: "gray",                                  //保存页面背景颜色
5           value:''                                        //保存光线强度值
6       },
7       /*定义单击"开始"按钮事件*/
8       startTest(){
9           var that = this
10          sensor.subscribeLight({
11              success(ret) {
12                  that.value = ret.intensity          //光线强度值,单位:lux
13                  if(that.value>=20000){
14                      that.color="black"
15                      return
16                  }
17                  that.color="gray"
```

```
18              },
19              fail(data, code) {
20                  console.info('错误码: ' + code + '; 错误信息: ' + data);
21              },
22          });
23      },
24      /* 定义单击"停止"按钮事件 */
25      stopTest(){
26          sensor.unsubscribeLight()                //取消订阅环境光感应
27      }
28  }
```

上述第11～18行代码表示环境光传感器正常返回数据执行的操作，其中第12行代码用于获取传感器返回的光线强度值，第13～16行代码表示如果光线强度值达到20000，则将页面背景色设置为黑色，否则设置为灰色。第19～21行代码表示环境光传感器返回数据失败时执行的操作。

8.2.4 陀螺仪传感器

扫一扫

导入@system.sensor接口中的sensor包，并在config.json文件中添加下列代码，允许访问陀螺仪传感器权限后，就可以观察陀螺仪传感器返回的内容。

```
1      "reqPermissions": [
2        {
3          "name": "ohos.permission.GYROSCOPE"
4        },
```

- subscribeGyroscope(object: Object): void，订阅陀螺仪感应数据变化。object参数为Object类型，用于配置陀螺仪传感器参数，其数据格式为{interval: 频率参数，success: 回调方法，fail: 回调方法}。陀螺仪传感器object参数的组成及功能说明如表8.5所示。

表8.5 陀螺仪传感器object参数的组成及功能说明

名称	类型	必填	功能说明
interval	string	是	设置陀螺仪的回调方法执行频率。值包括normal(200ms/次的低功耗，默认值)、ui(60ms/次的较高的频率，适用于UI更新)、game(20ms/次的极高频率，适用于游戏)
success	Function	是	设置感应到数据变化的回调方法
fail	Function	否	设置感应失败的回调方法

- unsubscribeGyroscope(): void，取消订阅陀螺仪数据。

【范例8-4】 设计一个如图8.5所示的记录陀螺仪感应数据变化的页面，单击“监测”按钮，按页面格式显示三个物理轴线方向(x、y、z)上的旋转角速度；单击“取消”按钮，取消陀螺仪感应数据变化监测。

图 8.5 记录陀螺仪感应数据变化的页面

hml 的代码如下。

```
1  <div class="container" >
2      <text class="title">x 轴旋转角速度:{{x}}</text>
3      <text class="title">y 轴旋转角速度:{{y}}</text>
4      <text class="title">z 轴旋转角速度:{{z}}</text>
5      <div>
6          <button type="capsule" value="监测" @click="startTest"></button>
7          <button type="capsule" value="停止" @click="stopTest"></button>
8      </div>
9  </div>
```

js 的代码如下。

```
1  import sensor from '@system.sensor';
2  export default {
3      data: {
4          x: '', y: '', z: ''
5      },
6      /*定义单击"监测"按钮事件*/
7      startTest() {
8          var that = this
9          sensor.subscribeGyroscope({
10             interval: 'normal',
11             success(ret) {
12                 that.x = ret.x                       //x 轴的旋转角速度,单位:rad/s
13                 that.y = ret.y                       //y 轴的旋转角速度,单位:rad/s
14                 that.z = ret.z                       //z 轴的旋转角速度,单位:rad/s
15             },
16             fail(data, code) {
17                 console.info('错误码: ' + code + '; 错误信息: ' + data);
```

```
18                  }
19              });
20          },
21          /* 定义单击"停止"按钮事件 */
22          stopTest() {
23              sensor.unsubscribeGyroscope();          //取消订阅陀螺仪感应
24          }
25  }
```

上述第11～15行代码表示陀螺仪传感器正常返回数据执行的操作；第16～18行代码表示陀螺仪返回数据失败执行的操作。

8.2.5　气压传感器

扫一扫

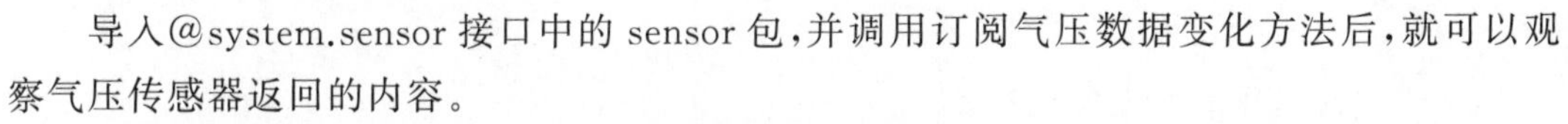

导入@system.sensor接口中的sensor包，并调用订阅气压数据变化方法后，就可以观察气压传感器返回的内容。

- subcribeBarometer(Object)：订阅气压感应数据变化。object参数为Object类型，用于配置气压传感器参数，其数据格式为{success：回调方法，fail：回调方法}。气压传感器object参数的组成及功能说明如表8.6所示。

表8.6　气压传感器object参数的组成及功能说明

名称	类型	必填	功能说明
success	Function	否	设置感应到数据变化的回调方法
fail	Function	否	设置感应失败的回调方法

- unsubscribeBarometer()：void，取消订阅气压传感器。

【范例8-5】　设计一个如图8.6所示的记录气压感应数据变化的页面，单击“监测”按钮，按页面格式显示气压值；单击“取消”按钮，取消气压感应数据变化监测。

图8.6　记录气压感应数据变化的页面

hml 的代码如下。

```
1   <div class="container">
2       <text class="title">气压:{{value}}</text>
3       <div>
4           <button type="capsule" value="监测" @click="startTest"></button>
5           <button type="capsule" value="停止" @click="stopTest"></button>
6       </div>
7   </div>
```

js 的代码如下。

```
1   import sensor from '@system.sensor';
2   export default {
3       data: {
4           value: ''
5       },
6       /*定义单击"监测"按钮事件*/
7       startTest() {
8           var that = this
9           sensor.subscribeBarometer({
10              success (ret) {
11                  that.value = ret.pressure        //气压值,单位:帕斯卡
12              },
13              fail(data, code) {
14                  console.info('错误码: ' + code + '; 错误信息: ' + data);
15              },
16          });
17      },
18      /*定义单击"停止"按钮事件*/
19      stopTest() {
20          sensor.unsubscribeBarometer();         //取消订阅气压感应
21      }
22  }
```

上述第 10～12 行代码表示气压传感器正常返回数据执行的操作;第 13～15 行代码表示气压传感器返回数据失败执行的操作。

扫一扫

8.3 位置服务的应用

在移动互联网快速发展的趋势下,各类移动端应用程序得到蓬勃发展,特别是嵌入了位置服务(LBS)功能后,更实现了爆发式增长,微信、微博、移动阅读、移动游戏、地图、导航等应用,既为商家提供了商机,也让百姓生活更加方便、快捷。

8.3.1 位置服务接口

从 API version 7 开始,JS API 提供的@ohos.geolocation 接口可以实现位置服务,在导

入该接口中的 geolocation 包，并在 config.json 文件中添加下列代码，允许位置服务权限后，就可以触发位置服务。

```
1  "reqPermissions": [
2        {
3          "name": "ohos.permission.LOCATION"
4        },
5        {
6          "name": "ohos.permission.LOCATION_IN_BACKGROUND"
7        }
8  ]
```

1. 开启和取消位置变化订阅

- on(type: 'locationChange', request: LocationRequest, callback: Callback<Location>): void，开启位置变化订阅。type 参数值为 locationChange，表示位置变化；request 为 LocationRequest 类型，用于设置位置信息请求参数。LocationRequest 类型参数的组成及功能说明如表 8.7 所示。callback 参数为 Function 类型，用于设置位置发生变化的监听回调方法，回调函数返回值为 Location 类型。Location 类型参数的组成及功能说明如表 8.8 所示。

表 8.7　LocationRequest 类型参数的组成及功能说明

名　称	类　型	必填	功能说明
priority	LocationRequest-Priority	否	设置位置请求中的信息优先级。值包括 0x200(未设置优先级)、0x201(精度优先)、0x202(低功耗优先)和 0x203(快速获取位置优先)
scenario	LocationRequest-Scenario	是	设置位置请求中的定位场景信息。值包括 0x300(未设置场景信息)、0x301(导航场景)、0x302(运动轨迹记录场景)、0x303(打车场景)、0x304(日常服务使用场景)和 0x305(无功耗场景)
timeInterval	number	否	设置上报位置信息的时间间隔
distanceInterval	number	否	设置上报位置信息的距离间隔
maxAccuracy	number	否	设置精度信息

表 8.8　Location 类型参数的组成及功能说明

名　称	类　型	必填	功能说明
latitude	number	是	纬度信息，正值表示北纬，负值表示南纬
longitude	number	是	经度信息，正值表示东经，负值表示西经
altitude	number	是	高度信息，单位：米
accuracy	number	是	精度信息，单位：米

续表

名　称	类　型	必填	功能说明
speed	number	是	速度信息，单位：米/秒
timeStamp	number	是	位置时间戳，UTC 格式
direction	number	是	航向信息
timeSinceBoot	number	是	位置时间戳，开机时间格式
additions	Array<string>	否	附加信息
additionSize	number	否	附加信息数量

【范例 8-6】 以"快速获取位置优先、不设置场景信息、精度信息为 0、上报位置信息时间间隔及距离间隔为 0"的方式，开启位置变化订阅，并输出当前位置的纬度和经度值。

```
1   var requestInfo = {
2               'priority': 0x203,                          //快速获取位置优先
3               'scenario': 0x300,                          //不设置场景信息
4               'timeInterval': 0,                          //上报位置信息时间间隔为 0
5               'distanceInterval': 0,                      //上报位置信息距离间隔为 0
6               'maxAccuracy': 0                            //精度为 0
7   };
8   geolocation.on('locationChange', requestInfo, (err, location) => {
9               if (!err) {
10                  var detail = JSON.parse(JSON.stringify(location))
                                                            //JSON 字符串转化为对象
11                  console.info("纬度值为:" + detail.latitude)
12                  console.info("经度值为:" + detail.longitude)
13                  return
14              }
15              console.info("开启位置变化订阅错误" + err)
16  });
```

上述第 10 行代码 JSON.stringify(location)的返回值内容如"{"accuracy":10,"altitude":51,"direction":0,"latitude":30.495864,"longitude":114.535703,"speed":0,"timeSinceBoot":1399921480260,"timeStamp":1489718520000}"所示，该值为 JSON 格式字符串。用 JSON.parse()方法将该格式字符串转化为 Object 对象后，就可以用上述的第 11～12 行代码将地理位置的纬度和经度值解析出来。

- off(type: 'locationChange', callback?: Callback<Location>): void，关闭位置变化订阅。type 和 callback 参数的功能与开启位置变化订阅类似，限于篇幅，这里不再赘述。

扫一扫

2. 订阅和取消订阅位置服务状态变化

- on(type: 'locationServiceState', callback: Callback<boolean>): void，订阅位置

状态变化。type 参数值为 locationServiceState，表示位置状态变化；callback 参数为 Function 类型，用于设置位置服务状态发生变化的监听回调方法，回调方法的返回值为 boolean 类型。

- off(type: 'locationServiceState', callback: Callback<boolean>) : void，取消订阅位置服务状态变化。type 和 callback 参数的功能与订阅位置状态变化类似，限于篇幅，这里不再赘述。

3. 获取当前位置

- getCurrentLocation(request: CurrentLocationRequest, callback: AsyncCallback <Location>): void，获取当前位置，使用 callback 回调异步返回结果。request 参数值为 CurrentLocationRequest 类型，用于设置当前位置信息请求参数。CurrentLocationRequest 类型参数的组成及功能说明如表 8.9 所示；callback 参数为 Function 类型，用于设置返回当前位置信息的监听回调方法，回调方法的返回值为 Location 类型。

表 8.9　CurrentLocationRequest 类型参数的组成及功能说明

名　称	类　型	必填	功能说明
priority	LocationRequest-Priority	否	设置位置请求中的信息优先级。值包括 0x200(未设置优先级)、0x201(精度优先)、0x202(低功耗优先)和 0x203(快速获取位置优先)
scenario	LocationRequest-Scenario	是	设置位置请求中的定位场景信息。值包括 0x300(未设置场景信息)、0x301(导航场景)、0x302(运动轨迹记录场景)、0x303(打车场景)、0x304(日常服务使用场景)和 0x305(无功耗场景)
timeoutMs	number	否	设置超时时间，单位：ms
maxAccuracy	number	否	设置精度信息，单位：m

- getCurrentLocation(request?: CurrentLocationRequest) : Promise<Location>，获取当前位置，使用 Promise 方式异步返回结果。request 参数值为 CurrentLocationRequest 类型，返回值类型为 Promise<Location>，表示 Promise 回调方法返回一个 Location 对象。

【范例 8-7】　以“快速获取位置优先、不设置场景信息和精度信息为 0”的方式获取当前位置，并输出当前位置的纬度和经度值。

```
1   var requestInfo = {
2               'priority': 0x203,
3               'scenario': 0x300,
4               'maxAccuracy': 0
5   };
6   geolocation.getCurrentLocation(requestInfo).then((result) => {
7                   var detail = JSON.parse(JSON.stringify(result.data))
```

```
8                  console.info("纬度值为:" + detail.latitude)
9                  console.info("经度值为:" + detail.longitude)
10                 return
11  });
```

4. 判断位置服务是否开启

- isLocationEnabled(callback: AsyncCallback<boolean>) : void,判断位置服务是否已经打开,使用 callback 回调异步返回结果。callback 参数为 Function 类型,用于设置返回位置服务是否开启的监听回调方法,回调方法的返回值为 boolean 类型。例如,判断位置服务是否已经开启可以用如下代码实现。

```
1   geolocation.isLocationEnabled((err, data) => {
2             if(data){
3                console.info("位置服务已经打开!")
4                return
5             }
6             console.info("位置服务未打开");
7   });
```

- isLocationEnabled() : Promise<boolean>,判断位置服务是否已经打开,使用 Promise 方式异步返回结果。返回值类型为 Promise<boolean>,表示 Promise 回调方法返回一个 boolean 类型值。

5. 请求打开位置服务

扫一扫

- requestEnableLocation(callback: AsyncCallback<Object>) : void,请求打开位置服务,使用 callback 回调异步返回结果。callback 参数为 Function 类型,用于设置返回请求打开位置服务的监听回调方法,回调方法的返回值为 Object 类型。例如,请求打开位置服务可以用如下代码实现。

```
1   geolocation.requestEnableLocation((err, data) => {
2             if(!err){
3                console.info("data:" + data);
4                return
5             }
6   });
```

如果请求打开位置服务成功,则上述第 3 行代码的 data 值为 request enable location success。

- requestEnableLocation() : Promise<Object>,请求打开位置服务,使用 Promise 方式异步返回结果。返回值类型为 Promise<Object>,表示 Promise 回调方法返回一个 Object 对象。

6. 判断(逆)地理编码服务状态

- isGeoServiceAvailable(callback: AsyncCallback<boolean>) : void,判断(逆)地理

编码服务状态,使用 callback 回调异步返回结果。callback 参数为 Function 类型,用于设置返回(逆)地理编码服务状态的监听回调方法,回调方法的返回值为 boolean 类型。

- isGeoServiceAvailable() : Promise<boolean>,判断(逆)地理编码服务状态,使用 Promise 方式异步返回结果。返回值类型为 Promise<boolean>,表示 Promise 回调方法返回一个 boolean 类型值。例如,判断(逆)地理编码服务状态可以用如下代码实现。

```
1  geolocation.isGeoServiceAvailable().then((result) => {
2              if (result.data) {
3                  console.info('地理编码服务状态可用:code' + result.code)
4              }
5  });
```

如果(逆)地理编码服务状态生效,则上述第 3 行代码的 result.code 值为 0。

7. 逆地理编码解析服务

- getAddressesFromLocation(request: ReverseGeoCodeRequest, callback: AsyncCallback<Array<GeoAddress>>) : void,调用逆地理编码服务,将经、纬度坐标转换为地理描述信息,使用 callback 回调异步返回结果。request 参数为 ReverseGeoCodeRequest 类型,用于设置逆地理编码请求参数。ReverseGeoCodeRequest 类型的组成及功能说明如表 8.10 所示;callback 参数为 Function 类型,用于设置返回逆地理编码请求的监听回调方法,回调方法的返回值为 Array<GeoAddress>类型。GeoAddress 类型的组成及功能说明如表 8.11 所示。

表 8.10　ReverseGeoCodeRequest 类型的组成及功能说明

名称	类型	必填	功能说明
locale	string	否	设置位置描述信息的语言,值包括"zh"(中文)、"en"(英文)
latitude	number	是	设置纬度信息,正值表示北纬,负值表示南纬
longitude	number	是	设置经度信息,正值表示东经,负值表示西经
maxItems	number	否	设置返回位置信息的最大个数

表 8.11　GeoAddress 类型的组成及功能说明

名称	类型	功能说明
locale	string	表示位置描述信息的语言,值包括"zh"(中文)、"en"(英文)
latitude	number	表示纬度信息,正值表示北纬,负值表示南纬
longitude	number	表示经度信息,正值表示东经,负值表示西经
placeName	string	表示地区信息

续表

名称	类型	功能说明
countryCode	string	表示国家码信息
countryName	string	表示国家信息
administrativeArea	string	表示省份区域信息
subAdministrativeArea	string	表示子区域信息
locality	string	表示城市信息
subLocality	string	表示子城市信息
roadName	string	表示路名信息
subRoadName	string	表示子路名信息
premises	string	表示门牌号信息
postalCode	string	表示邮政编码信息
phoneNumber	string	表示联系方式信息
addressUrl	string	表示位置信息附件的网址信息
descriptions	Array<string>	表示附加的描述信息
descriptionsSize	number	表示附加的描述信息数量

【范例 8-8】 在如图 8.7 所示的页面上输入纬度和经度值，单击“逆地理编码”按钮，按页面上的格式显示省份、城市及详细地址等信息。

图 8.7 逆地理编码解析效果页面

hml 的代码如下。

```
1    <div class="container">
```

```
2       <input type="number" placeholder="请输入纬度" @change="getLat" value="
{{ lat }} "></input>
3       <input type="number" placeholder="请输入经度" @change="getLon" value="
{{ lon }}"></input>
4       <input type="button" value="逆地理编码" @click="getAddressfromLocation">
</input>
5       <textarea style="height: 30%;" value="{{ detail }}"></textarea>
6   </div>
```

js的代码如下。

```
1   import geolocation from '@ohos.geolocation';
2   export default {
3       data: {
4           lat: null,                                          //纬度
5           lon: null,                                          //经度
6           detail: ''
7       },
8       /*获取纬度值事件*/
9       getLat(e) {
10          this.lat = e.value
11      },
12      /*获取经度值事件*/
13      getLon(e) {
14          this.lon = e.value
15      },
16      /*定义"逆地理编码"按钮事件*/
17      getAddressfromLocation() {
18          var that = this
19          var reverseGeocodeRequest = {
20              "latitude": this.lat, "longitude": this.lon, "maxItems": 1
21          };
22          geolocation.getAddressesFromLocation(reverseGeocodeRequest, (err,
data) => {
23              if (err) {
24                  console.info("获取详细地址失败:" + err)
25                  return
26              }
27              var d = JSON.parse(JSON.stringify(data))
28              that.detail = "省份:" + d[0].administrativeArea + "  市:" + d[0].
locality + "  县(区):" + d[0].subLocality + "\n详细地址:" + d[0].placeName
29          });
30      }
31  }
```

上述第27行代码JSON.stringify(data)的返回值内容如“[{"addressUrl":null,"administrativeArea":"江苏省","countryCode":"CN","countryName":"中国","descriptions":["江苏省扬州市邗江区槐泗镇包上庄"],"descriptionsSize":0,"latitude":

32.471876,"locale"："zh_CN","locality"："扬州市","longitude"：119.414528,"phoneNumber"：null,"placeName"："槐泗镇包上庄","postalCode"：null,"premises"：null,"roadName"：null,"subAdministrativeArea"：null,"subLocality"："邗江区","subRoadName"：null}]"所示，该值为JSON格式字符串。用JSON.parse()方法将该格式字符串转化为Object对象后，就可以用上述第28行代码将相应的地理位置的信息解析出来。

- getAddressesFromLocation(request：ReverseGeoCodeRequest)：Promise＜Array＜GeoAddress＞＞，调用逆地理编码服务，将经、纬度坐标转换为地理描述信息，使用Promise方式异步返回结果。request参数为ReverseGeoCodeRequest类型，用于设置逆地理编码请求参数；返回值类型为Promise＜Array＜GeoAddress＞＞，表示Promise回调方法返回一个Array＜GeoAddress＞对象。

8. 地理编码解析服务

扫一扫

- getAddressesFromLocationName(request：GeoCodeRequest，callback：AsyncCallback＜Array＜GeoAddress＞＞)：void，调用地理编码服务，将地理描述信息转换为具体的经、纬度坐标，使用callback回调异步返回结果。request参数为GeoCodeRequest类型，用于设置地理编码请求参数。GeoCodeRequest类型的组成及功能说明如表8.12所示；callback参数为Function类型，用于设置返回地理编码请求的监听回调方法，回调方法返回值为Array＜GeoAddress＞类型。

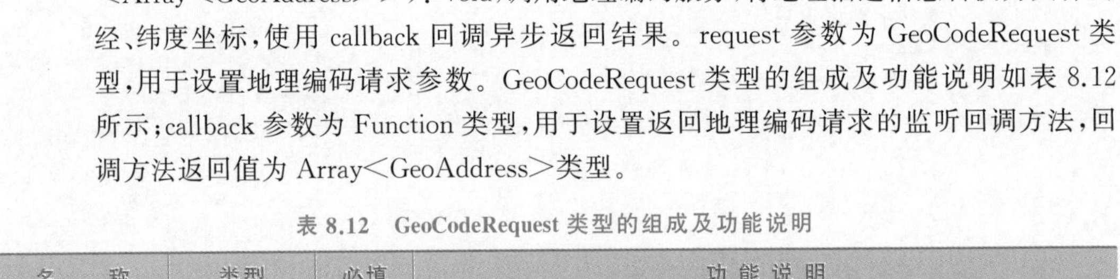

表 8.12　GeoCodeRequest 类型的组成及功能说明

名　　称	类型	必填	功能说明
locale	string	否	设置位置描述信息的语言，值包括"zh"(中文)、"en"(英文)
description	number	是	设置位置信息描述，如"上海市浦东新区××路××号"
maxItems	number	否	设置返回位置信息的最大个数
minLatitude	number	否	设置最小纬度信息，与下面三个参数一起，表示一个经、纬度范围
minLongitude	number	否	设置最小经度信息
maxLatitude	number	否	设置最大纬度信息
maxLongitude	number	否	设置最大经度信息

- getAddressesFromLocationName(request：GeoCodeRequest)：Promise＜Array＜GeoAddress＞＞，调用地理编码服务，将地理描述信息转换为具体的经、纬度坐标，使用Promise方式异步返回结果。request参数为GeoCodeRequest类型，用于设置地理编码请求参数；返回值类型为Promise＜Array＜GeoAddress＞＞，表示Promise回调方法返回一个Array＜GeoAddress＞对象。

【范例8-9】　在如图8.8所示的页面上输入详细地址信息，单击"地理编码"按钮，按页面上的格式显示该地址的纬度、经度值。

图 8.8　地理编码解析效果页面

hml 的代码如下。

```
1   <div class="container">
2       < textarea style =" height : 30%;" value =" {{ detail }}" @ change ="
getDetail"></textarea>
3       <input type="button" value="地理编码" @click="getLatOrLon"></input>
4       <text>{{ latOrlon }}</text>
5   </div>
```

js 的代码如下。

```
1   import geolocation from '@ohos.geolocation';
2   export default {
3       data: {
4           detail: '',                                     //详细地址信息
5           latOrlon: null
6       },
7       /* 获取详细地址信息 */
8       getDetail(e) {
9           this.detail = e.text
10      },
11      /* 定义"地理编码"按钮事件 */
12      getLatOrLon() {
13          var that = this
14          var geocodeRequest = {
15              "description": this.detail, "maxItems": 1
16          };
17            geolocation. getAddressesFromLocationName ( geocodeRequest) . then
((result) => {
18              var d = JSON.parse(JSON.stringify(result.data))
19              that.latOrlon = "纬度:" + d[0].latitude + "\n 经度:" + d[0]
.longitude
```

```
20            });
21        }
22  }
```

扫一扫

8.3.2 案例：自动定位工具

1. 需求描述

自动定位工具应用程序运行时显示如图 8.9 所示的页面，单击“定位图标”图片，可以在页面上显示经度、纬度、省份、市区及详细地址等信息。

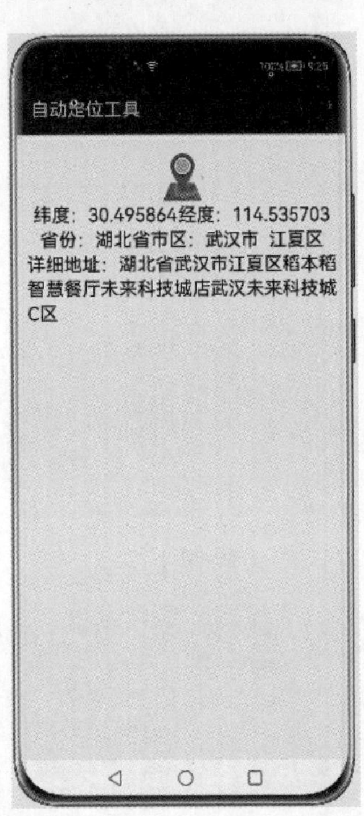

图 8.9 自动定位页面效果

2. 设计思路

根据自动定位工具的需求描述和页面显示效果，该应用程序开发时需要设计一个页面，整个页面从上至下分为定位图标显示区、经度和纬度显示区、省份和市区信息显示区，以及详细地址显示区。定位图标显示区用 image 组件实现，经度和纬度显示区、省份和市区信息显示区，以及详细地址显示区用 text 组件实现。当用户单击“定位图标”图片时，调用 getCurrentLocation()方法获取当前位置，并从返回的当前位置信息对象中解析出对应的纬度和经度值，然后调用 getAddressesFromLocation()方法进行逆地理编码解析，将经、纬度坐标转换为地理描述信息，最后从地理描述信息中解析出省份、市区信息和详细地址。

扫一扫

3. 实现流程

打开项目的 entry/src/main/js/default 文件夹，右击 pages 文件夹，从弹出的快捷菜单中选择 New→JS Page 选项创建名为 autoLocation 的页面。将“定位图标”图片复制到项目的 entry/src/main/js/default/common/images 文件夹中。

页面样式文件 autoLocation.css 的代码如下。

```
1   .container {
2       display: flex;
3       flex-direction: column;
4       align-items: center;
5       margin: 5fp;
6       background-color: whitesmoke;
7       width: 100%;
8       height: 100%;
9   }
10  text{
```

```
11      font-size: 20fp;
12  }
13  image{
14      width: 50fp;
15      height: 50fp;
16      margin-top: 15fp;
17      object-fit: contain;
18  }
```

页面布局文件 autoLocation.hml 的代码如下。

```
1   <div class="container">
2       <image style="width : 50fp; height : 50fp;" src="common/images/location.
png" @click="getLocation"></image>
3       <div>
4           <text>纬度:{{ location.lat }}</text>
5           <text>经度:{{ location.lon }}</text>
6       </div>
7       <div>
8           <text>省份:{{ location.province }}</text>
9           <text>市区:{{ location.city }}  {{ location.area }}</text>
10      </div>
11      <text>详细地址:{{ location.detail }}</text>
12  </div>
```

页面逻辑文件 autoLocation.js 的代码如下。

```
1   import geolocation from '@ohos.geolocation';
2   export default {
3       data: {
4           location:{}                                          //当前位置对象
5       },
6       getLocation(){
7           var that = this
8           var requestInfo = {'priority': 0x203, 'scenario': 0x300,'maxAccuracy
': 0};
9           geolocation.getCurrentLocation(requestInfo).then((result) => {
10              var detail = JSON.parse(JSON.stringify(result.data))
11              var lat = detail.latitude                        //当前位置纬度值
12              var lon = detail.longitude                       //当前位置经度值
13              var reverseGeocodeRequest = {"latitude": lat, "longitude": lon, "
maxItems": 1};
14                geolocation.getAddressesFromLocation(reverseGeocodeRequest,
(err, data) => {
15                  var address = JSON.parse(JSON.stringify(data))
16                  that.location={
17                      "lat":lat,                               //纬度
18                      "lon":lon,                               //经度
```

```
19                      "province":address[0].administrativeArea,   //省份
20                      "city":address[0].locality,                 //市
21                      "area":address[0].subLocality,              //县(区)
22                      "detail":address[0].descriptions[0]         //详细地址
23                  }
24              });
25          });
26      }
27  }
```

当用户单击“定位图标”图片时，调用获取当前位置的 getCurrentLocation()方法，并由上述第 10～12 行代码解析出当前位置中的纬度、经度值，并分别存放于 lat 和 lon 变量中，然后调用逆地址编码服务方法，将 lat 和 lon 纬度、经度坐标转化为地理描述信息，最后由上述第 14～24 行代码解析出省份、市区及详细地址信息。

本章小结

近年来，基于传感器和位置服务的发展尤为迅速，涉及商务、医疗、工作和生活的各个方面，为用户提供环境状态数据、定位等一系列服务。本章结合实际案例项目开发过程介绍了传感器的类别、功能及应用场景，通过学习本章知识，读者能够结合实际需求开发出更多有趣、有用的应用程序。

第9章 原子化服务与服务卡片

自2021年6月2日华为在HarmonyOS 2.0系统及全场景新品发布会上正式推出服务卡片后，人们对应用程序信息展示的认知发生了颠覆性的变化，引起了行业内的极大关注。不用打开微信就可以直接运行扫一扫，不用打开微博就可以看到最新的热点信息，不用打开邮件服务就可以看到最新的邮件列表，等等，这些方便快捷的直达功能，都是由服务卡片实现的。同时，服务卡片也重新打开了应用程序创新的大门，给应用程序带来了新的业务价值和流量入口。

9.1 原子化服务

9.1.1 什么是原子化服务

原子化服务的华为官方定义：它是HarmonyOS提供的一种面向未来的服务提供方式，是有独立入口的(用户通过点击、碰一碰或扫一扫等方式可以直接触发)、免安装的(无须显式安装，由系统程序框架后台安装后就可以直接使用)、可为用户提供一个或多个便捷服务的用户程序形态。例如，传统方式下开发的购物应用程序，首先需要购物者将购物应用程序安装在终端设备上，然后才能使用购物应用程序提供的“商品浏览”“购物车”“支付”等功能完成网上购物。如果开发者按照原子化服务理念调整设计，则可以将传统购物应用程序包含的“商品浏览”“购物车”“支付”功能分解成“商品浏览”“购物车”“支付”等多个便捷服务，这些便捷服务也是由免安装的“商品浏览”“购物车”“支付”原子化服务实现。也就是说，将原来安装在终端设备上的应用程序按照功能粒度进行细化，分解为一个个原子化服务，原子化服务之间通过通信方式完成用户的功能需求，而不再依托于传统的安装在终端设备上的应用程序，所以相对于传统方式需要安装的应用程序而言，原子化服务更加轻量，并且可以提供更丰富的入口和实现更精准的分发。

用户在用到某个原子化服务时，才需要按需进行安装，HarmonyOS系统程序框架会在后台自动地从原子化服务平台进行下载和安装，并不需要用户显式地手动安装。1个原子化服务完成1个特定的便捷服务。原子化服务由1个或多个HAP包组成，1个HAP包对应1个FA或1个PA。每个FA或PA既可以独立运行，也可以完成1个特定功能；1个或多个功能可以完成 1 个特定的便捷服务。

扫一扫

9.1.2 什么是服务中心

原子化服务在桌面上没有图标，用户可以通过“服务中心”对原子化服务进行统一查看、搜索和管理。从屏幕左下角向右上方滑动或从屏幕右下角向左上方滑动，就可以进入如图 9.1 所示的“服务中心”页面，“我的服务”标签上展示了常用的服务，如图 9.2 所示的“发现”标签上提供了全部的服务供用户进行管理和使用。原子化服务在“服务中心”页面的显示形式为服务卡片，可以将原子化服务对应的服务卡片添加到桌面。

图 9.1 服务中心—我的服务

图 9.2 服务中心—发现

【范例 9-1】 设计一个如图 9.3 所示的“新闻推荐”原子化服务，单击“我的服务”标签中的“新闻推荐”服务卡片，打开如图 9.4 所示的页面。

根据范例 9-1 的需求及项目执行后的运行效果，本范例可以按照如下步骤实现。

1. 创建原子化服务工程项目

打开 DevEco Studio，创建一个 HarmonyOS 的工程项目，然后选择 Empty Ability 模板，单击 Next 按钮显示如图 9.5 所示的原子服务工程项目配置对话框。

其中，Project name 输入框用于输入工程项目名称；Project type 选项用于选择工程项目类型，包括 Atomic Service（原子化服务）和 Application（传统的应用程序）两种类型；Device type 选项用于选择设备类型，由于当前服务卡片开发仅支持手机（Phone）和平板（Tablet），

图 9.3　新闻推荐原子服务

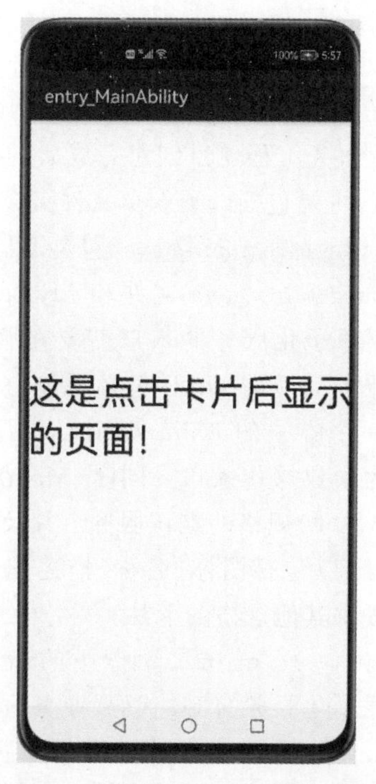

图 9.4　原子服务卡片打开的页面

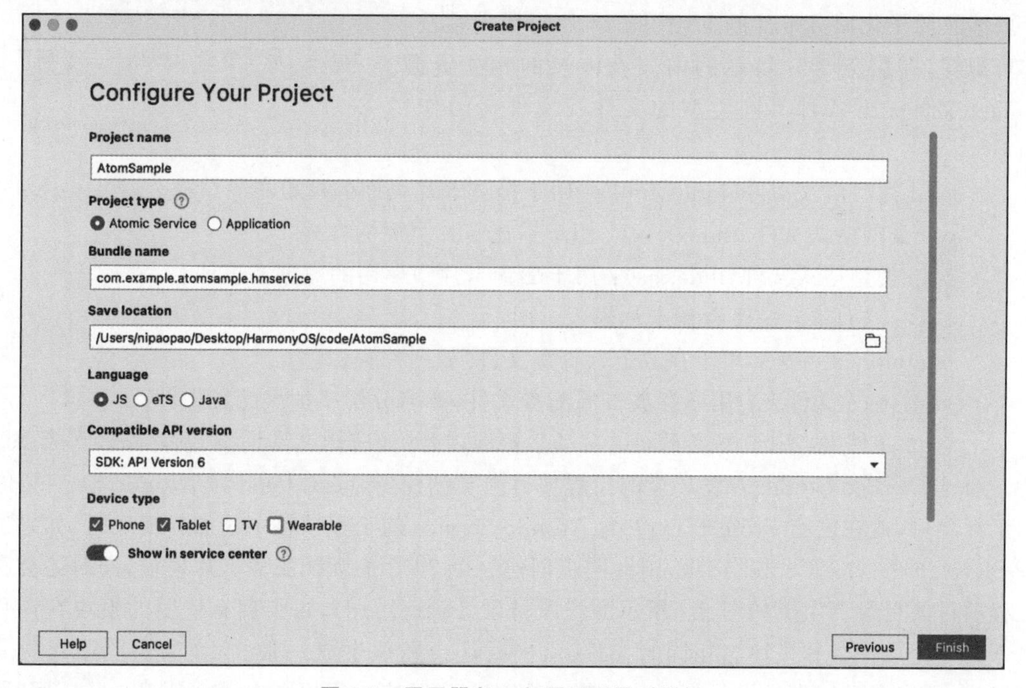

图 9.5　原子服务工程项目配置对话框

所以本范例的 Device type 选择了 Phone 和 Tablet 两种类型的设备；Show in service center 选项用于设置是否在服务中心展示原子化服务；在配置完成上述项目信息后，单击 Finish 按钮即可完成原子化服务的工程项目创建，并且该原子化服务在服务中心展示。

原子化服务工程项目创建完成后的默认目录结构如图 9.6 所示，主要包括以下 3 个文件夹。

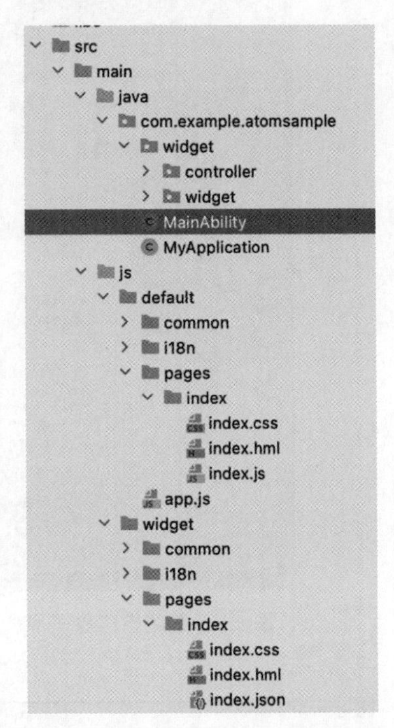

图 9.6　原子服务工程项目目录结构

(1) "entry/src/main/java/包名"目录下包含 widget 文件夹、MainAbility.java 文件和 MyApplication.java 文件。如果某原子化服务的入口需要在服务中心显示，则该原子化服务对应的 HAP 包必须包含 FA，并且 FA 中必须指定一个唯一的 MainAbility.java，该 MainAbility.java 定位为用户操作入口。同时，MainAbility 中至少配置 2×2(小尺寸)规格的默认服务卡片及该原子化服务对应的基础信息(包括图标、名称、描述和快照等)，当然也可以同时提供其他规格的卡片。

(2) entry/src/main/js 目录下的 default 文件夹用于存放涉及原子化服务的 UI 代码、业务逻辑代码及媒体资源等，即原子化服务运行时显示的页面及涉及的相关资源。

(3) entry/src/main/js 目录下的 widget 文件夹用于存放涉及原子化服务卡片的 UI 代码、卡片配置内容及媒体资源等，即服务卡片显示的内容及涉及的相关资源。widget 文件夹下各种不同类型的文件及文件夹的作用如下。

- hml 类型格式文件(index.hml)：用于描述卡片页面的模板布局结构。
- css 类型格式文件(index.css)：用于描述卡片页面的样式。
- json 类型格式文件(index.js)：用于配置卡片中使用的数据及事件。
- pages 文件夹：用于存放卡片模板页面。
- common 文件夹：用于存放公共资源文件，如图片资源。
- resources 文件夹：用于存放资源配置文件，如多分辨率加载配置文件。
- i18n 文件夹：用于配置不同语言场景资源内容，如应用文本词条、图片路径等资源。

通过 DevEco Studio 开发环境的工程项目向导创建 Project Type 为 Atomic Service 的新工程项目，或在已有 Project Type 为 Atomic Service 的工程项目中添加新模块时，如果选择 Show in Service Center 选项，则会同步创建一个 2×2 的默认服务卡片模板，同时还会在工程项目的目录下生成如图 9.7 所示的快照目录(EntryCard)，每个拥有快照的模块在该目录下都会生成一个和模块名相同的文件夹，同时还会默认生成一张 2×2 的快照图片(png 格式)。开发者可以事先设计好样式与对应服务卡片保持一致的 2×2 快照图片，并按照"服务卡片名-2×2.png"格式进行命名，删除默认图片后，将设计好的快照图片复制到如图 9.7 所示的 snapshot 目录下，就可以替换掉创建工程项目时生成的默认快照图片。工程项目 entry/src/main 目录下 config.json 文件中的 forms 数组下的 name 字段值为服务卡片名称。

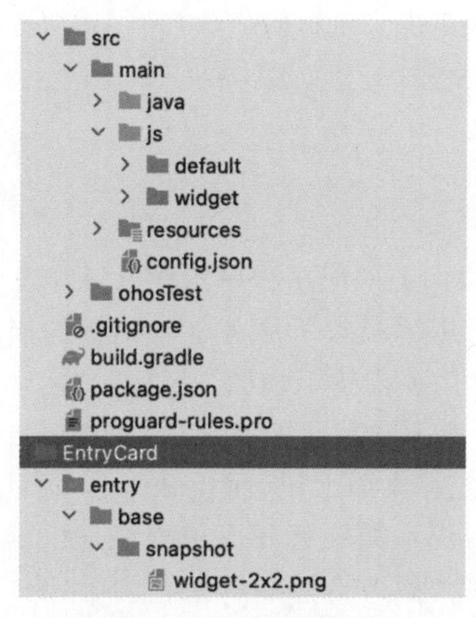

图 9.7 快照目录结构

2. 修改原子服务运行时显示的页面代码

打开 js/default/pages/index/index.hml 文件，将第 2～3 行代码修改为如下代码。

```
1       <text class="title">
2           这是点击卡片后显示的页面!
3       </text>
```

3. 修改原子服务卡片显示的图片

将 tuijian.png 图片复制到 js/widget/common 文件夹下，打开 js/widget/pages/index/index.hml 文件，按如下方式修改加载图片的页面布局代码。

```
1   <image src="/common/tuijian.png" class="bg-img" onclick="routerEvent"></
image>
```

4. 修改原子服务卡片显示的标题和详细内容

打开 js/widget/pages/index/index.hml 文件，按如下方式修改显示标题和详细内容的页面布局代码。

```
1       <text class="title" style="color: red;">新闻推荐</text>
2       <text class="detail_text" style="color: red;">全面建设社会主义现代化国
家,既要建设繁华的城市,也要建设繁荣的农村。</text>
```

5. 运行项目

原子化服务工程项目创建完成后，按照运行应用程序的方式将工程项目部署到真机或模拟器上，就可以显示如图 9.4 所示的页面。由于该工程项目为原子化服务工程，因此在桌面上并没有相应的图标。但是，由于创建工程项目时选择了 Show in service center，因此在“服务中心”的“我的服务”标签页中会显示如图 9.3 所示的服务卡片，单击入口卡片，也会打开如图 9.4 所示的页面。

扫一扫

9.2 服务卡片

通常，HarmonyOS 设备桌面上的应用程序图标包括普通图标和服务卡片图标。服务卡片图标下方显示一条横线，用手指按下服务卡片图标的同时往上滑，就会弹出该应用程序的默认服务卡片。例如，用手指按下如图 9.8 所示“运动健康”服务卡片图标的同时往上滑，就可以弹出如图 9.9 所示的默认服务卡片，单击服务卡片右上方的图钉按钮，可以将“运动健康”服务卡片固定在桌面上，从而让桌面上“运动健康”服务卡片中的今日步数会动态刷新。也就是说，用户不需要打开应用程序，就可以从服务卡片中获取应用程序相关的动态信息。当然，单击服务卡片中的某些内容，也可以跳转到应用程序中与单击内容相关的页面。

图 9.8　普通图标与卡片图标

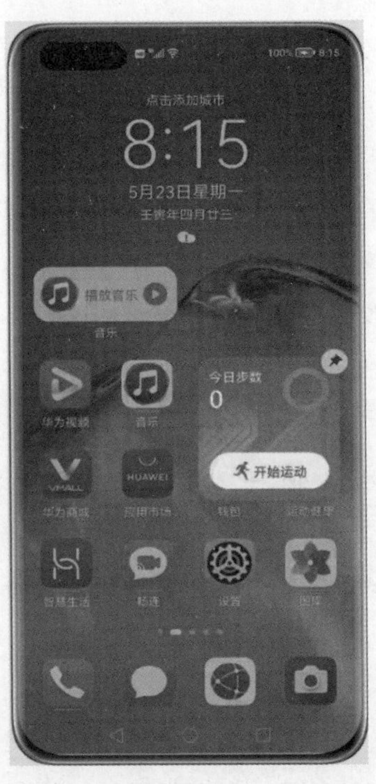

图 9.9　唤醒卡片

9.2.1　什么是服务卡片

将原子化服务或应用程序的重要信息以卡片的形式展示在桌面后，用户可通过快捷手势使用卡片，并由轻量交互行为实现服务直达，减少层级跳转。

1. 服务卡片的定义

服务卡片是 FA 的一种界面展示形式，将 FA 的重要信息或操作放到卡片上，用户通过与服务卡片进行交互，并不需要打开应用程序，就可以实现应用程序内的部分操作，而直接获得应用程序相应的服务。也就是说，服务卡片是快速直达应用程序指定页面的一个通道，不需要安装，可以直接使用。服务卡片的显示主要有内容主体、归属的应用程序名称。

2. 服务卡片的状态

服务卡片在桌面上有临时和常驻两种状态。上滑桌面应用程序图标后，在桌面上快捷展示的服务卡片为临时态卡片，如图 9.9 所示。单击临时态卡片上的 Pin 图标（右上角图钉图标），将临时态卡片固定到桌面上常驻显示，在桌面上常驻显示的服务卡片为常驻态卡片，如图 9.10 所示。临时态卡片以轻量、便捷的方式向用户展示服务内容，可以即用即走；常驻态卡片可以满足用户对服务内容的持续关注。

3. 服务卡片的尺寸

服务卡片支持微卡片、小卡片、中卡片和大卡片 4 种卡片尺寸，如图 9.11 所示。卡片展示的尺寸大小分别对应桌面不同的宫格数量，微卡片对应 1×2 宫格，小卡片对应 2×2 宫格，中卡片对应 2×4 宫格，大卡片对应 4×4 宫格。同一个应用程序支持多种不同类型的服务卡片，不同尺寸与类型的服务卡片可以通过卡片管理界面进行切换和选择。

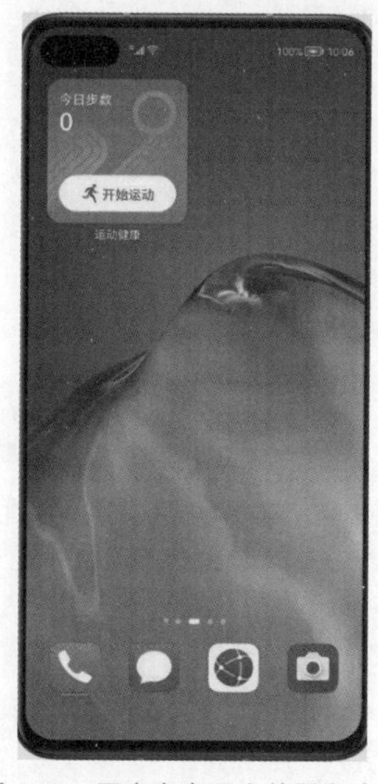

图 9.10　固定在桌面上的服务卡片

图 9.11　服务卡片的尺寸

扫一扫

9.2.2 服务卡片的管理与创建

长按桌面上的应用程序图标后弹出快捷操作菜单,在快捷操作菜单中单击“服务卡片”菜单命令;或长按桌面上的常驻态服务卡片后弹出快捷操作菜单,在快捷操作菜单中单击“更多服务卡片”菜单命令,即可进入更多的服务卡片界面,用户在此界面上既可以选择不同尺寸和服务内容的卡片,也可以长按卡片将其拖放到桌面上。

服务卡片的提供方可以是原子化服务,也可以是传统的应用程序;服务卡片的使用方既可以是HarmonyOS系统桌面,也可以是HarmonyOS系统服务中心;卡片管理服务是服务卡片提供方和服务卡片使用方的中介和桥梁。

【范例9-2】 设计一个如图9.12所示的校园门户服务卡片,单击服务卡片上的“综合新闻”“教学科研”“学院风采”及“人才培养”,就可以打开与之对应的详细信息页面。综合新闻详细信息页面效果如图9.12所示。

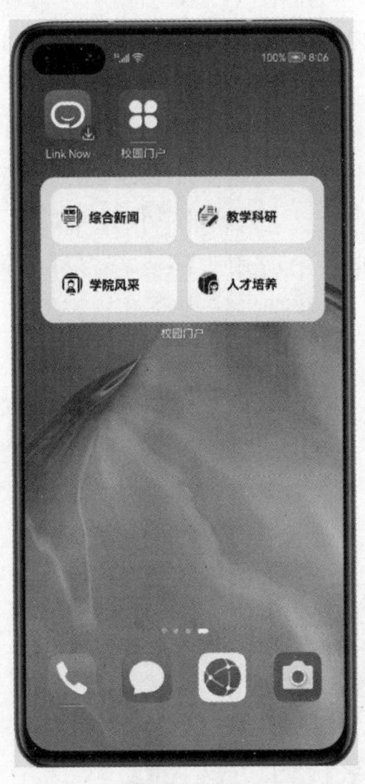

图9.12 校园门户服务卡片

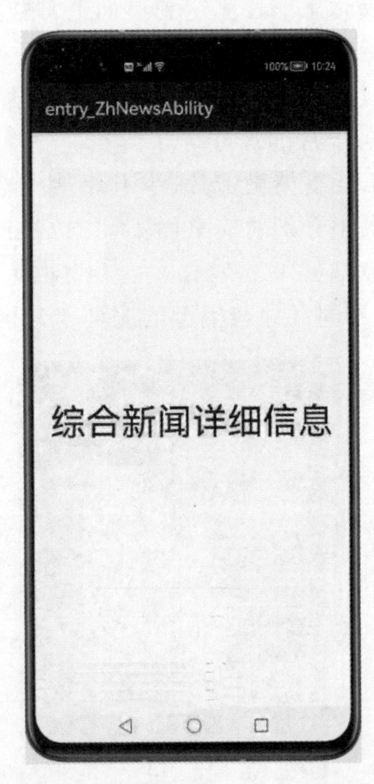

图9.13 综合新闻详细信息页面效果

根据范例9-2的需求及项目执行后的运行效果,本范例可以按照如下步骤实现。

1)创建应用程序工程项目

打开DevEco Studio,创建一个HarmonyOS的工程项目,然后选择Empty Ability模板,单击Next按钮显示如图9.5所示的工程项目配置对话框。

由于本范例由传统应用程序作为服务卡片提供方,因此Project type选项选择

Application 类型，并且不选择“Show in service center（在服务中心进行展示）”选项。按照图 9.14 配置完项目信息后，单击 Finish 按钮即可完成工程项目的创建。

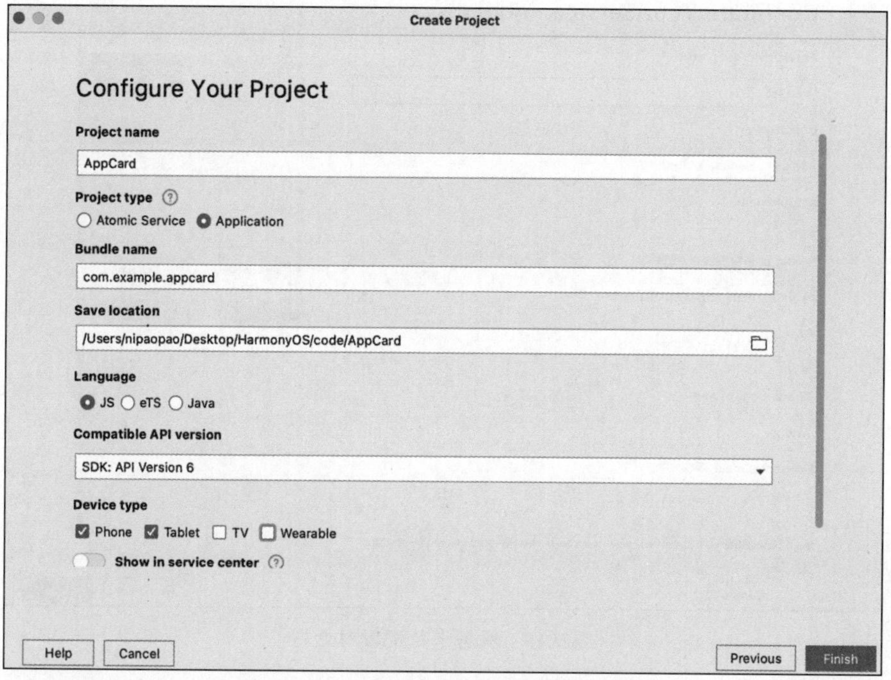

图 9.14　应用程序工程项目配置对话框

2）在工程项目中添加服务卡片

在工程项目的 entry 目录上右击，在弹出的快捷菜单中选择 New→Service Widget 命令，在弹出的服务卡片模板选择对话框中选择 Shortcuts 模板后，单击 Next 按钮显示如图 9.15 所示的服务卡片配置对话框。

其中，Service widget name 输入框用于输入服务卡片名称；Description 输入框用于输入服务卡片描述信息；Select ability/New ability 用于选择或创建一个与服务卡片相关联的 Page Ability；Type 用于指定服务卡片的编程语言；JS component name 输入框用于输入 JS 组件的名称；Support dimensions 选项用于配置卡片支持的规格，由于本范例服务卡片选择了 Shortcuts 模板，所以 2×4 宫格必须支持；配置完成上述服务卡片信息后，单击 Finish 按钮即可在当前工程项目中创建一个服务卡片。重复前述的操作步骤，也可以在当前工程项目中再创建其他服务卡片。

带服务卡片的应用程序工程项目创建完成后，在 entry/src/main/java/包名目录下自动生成一个 widget 文件夹，该文件夹的默认目录结构如图 9.16 所示。带服务卡片的应用程序工程项目创建完成后，在 entry/src/main/js 目录下自动生成一个 widget 文件夹，该文件夹的默认目录结构如图 9.17 所示。

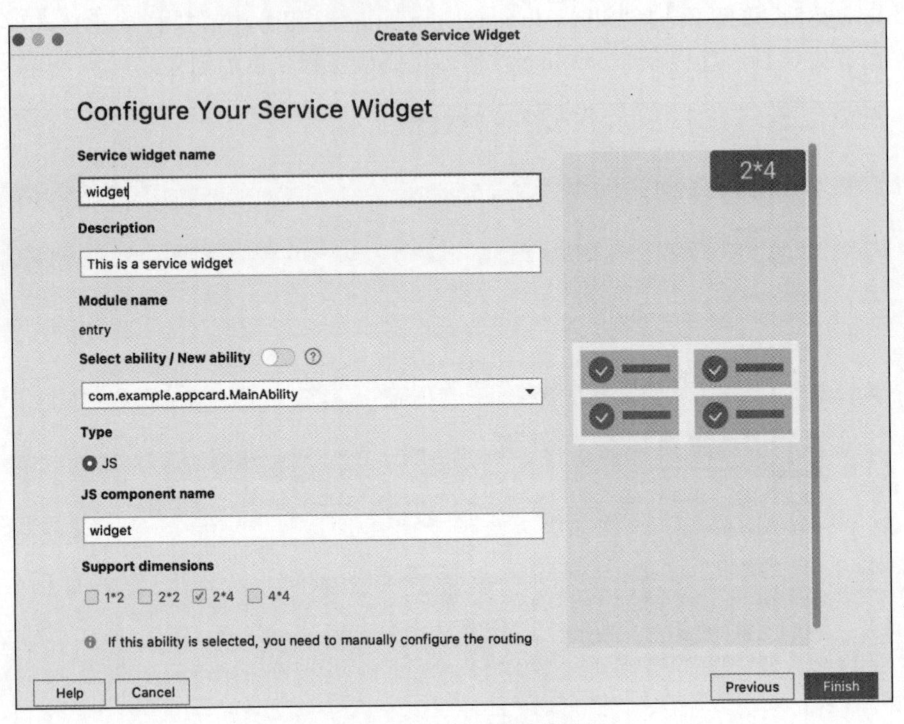

图 9.15　服务卡片配置对话框

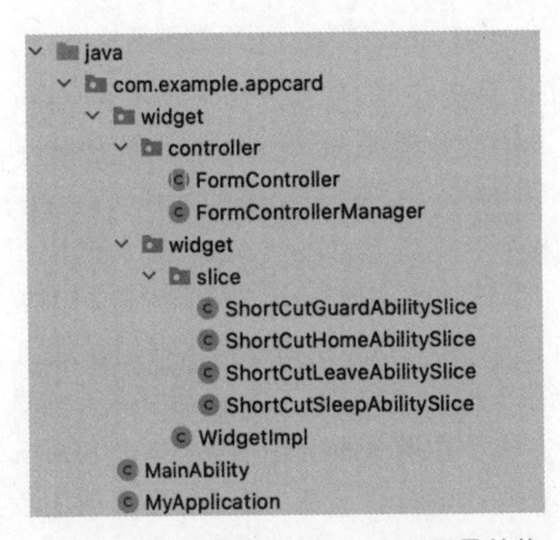

图 9.16　main/java/包名/widget 目录结构

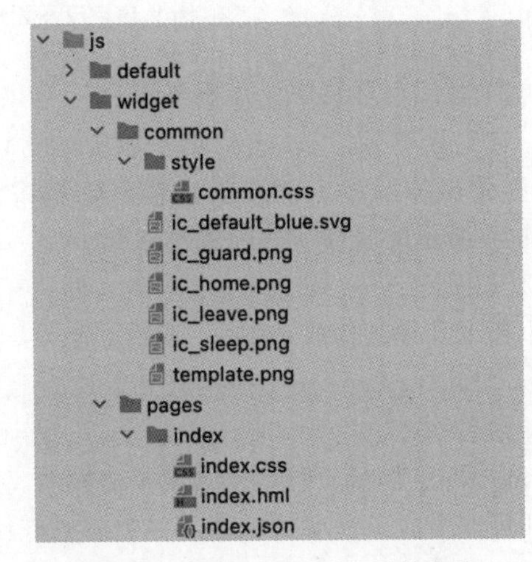

图 9.17　main/js/widget 目录结构

3）准备服务卡片上的内容图片

将代表综合新闻的图片文件(zh_news.png)、教学科研的图片文件(jk_news.png)、学院风采的图片文件(xy_news.png)和人才培养的图片文件(rc_news.png)复制到 entry/src/main/js 目录下的 widget 文件夹中。

4）创建综合新闻详细信息页面

在工程项目的 entry/src/main/java/包名目录上右击，在弹出的快捷菜单中选择 new→Ability→Empty Page Ability(JS)命令，显示如图 9.18 所示的 New Ability 配置对话框。

其中，Page ability name 输入框用于输入新建的 Ability 的名称；JS component name 输入框用于输入该 Ability 对应的 js 页面。配置完成上述页面信息后，单击 Finish 按钮，即可完成综合新闻详细信息页面的创建，目录结构如图 9.19 所示。

New Ability

Configure Ability

Page ability name: ZhNewsAbility

Launcher ability

JS component name: page_zh_news

Package name: com.example.appcard

Help　Cancel　Previous　Finish

图 9.18　New Ability 配置对话框

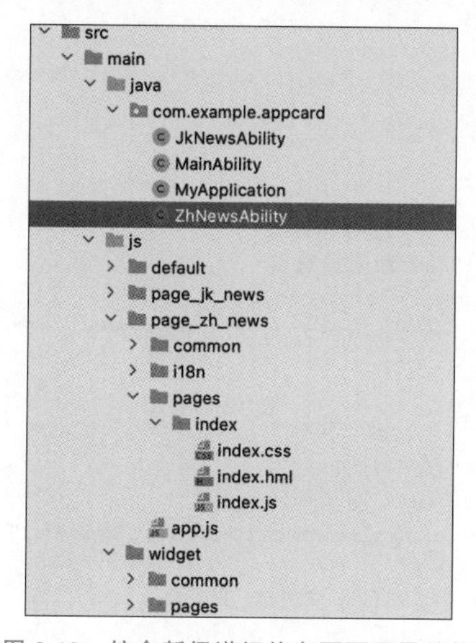

图 9.19　综合新闻详细信息页面目录结构

打开 entry/src/main/js/page_zh_news/pages/index/index.hml 综合新闻详细信息页面布局文件，并用如下代码替换。

```
1  <div class="container">
2      <text class="title">
3        综合新闻详细信息
4      </text>
5  </div>
```

创建教学科研详细信息页面、学院风采详细信息页面及人才培养详细信息页面的步骤类似，限于篇幅，这里不再赘述。

5）服务卡片页面布局代码

```
1  <div class="card_root_layout">
2      <div for="{{ itemList }}" class="item_style">
3          <div class="content_style" onclick="routerEvent">
4              <image class="icon_style" src="{{ $item.icon }}"/>
5              <text class="text_style">{{ $item.textContent }}</text>
6          </div>
7      </div>
8  </div>
```

从服务卡片的布局效果可以看出，每个宫格中按行方式布局 1 个图片和 1 个文本信息，单击每个宫格会触发 routerEvent 事件，即分别跳转至每个宫格对应的详细内容页面。

6）配置服务卡片的数据和事件

打开 entry/src/main/js/widget/pages/index 目录下的 index.json 服务卡片配置文件，并用如下代码替换。

```
1   {
2     "data": {
3       "itemList": [
4         {
5           "textContent": "综合新闻",
6           "message": "综合新闻信息",
7           "icon": "/common/zh_news.png",
8           "url": "com.example.appcard.ZhNewsAbility"
9         },
10        {
11          "textContent": "教学科研",
12          "message": "教学科研信息",
13          "icon": "/common/jk_news.png",
14          "url": "com.example.appcard.JkNewsAbility"
15        },
16        //学院风采、人才培养的定义类似，此处略
17      ]
18    },
19    "actions": {
20      "routerEvent": {
21        "action": "router",
```

```
22          "bundleName": "com.example.appcard",
23          "abilityName": "{{$item.url}}",
24          "params": {
25            "message": "{{$item.message}}"
26          }
27        }
28      }
29    }
```

JS 卡片支持为组件设置事件，包括 router 事件和 message 事件，其中 router 事件用于应用程序页面跳转，message 事件用于让卡片开发人员自定义单击事件。在 hml 代码中为组件设置 onclick 属性，其值对应 JSON 文件的 actions 字段。若设置 router 事件，则 action 属性值为 router；abilityName 为卡片提供方应用程序的跳转目标 Ability 名称；params 中的值按需填写，其值在使用时通过 intent.getStringParam("params")获取即可；若设置 message 事件，则 action 属性值为 message，params 为 JSON 格式的值。

完成实现范例 9-2 的上述 6 个步骤后，该工程项目的 config.json 配置文件中会自动添加配置卡片的 forms 标签，forms 标签值为数组类型，数组元素的个数就是应用程序提供的卡片个数。该工程项目的 config.json 配置文件中的 forms 代码的内容如下。

```
1   "forms": [
2             {
3               "jsComponentName": "widget",
4               "isDefault": true,                //是否为默认上滑卡片
5               "scheduledUpdateTime": "10:30", //设置卡片定点刷新时刻(24 小进制)
6               "defaultDimension": "2 * 4",      //设置卡片的默认尺寸规格
7               "name": "widget",
8               "description": "This is a service widget",
9               "colorMode": "auto",              //设置卡片主题样式
10              "type": "JS",
11              "supportDimensions": [ "2 * 4" ], //设置卡片支持的尺寸规格
12              "updateEnabled": true, //设置卡片是否支持定时刷新或定点刷新
13              "updateDuration": 1    //设置卡片定时刷新的周期(刷新周期 30 * N 分钟)
14            }
15  ]
```

本章小结

原子化服务是 HarmonyOS 面向未来提供的一种用户程序形态；服务卡片的核心理念在于提供给用户容易使用、一目了然的信息内容，并将智慧化能力融入服务卡片中供用户选择使用，同时满足在不同终端设备上的展示和自适应。本章详细介绍了原子化服务、服务中心及服务卡片的区别和联系，并结合“新闻推荐”和“校园门户”两个实际案例的实现过程介绍了原子化服务和服务卡片的开发方法，让读者熟悉原子化服务和服务卡片的开发流程和相关技术。

第10章 分布式流转应用开发

随着5G、AI和IoT等技术的飞速发展，全场景多设备的应用正在不断地深入人们的生活，用户拥有的各类智能设备也越来越多，除了我们每天带在身上的手机、智能手表、无线耳机、Pad及笔记本电脑，还有家里的智能电视、智能冰箱等设备。这些设备在过去的应用场景中往往彼此孤立，但随着万物互联时代的到来，新的交互模式让多个设备协同工作和跨端迁移成为现实。本章利用HarmonyOS分布式特征介绍通过调用流转任务管理服务、分布式任务调度的接口实现多端协同、跨端迁移应用程序的开发。

扫一扫

10.1 概述

在多设备的交互场景中，用户使用设备分为同时使用多个设备和相继使用多个设备两类场景。同时使用多个设备场景中，除了具有并发性特征外，还强调设备间的协作性和互补性。比如，当我们在家里看电视需要在电视上输入文本信息时，可以用智能手机代替传统的电视遥控器快速完成文本信息的输入。这种方式其实就是设备与设备之间互相取长补短、相互帮助协作完成同一项任务。相继使用多个设备场景中，特别强调连续性和一致性。比如，当我们用智能手机开启目的地导航功能，由于场景变换，需要将导航功能切换至智能手表。这种方式其实就是在将应用程序的功能从一个设备转到另一个设备时，需要保证操作状态继续维持而不被中断。

10.1.1 流转

流转在HarmonyOS中泛指多设备分布式操作。流转能力打破了设备界限，实现了多设备联动，使用户应用程序可分、可合、可流转，实现如跨设备邮件编辑、多设备协同健身、多屏协作游戏等分布式业务。流转为开发者提供了更广的使用场景和更新的产品视角，强化产品优势，实现体验升级。流转按照体验方式分为多端协同和跨端迁移。

10.1.2 多端协同

多端协同是一种实现用户应用程序流转的技术方案，指多端上的不同FA/PA同时运行，或者交替运行实现完整的业务；或者多端上的相同 FA/PA 同时运行实现完整的业务。多个设备作为一个整体为用户提供比单设备更加高效、沉浸的体验。例如，用户通过智慧屏的应用程序 A 拍照后，应用程序 A 调用智能手机端的应用程序 B 进行照片美颜，最终将美颜后的照片保存在智慧屏的应用程序 A 中。当业务需要跨越多个设备时，需要有以下两个基本能力保证，才能真正实现设备之间业务逻辑的协同以及硬件能力的互补。

（1）能够建立跨设备的连接通路，并且实时感知连接状态的变化。这一点通过 IAbilityConnection 完成，提供连接或断开使用服务能力远程功能时调用的回调方法，它依赖分布式管理服务和软总线进行底层连接的管理。

（2）能够在连接通道上传递状态和数据，以便进行业务的协同。这一点通过 HarmonyOS 的 IDL（Interface Definition Language，接口描述语言）实现。这些传递的数据既包含系统需要传递的数据，也包含应用程序需要传递的数据。

有了这两个能力，开发者既可以完成不同设备之间业务逻辑的协同，也可以实现设备之间硬件能力互补的功能。

10.1.3　跨端迁移

跨端迁移也是一种实现用户应用程序流转的技术方案，指在 A 端运行的应用程序迁移到 B 端上，完成迁移后，迁移到 B 端的应用程序可以继续完成任务，而 A 端的应用程序可以退出。在用户使用设备的过程中，当使用情境发生变化时，之前使用的设备可能已经不适合继续完成当前的任务，此时用户可以选择新的设备继续完成当前的任务，这种方式就是跨端迁移。例如，出外郊游时，如果是步行路段，可以用手机导航指引路线，但如果是骑行路段，用手机导航指引路线就不方便，而将导航指引路线迁移至手表就很方便了。

当用户将任务从一台设备拖动到另外一台设备上时，应用程序会收到来自系统的调用，此时应用程序可以将自己需要保存的状态告知系统，系统会借助分布式任务管理将数据传递到目标端，然后拆包数据并恢复应用状态。在这种情况下，用户感受到的就是将任务从一个设备迁移到了另外一个设备。

10.2　分布式流转的应用

扫一扫

从 API version 4 开始，HarmonyOS 开发框架就提供了分布式能力接口，而从 API version 7 开始，官方对该接口不再进行维护，推荐使用@ohos.ability.featureAbility。但是，官方提供的支持调试分布式功能的远程双设备 Super Device 模拟器只有 API version 6 版本，所以本节主要介绍使用 API version 4 的接口开发分布式功能应用程序。在使用分布式能力之前，需要在 config.json 文件中添加下列代码申请对应权限。

```
1  "reqPermissions": [
2      {
3        "name": "ohos.permission.DISTRIBUTED_DATASYNC"
```

```
4         },
5         {
6           "name": "ohos.permission.GET_DISTRIBUTED_DEVICE_INFO"
7         }
8   ]
```

上述第3行代码的DISTRIBUTED_DATASYNC用来在分布式设备之间进行数据同步,第6行代码的GET_DISTRIBUTED_DEVICE_INFO用来获取分布式的设备信息。

权限分为敏感权限与非敏感权限两种类别,敏感权限的授予模式(grantMode)为用户授予(user_grant),也就是需要在运行时弹窗向用户申请权限的使用;非敏感权限的授予模式为系统授予(system_grant),也就是在安装时向用户列出需要的权限,当用户同意安装时,这些权限就被授权给了应用程序。GET_DISTRIBUTED_DEVICE_INFO是非敏感权限,在config.json文件中用代码声明申请即可;DISTRIBUTED_DATASYNC是敏感权限,还需要调用接口向用户申请,即打开工程项目中entry/src/main/java/包名目录下的MainAbility.java文件,在onStart()方法中添加如下代码。

```
1   public void onStart(Intent intent) {
2       super.onStart(intent);
3       requestPermissionsFromUser(new String[]{"ohos.permission.DISTRIBUTED_
DATASYNC"}, 0);
4   }
```

10.2.1 分布式拉起

分布式拉起既可以拉起本设备的应用程序,也可以拉起组网中其他设备的应用程序;拉起时既可以传递参数,也可以获得应用程序的运行结果。

- startAbility(request: RequestParams): Promise<Result>,以显式的方式,拉起远程或本地的FA,使用Promise方式异步返回结果。request参数为RequestParams类型。RequestParams类型的组成及功能说明如表10.1所示;返回值类型为Promise<Result>,表示Promise回调方法返回一个Result类型对象。Result类型的组成及功能说明如表10.2所示。

表10.1 RequestParams类型的组成及功能说明

名　称	参数类型	必填	功能说明
bundleName	string	是	设置待启动的包名,需要和abilityName配合使用
abilityName	string	是	设置待启动Ability的名称
entities	Array<string>	否	设置被调起的FA所归属的实体列表,需要配合action使用
action	string	是	设置在不指定包名及Ability名称时可以传入action值,从而根据Operation的其他属性启动应用程序

续表

名　称	参数类型	必填	功 能 说 明
networkId	string	否	设置通过网络 ID 主动要连接的设备
deviceType	number	否	设置设备类型，值包括 0（默认值，从本地或远端设备中选择要启动的 FA）、1（有多个 FA 满足条件时，弹出对话模式由用户选择设备）
data	Object	否	设置要传递给对方的参数，所有在 data 中设置的字段都可以在对方 FA 中用 this 引用
flag	number	否	设置拉起 FA 时的配置开关
url	string	否	设置拉起 FA 时指定打开页面的 url，默认直接打开首页

表 10.2　Result 类型的组成及功能说明

名称	参数类型	非空	功 能 说 明
code	string	是	如果 code 值为 0，则表示拉起 FA 成功，否则拉起 FA 失败，失败原因通过 data 值查看
data	Object	是	如果拉起 FA 成功，则返回 null，否则为 String 类型的错误信息

【范例 10-1】　分别创建 callApp 和 destApp 两个工程项目，单击 callApp 应用程序主页面上的"拉起目标应用程序"按钮，将携带的参数传递给 destApp 应用程序，并启动 destApp 应用程序，在 destApp 应用程序的主页面显示参数内容。

本范例需要创建两个工程项目，并调用 startAbility()方法显式地拉起另一个目标应用程序，具体按照如下步骤实现。

1）创建应用程序工程项目

打开 DevEco Studio，分别创建 callApp 和 destApp 工程项目，详细步骤可以参考前面章节的内容，限于篇幅，这里不再赘述。

2）编写 callApp 工程项目的相关代码

hml 的代码如下。

```
1   <div class="container">
2       <button  type="capsule" @click="startFA" value="拉起目标应用程序"></
button>
3   </div>
```

js 的代码如下。

```
1   async startFA(){
2           let actionData = { detail: '这是传递的数据！' };
3           let target = {
4               bundleName: "com.example.destapp", //被拉起目标 FA 的包名
```

```
5            abilityName: "com.example.destapp.MainAbility",
                                                //被拉起目标 FA 的 Ability 名称
6            data: actionData                   //传送的参数
7        };
8        let result = await FeatureAbility.startAbility(target);
                                                //拉起目标 FA
9        if (result.code == 0) {
10           console.info('拉起目标 FA 成功');
11       } else {
12           console.log('不能拉起目标 FA,错误原因:' + result.data);
13       }
14   }
```

上述第 4 行代码的包名和第 5 行代码的 Ability 名称必须与 destApp 应用程序的包名和 Ability 名称完全一样。

3）编写 destApp 工程项目的相关代码

hml 的代码如下。

```
1   <div class="container">
2       <text class="title">
3         拉起 FA 传来的数据: {{ detail }}
4       </text>
5   </div>
```

上述第 3 行代码的 detail 是 callApp 应用程序拉起运行 destApp 应用程序时传递的参数,这个传递来的参数既可以在页面上直接引用,也可以在 js 逻辑代码中用 this 引用。

- getDeviceList(flag: number): Promise＜Result＞,获取设备信息列表,使用 Promise 方式异步返回结果。flag 参数功能说明如表 10.3 所示;返回值类型为 Promise＜Result＞,表示 Promise 回调函数返回一个 Result 类型对象。Result 类型的组成及功能说明如表 10.4 所示。

表 10.3 flag 参数功能说明

参数名	参数类型	必填	功能说明
flag	number	否	设置获取设备列表参数。值包括 0(默认值,网络中所有设备信息列表)、1(网络中在线设备信息列表)和 2(网络中离线设备信息列表)

表 10.4 Result 类型的组成及功能说明

名称	参数类型	非空	功能说明
code	string	是	如果 code 值为 0,则表示获取设备信息列表成功,否则失败
data	Object	是	如果获取设备信息列表成功,则返回网络设备信息列表,网络设备信息列表的类型为 Array＜DeviceInfo＞,DeviceInfo 类型的组成及功能说明如表 10.5 所示,否则为 String 类型的错误信息

表 10.5　DeviceInfo 类型的组成及功能说明

名称	参数类型	非空	功能说明
networkId	string	是	网络 ID
deviceName	string	是	设备名称
deviceState	string	是	设备状态，值包括 ONLINE（在线）、OFFLINE（离线）和 UNKNOWN（未知）
deviceType	string	是	设备类型，值包括 LAPTOP、SMART_PHONE、SMART_PAD、SMART_WATCH、SMART_CAR、SMART_TV 和 UNKNOWN_TYPE

上述范例 10-1 实现步骤中创建和运行的 callApp 和 destApp 工程项目运行在同一个设备上，如果单击 callApp 应用程序页面上的“拉起目标应用程序”按钮后，拉起运行在另一个设备上的 destApp 应用程序，则需要将上述第 2 步的 js 代码用如下代码代替。

```
1  async startFA() {
2          var deviceId = [ ]
3          let ret = await FeatureAbility.getDeviceList(1);
4          if (ret.code == 0) {
5              for (let i = 0; i < ret.data.length; i++) {
6                  deviceId[i] = ret.data[i].networkId
7              }
8          }
9          //actionData 的定义与上述第 2 步的 js 代码完全相同
10         let target = {
11             bundleName: "com.example.destapp",
12             abilityName: "com.example.destapp.MainAbility",
13             data: actionData,
14             networkId: deviceId[0],
15             flag: 0x00000100
16         };
17         //与上述第 2 步的 js 代码完全相同
18 }
```

上述第 2～8 行代码表示将网络在线设备信息列表的 networkId（网络 ID）值保存在 deviceId 数组中；第 10～16 行代码用于定义由 startAbility()方法拉起的目标 Feature Ability 的参数，其中第 14 行代码表示拉起网络中 networkId 值为 deviceId[0]的设备的 destApp 应用程序。

10.2.2　分布式迁移

扫一扫

分布式迁移提供了一个主动迁移接口及一系列页面生命周期回调，以支持将本地业务无缝迁移到指定设备中。进行分布式迁移时，源设备和目标设备需要安装同一个应用程序。

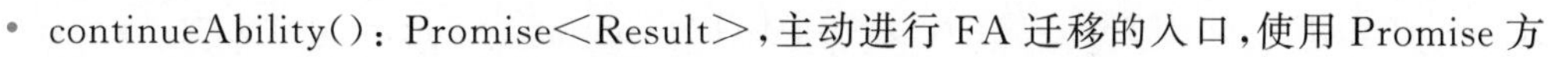

• continueAbility()：Promise<Result>，主动进行 FA 迁移的入口，使用 Promise 方

式异步返回结果。返回值类型为 Promise<Result>，表示 Promise 回调方法返回一个 Result 类型对象。Result 类型的组成及功能说明如表 10.6 所示。

表 10.6　Result 类型的组成及功能说明

名称	参数类型	非空	功能说明
code	string	是	如果 code 值为 0，则表示迁移 FA 成功，否则迁移 FA 失败，失败原因通过 data 值查看
data	Object	是	如果迁移 FA 成功，则返回 null，否则为 String 类型的错误信息

- conStartContinuation()：boolean，FA 发起迁移时的回调方法，在此回调中应用程序可以根据当前状态决定是否迁移。返回值类型为 boolean，true 表示允许迁移，false 表示不允许迁移。
- onSaveData(savedData：Object)：void，保存状态数据的回调方法。savedData 参数为 Object 类型，表示迁移到目标设备上的数据。
- onRestoreData(restoreData：Object)：void，恢复发起迁移时 onSaveData()方法保存的数据回调方法。restoreData 参数为 Object 类型，表示恢复应用程序状态的数据，该数据及结构由 onSaveData()方法决定。
- onCompleteContinuation(code：number)：void，迁移完成的回调方法，在调用端被触发，表示应用迁移到目标设备上的结果。code 参数为 number 类型，表示迁移完成的结果，如果 code 值为 0，则表示迁移成功；如果 code 值为−1，则表示迁移失败。

扫一扫

10.2.3　案例：分布式照片浏览器

1. 需求描述

分布式照片浏览器应用程序启动加载后，显示如图 10.1 所示的页面效果。左右滑动页面上的图片区域，可以在页面上切换图片；单击“留言”后，弹出如图 10.2 所示的留言可滑动面板，在留言可滑动面板上可以输入用户评论内容和显示用户评论内容；单击“迁移”后，就可以将源设备上运行的页面效果迁移到目标设备。

2. 设计思路

根据分布式照片浏览器的需求描述和页面显示效果，该应用程序有一个页面，整个页面由照片浏览区、底部提示区和留言评论区 3 部分组成。

照片浏览区用 swiper 组件和 image 组件组合实现；底部提示区用 1 个 image 组件和 3 个 text 组件实现；留言评论区由 panel、list、list-item、image、input 及 button 组件组合的可滑动面板实现。

3. 实现流程

打开项目的 entry/src/main/js/default 文件夹，右击 pages 文件夹，从弹出的快捷菜单中选择 New→JS Page 选项创建名为 distributeImageView 的页面。将 home.png、msg.png 及 sport1.jpeg～sport5.jpeg 等图片复制到项目的 common/images 文件夹中。

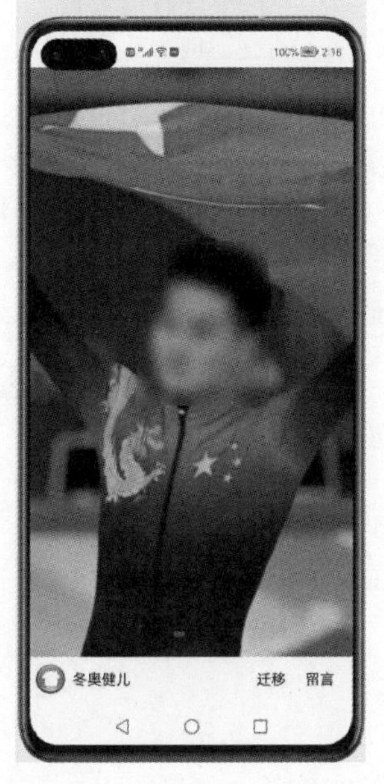

图 10.1　源设备运行效果

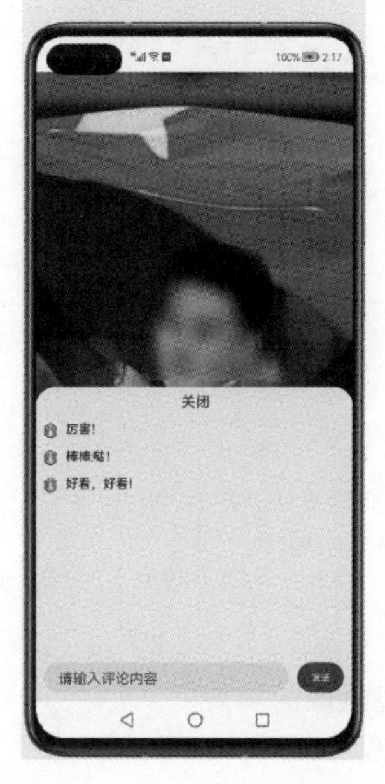

图 10.2　目标设备迁移效果

1）照片浏览区的实现

css 的代码如下。

```
1   .swiper-css  {
2       flex-direction: column;
3       align-content: center;
4   }
5   .swiper-content {
6       height: 100%;
7       justify-content: center;
8   }
```

hml 的代码如下。

```
1   <swiper class="swiper-css" id="swiper" index="{{ allData.currentIndex }}"
loop="true"  digital="false" @change="changeImage">
2           <block for="{{ allData.picList }}">
3               <div class="swiper-content">
4                   <image src="{{ $item }}"></image>
5               </div>
6           </block>
7   </swiper>
```

js 的代码如下。

```
1   data: {
2           allData: {                                      //要迁移的数据
3               currentIndex: 0,                            //当前图片索引号
4               picList: [                                  //图片数组
5                   'common/images/sport1.jpeg',
6                   //sport2.jpeg~sport5.jpeg 的初始化代码类似,此处略
7               ],
8               msglist: [                                  //留言评论数组
9                   { comment: '厉害!' },                   //留言评论内容
10                  //其他留言评论初始化代码类似,此处略
11              ],
12              newComment: ''                              //最新留言评论内容
13          }
14  },
15  /* 定义滑动切换图片事件 */
16  changeImage(e) {
17          this.allData.currentIndex = e.index;
18  },
```

2) 底部提示区的实现

css 的代码如下。

```
1   .bottom-css{
2       height: 60px;
3       line-height: 60px;
4       width: 100%;
5       flex-direction: row;
6   }
7   .bottom-icon {
8       width: 32px;
9       height: 32px;
10      margin: 8px;
11  }
12  .bottom-label {
13      font-size: 16px;
14      flex-weight: 1;
15      line-height: 20px;
16  }
17  .bottom-txt{
18      font-size: 16px;
19      line-height: 20px;
20      width: 15%;
21  }
```

hml 的代码如下。

```
1   <div class="bottom-css">
```

```
2         <image class="bottom-icon" src="common/images/home.png"></image>
3         <text class="bottom-label" >冬奥健儿</text>
4         <text class="bottom-txt" @click="toOtherAbility">迁移</text>
5         <text class="bottom-txt" @click="showPanel">留言</text>
6   </div>
```

js 的代码如下。

```
1   /* 定义单击"迁移"事件 */
2   async toOtherAbility () {
3         var result = await FeatureAbility.continueAbility()
4   },
5   /* 定义 FA 发起迁移时的回调方法 */
6   onStartContinuation() {
7         return true
8   },
9   /* 定义保存状态数据的回调方法 */
10  onSaveData(saveData) {
11        Object.assign(saveData, this.allData)
                                         //数据保存到 savedData 中进行迁移
12  },
13  /* 定义恢复发起迁移时保存的数据回调方法 */
14  onRestoreData(restoreData) {
15        this.allData = restoreData
16        var currentIndex = this.allData.currentIndex
17        console.info("当前图片索引号:" + currentIndex )
18  },
19  /* 定义迁移完成的回调方法 */
20  onCompleteContinuation(code) {
21         app.terminate();                    //迁移完成后,退出 App
22  },
```

上述第 3 行代码调用 FeatureAbility.continueAbility()方法发起迁移;第 11 行代码调用 Object.assign()方法保存源设备端要迁移的数据;第 15 行代码表示恢复迁移到目标设备端的数据;第 21 行代码表示迁移完成后,退出源设备端的应用程序。

3) 留言评论区的实现

css 的代码如下。

```
1   .panel-css {
2      flex-direction: column;
3      align-content: center;
4      width: 100%;
5      height: 100%;
6   }
7   .list-css {
8      width: 100%;
9      height: 100%;
```

```
10 }
11 .item-css {
12     width: 100%;
13     height: 30px;
14     padding-left: 10px;
15     padding-right: 10px;
16 }
17 .item-icon {
18     width: 16px;
19     height: 16px;
20     margin-top: 10px;
21     margin-right: 10px;
22 }
23 .item-title {
24     width: 100%;
25     height: 100%;
26     text-align: left;
27     font-size: 14fp;
28 }
29 .btn-css {
30     height: 70px;
31     padding: 10px;
32 }
```

hml 的代码如下。

```
1  <panel id="simplepanel" type="foldable" dragbar="false" mode="half" miniheight="400px">
2        <div class="panel-css">
3            <button type="text" style="width : 100%;" value="关闭" @click="closePanel"></button>
4            <list class="list-css">
5                <list-item for="{{ allData.msglist }}" class="item-css">
6                    <image class="item-icon" src="/common/images/msg.png"></image>
7                    <text class="item-title">{{ $item.comment }}</text>
8                </list-item>
9            </list>
10           <div class="btn-css">
11               <input id="input" class="input" type="text" value="{{ allData.newComment }}" maxlength="20"  placeholder="请输入评论内容" @change="changeValue"   style="margin-right : 10px;"></input>
12               <button type="capsule" value="发送" @click="sendMsg"></button>
13           </div>
14       </div>
15 </panel>
```

js 的代码如下。

```
1   /*定义单击"留言"弹出可滑动面板事件*/
2   showPanel() {
3           this.$element('simplepanel').show()
4   },
5   /*定义单击"关闭"按钮关闭可滑动面板事件*/
6   closePanel() {
7           this.$element('simplepanel').close()
8   },
9   /*定义留言评论输入框内容变化事件*/
10  changeValue(e) {
11          this.allData.newComment = e.value;
12  },
13  /*定义单击"发送"按钮事件*/
14  sendMsg(e) {
15          this.allData.msglist.push({
16              comment: this.allData.newComment
17          });
18          this.allData.newComment = "";
19  },
```

上述第 3 行代码调用 show()方法从页面底部弹出可滑动面板;第 7 行代码调用 close()方法关闭可滑动面板;第 15～17 行代码将在可滑动面板输入框中输入的内容添加到保存留言评论数组中。

本章小结

近年来,用户拥有的各类智能设备越来越多,全场景多设备的应用也慢慢深入人们的生活和工作中。本章结合生活、工作中的实际应用案例介绍了流转、多端协同和跨端迁移的基本概念,并详细阐述了分布式拉起、分布式迁移的接口方法,通过学习本章知识,读者能够结合实际需求和应用场景开发出分布式流转应用程序。